- 한눈에 쉽게 이해하는 **개념학습**
- 수준별 다양한 **유형학습**
- 한 번 더 풀어 실력을 완성하는 **응용학습**

개념과 **유형**이 하나로

초등 수학

2·1

visang

개발 김수연, 박웅, 육성은, 이하나, 장의건
디자인 정세연, 차민진

발행일 2023년 9월 1일
펴낸날 2024년 8월 1일
제조국 대한민국
펴낸곳 (주)비상교육
펴낸이 양태회
신고번호 제2002-000048호
출판사업총괄 최대찬
개발총괄 채진희
개발책임 최진형
디자인총괄 김재훈
디자인책임 안상현
영업책임 이지웅
품질책임 석진안
마케팅책임 이은진
대표전화 1544-0554
주소 경기도 과천시 과천대로2길 54(갈현동, 그라운드브이)

교육기업대상 5년 연속 수상
초중고 교과서 부문 1위

한국산업의 브랜드파워 1위
중고등교재 부문 1위

2022 국가브랜드대상 9년 연속 수상
교과서 부문 1위
중·고등 교재 부문 1위

2019~2022
A' DESIGN AWARD
4년 연속 수상
GOLD · SILVER
BRONZE · IRON

2022~2024
GDA 수상
GOLD · WINNER
SPECIAL MENTION

2022 reddot
WINNER

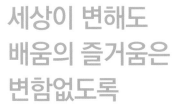

칠교판 2. '여러 가지 도형' 에서 사용하세요.

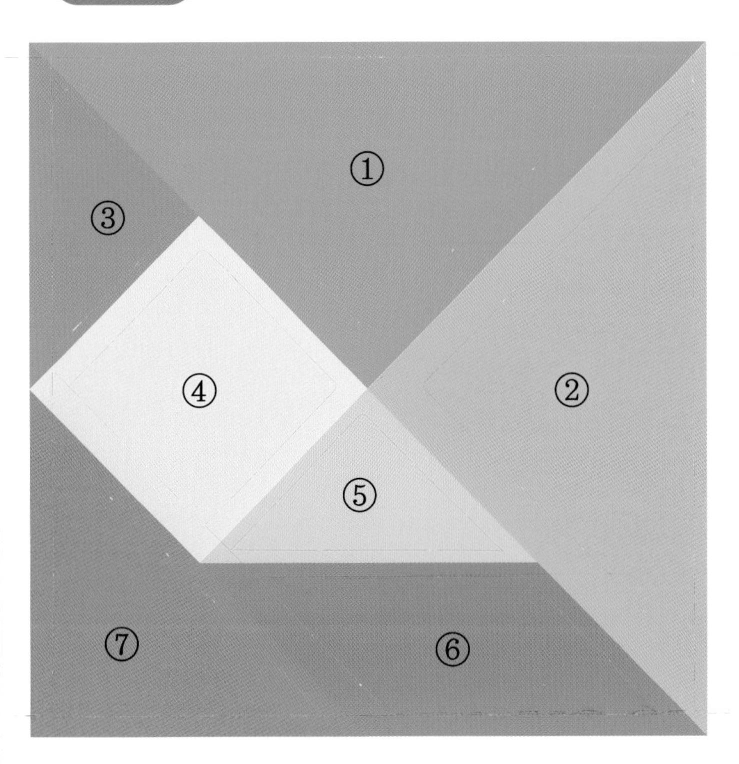

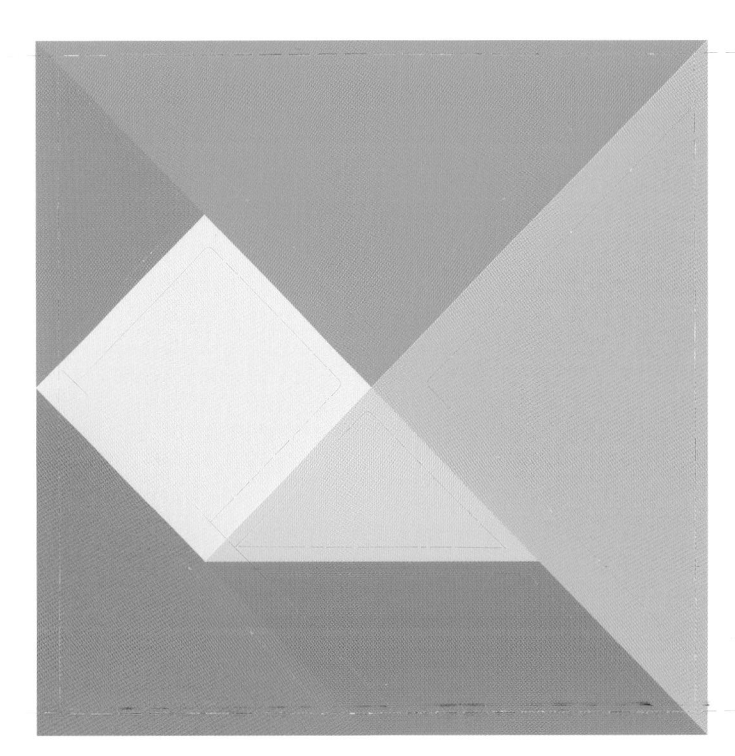

종이띠 4. '길이 재기' 에서 사용하세요.

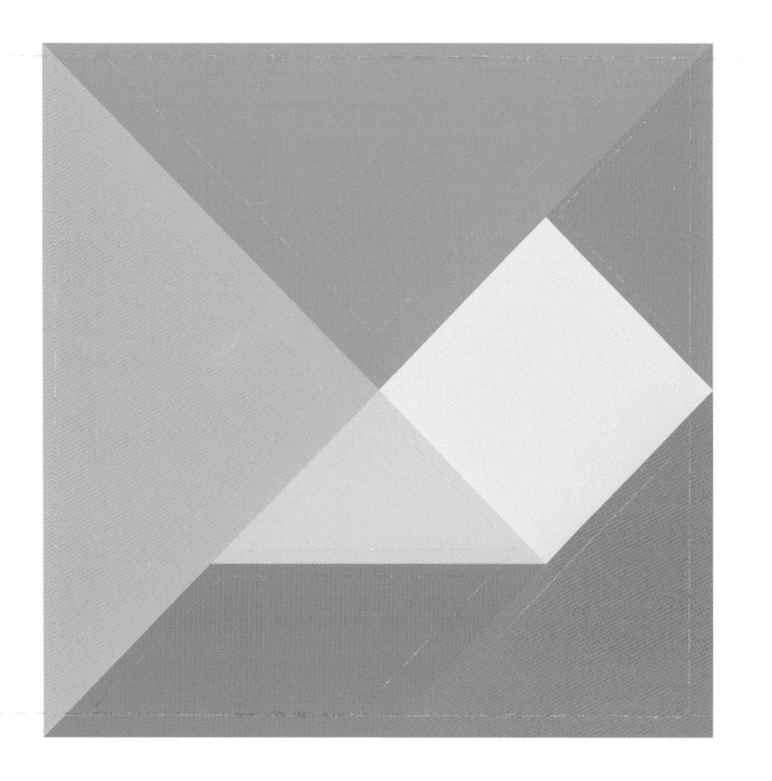
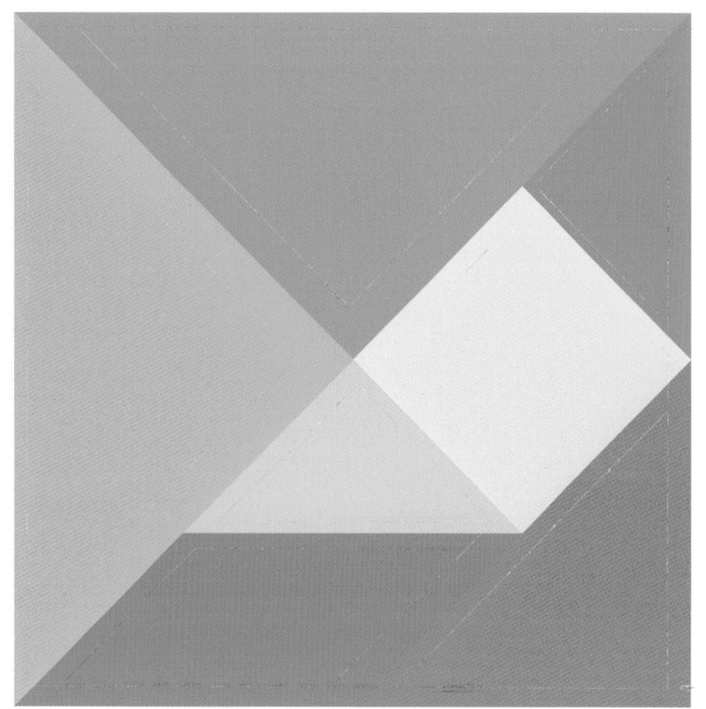
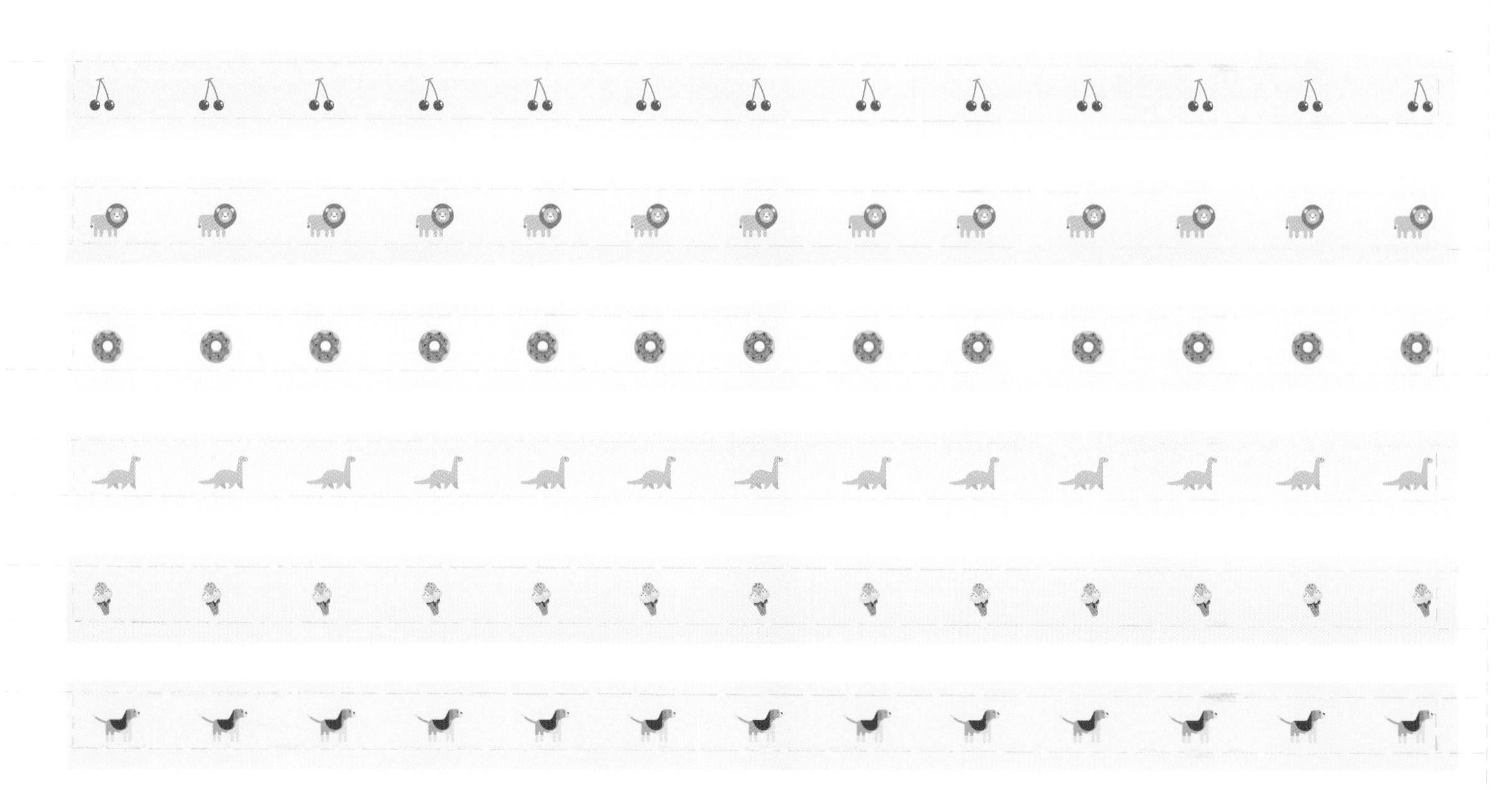

개념+유형

개념책

초등 수학

2·1

구성과 특징

개념 학습

개념 정리

개념책

개념 1 분류하기

→ 기준에 따라 나누는 것

● 모자를 분류할 수 있는 기준 알아보기

분류 기준 예쁜 모자와 예쁘지 않은 모자

예쁜 모자	예쁘지 않은 모자

• 분류 기준이 분명하지 않습니다.
• 사람에 따라 결과가 다를 수 있습니다.

분류 기준 모자의 색깔

빨간색 모자	노란색 모자	파란색 모자

• 분류 기준이 분명하기 때문에 누가 분류해도 결과가 같습니다.

분류할 때는 누가 분류를 하더라도 **같은 결과**가 나올 수 있도록 **분명한 기준**을 정해야 합니다.

1 사탕을 두 가지 기준으로 분류한 것입니다. 알맞은 것에 ○표 하세요.

맛있는 사탕과 맛없는 사탕 / 막대가 있는 사탕과 없는 사탕

맛있는 사탕	맛없는 사탕

막대가 있는 사탕	막대가 없는 사탕

수준별 유형 학습

STEP1

기본유형

STEP 1 기본유형 익히기

● 복습책 65쪽 | 정답 23쪽

1 분류 기준으로 알맞은 것을 찾아 ○표 하세요.

편한 바지와 불편한 바지 ( ) / 반바지와 긴바지 ( ) / 나에게 어울리는 바지와 어울리지 않는 바지 ( )

(2-3) 탈것을 보고 물음에 답하세요.

승용차 배 자전거 헬리콥터 트럭 비행기

2 분류 기준으로 알맞지 않은 것을 찾아 ○표 하세요.
• 움직이는 장소가 땅인 것과 땅이 아닌 것 ( )
• 연료가 필요한 것과 필요하지 않은 것 ( )
• 좋아하는 것과 좋아하지 않는 것 ( )

3 다음과 같이 분류하였습니다. 분류 기준을 써 보세요.

개념 복습

기본 유형 복습

복습책

개념 복습 기초력 기르기

① 분류하기

(1-2) 분류 기준으로 알맞은 것에 ○표 하세요.

1 먹을 수 있는 것과 없는 것 ( ) / 가벼운 것과 무거운 것 ( )

2 귀여운 것과 귀엽지 않은 것 ( ) / 동물인 것과 식물인 것 ( )

② 정해진 기준에 따라 분류하기

(1-3) 조각을 기준에 따라 분류하여 번호를 써 보세요.

1
무늬	있는 것	없는 것
조각 번호		

2
색깔	빨간색	파란색	초록색
조각 번호			

3
모양	원	삼각형	사각형
조각 번호			

STEP 1 유형 복습 기본유형 익히기

● 개념책 121~123쪽 | 정답 46쪽

① 분류하기

1 분류 기준으로 알맞은 것에 ○표 하세요.

예쁜 양말과 예쁘지 않은 양말 ( ) / 무늬가 있는 것과 없는 것 ( )

(2-3) 동물을 보고 물음에 답하세요.

독수리 사자 토끼 코끼리 말 매

2 분류 기준으로 알맞지 않은 것에 ○표 하세요.
• 하늘을 날 수 있는 것과 날 수 없는 것 ( )
• 좋아하는 것과 좋아하지 않는 것 ( )

3 다음과 같이 분류하였습니다. 분류 기준을 써 보세요.

( )

② 정해진 기준에 따라 분류하기

4 탈것을 이용하는 장소에 따라 분류하여 번호를 써 보세요.

① 자전거 ② 비행기 ③ 트럭 ④ 열기구 ⑤ 헬리콥터 ⑥ 버스

땅에서 이용하는 것	하늘에서 이용하는 것

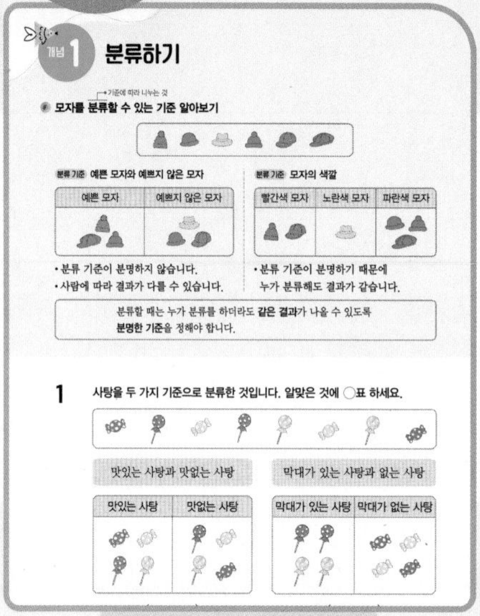

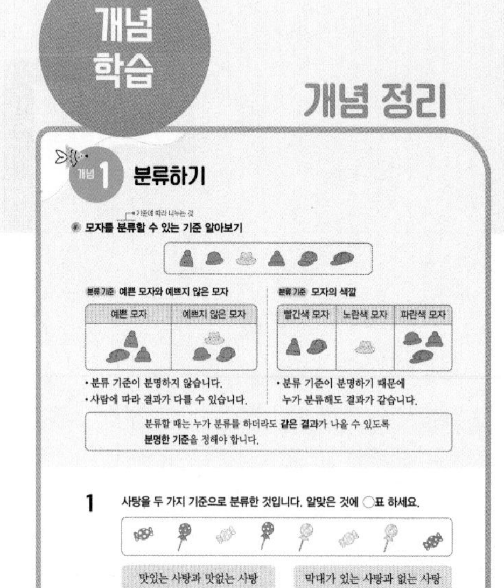

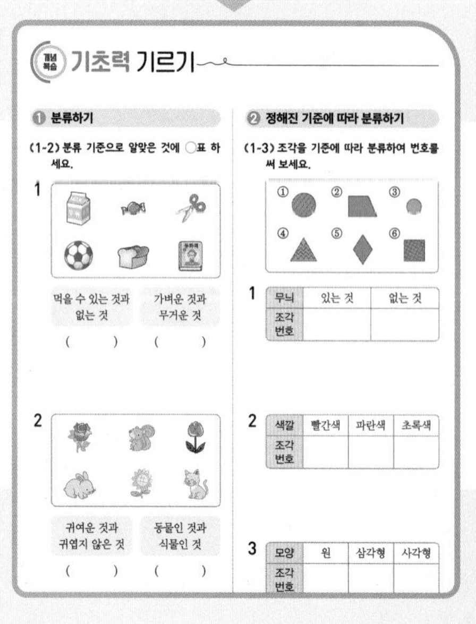

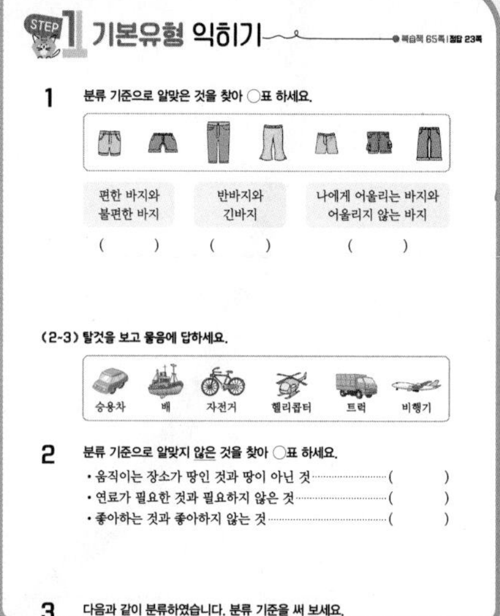

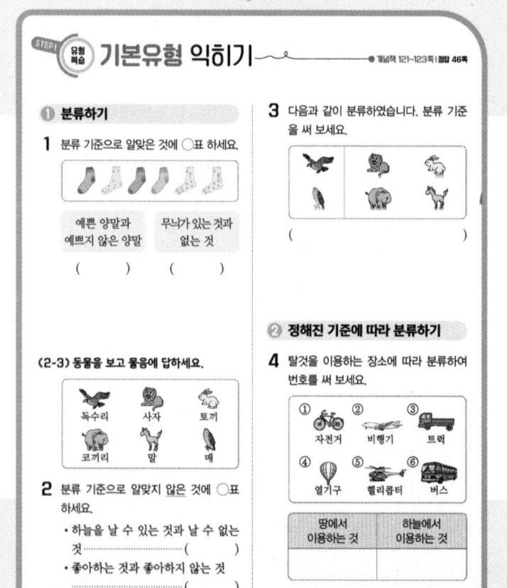

개념책의 문제를
복습책에서 1:1로 복습하여 기본을 완성해요!

STEP 2
실전유형

STEP 3
응용유형

실력 확인
단원 마무리

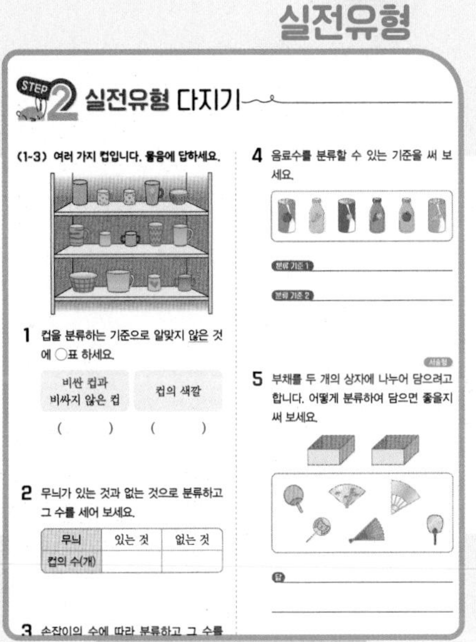

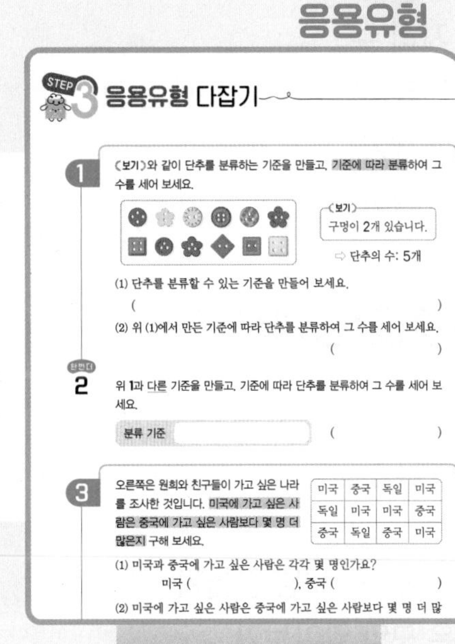

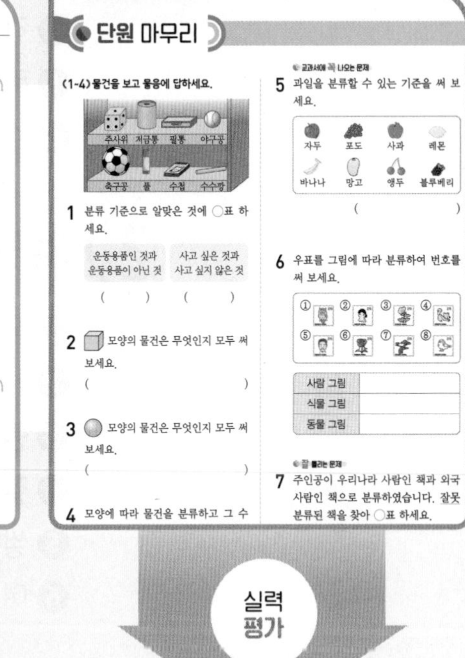

실전 유형 복습

응용 유형 복습

실력 평가

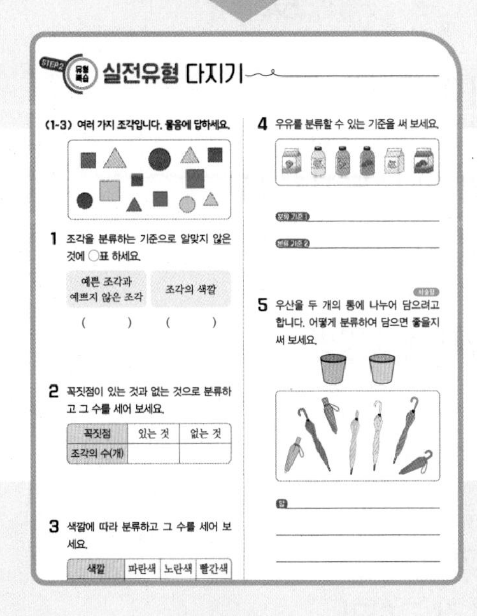

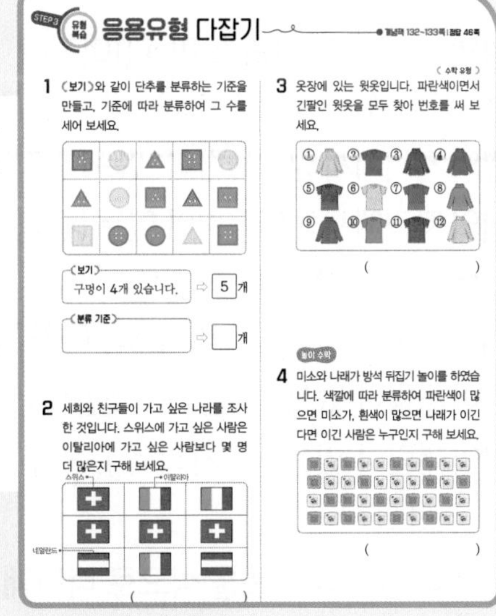

- 단원 평가
- 서술형 평가
- 학업 성취도 평가

차례

1 세 자리 수

재미있게 색칠하며 문구점을 완성해 보세요

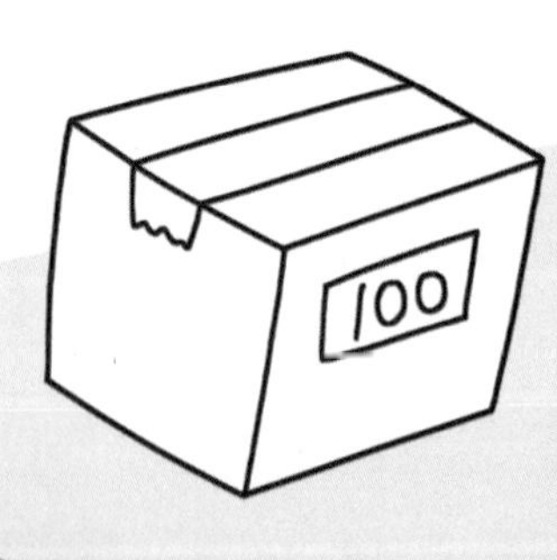

이 단원에서는

- 세 자리 수를 알아볼까요
- 각 자리의 숫자는 얼마를 나타낼까요
- 수의 크기를 비교해 볼까요

1자루
500원
1개
300원
색종이
10
수수깡
100

백

백 알아보기

10이 10개인 수 → 쓰기 100 / 읽기 백

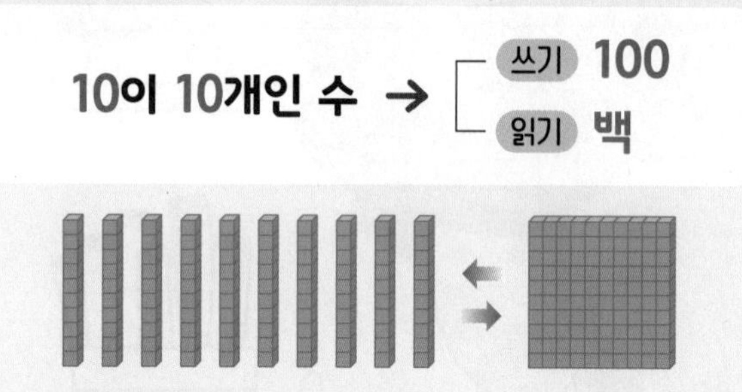

100을 여러 가지 방법으로 나타내기

0 10 20 30 40 50 60 70 80 90 100

90 91 92 93 94 95 96 97 98 99 100

- 90보다 10만큼 더 큰 수는 100입니다.
- 99보다 1만큼 더 큰 수는 100입니다.
- 80보다 20만큼 더 있는 수는 100입니다.

1 100을 수 모형으로 나타낸 것입니다. □ 안에 알맞은 수를 써넣으세요.

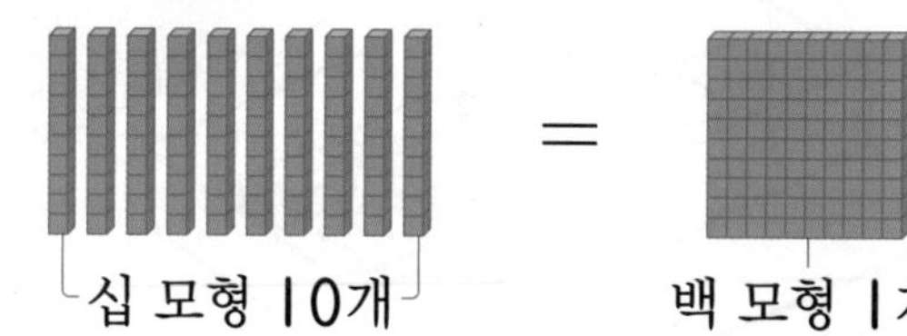

(1) 십 모형 10개는 백 모형 □개와 같습니다.

(2) 10이 10개이면 □입니다.

2 10씩 세어 보고 □ 안에 알맞은 수를 써넣으세요.

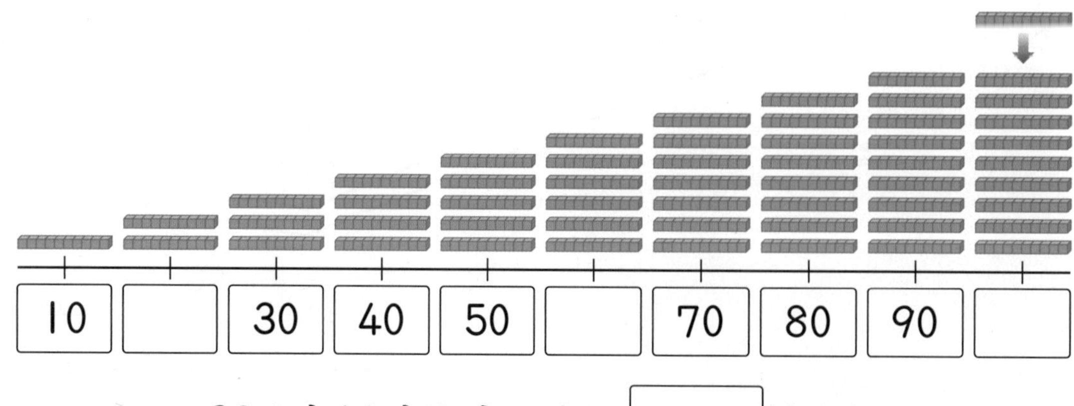

90보다 10만큼 더 큰 수는 □입니다.

기본유형 익히기

복습책 7쪽 | 정답 2쪽

1단원

1 구슬의 수를 ☐ 안에 써넣으세요.

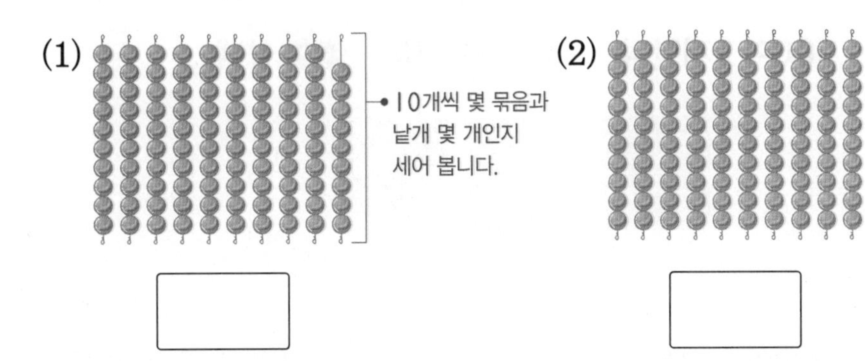
(1)
10개씩 몇 묶음과
낱개 몇 개인지
세어 봅니다.
(2)

(1) ☐ (2) ☐

2 수 모형을 보고 ☐ 안에 알맞은 수를 써넣으세요.

(1)

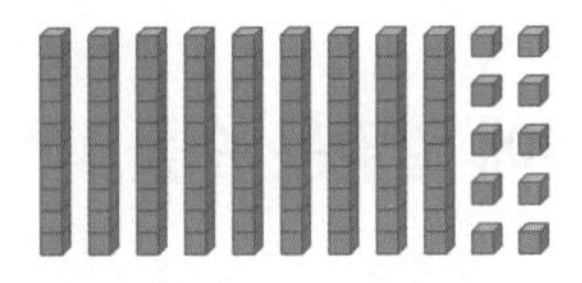

십 모형	일 모형
☐개	☐개

100

(2)

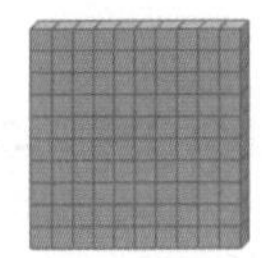

백 모형	십 모형	일 모형
☐개	☐개	☐개

☐

3 ☐ 안에 알맞은 수를 써넣으세요.

(1)

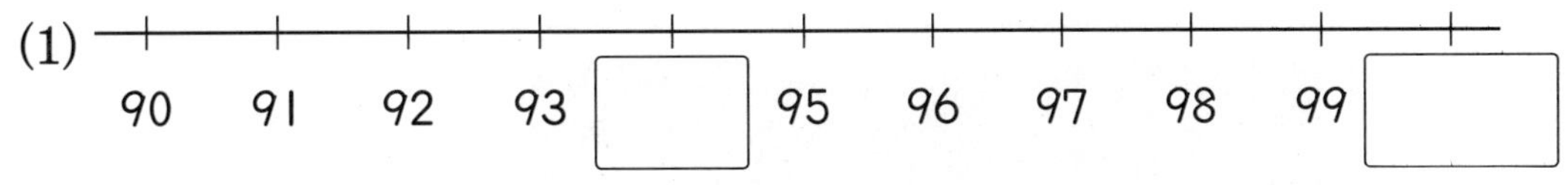

90 91 92 93 ☐ 95 96 97 98 99 ☐

(2)

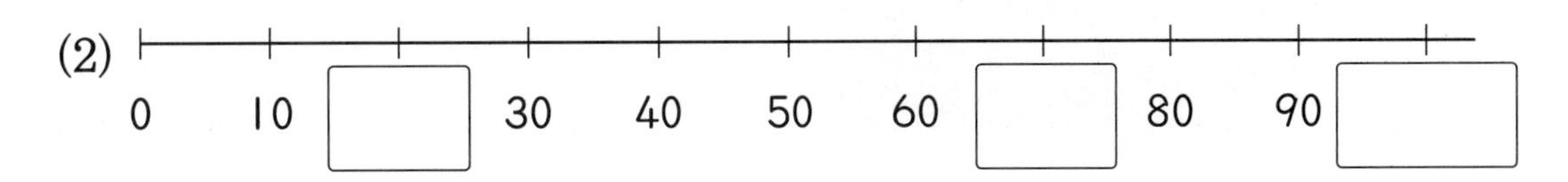

0 10 ☐ 30 40 50 60 ☐ 80 90 ☐

개념 2

몇백

몇백 알아보기

100이 3개인 수 → 쓰기 300 읽기 삼백

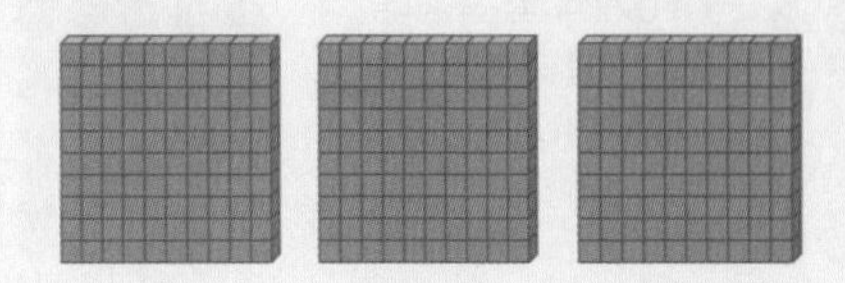

몇백 쓰고 읽기

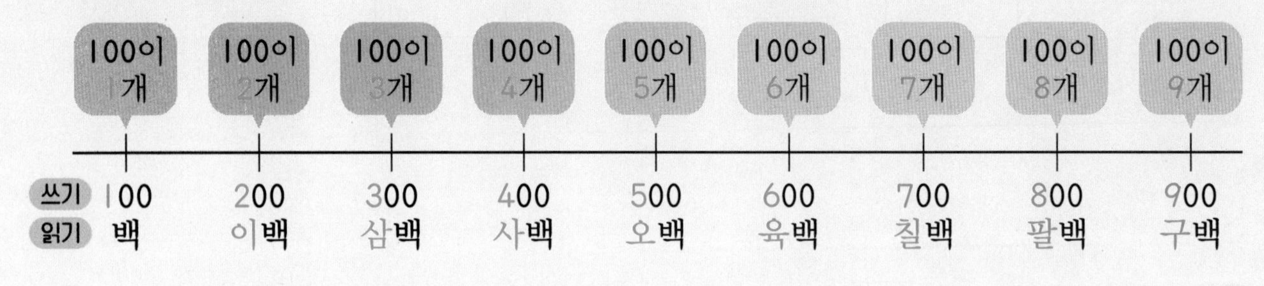

1 주어진 수만큼 수 모형을 묶어 보고, □ 안에 알맞은 수를 써넣으세요.

400

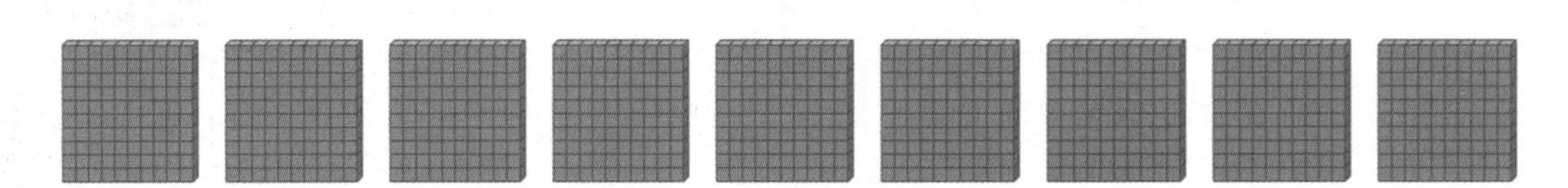

100이 □개이면 400입니다.

2 수 모형이 나타내는 수를 □ 안에 알맞게 써넣고, 바르게 읽은 것에 ○표 하세요.

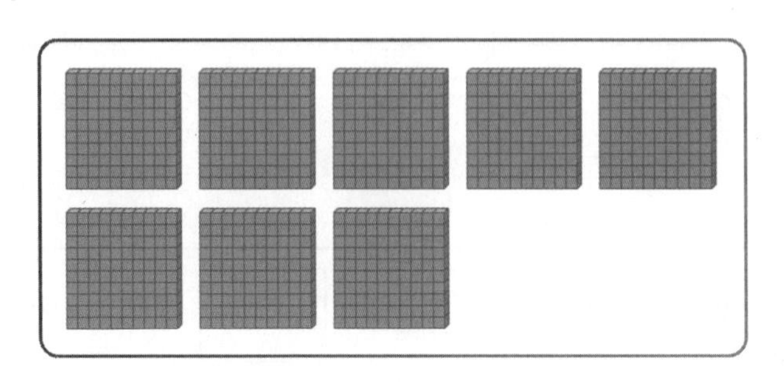

⇨ □

⇨ (칠백 , 팔백)

STEP 1 기본유형 익히기

복습책 7쪽 | 정답 2쪽

1 □ 안에 알맞은 수를 써넣으세요.

(1)

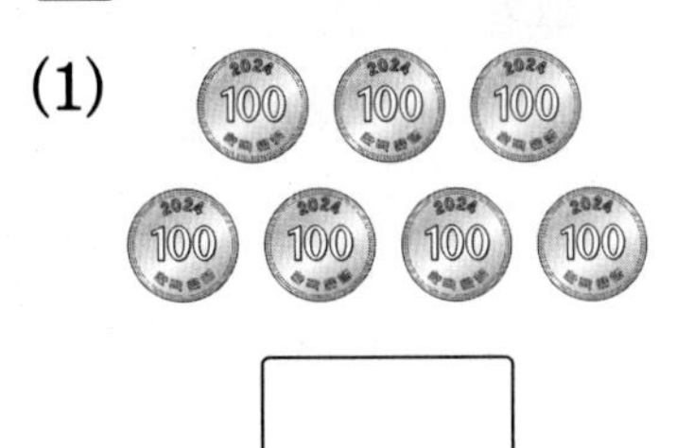

□

(2)

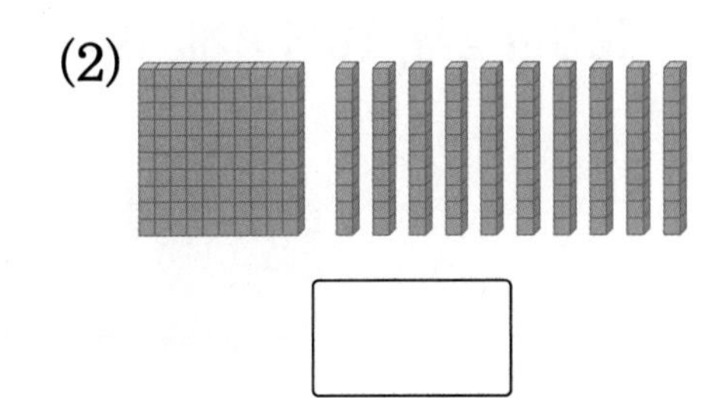

□

2 관계있는 것끼리 선으로 이어 보세요.

400 ·	· 100이 5개인 수 ·	· 구백
900 ·	· 100이 4개인 수 ·	· 사백
500 ·	· 100이 9개인 수 ·	· 오백

3 〈보기〉에서 알맞은 수를 골라 □ 안에 써넣으세요.

〈보기〉 600 800 300

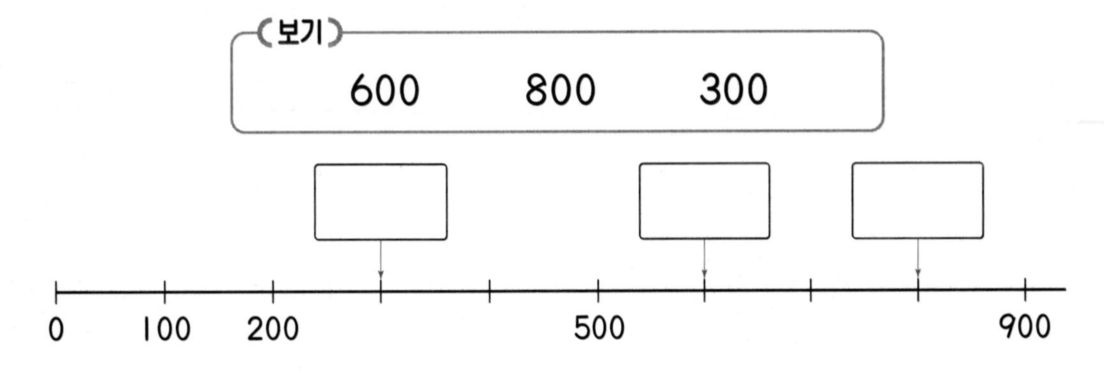

개념 3 세 자리 수

100이 2개, 10이 4개, 1이 3개인 수 → 쓰기 243 / 읽기 이백사십삼

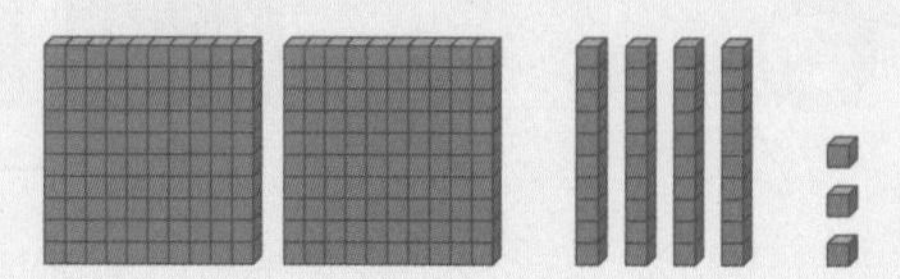

참고 자리의 숫자에 따라 읽는 것에 주의합니다.

- 자리의 숫자가 0인 경우
  605 ⇨ 육백오
- 자리의 숫자가 1인 경우
  917 ⇨ 구백십칠

1 수 모형이 나타내는 수를 알아보세요.

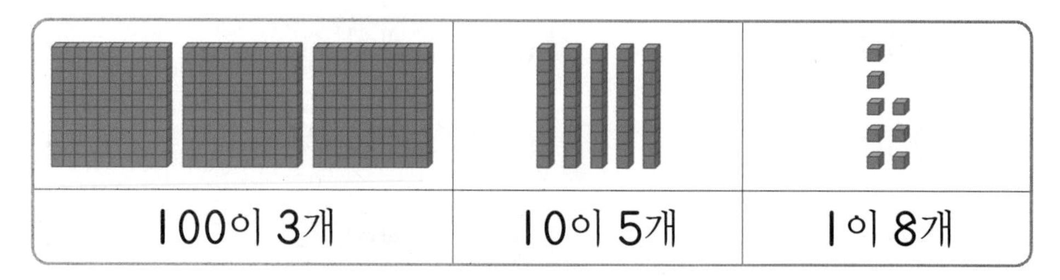

100이 3개	10이 5개	1이 8개

수 모형이 나타내는 수는 ☐ 입니다.

2 구슬의 수를 ☐ 안에 알맞게 써넣고, 바르게 읽은 것에 ○표 하세요.

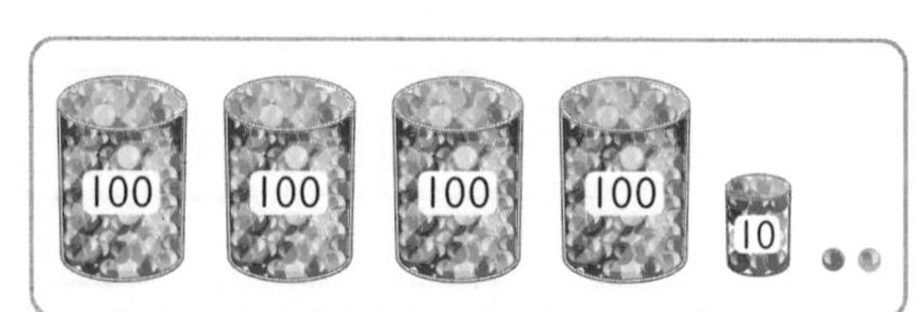

⇨ ☐

⇨ (사백십이 , 사백이십일)

복습책 8쪽 | 정답 2쪽

1 ☐ 안에 알맞은 수를 써넣고, 나타내는 수나 말을 써넣으세요.

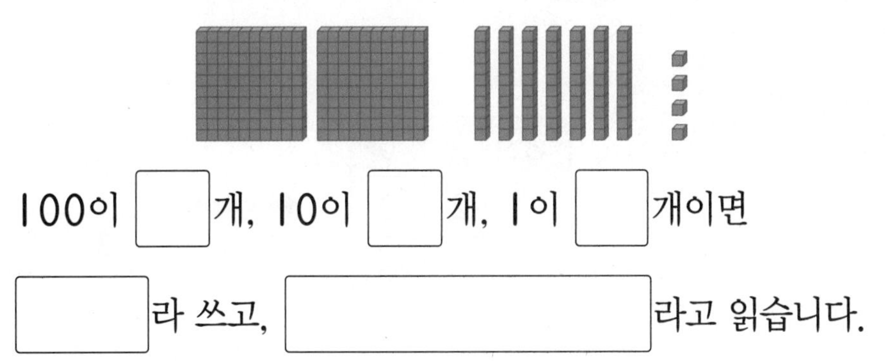

100이 ☐개, 10이 ☐개, 1이 ☐개이면

☐라 쓰고, ☐라고 읽습니다.

2 수를 바르게 읽은 것을 찾아 선으로 이어 보세요.

397 ·	· 구백칠십삼
973 ·	· 칠백삼십구
739 ·	· 삼백구십칠

3 ☐ 안에 알맞은 수를 써넣으세요.

(1) 100이 5개, 10이 9개, 1이 1개이면 ☐

(2) 100이 8개, 10이 0개, 1이 4개이면 ☐

4 나타내는 수를 써 보세요.

100이 6개, 10이 2개, 1이 5개인 수

( )

개념 4 각 자리의 숫자가 나타내는 값

각 자리의 숫자가 나타내는 값 알아보기

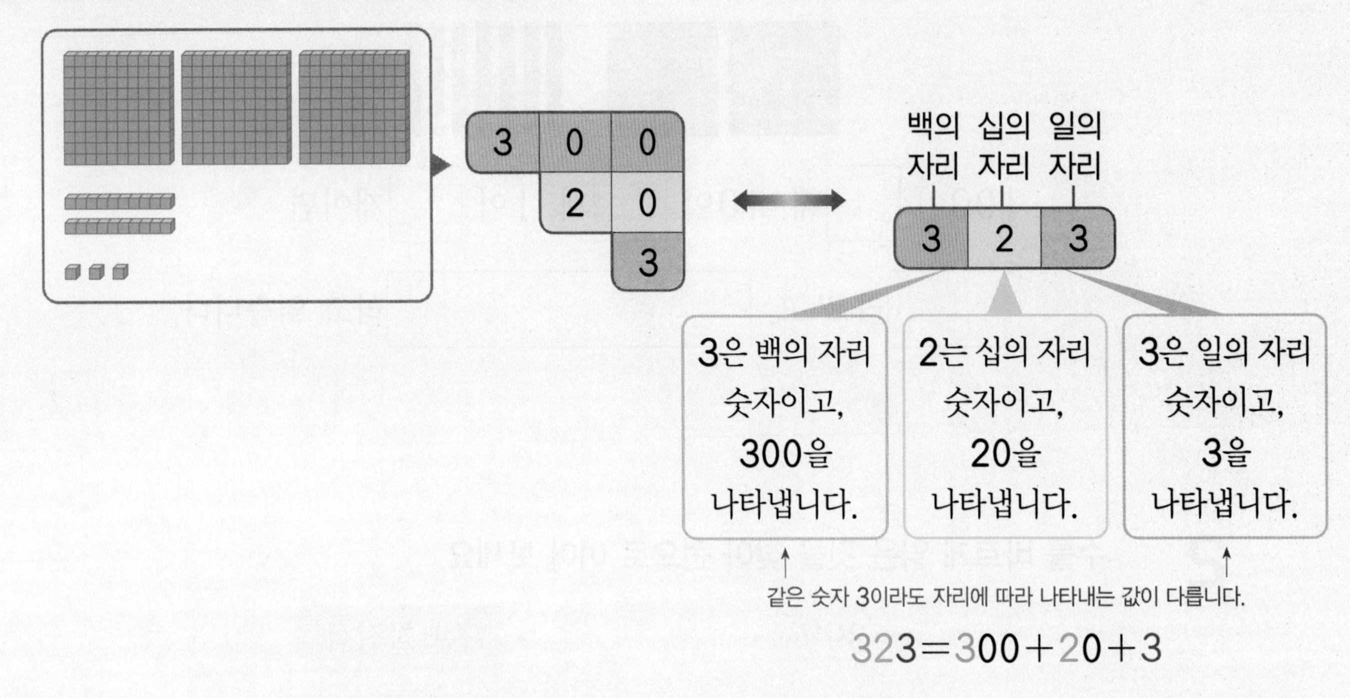

3 0 0
2 0
3
백의 자리
십의 자리
일의 자리
3 2 3
3은 백의 자리 숫자이고, 300을 나타냅니다.
2는 십의 자리 숫자이고, 20을 나타냅니다.
3은 일의 자리 숫자이고, 3을 나타냅니다.
같은 숫자 3이라도 자리에 따라 나타내는 값이 다릅니다.
323=300+20+3

1 463에서 각 자리의 숫자는 얼마를 나타내는지 알아보세요.

(1) □ 안에 알맞은 수를 써넣으세요.

백의 자리	십의 자리	일의 자리
4	6	3
100이 4개	10이 □개	1이 □개
400	□	3

(2) 위 (1)을 보고 463을 몇백+몇십+몇으로 나타내 보세요.

463=□+□+□

기본유형 익히기

복습책 8쪽 | 정답 2쪽

1 384만큼 색칠하고, □ 안에 알맞은 수를 써넣으세요.

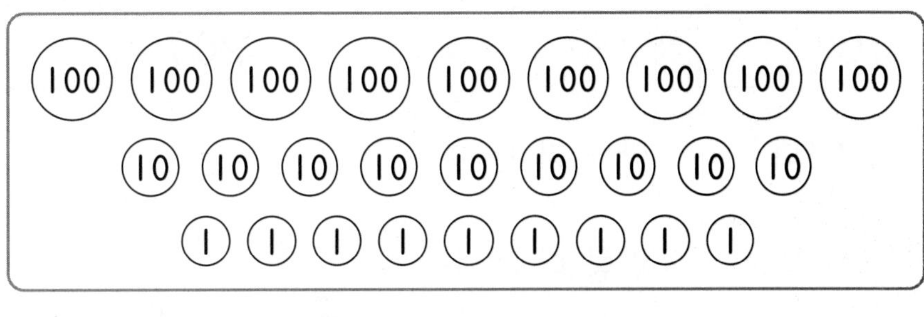

384=□+□+□

2 수를 보고 □ 안에 알맞은 수를 써넣으세요.

709

(1) 백의 자리 숫자: □ ⇨ □을/를 나타냅니다.

(2) 십의 자리 숫자: □ ⇨ □을/를 나타냅니다.

(3) 일의 자리 숫자: □ ⇨ □을/를 나타냅니다.

3 밑줄 친 숫자가 얼마를 나타내는지 수 모형에서 찾아 ○표 하세요.

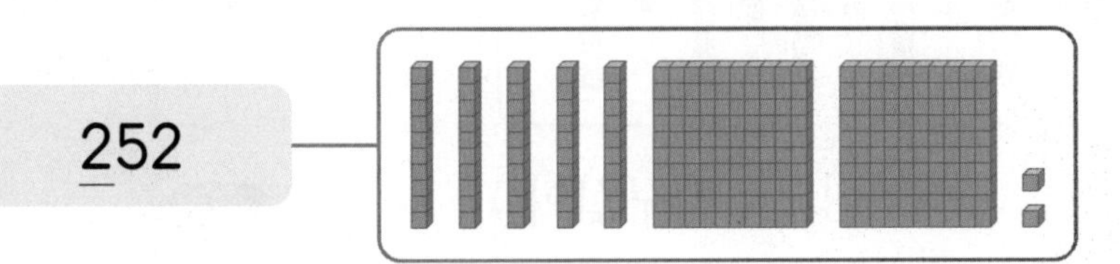

1 □ 안에 알맞은 수를 써넣으세요.

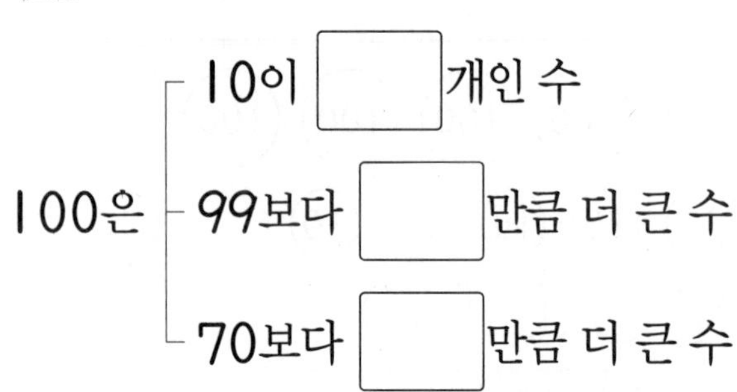

2 옳은 것에 ◯표, 틀린 것에 ×표 하세요.

(1) 100은 1이 100개인 수입니다.
( )

(2) 100이 4개이면 40입니다.
( )

(3) 500은 100이 5개인 수입니다.
( )

3 수 모형이 나타내는 수를 바르게 읽은 것에 ◯표 하세요.

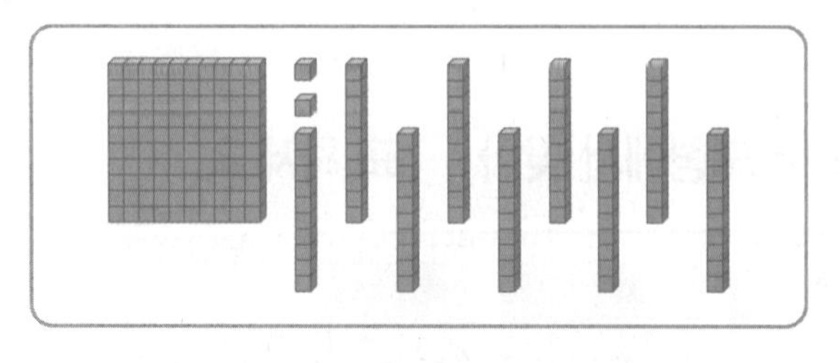

(백이십구 , 백구십이)

4 수를 각 자릿값의 합으로 나타내 보세요.

209= □ + □ +9

5 밑줄 친 숫자는 얼마를 나타내는지 써 보세요.

1<u>7</u>8

( )

서술형

6 보미는 우표를 100장씩 8묶음, 10장씩 2묶음, 낱개로 5장 가지고 있습니다. 보미가 가지고 있는 우표는 모두 몇 장인지 풀이 과정을 쓰고 답을 구해 보세요.

❶ 100장씩 8묶음, 10장씩 2묶음, 낱개는 각각 몇 장인지 구하기

풀이

❷ 보미가 가지고 있는 우표는 모두 몇 장인지 구하기

풀이

답

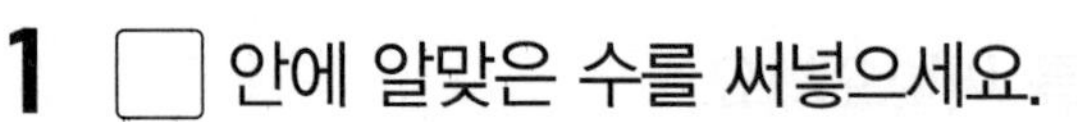

7 연필은 모두 몇 자루일까요?

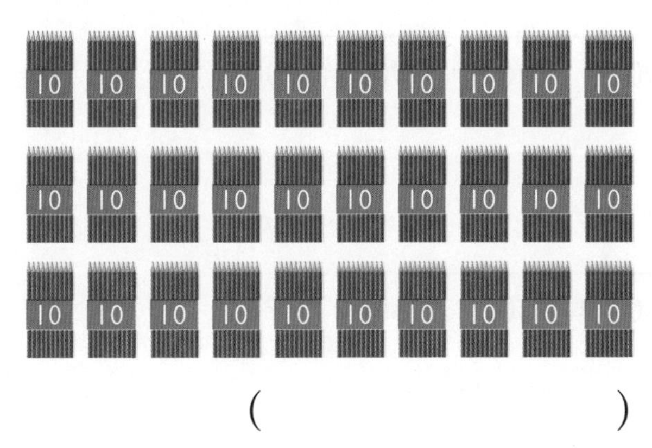

(   )

8 수 배열표를 보고 물음에 답하세요.

611	612	613	614	615
621	622	623	624	625
631	632	633	634	635
641	642	643	644	645
651	652	653	654	655

(1) 십의 자리 숫자가 2인 수를 모두 찾아 분홍색으로 칠해 보세요.

(2) 일의 자리 숫자가 4인 수를 모두 찾아 노란색으로 칠해 보세요.

(3) 두 가지 색이 모두 칠해진 수를 찾아 써 보세요.

(   )

〈 수학 익힘 유형 〉

9 색칠한 칸의 수와 더 가까운 수에 ○표 하세요.

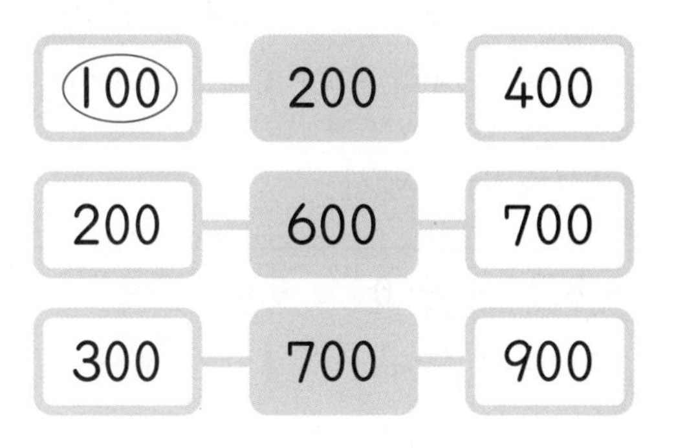

10 수 모형 4개 중 3개를 사용하여 나타낼 수 있는 세 자리 수를 모두 찾아 ○표 하세요.

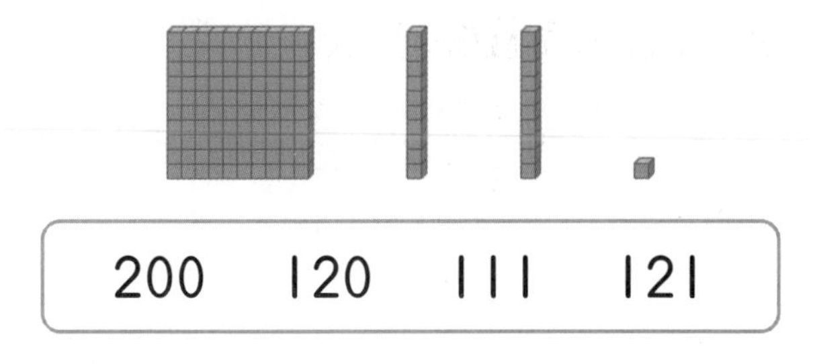

200　120　111　121

〈 수학 익힘 유형 〉

11 도훈이가 만든 수를 써 보세요.

내가 만든 수는
100이 7개인 세 자리 수야.
십의 자리 숫자는 20을 나타내고,
156과 일의 자리 숫자는 똑같아.

도훈

(   )

개념 5 뛰어 세기

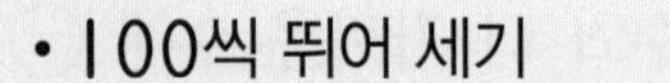

• 100씩 뛰어 세기

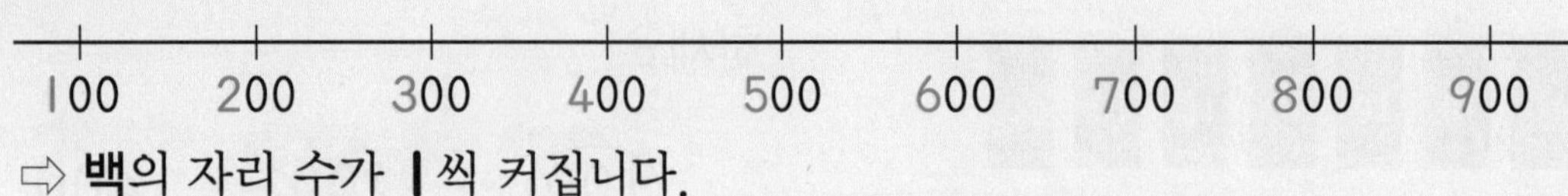

⇨ **백**의 자리 수가 1씩 커집니다.

• 10씩 뛰어 세기

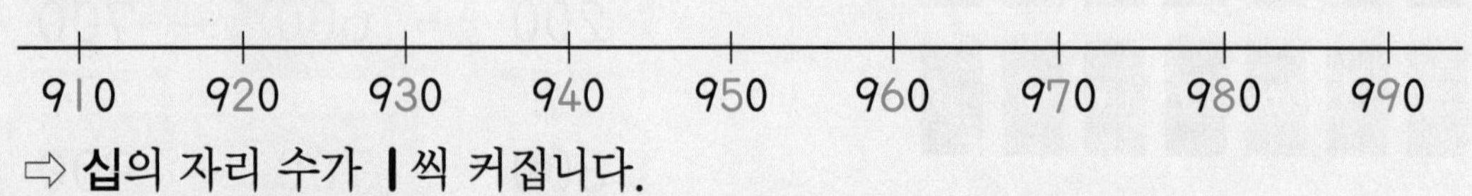

⇨ **십**의 자리 수가 1씩 커집니다.

• 1씩 뛰어 세기

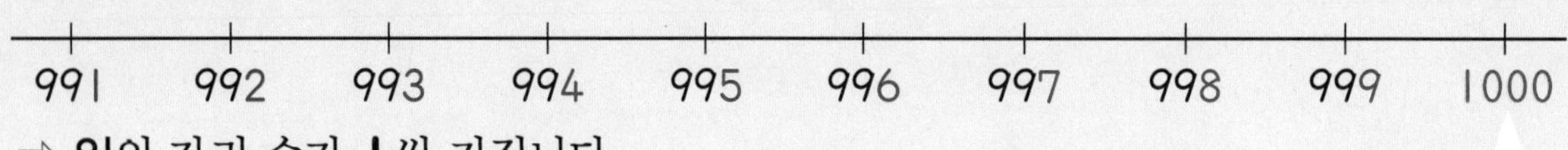

⇨ **일**의 자리 수가 1씩 커집니다.

999보다 1만큼 더 큰 수 → 쓰기 **1000** / 읽기 **천**

1 **빈칸에 알맞은 수를 써넣으세요.**

(1) 100씩 뛰어 세어 보세요.

300 — 400 — 500 — 600 — ☐ — ☐ — ☐

(2) 10씩 뛰어 세어 보세요.

620 — 630 — ☐ — 650 — 660 — ☐ — ☐

(3) 1씩 뛰어 세어 보세요.

994 — ☐ — 996 — ☐ — 998 — ☐ — ☐

STEP 1 기본유형 익히기

복습책 11쪽 | 정답 4쪽

1단원

1 빈칸에 알맞은 수를 써넣으세요.

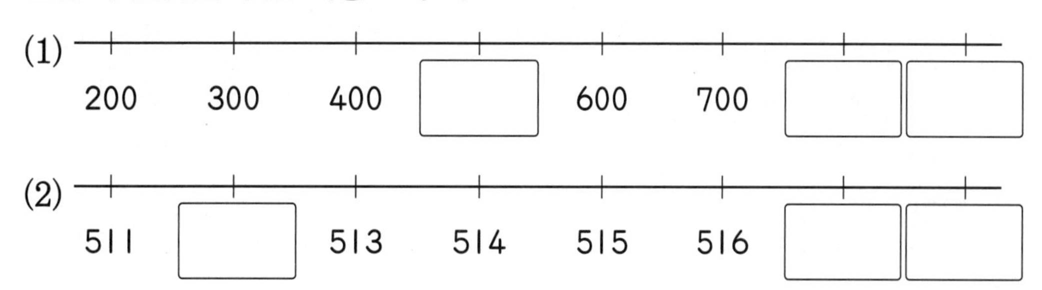

2 □ 안에 알맞은 수를 써넣으세요.

(1) 420 — 430 — 440 — 450 — 460 — 470

⇨ □씩 뛰어 세었습니다.

(2) 634 — 635 — 636 — 637 — 638 — 639

⇨ □씩 뛰어 세었습니다.

3 270부터 10씩 뛰어 세면서 선으로 이어 보세요.

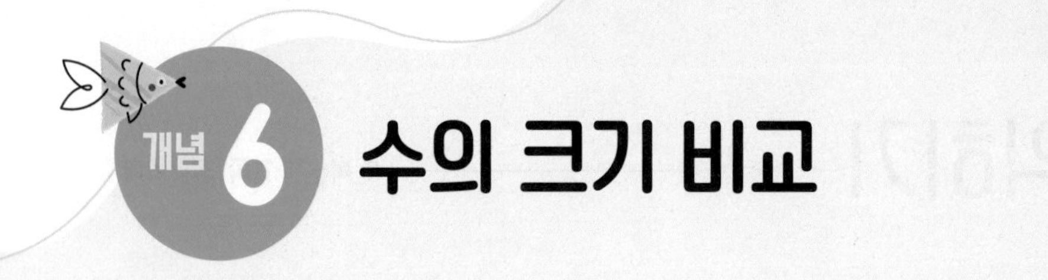

개념 6 수의 크기 비교

두 수의 크기 비교

백의 자리 수부터 비교하고,
백의 자리 수가 같으면 **십의 자리 수**,
백, 십의 자리 수가 각각 같으면
일의 자리 수를 비교합니다.

416 > 340 → 백의 자리 수를 비교합니다.

325 < 335 → 백의 자리 수가 같으므로 십의 자리 수를 비교합니다.

421 < 427 → 백, 십의 자리 수가 각각 같으므로 일의 자리 수를 비교합니다.

세 수의 크기 비교

먼저 두 수의 크기를 비교하여 더 큰 수, 더 작은 수를 찾게 한 다음, 한 수를 추가하여 가장 큰 수와 가장 작은 수를 찾아봅니다.

	백의 자리	십의 자리	일의 자리
242 ⇨	2	4	2
369 ⇨	3	6	9
365 ⇨	3	6	5

• 가장 큰 수: 369 • 가장 작은 수: 242

1 빈칸에 알맞은 수를 써넣고, 두 수의 크기를 비교하여 ◯ 안에 > 또는 < 를 알맞게 써넣으세요.

	백의 자리	십의 자리	일의 자리
678 ⇨	6		8
681 ⇨	6		1

678 ◯ 681

2 빈칸에 알맞은 수를 써넣고, 세 수의 크기를 비교하여 알맞은 수에 ◯표 하세요.

	백의 자리	십의 자리	일의 자리
143 ⇨	1	4	3
216 ⇨	2		
147 ⇨	1		

(1) 가장 큰 수 ⇨ (143 , 216 , 147)

(2) 가장 작은 수 ⇨ (143 , 216 , 147)

복습책 11쪽 | 정답 4쪽

1 두 수의 크기를 비교하여 ◯ 안에 > 또는 <를 알맞게 써넣으세요.

(1) 652 ◯ 353

(2) 591 ◯ 726

(3) 817 ◯ 842

(4) 488 ◯ 485

2 □ 안에 알맞은 수를 써넣고, 두 수의 크기를 비교하여 ◯ 안에 > 또는 <를 알맞게 써넣으세요.

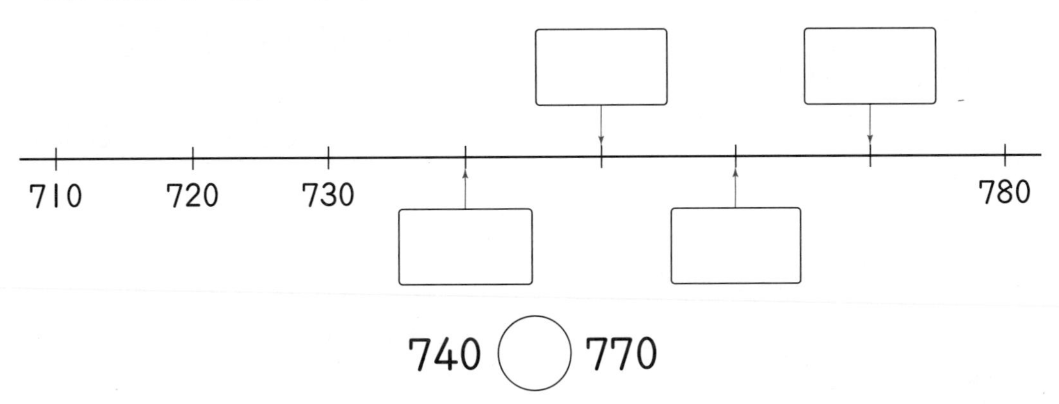

740 ◯ 770

3 수의 크기를 비교하여 가장 작은 수에는 빨간색, 가장 큰 수에는 파란색을 칠해 보세요.

STEP 2 실전유형 다지기

1 10씩 뛰어 세어 보세요.

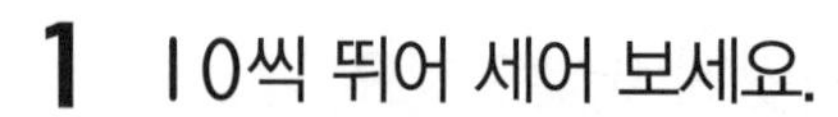

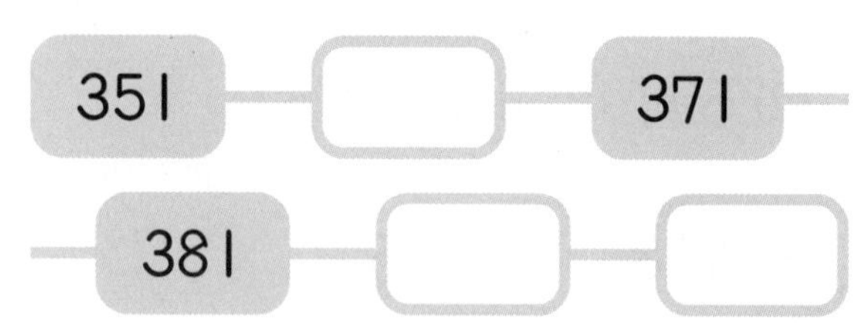

2 두 수의 크기를 비교하여 ◯ 안에 > 또는 <를 알맞게 써넣으세요.

(1) 198 ◯ 165

(2) 802 ◯ 807

3 1씩 거꾸로 뛰어 세어 보세요.

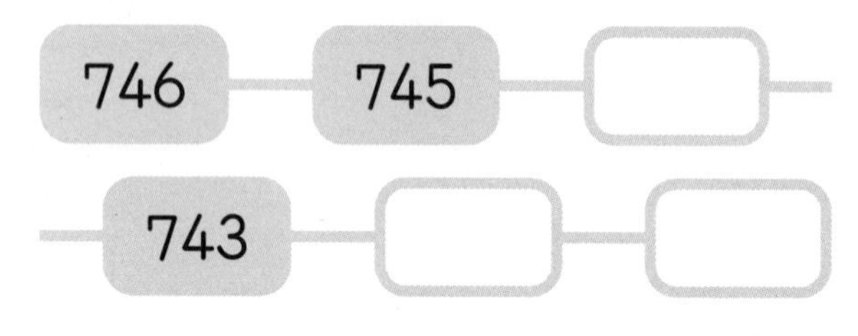

4 뛰어 세는 규칙을 찾아 빈칸에 알맞은 수를 써넣고, □ 안에 알맞은 수를 써넣으세요.

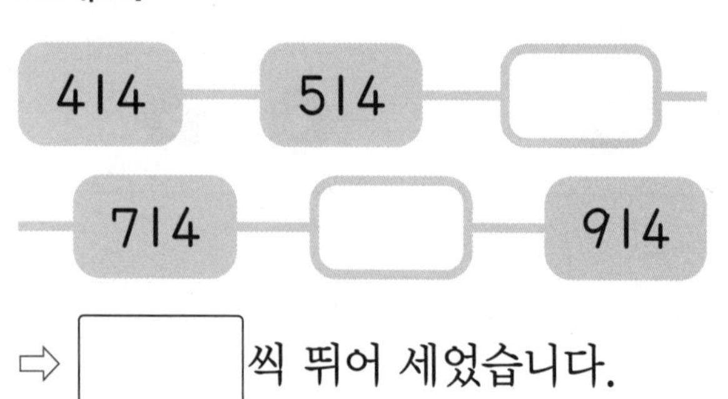

⇨ □씩 뛰어 세었습니다.

5 456부터 10씩 뛰어 센 수가 쓰여 있습니다. 빈 카드에 알맞은 수를 써넣으세요.

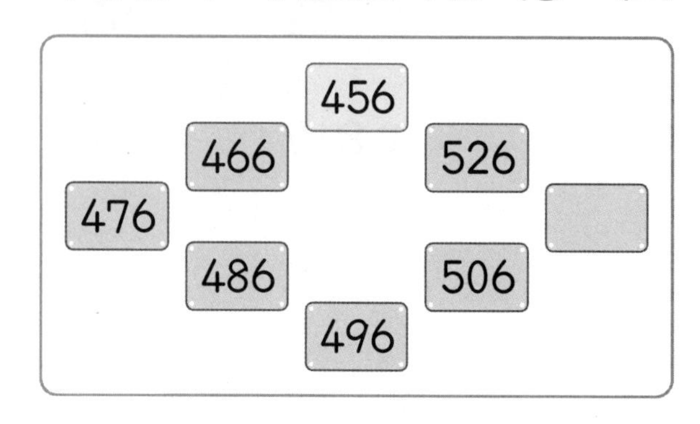

6 623보다 더 작은 수에 ◯표 하세요.

623	635	618

서술형

7 예서가 모은 구슬은 327개이고, 진우가 모은 구슬은 345개입니다. 구슬을 더 많이 모은 사람은 누구인지 풀이 과정을 쓰고 답을 구해 보세요.

❶ 327과 345의 크기 비교하기

풀이

❷ 구슬을 더 많이 모은 사람 구하기

풀이

답

8 서준이와 민국이가 나눈 대화를 읽고 물음에 답하세요.

- 서준: 나는 200에서 출발해서 1씩 뛰어 세었어.
- 민국: 나는 600에서 출발해서 100씩 거꾸로 뛰어 세었어.

(1) 서준이의 방법으로 뛰어 세어 보세요.

200 – □ – □ – □ – □ – □

(2) 민국이의 방법으로 뛰어 세어 보세요.

600 – □ – □ – □ – □ – □

9 유리와 현수가 은행에서 번호표를 뽑고 기다리고 있습니다. 번호표를 더 먼저 뽑은 사람은 누구일까요?

유리 현수

(　　　　　　)

10 큰 수부터 차례대로 써 보세요.

656　599　595

(　　　　　　)

〈수학 익힘 유형〉

11 □ 안에 들어갈 수 있는 수를 모두 찾아 ○표 하세요.

54□ > 547

1　2　3　4　5　6　7　8　9

〈수학 익힘 유형〉

12 수 카드를 한 번씩만 사용하여 □ 안에 알맞은 수를 써넣으세요.

250　270　280

275 < □

255 < □

245 < □

STEP 3 응용유형 다잡기

1 수 카드 [8], [4], [6]을 한 번씩만 사용하여 가장 큰 세 자리 수를 만들어 보세요.

(1) 알맞은 말에 ○표 하세요.

가장 큰 세 자리 수를 만들려면 백의 자리부터 (큰 , 작은) 수를 놓아야 합니다.

(2) 만들 수 있는 세 자리 수 중에서 가장 큰 수는 얼마일까요?

( )

한번더 **2** 위 1번의 수 카드를 한 번씩만 사용하여 만들 수 있는 가장 작은 세 자리 수를 구해 보세요.

( )

3 다음이 나타내는 수에서 100씩 3번 뛰어 센 수는 얼마인지 구해 보세요.

100이 4개, 10이 3개, 1이 1개인 수

(1) 나타내는 수는 얼마일까요? ( )

(2) 위 (1)에서 구한 수에서 100씩 3번 뛰어 센 수는 얼마일까요?

( )

한번더 **4** 다음이 나타내는 수에서 1씩 4번 뛰어 센 수는 얼마인지 구해 보세요.

100이 6개, 10이 2개, 1이 7개인 수

( )

《 수학 익힘 유형 》

5 다음 설명에서 나타내는 세 자리 수는 얼마인지 구해 보세요.

- 백의 자리 수는 5보다 크고 7보다 작은 수를 나타냅니다.
- 십의 자리 수는 60을 나타냅니다.
- 일의 자리 수는 2입니다.

(1) 백의 자리 수는 얼마일까요? (　　　　)

(2) 십의 자리 수는 얼마일까요? (　　　　)

(3) 나타내는 세 자리 수는 얼마일까요? (　　　　)

한번더

6 다음 설명에서 나타내는 세 자리 수는 얼마인지 구해 보세요.

- 백의 자리 수는 400을 나타냅니다.
- 십의 자리 수는 2입니다.
- 일의 자리 수는 3보다 작은 홀수를 나타냅니다.

(　　　　)

놀이 수학

《 수학 유형 》

7 밑줄 친 숫자가 나타내는 수를 표에서 찾아 비밀 단어를 만들어 보세요.

<u>2</u>85 ⇨ ①	1<u>9</u>2 ⇨ ②	84<u>9</u> ⇨ ③	10<u>2</u> ⇨ ④

수	200	20	90	2	900	9
글자	해	람	바	기	개	라

비밀 단어	①	②	③	④

단원 마무리

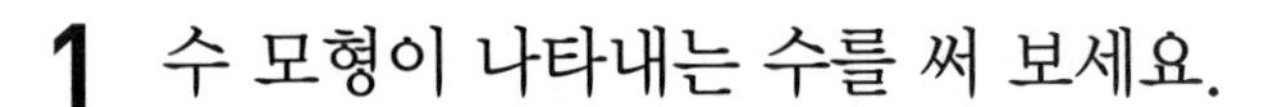

1 수 모형이 나타내는 수를 써 보세요.

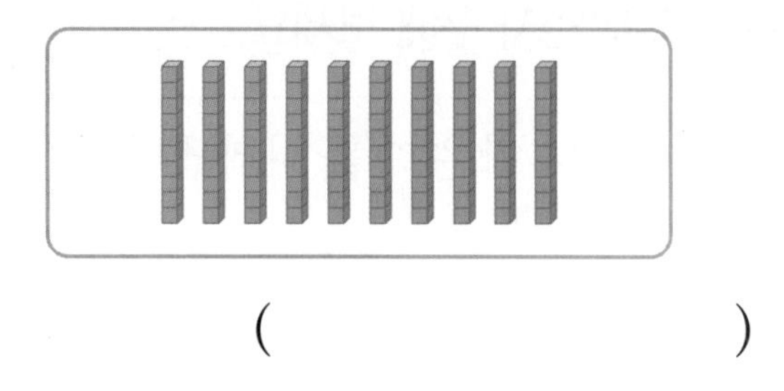

(　　　　　　　　)

2 100에 대해 설명한 것입니다. □ 안에 알맞은 수를 써넣으세요.

- 80보다 □만큼 더 큰 수
- □이 10개인 수
- □보다 1만큼 더 큰 수

3 수를 바르게 읽은 것에 ○표 하세요.

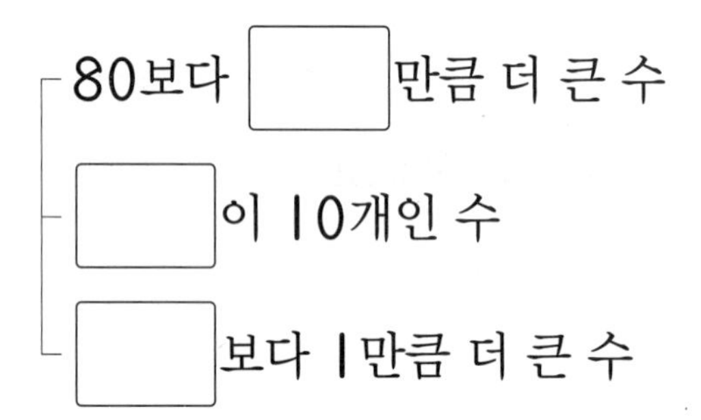

100이 3개인 수 ⇨ 사백	100이 5개인 수 ⇨ 오백
(　　　)	(　　　)

4 빈칸에 알맞은 수를 써넣으세요.

팔백칠	

5 □ 안에 알맞은 수를 써넣으세요.

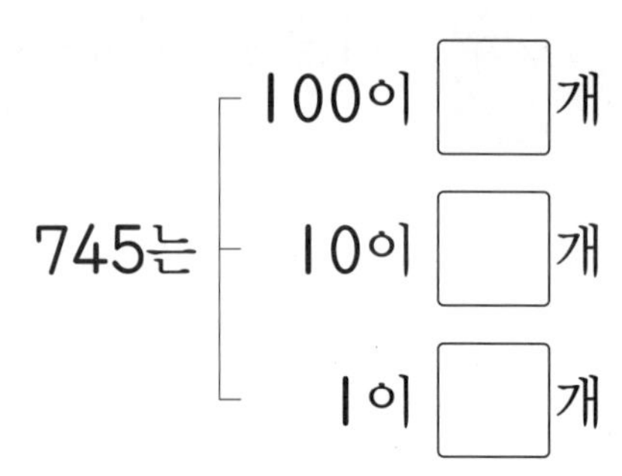

745는
- 100이 □개
- 10이 □개
- 1이 □개

6 917을 각 자릿값의 합으로 나타내 보세요.

917

= □ + □ + □

교과서에 꼭 나오는 문제

7 100씩 뛰어 세어 보세요.

359 — □ — 559 — □ — □ — 859

8 동전은 모두 얼마일까요?

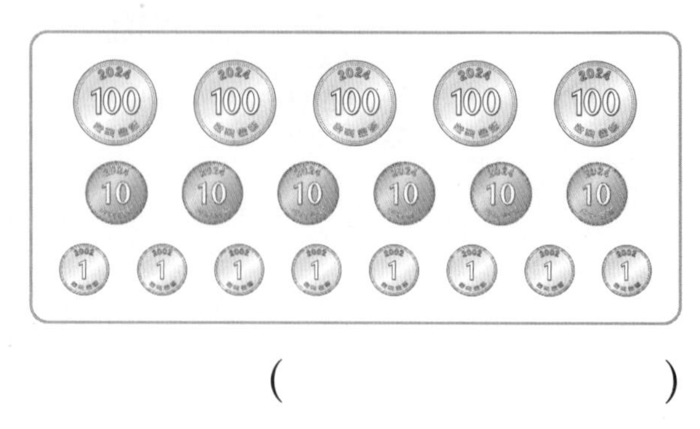

(　　　　　　　　)

9 밑줄 친 숫자는 얼마를 나타내는지 써 보세요.

285

(　　　　　　　　)

10 두 수의 크기를 비교하여 ○ 안에 > 또는 <를 알맞게 써넣으세요.

814 ○ 817

11 뛰어 세는 규칙을 찾아 빈칸에 알맞은 수를 써넣으세요.

□ — 606 — 607

608 — □ — □

잘 틀리는 문제

12 나타내는 수를 써 보세요.

100이 7개, 10이 4개,
1이 15개인 수

(　　　　　　　　)

13 단추가 한 통에 10개씩 들어 있습니다. 60통에 들어 있는 단추는 모두 몇 개일까요?

(　　　　　　　　)

교과서에 꼭 나오는 문제

14 도서관에 동화책이 285권, 위인전이 279권 있습니다. 동화책과 위인전 중에서 어느 것이 더 많을까요?

(　　　　　　　　)

15 윤아는 다음과 같은 방법으로 뛰어 세었습니다. 빈칸에 알맞은 수를 써넣으세요.

570에서 출발해서 10씩 거꾸로 뛰어 세었어.

570 — □ — □ — □

16 공원을 방문한 학생은 토요일이 일요일보다 더 많았습니다. □ 안에 들어갈 수 있는 수를 모두 찾아 ○표 하세요.

공원을 방문한 학생 수	토요일	일요일
	2□8명	275명

1 2 3 4 5 6 7 8 9

17 다음이 나타내는 수에서 100씩 5번 뛰어 센 수는 얼마일까요?

100이 3개, 10이 8개,
1이 6개인 수

( )

잘 틀리는 문제

18 다음 설명에서 나타내는 세 자리 수는 얼마일까요?

- 백의 자리 수는 800을 나타냅니다.
- 십의 자리 수는 3보다 작은 짝수를 나타냅니다.
- 일의 자리 수는 9입니다.

( )

서술형 문제

19 과일 가게에 귤이 100개씩 들어 있는 상자가 5상자, 낱개로 7개가 있습니다. 과일 가게에 있는 귤은 모두 몇 개인지 풀이 과정을 쓰고 답을 구해 보세요.

풀이

답

20 수 카드를 한 번씩만 사용하여 가장 큰 세 자리 수를 만들려고 합니다. 풀이 과정을 쓰고 답을 구해 보세요.

6 1 5

풀이

답

양초, 숟가락, 도넛, 책을 찾아요!

정답

2

재미있게 색칠하며 편의점을 완성해 보세요

여러 가지 도형

이 단원에서는

- 삼각형, 사각형, 원을 알아볼까요
- 칠교판으로 모양을 만들어 볼까요
- 쌓은 모양을 알아볼까요
- 여러 가지 모양으로 쌓아 볼까요

라면
라면
라면
라면
라면
라면
라면

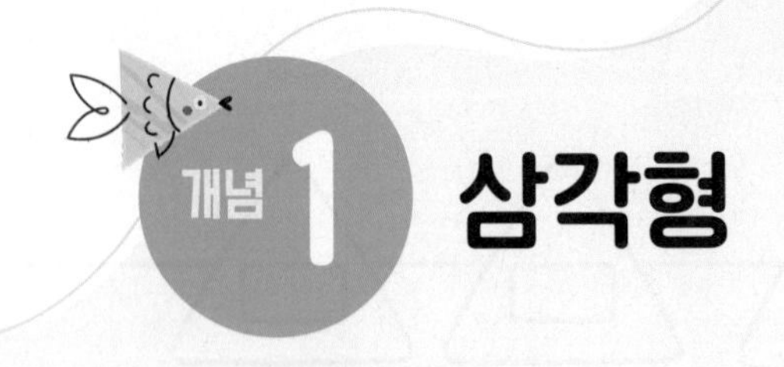

삼각형

삼각형 —• 三角形(석 삼, 뿔 각, 모양 형)

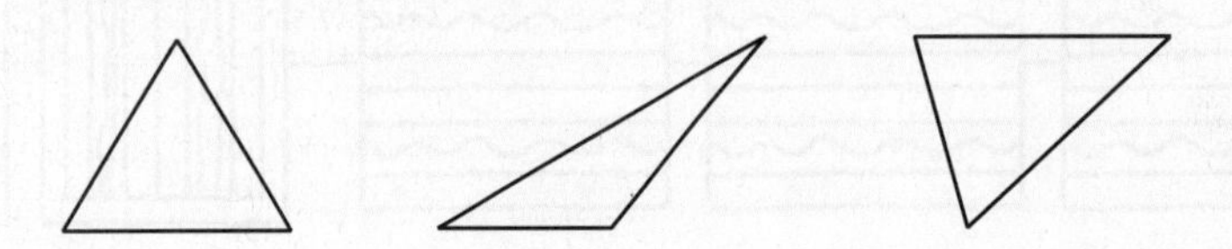

삼각형의 변과 꼭짓점

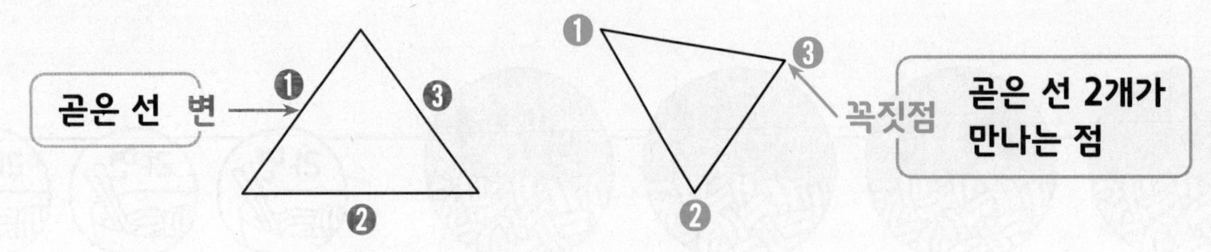

삼각형은 변이 3개, 꼭짓점이 3개입니다.

1 그림을 보고 물음에 답하세요.

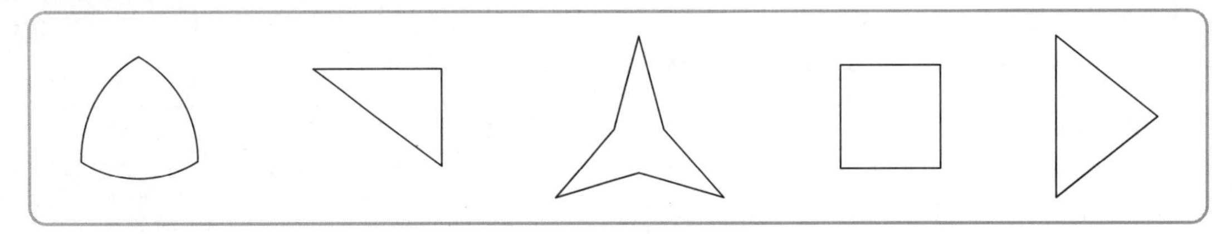

(1) 곧은 선 3개로 둘러싸인 도형을 모두 찾아 ○표 하세요.

(2) 위 (1)에서 찾은 도형을 무엇이라고 할까요?

( )

2 □ 안에 알맞은 말을 써넣으세요.

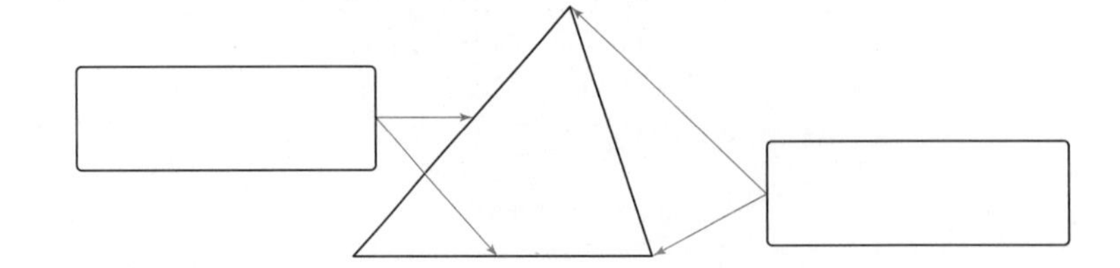

STEP 1 기본유형 익히기

복습책 19쪽 | 정답 7쪽

1 삼각형 모양이 있는 물건을 모두 찾아 ○표 하세요.

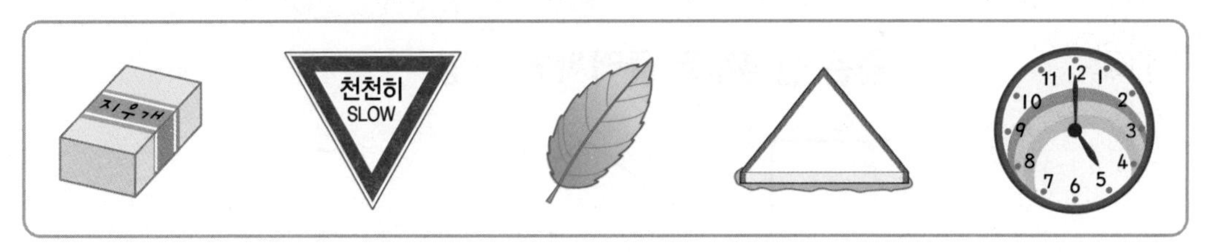

2 단원

2 삼각형을 모두 찾아 선을 따라 그려 보세요.

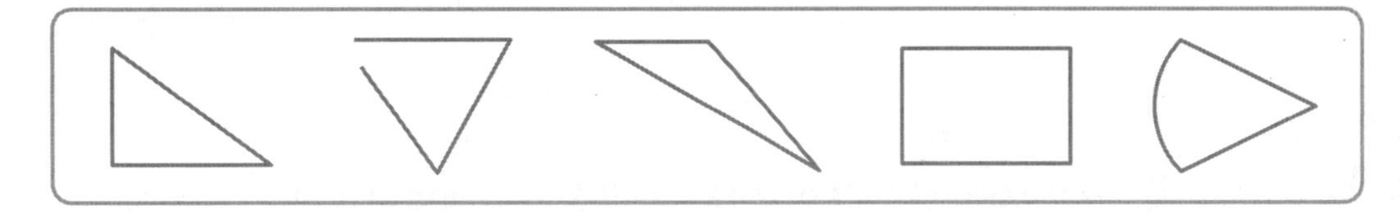

3 □ 안에 알맞은 수를 써넣으세요.

삼각형은 변이 □개, 꼭짓점이 □개입니다.

4 삼각형을 완성해 보세요.

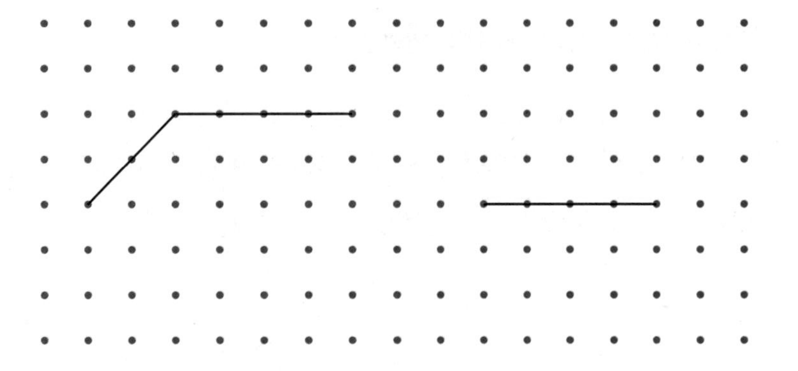

개념 2

사각형

사각형 —• 四角形(넉 사, 뿔 각, 모양 형)

곧은 선 4개로 둘러싸인 도형 → 사각형

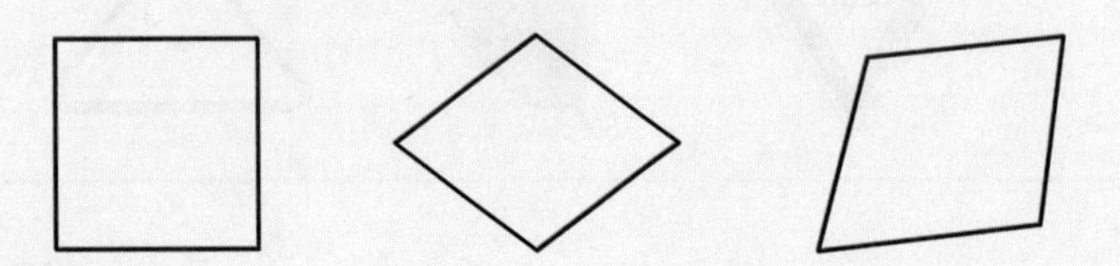

사각형의 변과 꼭짓점

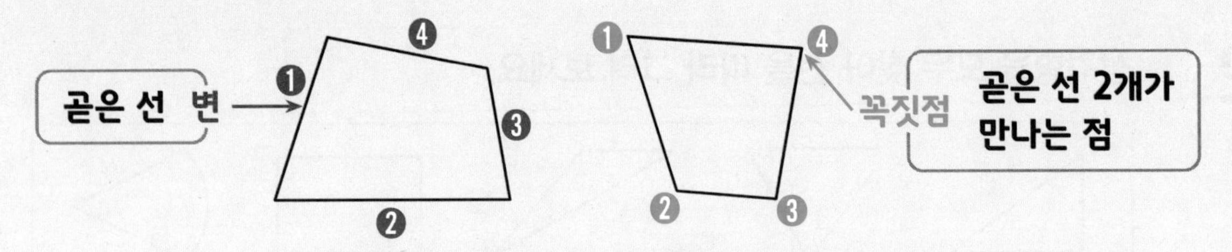

사각형은 변이 4개, 꼭짓점이 4개입니다.

1 그림을 보고 물음에 답하세요.

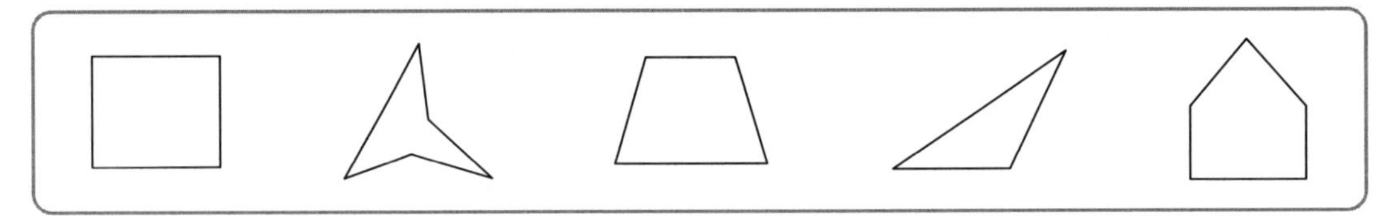

(1) 곧은 선 4개로 둘러싸인 도형을 모두 찾아 ○표 하세요.

(2) 위 (1)에서 찾은 도형을 무엇이라고 할까요?

( )

2 □ 안에 알맞은 말을 써넣으세요.

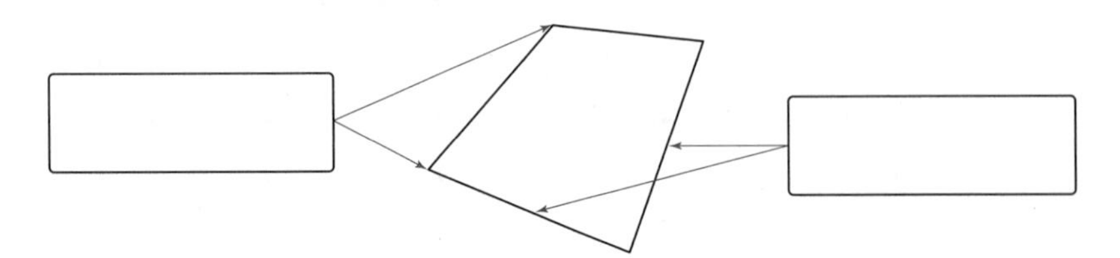

기본유형 익히기

복습책 19쪽 | 정답 7쪽

1 사각형 모양이 있는 물건을 모두 찾아 ◯표 하세요.

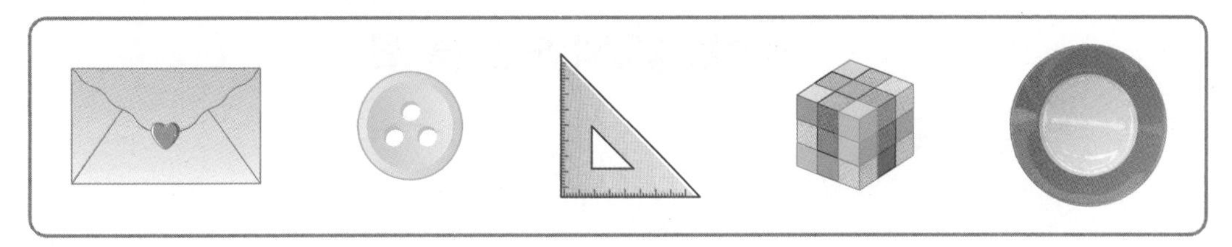

2 사각형을 모두 찾아 선을 따라 그려 보세요.

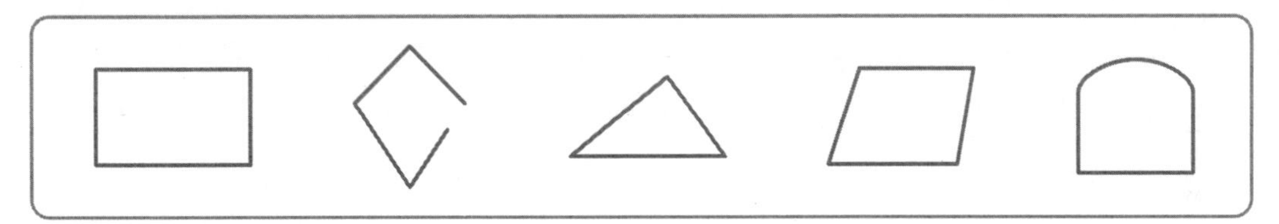

3 □ 안에 알맞은 수를 써넣으세요.

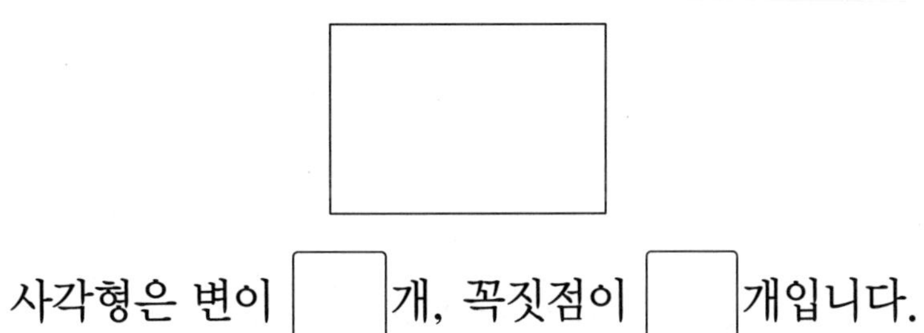

사각형은 변이 □개, 꼭짓점이 □개입니다.

4 사각형을 완성해 보세요.

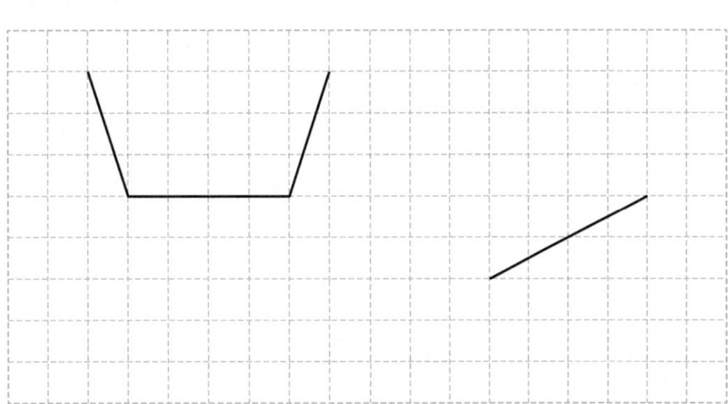

원

원 —• 圓(둥글 원)

동그란 모양의 도형 → 원

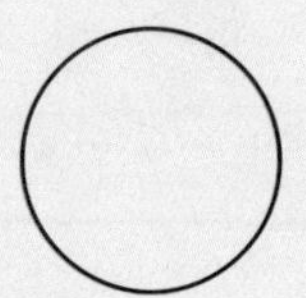

원의 특징

- 뾰족한 부분이 없습니다.
- 곧은 선이 없고, **굽은 선으로 이어져** 있습니다.
- **어느 곳에서 보아도 완전히 동그란 모양**입니다. —• 길쭉하거나 찌그러진 곳이 없습니다.
- 크기는 다를 수 있지만 **모양은 완전히 서로 같습니다.**

1 그림을 보고 물음에 답하세요.

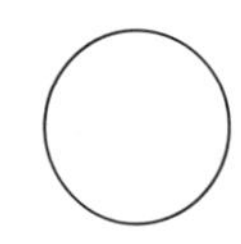
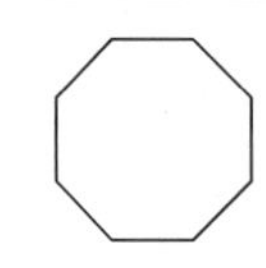
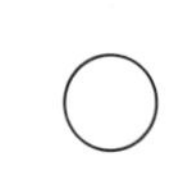
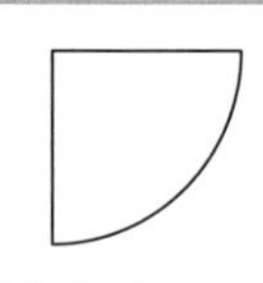

(1) 어느 곳에서 보아도 완전히 동그란 모양의 도형을 모두 찾아 ○표 하세요.

(2) 위 (1)에서 찾은 도형을 무엇이라고 할까요?

( )

2 종이컵을 본떠서 원을 그렸습니다. 원을 보고 알맞은 말에 ○표 하세요.

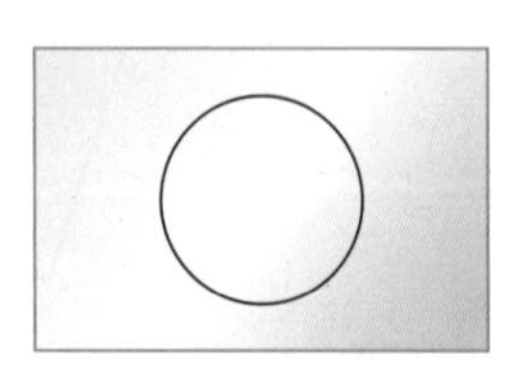

(1) 원은 뾰족한 부분이 (있습니다 , 없습니다).

(2) 원은 (곧은 , 굽은) 선으로 이어져 있습니다.

복습책 20쪽 | 정답 7쪽

1 원 모양이 있는 물건을 모두 찾아 ○표 하세요.

2 원을 모두 찾아 선을 따라 그려 보세요.

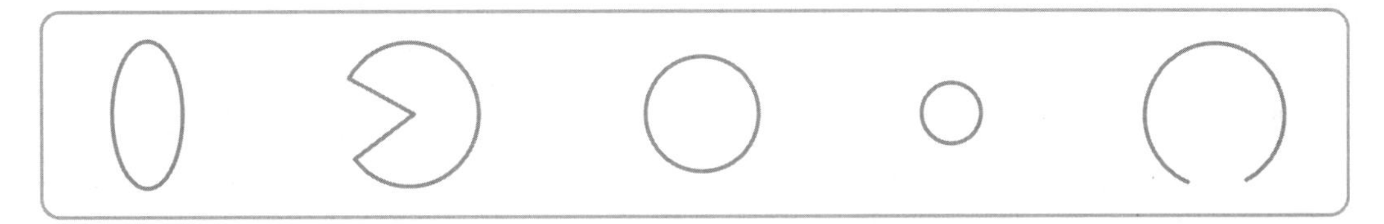

3 원에 대해 바르게 말한 사람을 모두 찾아 ○표 하세요.

원은 뾰족한 부분이 없어.
원은 곧은 선으로 이어져 있어.
원은 완전히 동그란 모양이야.
모든 원은 크기가 같아.

( ) ( ) ( ) ( )

4 주변의 물건이나 모양 자를 이용하여 크기가 다른 원을 3개 그려 보세요.

개념 4 칠교판으로 모양 만들기

칠교판 알아보기

칠교 조각은 모두 7개이고, 그중 삼각형이 5개, 사각형이 2개입니다.

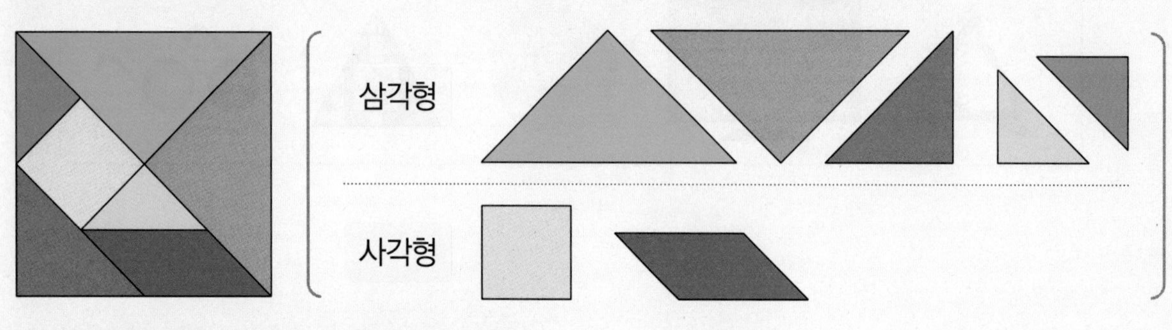

칠교 조각으로 삼각형과 사각형 만들기

• 삼각형

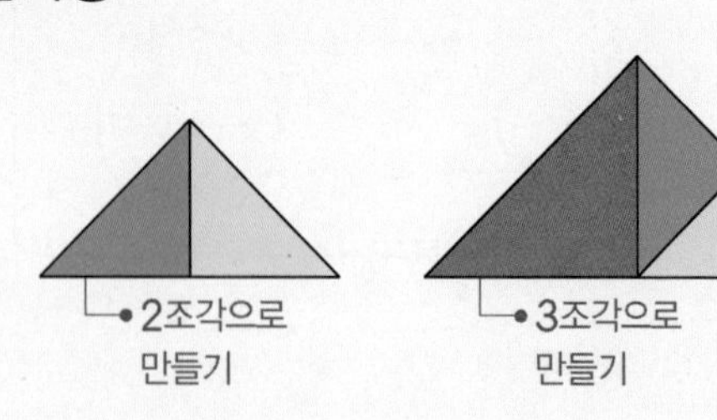

• 사각형

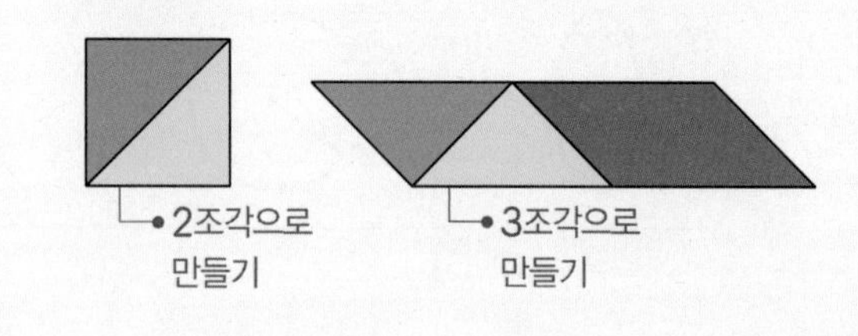

1 오른쪽 칠교판을 보고 알맞은 말에 ○표 하세요.

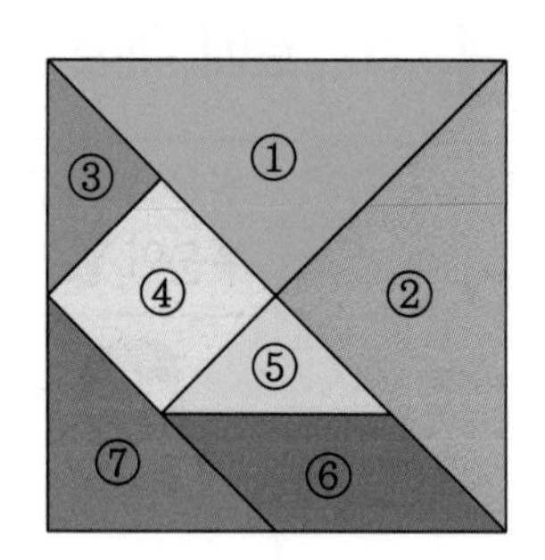

(1) ②번 조각은 (삼각형 , 사각형)입니다.

(2) ④번 조각은 (삼각형 , 사각형)입니다.

(3) ⑦번 조각은 (삼각형 , 사각형)입니다.

2 두 조각을 모두 이용하여 다음 사각형을 만들어 보세요. 활동지

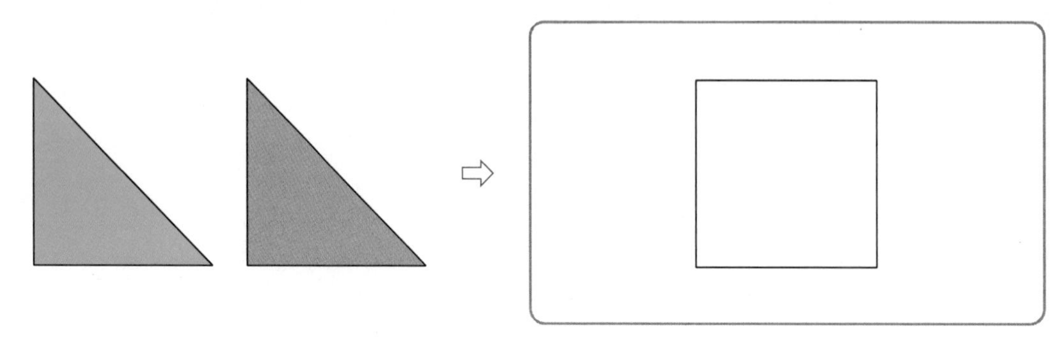

복습책 20쪽 | 정답 8쪽

1 칠교 조각이 삼각형이면 빨간색, 사각형이면 초록색으로 칠해 보세요.

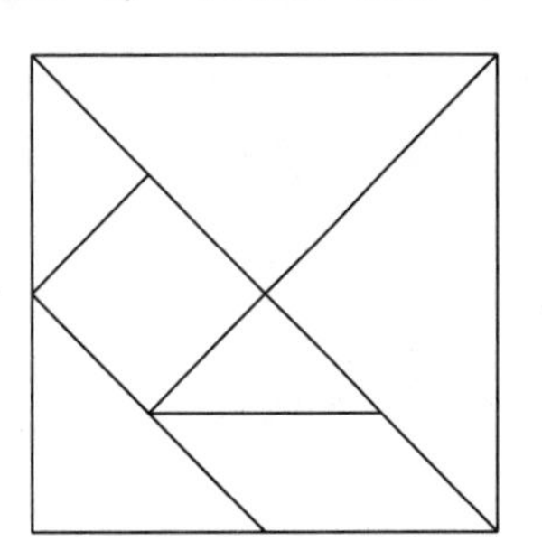

2 칠교 조각에 대해 바르게 말한 사람을 찾아 ○표 하세요.

칠교 조각은 모두 10개야.
칠교 조각에는 삼각형, 사각형, 원이 있어.
칠교 조각 중 삼각형은 5개야.
(　　　)
(　　　)
(　　　)

3 ◣, ◣ 조각을 모두 이용하여 주어진 칠교 조각을 만들어 보세요.

활동지

(1)　　　　　　(2)

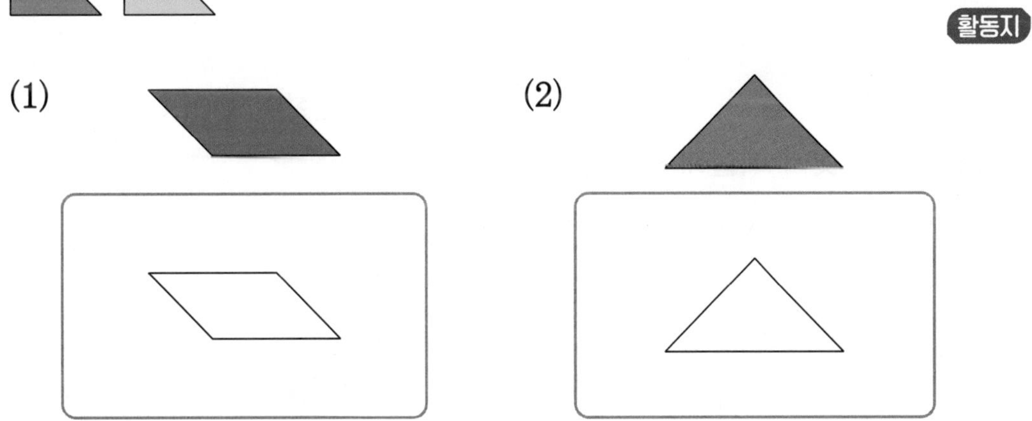

실전유형 다지기

1 도형의 이름을 찾아 선으로 이어 보세요.

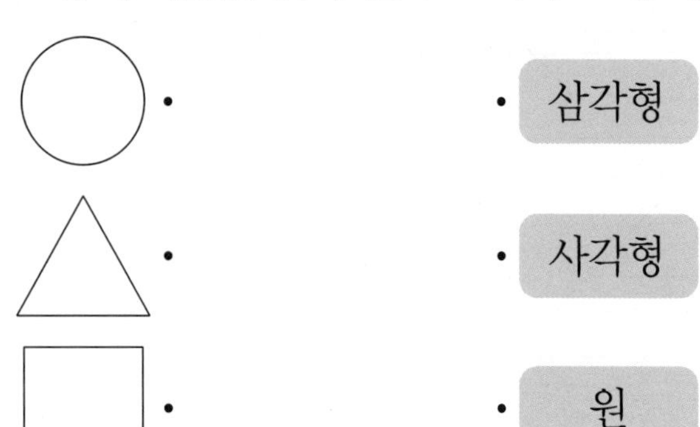

2 물건을 본떠 원을 그릴 수 있는 것을 모두 찾아 기호를 써 보세요.

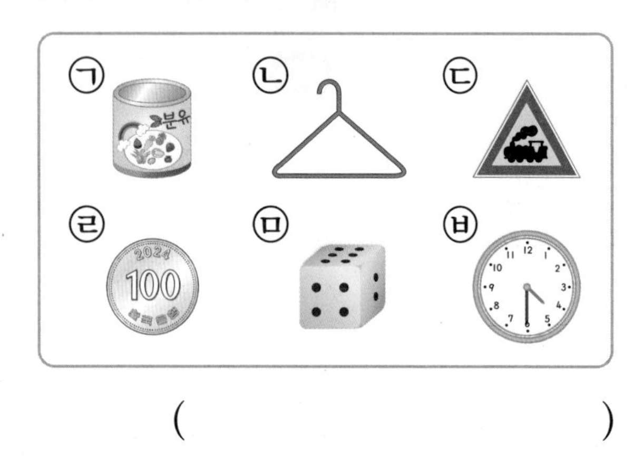

(　　　　　　　　)

3 삼각형을 모두 찾아 색칠해 보세요.

4 칠교 조각을 이용하여 만든 모양입니다. 이용한 삼각형 조각과 사각형 조각은 각각 몇 개일까요?

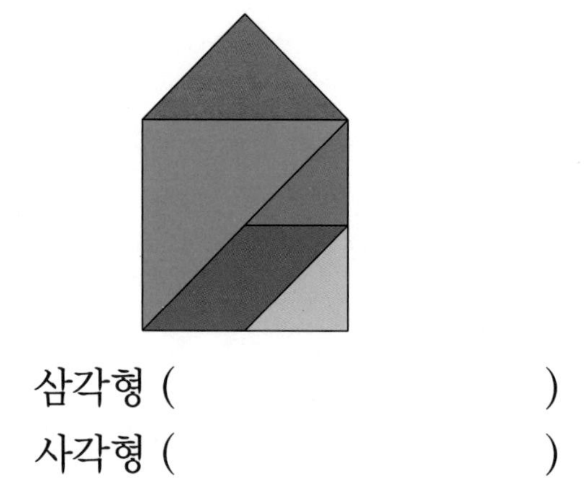

삼각형 (　　　　　　　　)

사각형 (　　　　　　　　)

5 삼각형과 사각형을 1개씩 그려 보세요.

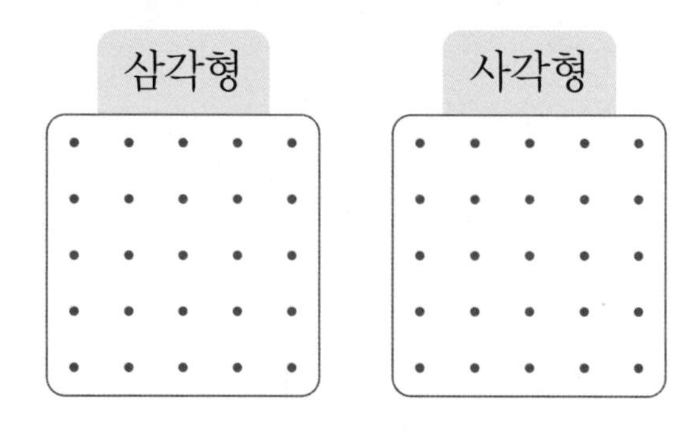

개념 확인 서술형

6 도형이 원이 아닌 이유를 써 보세요.

《 수학 익힘 유형 》

7 삼각형, 사각형, 원을 이용하여 왕관을 꾸며 보세요.

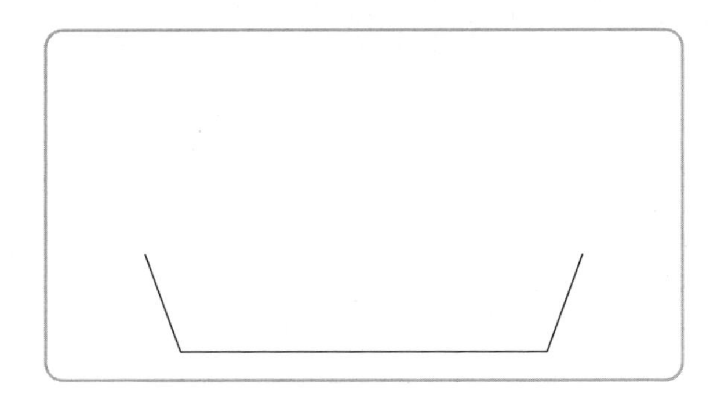

8 삼각형과 사각형의 공통점을 모두 찾아 기호를 써 보세요.

㉠ 둥근 부분이 있습니다.
㉡ 변과 꼭짓점이 있습니다.
㉢ 변이 3개, 꼭짓점이 3개입니다.
㉣ 곧은 선들로 둘러싸여 있습니다.

(　　　　　　　　　　)

9 색종이를 점선을 따라 자르면 어떤 도형이 몇 개 생기는지 써 보세요.

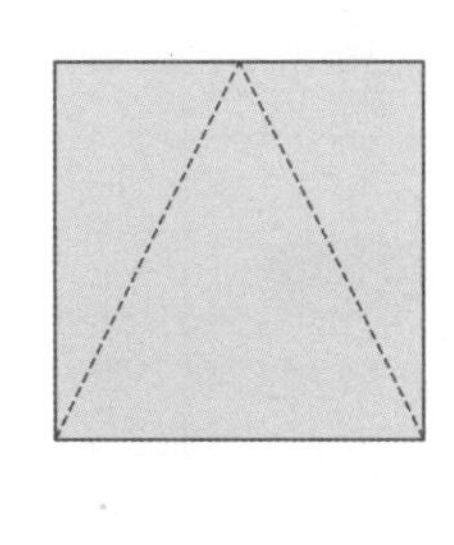

(　　　　　　,　　　　　　)

10 다음 도형의 변의 수와 꼭짓점의 수의 합은 몇 개일까요?

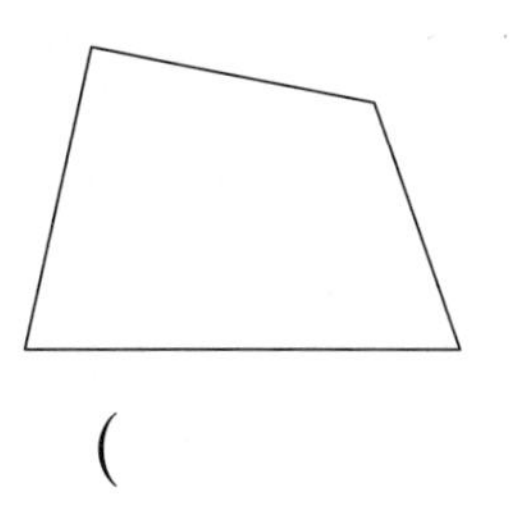

(　　　　　　　　　　)

11 세 조각을 모두 이용하여 사각형을 만들어 보세요. 활동지

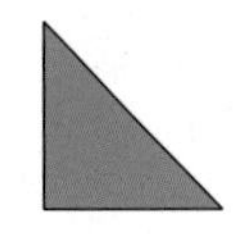

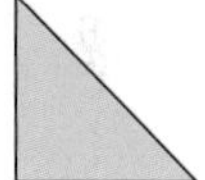

《 수학 유형 》

12 칠교 조각 3개를 이용하여 ①번 조각을 만들어 보세요. 활동지

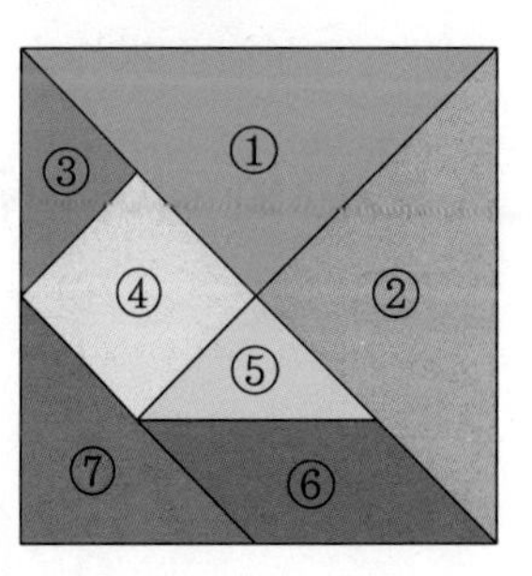

개념 5 쌓은 모양 알아보기

쌓기나무 높이 쌓기

• 쌓기나무는 상자 모양입니다.
• 쌓기나무를 높이 쌓으려면 반듯하게 맞춰 쌓아야 합니다.

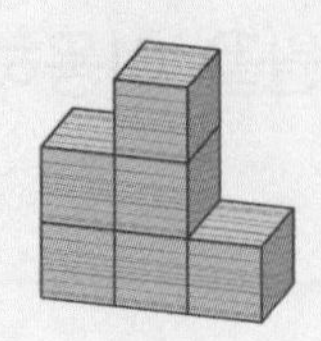

쌓은 모양을 설명하는 말 알아보기

쌓기나무의 방향을 설명할 때
내 앞에 있는 쪽을 앞쪽(반대쪽은 뒤쪽),
오른손이 있는 쪽은 오른쪽,
왼손이 있는 쪽은 왼쪽으로 나타냅니다.

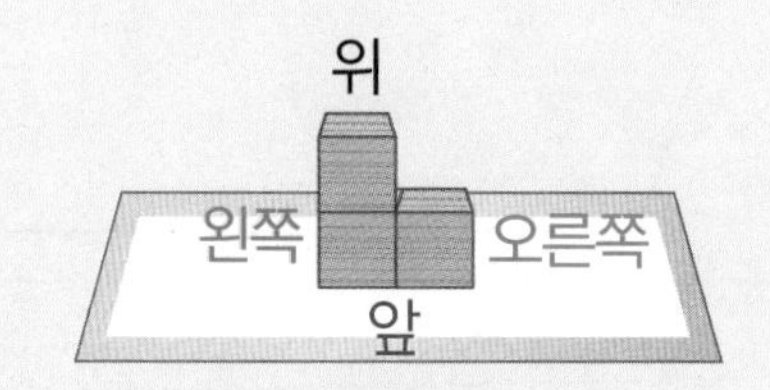

예

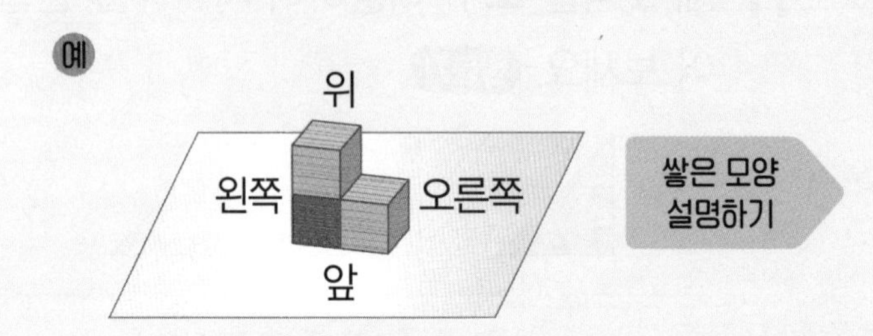

• 빨간색 쌓기나무가 1개 있습니다.
• 빨간색 쌓기나무 오른쪽에 쌓기나무 1개가 있습니다.
• 빨간색 쌓기나무 위에 쌓기나무 1개가 있습니다.

1 쌓기나무에 대한 설명이 맞으면 ○표, 틀리면 ×표 하세요.

(1) 쌓기나무는 삼각형 모양입니다. ············ (　　)

(2) 쌓기나무를 높이 쌓으려면 반듯하게 맞춰 쌓아야 합니다. ······ (　　)

2 〈보기〉와 같이 빨간색 쌓기나무 앞에 있는 쌓기나무를 찾아 ○표 하세요.

〈보기〉

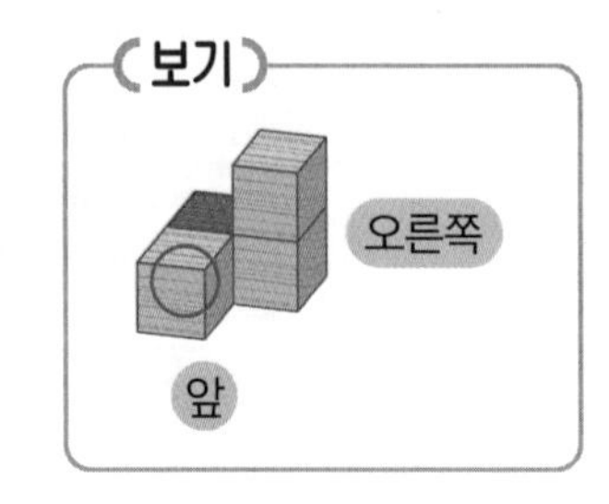

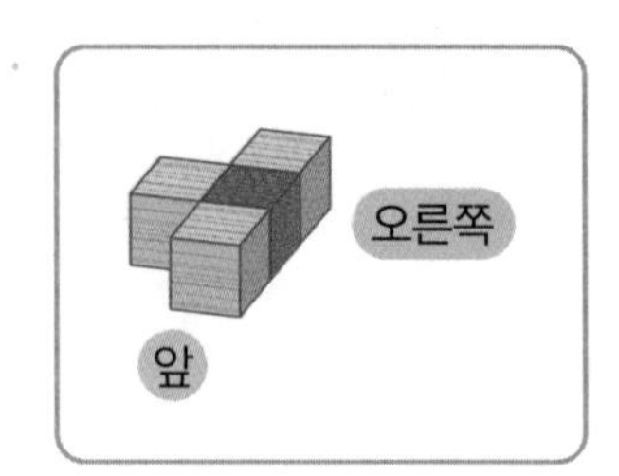

복습책 23쪽 | 정답 9쪽

1 슬기와 민우가 쌓기나무로 높이 쌓기 놀이를 하고 있습니다. 더 높이 쌓을 수 있는 사람은 누구일까요?

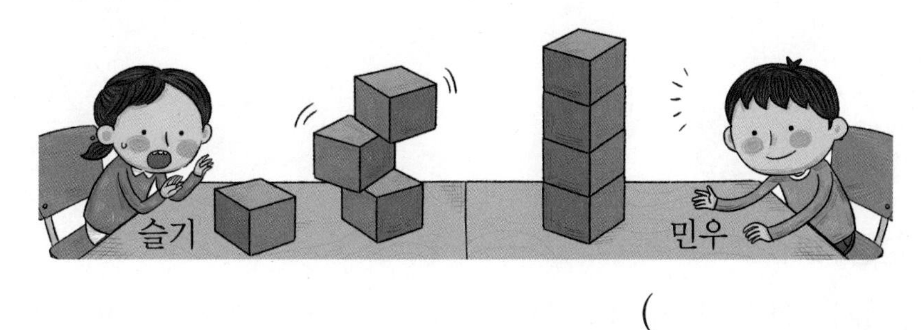

(　　　　　　　　)

2 단원

2 친구들이 설명하는 쌓기나무를 찾아 ○표 하세요.

(1)

빨간색 쌓기나무 왼쪽에 있는 쌓기나무.

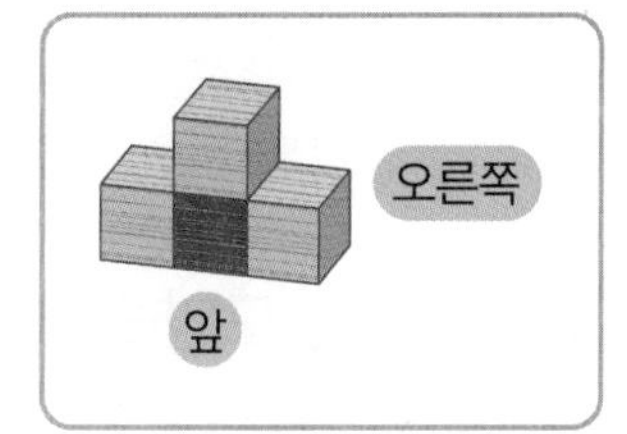

(2)

빨간색 쌓기나무 위에 있는 쌓기나무.

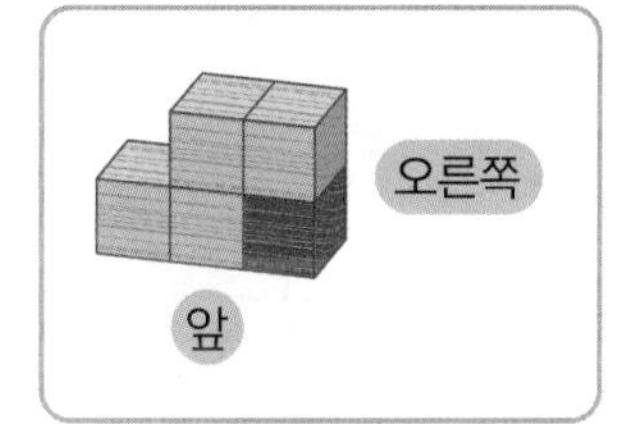

3 쌓기나무로 쌓은 모양에 대한 설명입니다. 알맞은 말에 ○표 하세요.

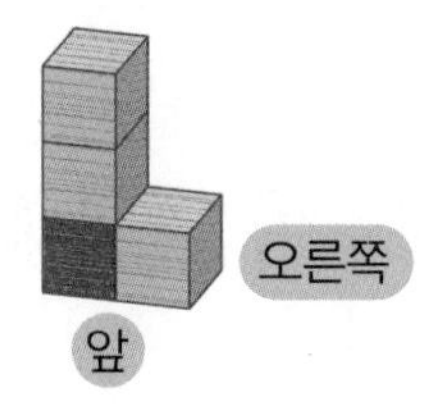

빨간색 쌓기나무가 1개 있고, 그 (오른쪽 , 왼쪽)에 쌓기나무 1개가 있습니다. 그리고 빨간색 쌓기나무 (앞 , 위)에 쌓기나무 2개가 있습니다.

개념 6 여러 가지 모양으로 쌓기

쌓기나무로 여러 가지 모양 만들기

• 쌓기나무 3개로 모양 만들기

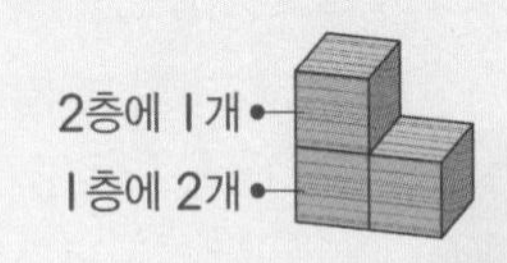

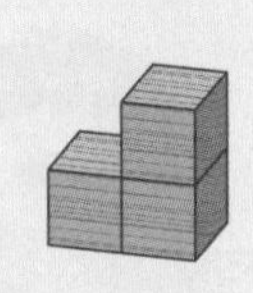

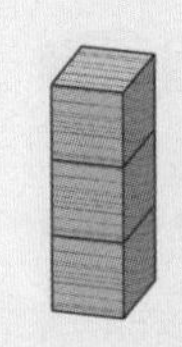

• 쌓기나무 4개로 모양 만들기

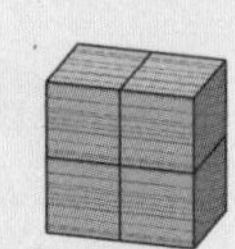

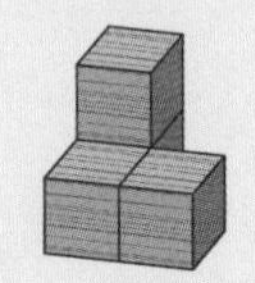

쌓은 모양 설명하기

쌓기나무의 전체적인 모양, 쌓기나무의 수, 위치와 방향, 쌓기나무의 층수 등을 이용하여 쌓은 모양을 설명할 수 있습니다.

쌓기나무의 수	쌓은 모양 설명하기
4개	쌓기나무 2개가 옆으로 나란히 있고, 왼쪽 쌓기나무 앞에 쌓기나무 2개가 있습니다.

1 쌓기나무 4개로 만든 모양을 찾아 ○표 하세요.

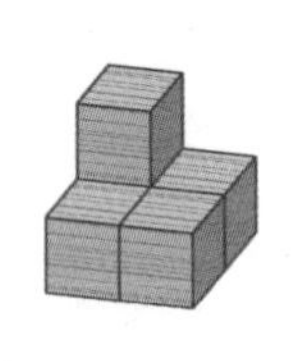

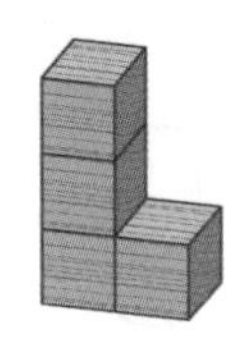

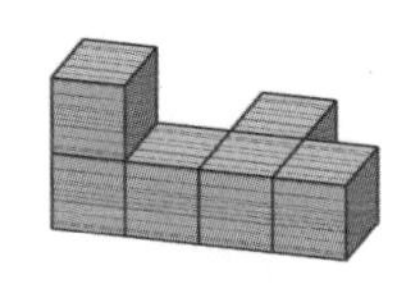

( ) ( ) ( )

2 쌓기나무 5개로 모양을 만들고, 쌓은 모양을 설명한 것입니다. 알맞은 말에 ○표 하세요.

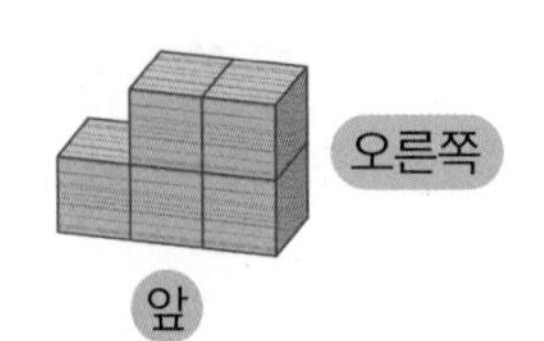

쌓기나무 3개가 1층에 옆으로 나란히 있고,
가운데와 맨 오른쪽 쌓기나무 (위 , 앞)에
쌓기나무가 각각 1개씩 있습니다.

1 기본유형 익히기

복습책 23쪽 | 정답 9쪽

1 쌓기나무 5개로 만든 모양을 모두 찾아 ○표 하세요.

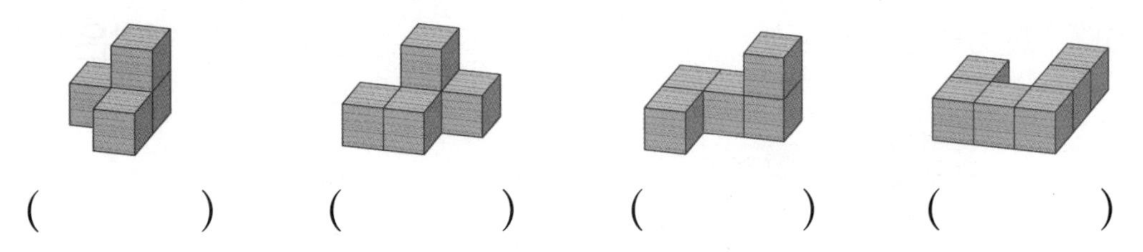

( ) ( ) ( ) ( )

2 쌓기나무로 쌓은 모양에 대한 설명입니다. 알맞은 수와 말에 ○표 하세요.

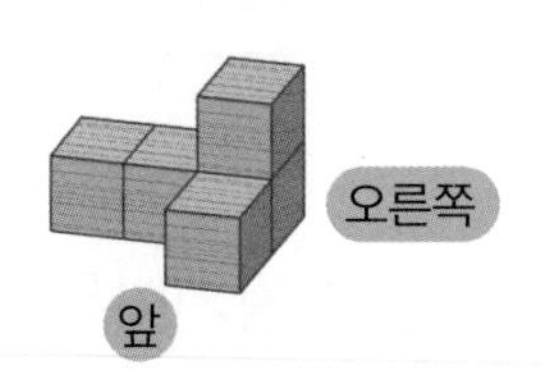

쌓기나무 (3 , 4)개가 1층에 옆으로 나란히 있고, 맨 오른쪽 쌓기나무 앞과 (위 , 오른쪽)에 쌓기나무가 각각 1개씩 있습니다.

3 설명대로 쌓은 모양에 ○표 하세요.

쌓기나무 3개가 옆으로 나란히 있고, 맨 왼쪽과 맨 오른쪽 쌓기나무 앞에 쌓기나무가 각각 1개씩 있습니다.

( ) ( )

실전유형 다지기

1 빨간색 쌓기나무 뒤에 있는 쌓기나무를 찾아 ◯표 하세요.

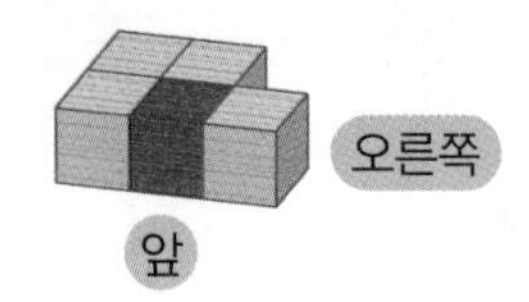

2 설명대로 쌓은 모양을 찾아 선으로 이어 보세요.

I층에 I개, 2층에 I개, 3층에 I개가 있습니다.	3개가 옆으로 나란히 있고, 맨 오른쪽 쌓기나무 뒤에 I개가 있습니다.

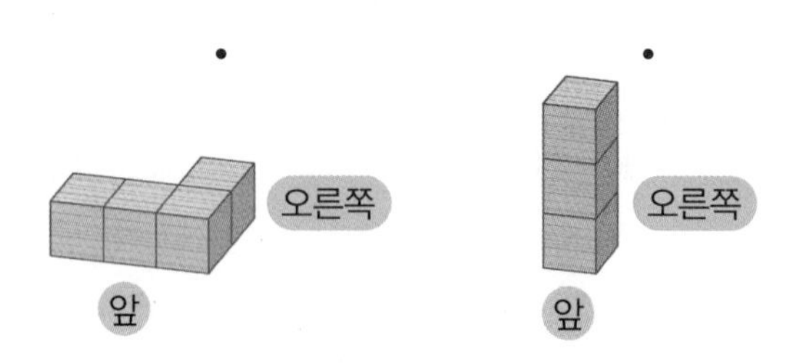

3 쌓기나무 3개로 만든 모양을 모두 찾아 써 보세요.

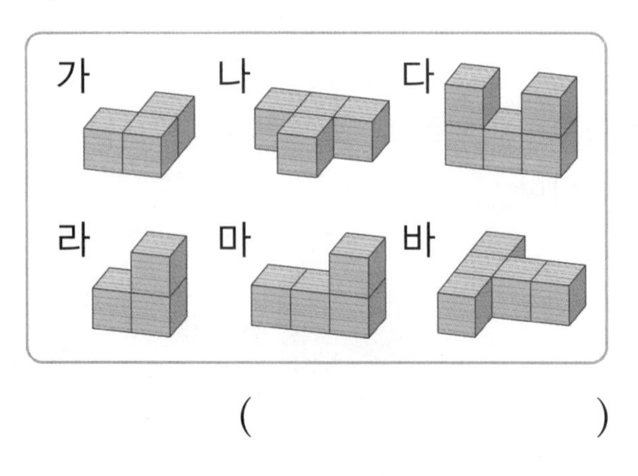

( )

4 쌓기나무로 쌓은 모양에 대한 설명입니다. 〈보기〉에서 알맞은 말을 골라 □ 안에 써넣으세요.

쌓기나무 3개가 I층에 옆으로 나란히 있고, 맨 왼쪽 쌓기나무 □와 맨 오른쪽 쌓기나무 □에 쌓기나무가 각각 I개씩 있습니다.

〈수학 익힘 유형〉

5 왼쪽 모양에서 쌓기나무 I개를 옮겨 오른쪽과 똑같은 모양을 만들려고 합니다. 옮겨야 할 쌓기나무를 찾아 ◯표 하세요.

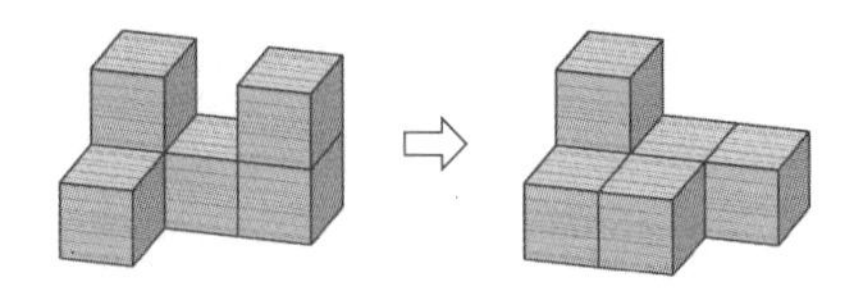

서술형

6 쌓기나무로 탈것 모양을 만들었습니다. 어떻게 만들었는지 설명해 보세요.

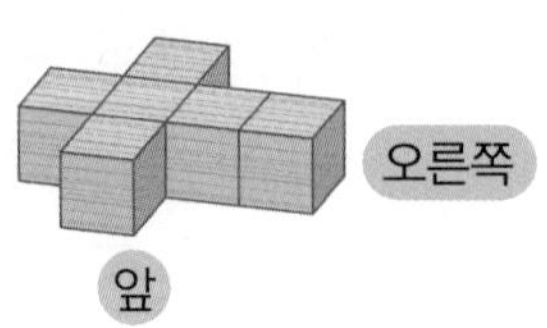

답 ______________________

____

____

7 오른쪽과 같이 쌓기나무로 쌓은 모양을 보고 바르게 설명한 것의 기호를 써 보세요.

㉠ 쌓기나무가 1층에 4개, 2층에 1개 있습니다.
㉡ 쌓기나무 3개가 1층에 옆으로 나란히 있고, 가운데 쌓기나무 위에 쌓기나무 2개가 있습니다.

( )

8 주어진 조건에 맞게 쌓기나무를 색칠해 보세요.

- 빨간색 쌓기나무 뒤에 파란색 쌓기나무
- 초록색 쌓기나무 위에 노란색 쌓기나무

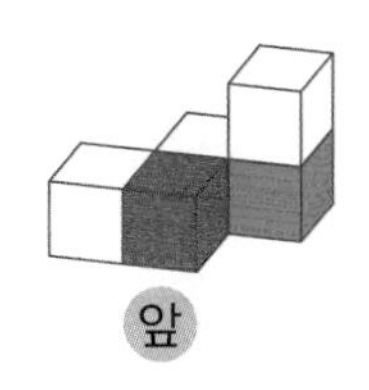

9 설명대로 쌓기나무를 쌓으려고 합니다. 모양을 완성해 보세요.

쌓기나무 4개가 1층에 옆으로 나란히 있고, 맨 왼쪽 쌓기나무 위와 맨 오른쪽 쌓기나무 위에 쌓기나무가 각각 1개씩 있습니다.

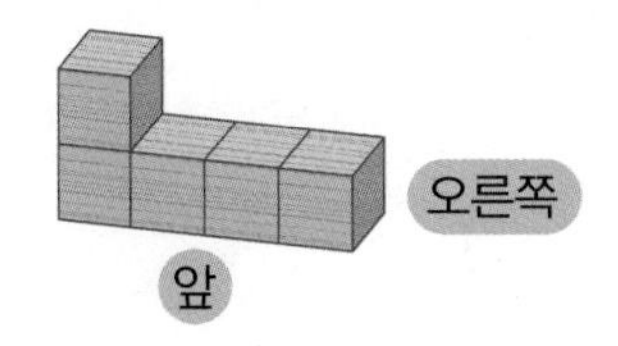

10 다음과 같이 명령어를 입력하여 오른쪽과 같은 모양으로 쌓으려고 합니다. 〈보기〉에서 필요한 명령어를 모두 찾아 기호를 써 보세요.

명령어
- 빨간색 쌓기나무 놓기
- 빨간색 쌓기나무 왼쪽에 쌓기나무 1개 놓기
-
-

〈보기〉
㉠ 빨간색 쌓기나무 앞에 쌓기나무 1개 놓기
㉡ 빨간색 쌓기나무 오른쪽에 쌓기나무 1개 놓기
㉢ 빨간색 쌓기나무 위에 쌓기나무 1개 놓기

( )

11 오른쪽과 같이 쌓기나무로 쌓은 모양에 대한 설명입니다. 틀린 부분을 모두 찾아 바르게 고쳐 보세요.

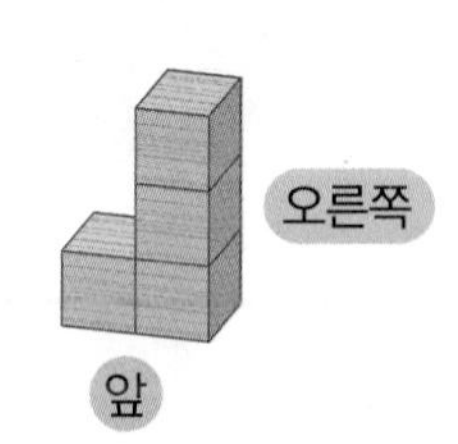

쌓기나무 2개가 1층에 옆으로 나란히 있고, 왼쪽 쌓기나무 위에 쌓기나무 3개가 있습니다.

STEP 3 응용유형 다잡기

1 원을 모두 찾아 원 안에 있는 수의 합을 구해 보세요.

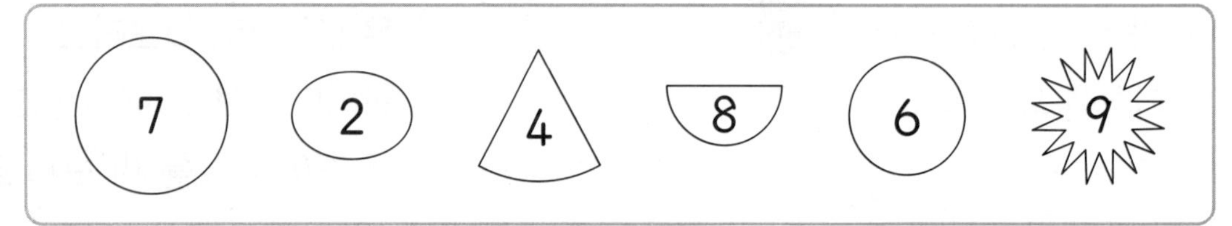

(1) 원을 모두 찾아 ○표 하세요.

(2) 위 (1)에서 찾은 원 안에 있는 수의 합은 얼마일까요?

( )

한번더

2 사각형을 모두 찾아 사각형 안에 있는 수의 합을 구해 보세요.

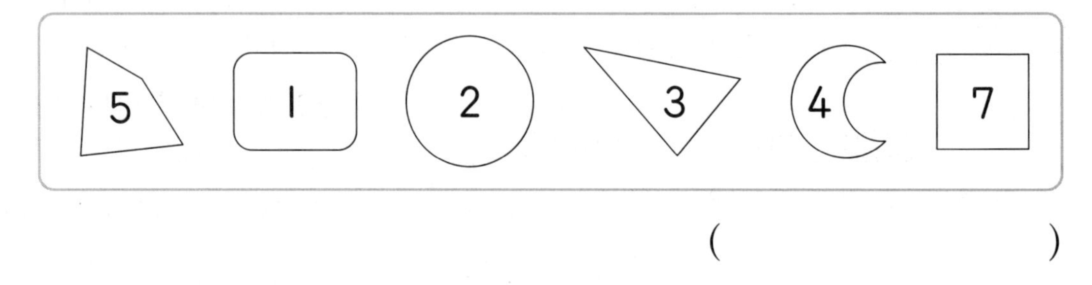

( )

3 쌓기나무로 오른쪽과 같은 모양을 만들었습니다. 쌓기나무가 10개 있었다면 모양을 만들고 남은 쌓기나무는 몇 개인지 구해 보세요.

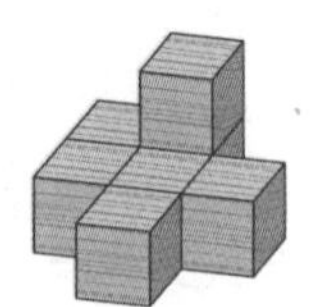

(1) 사용한 쌓기나무는 몇 개일까요? ( )

(2) 남은 쌓기나무는 몇 개일까요? ( )

한번더

4 쌓기나무로 오른쪽과 같은 모양을 만들었습니다. 쌓기나무가 13개 있었다면 모양을 만들고 남은 쌓기나무는 몇 개인지 구해 보세요.

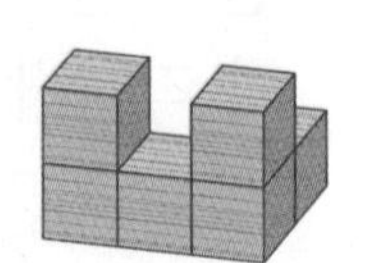

( )

5 오른쪽 그림에서 찾을 수 있는 크고 작은 삼각형은 모두 몇 개인지 구해 보세요.

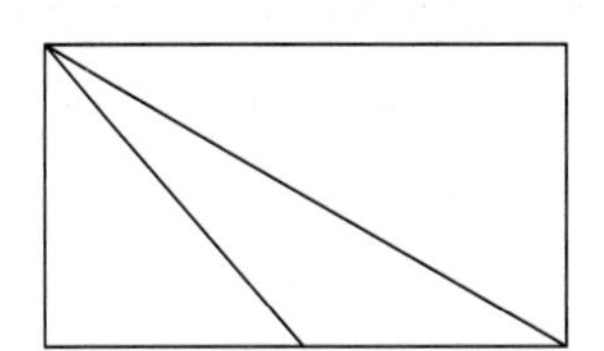

(1) 작은 삼각형 1개짜리와 작은 삼각형 2개짜리로 이루어진 삼각형은 각각 몇 개일까요?

작은 삼각형 1개짜리 (　　　　　)

작은 삼각형 2개짜리 (　　　　　)

(2) 그림에서 찾을 수 있는 크고 작은 삼각형은 모두 몇 개일까요?

(　　　　　)

한번더

6 오른쪽 그림에서 찾을 수 있는 크고 작은 사각형은 모두 몇 개인지 구해 보세요.

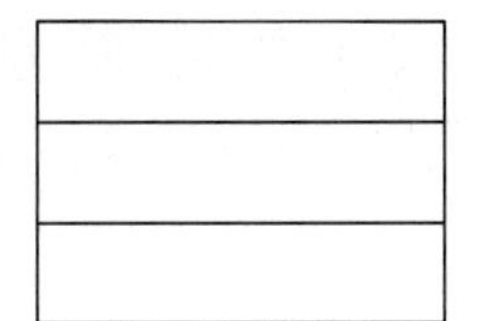

(　　　　　)

놀이 수학　　《 수학 유형 》

7 칠교판의 칠교 조각을 모두 이용하여 다음과 같은 모양을 완성해 보세요.

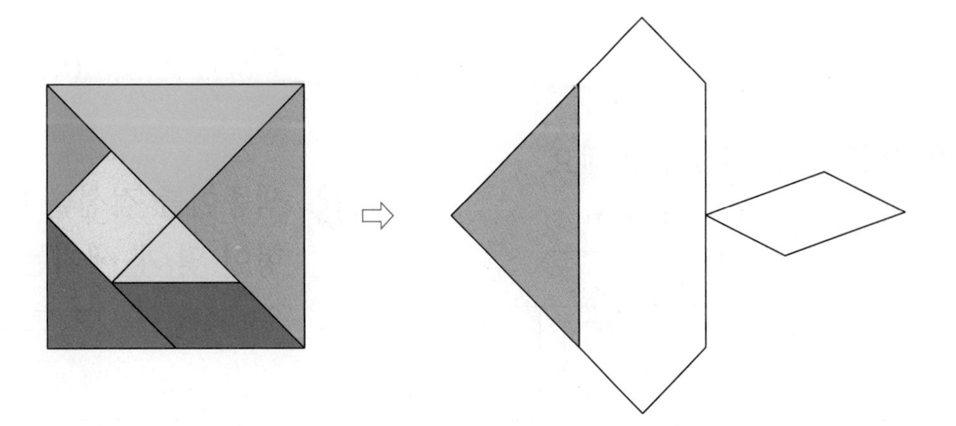

단원 마무리

(1~3) 도형을 보고 물음에 답하세요.

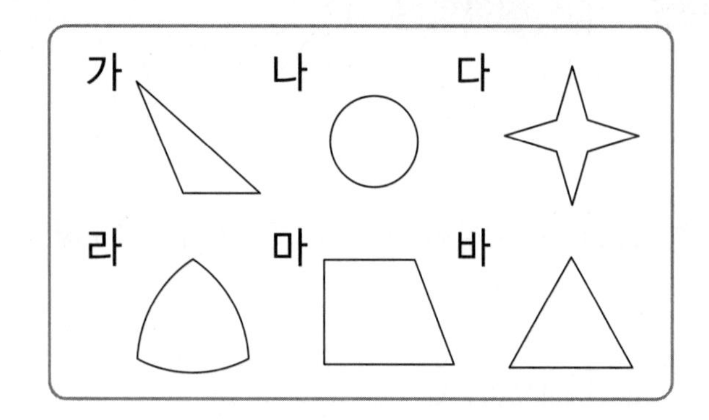

1 삼각형을 모두 찾아 써 보세요.

( )

2 원을 찾아 써 보세요.

( )

3 꼭짓점이 4개인 도형을 찾아 써 보세요.

( )

4 원을 모두 찾아 색칠해 보세요.

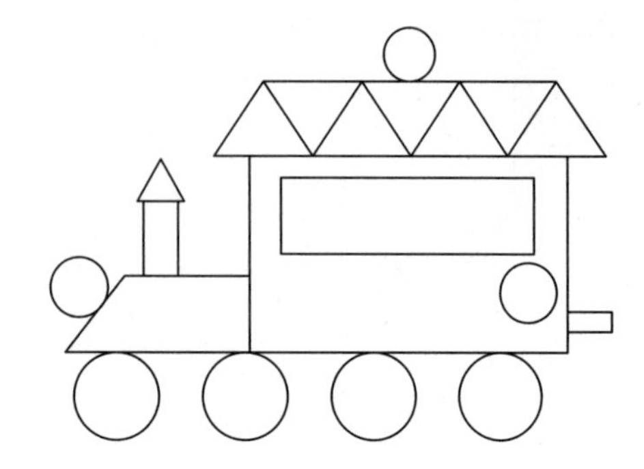

교과서에 꼭 나오는 문제

5 빨간색 쌓기나무 오른쪽에 있는 쌓기나무를 찾아 ○표 하세요.

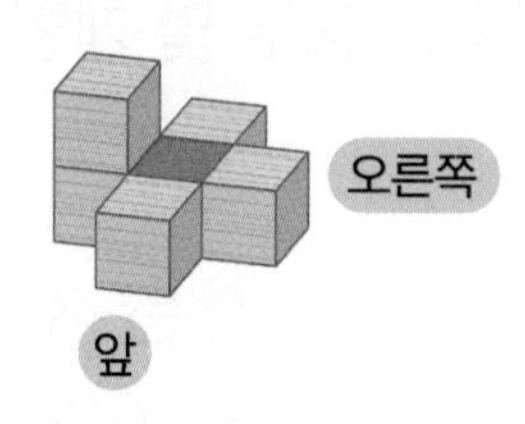

6 삼각형과 사각형을 각각 1개씩 그려 보세요.

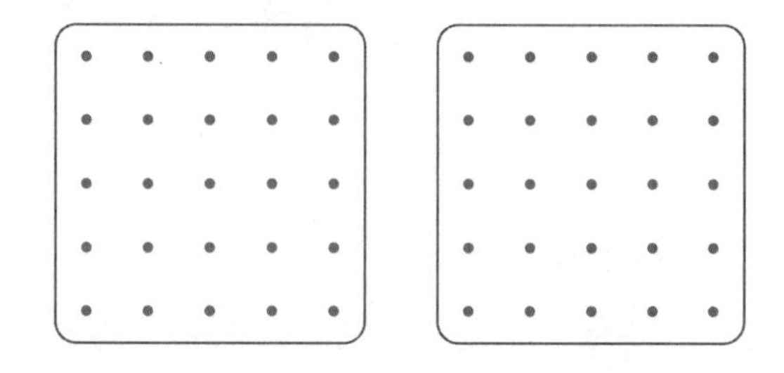

7 설명한 도형의 이름을 써 보세요.

- 자동차 바퀴에서 찾을 수 있는 모양입니다.
- 음료수 캔을 본떠 그린 동그란 모양입니다.
- 꼭짓점과 변이 없습니다.

( )

8 색종이를 점선을 따라 자르면 어떤 도형이 몇 개 생기는지 써 보세요.

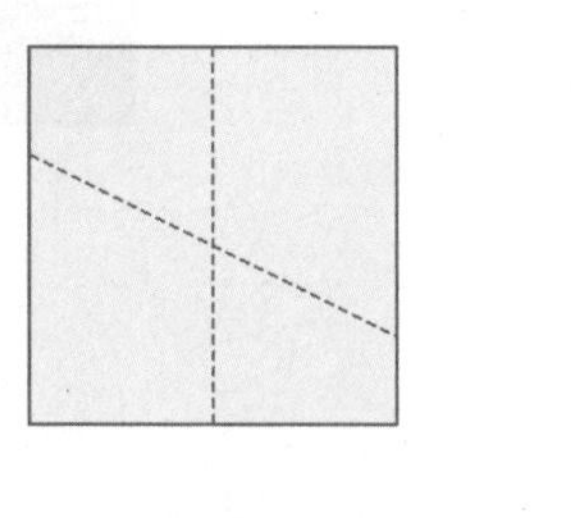

(,)

9 칠교 조각을 이용하여 만든 모양입니다. 이용한 삼각형 조각과 사각형 조각은 각각 몇 개일까요?

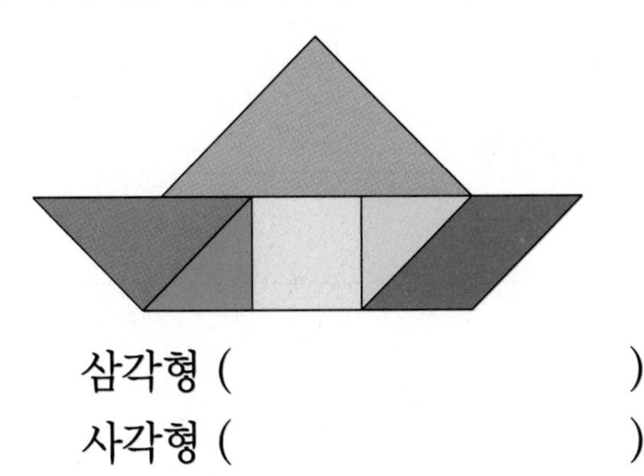

삼각형 (　　　　　　　)
사각형 (　　　　　　　)

10 삼각형보다 변이 1개 더 많은 도형은 무엇일까요?

(　　　　　　　)

● 교과서에 꼭 나오는 문제

11 왼쪽 모양에서 쌓기나무 1개를 옮겨 오른쪽과 똑같은 모양을 만들려고 합니다. 옮겨야 할 쌓기나무를 찾아 ○표 하세요.

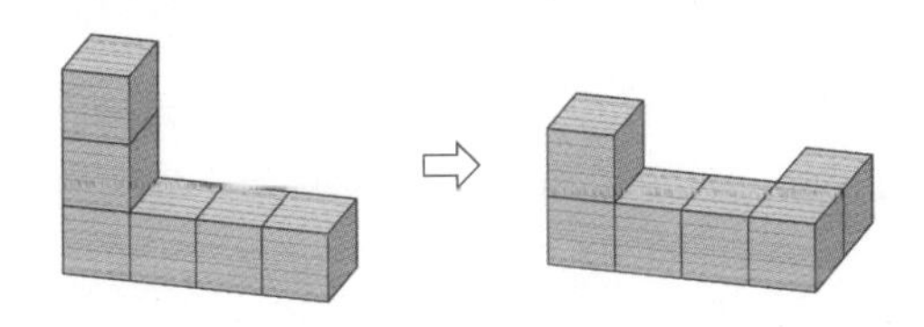

12 그림을 삼각형과 사각형으로 나누어 보세요.

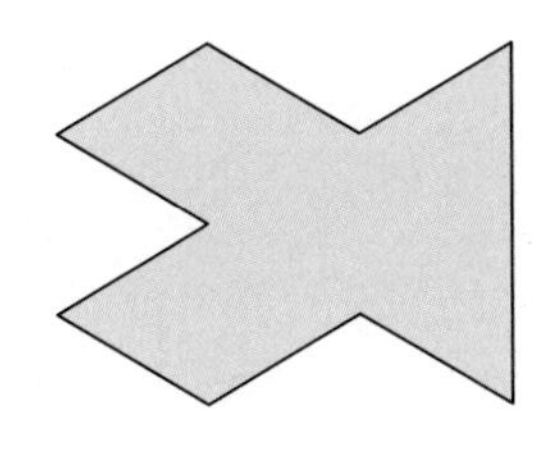

● 잘 틀리는 문제

13 쌓기나무 5개로 만든 모양이 아닌 것은 어느 것인가요? (　　　)

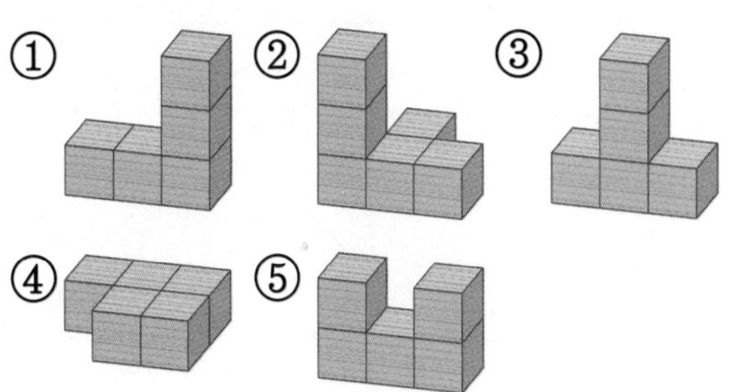

14 두 조각을 모두 이용하여 사각형을 만들어 보세요.

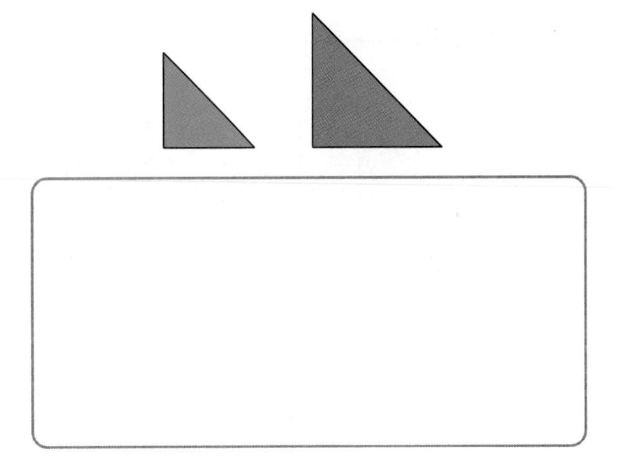

15 ★과 ■의 합을 구해 보세요.

• 삼각형의 변은 ★개입니다.
• 사각형의 꼭짓점은 ■개입니다.

(　　　　　　　)

16 원을 모두 찾아 원 안에 있는 수의 합을 구해 보세요.

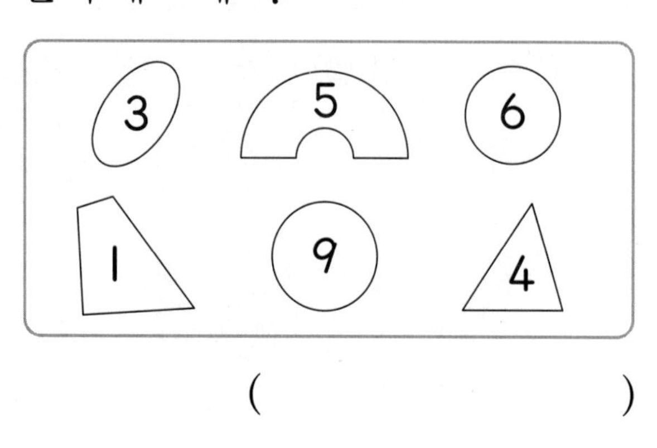

( )

17 〈보기〉의 조각을 모두 이용하여 다음 모양을 만들어 보세요.

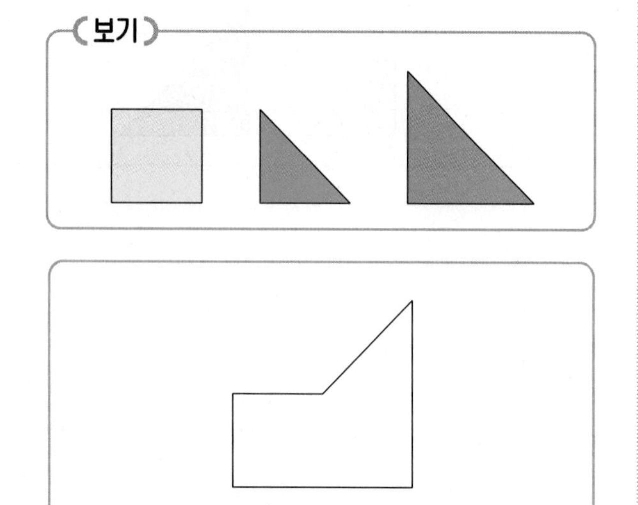

● 잘 틀리는 문제

18 쌓기나무로 오른쪽과 같은 모양을 만들었습니다. 쌓기나무가 11개 있었다면 모양을 만들고 남은 쌓기나무는 몇 개일까요?

( )

● 서술형 문제

19 도형이 사각형이 아닌 이유를 써 보세요.

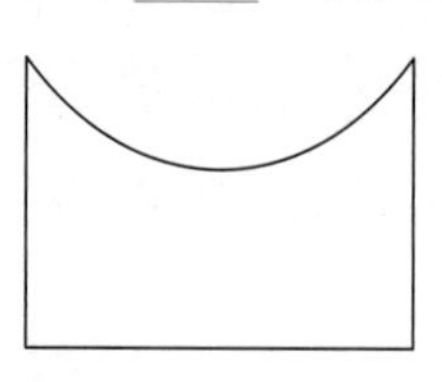

이유

20 쌓기나무 7개로 모양을 만들었습니다. 쌓은 모양을 설명해 보세요.

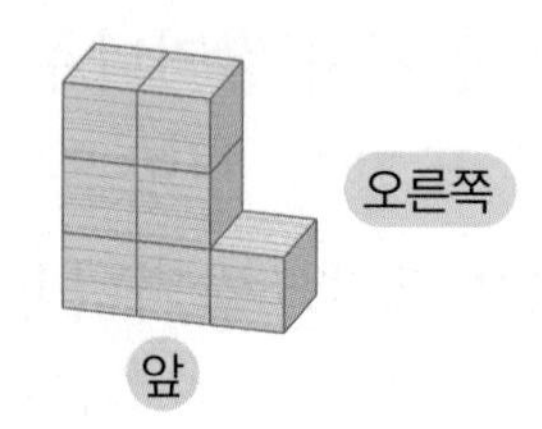

답

그림이 연결되도록 알맞은 무늬를 찾아요!

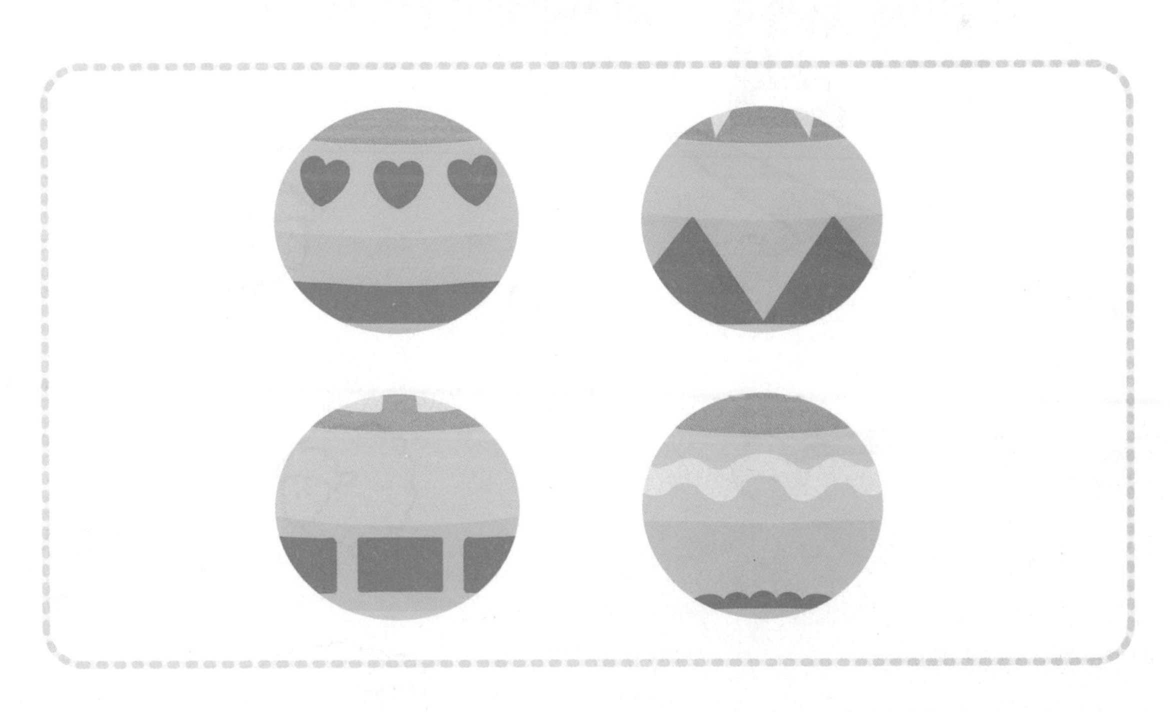

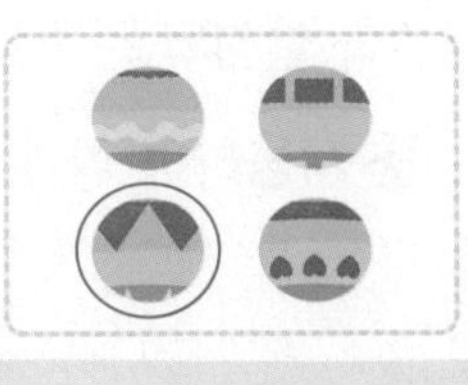

정답

3 덧셈과 뺄셈

이 단원에서는

- 덧셈과 뺄셈을 해 볼까요
- 세 수의 계산을 해 볼까요
- 덧셈과 뺄셈의 관계를 식으로 나타내 볼까요
- □를 사용하여 식을 만들고 □의 값을 구해 볼까요

일의 자리 수끼리의 합이 10이거나 10보다 큰 (두 자리 수)+(한 자리 수)의 여러 가지 계산 방법

15+6의 계산

방법 1 이어 세기로 구하기

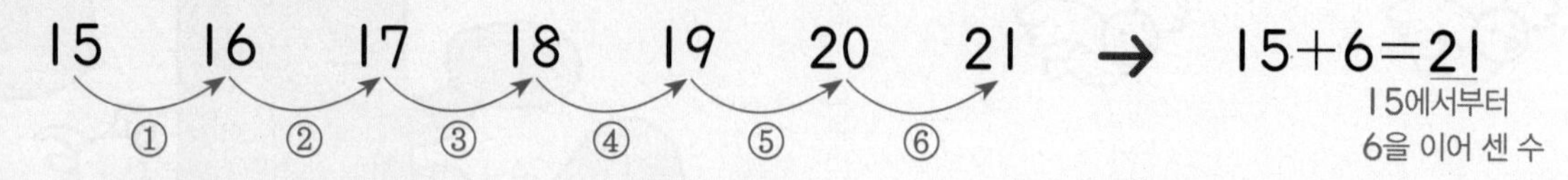

→ 15+6=21 (15에서부터 6을 이어 센 수)

방법 2 십 배열판에 더하는 수 6만큼 △를 그려 구하기

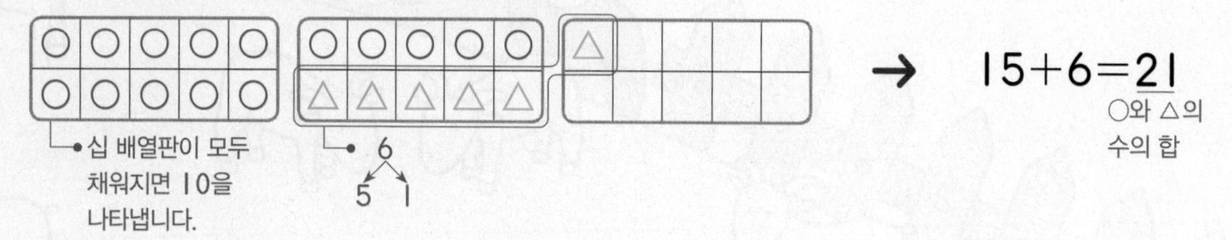

→ 15+6=21 (○와 △의 수의 합)

방법 3 수 모형으로 구하기

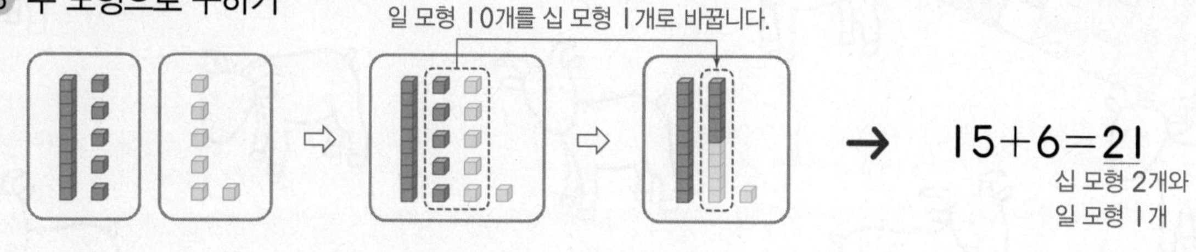

→ 15+6=21 (십 모형 2개와 일 모형 1개)

1 17+5는 얼마인지 여러 가지 방법으로 알아보세요.

(1) 17에서부터 5를 이어 세어 보세요.

17 18 19 □ □ □

(2) 십 배열판에 더하는 수 5만큼 △를 그려 보세요.

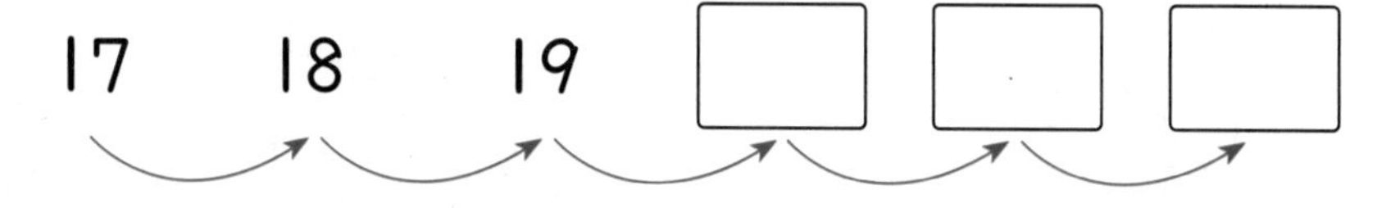

(3) 17+5는 얼마일까요?

17+5=□

기본유형 익히기

복습책 33쪽 | 정답 12쪽

1 그림을 보고 덧셈을 해 보세요.

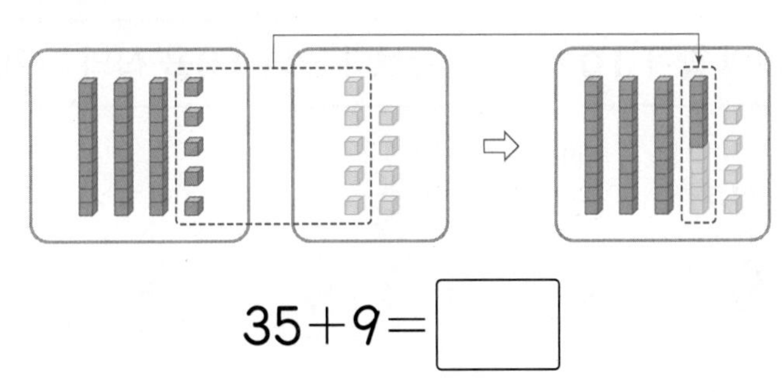

35+9=□

2 계산해 보세요.

(1) 29+4

(2) 49+3

(3) 67+7

(4) 88+6

3 빈칸에 알맞은 수를 써넣으세요.

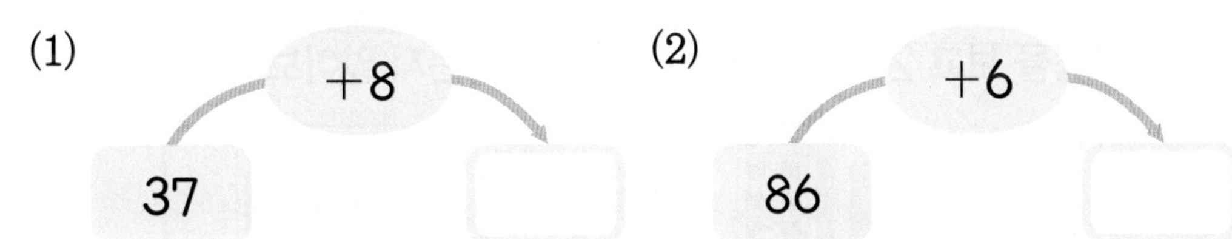

4 파란색 구슬이 16개, 빨간색 구슬이 9개 있습니다.
구슬은 모두 몇 개일까요?

개념 2 일의 자리에서 받아올림이 있는 (두 자리 수)+(두 자리 수)

37+19의 계산

일의 자리 수끼리의 합이 10이거나 10보다 크면 10을 십의 자리로 받아올림합니다.

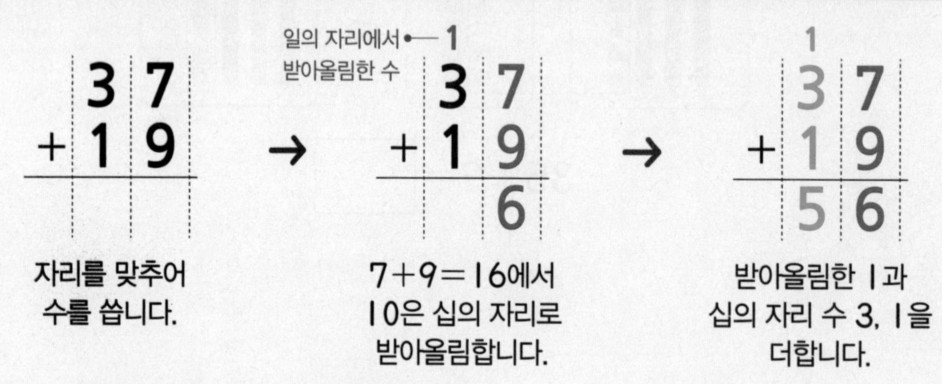

자리를 맞추어 수를 씁니다. → 7+9=16에서 10은 십의 자리로 받아올림합니다. → 받아올림한 1과 십의 자리 수 3, 1을 더합니다.

참고 37+19를 계산하는 여러 가지 방법

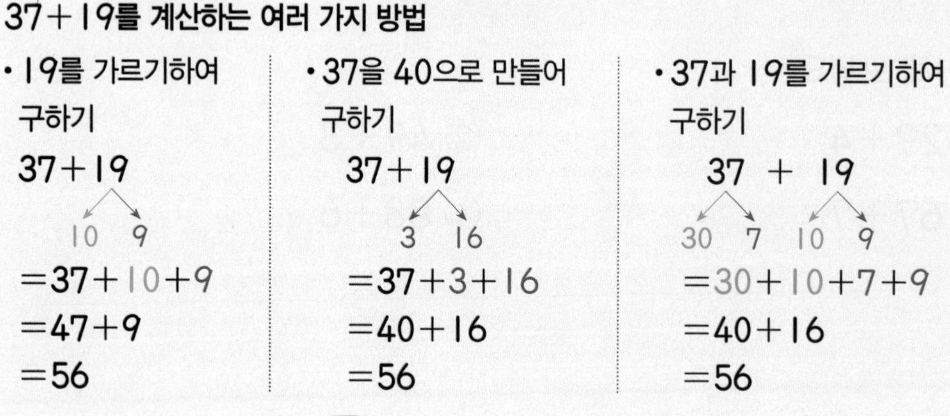

• 19를 가르기하여 구하기
37+19 (19 → 10, 9)
=37+10+9
=47+9
=56

• 37을 40으로 만들어 구하기
37+19 (19 → 3, 16)
=37+3+16
=40+16
=56

• 37과 19를 가르기하여 구하기
37 + 19 (37 → 30, 7; 19 → 10, 9)
=30+10+7+9
=40+16
=56

1 수 모형을 보고 29+13을 어떻게 계산하는지 알아보세요.

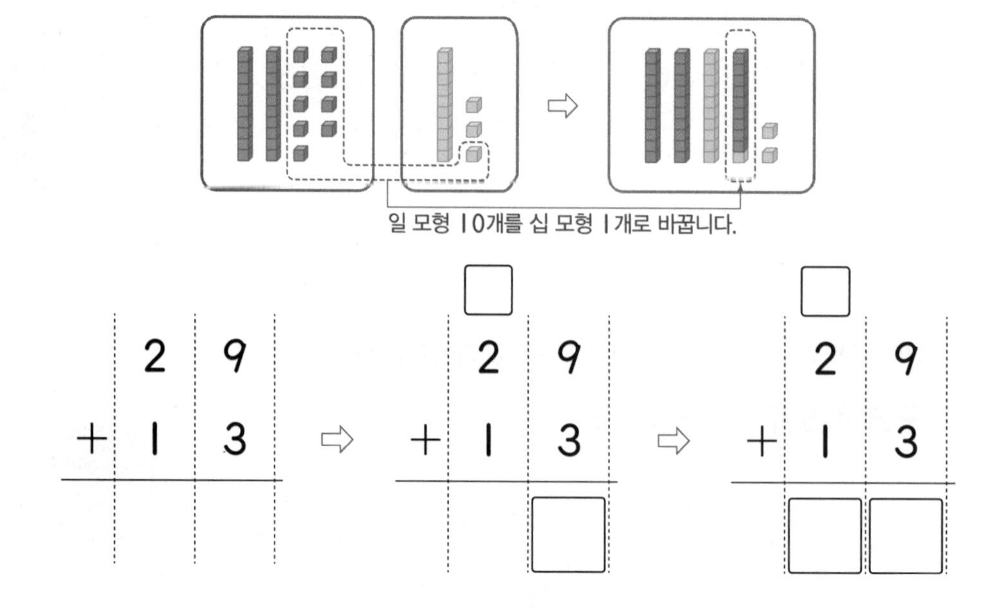

일 모형 10개를 십 모형 1개로 바꿉니다.

STEP 1 기본유형 익히기

● 복습책 33쪽 | 정답 12쪽

1 18+27을 여러 가지 방법으로 계산해 보세요.

(1) 27을 가르기하여 구해 보세요.

$$18+27=18+20+\square=38+\square=\square$$

(27 → 20, 7)

(2) 18을 20으로 만들어 구해 보세요.

$$18+27=18+2+\square=20+\square=\square$$

(27 → 2, 25)

(3) 18과 27을 가르기하여 구해 보세요.

$$18+27=10+20+\square+\square=30+\square=\square$$

(18 → 10, 8 / 27 → 20, 7)

2 계산해 보세요.

(1) $\begin{array}{r} 4\ 7 \\ +\ 2\ 7 \\ \hline \end{array}$

(2) $\begin{array}{r} 6\ 5 \\ +\ 2\ 9 \\ \hline \end{array}$

(3) 29+19

(4) 74+16

3 정훈이는 감자를 35개 캤고, 도희는 36개 캤습니다. 두 사람이 캔 감자는 모두 몇 개일까요?

식 ______________________

답 ______________________

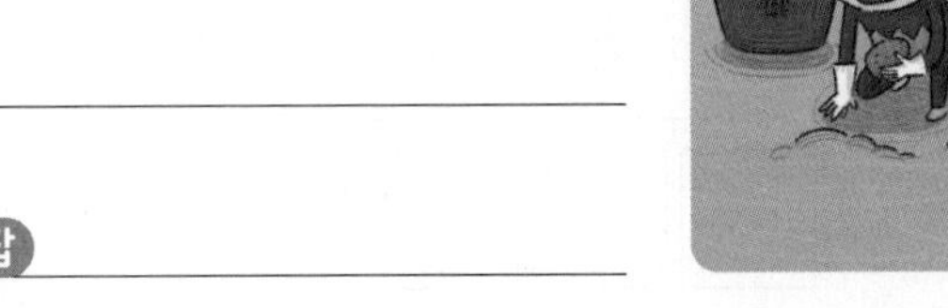

3 단원

개념 3 십의 자리에서 받아올림이 있는 (두 자리 수)+(두 자리 수)

43+82의 계산

십의 자리 수끼리의 합이 10이거나 10보다 크면 10을 백의 자리로 받아올림합니다.

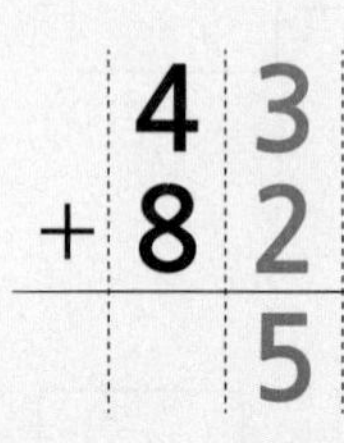

3+2=5를
일의 자리에 내려 씁니다.

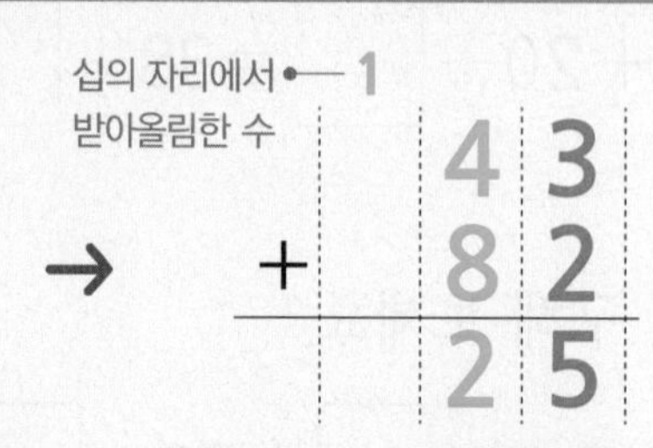

십의 자리에서 받아올림한 수
1
4 3
+ 8 2
2 5

4+8=12에서 10은
백의 자리로 받아올림합니다.

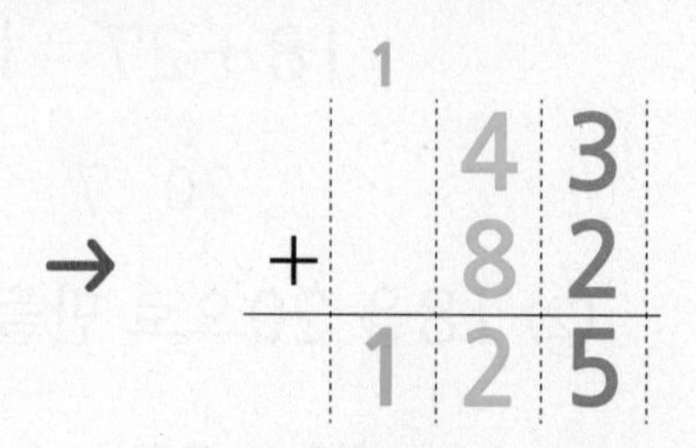

받아올림한 1은
백의 자리에 내려 씁니다.

1 수 모형을 보고 65+53을 어떻게 계산하는지 알아보세요.

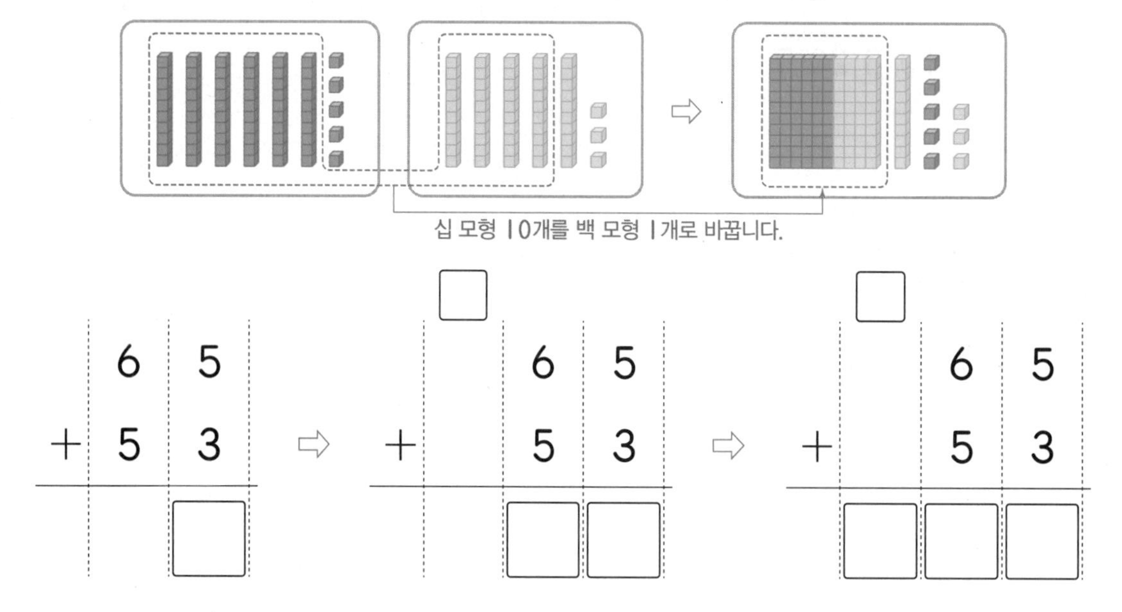

2 □ 안에 알맞은 수를 써넣으세요.

(1)

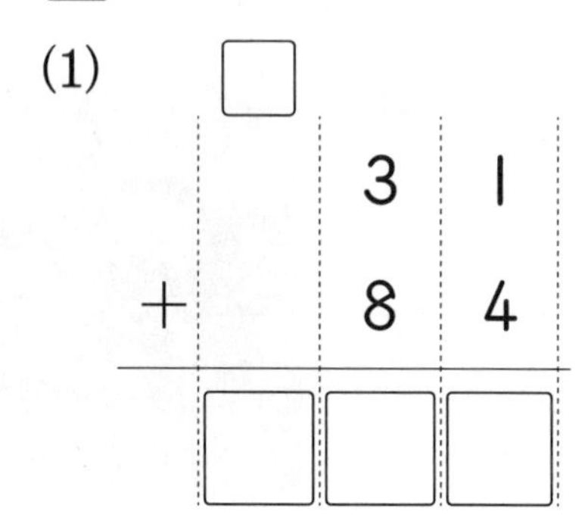

(2)

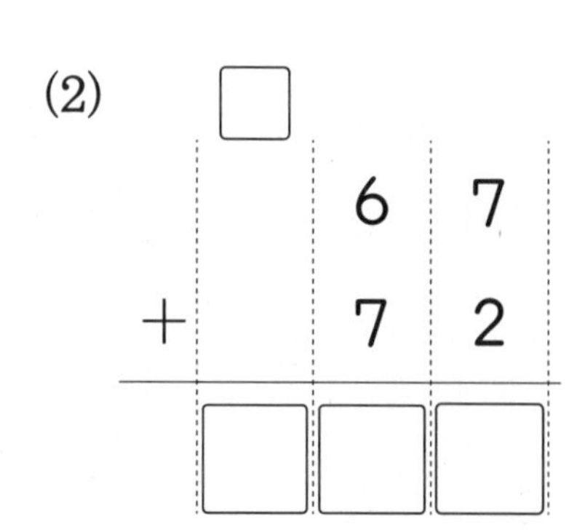

기본유형 익히기

복습책 34쪽 | 정답 12쪽

1 그림을 보고 덧셈을 해 보세요.

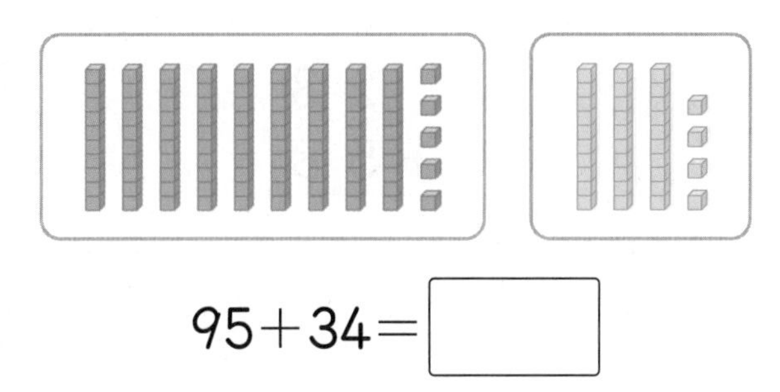

95+34=☐

2 계산해 보세요.

(1)
```
  6 2
+ 5 5
```

(2)
```
  7 2
+ 7 6
```

(3) 87+53

(4) 94+57

3 두 수의 합이 같은 것을 모두 찾아 색칠해 보세요.

연산 PLUS

①~③ 받아올림이 있는 두 자리 수의 덧셈

1 $\begin{array}{r} 68 \\ +\ \ 4 \\ \hline \end{array}$

2 $\begin{array}{r} 23 \\ +58 \\ \hline \end{array}$

3 $\begin{array}{r} 19 \\ +88 \\ \hline \end{array}$

4 $\begin{array}{r} 44 \\ +29 \\ \hline \end{array}$

5 $\begin{array}{r} 52 \\ +54 \\ \hline \end{array}$

6 $\begin{array}{r} 24 \\ +66 \\ \hline \end{array}$

7 $\begin{array}{r} 37 \\ +85 \\ \hline \end{array}$

8 $\begin{array}{r} 48 \\ +\ \ 6 \\ \hline \end{array}$

9 $\begin{array}{r} 62 \\ +73 \\ \hline \end{array}$

10 $\begin{array}{r} 27 \\ +86 \\ \hline \end{array}$

11 $\begin{array}{r} 68 \\ +39 \\ \hline \end{array}$

12 $\begin{array}{r} 76 \\ +18 \\ \hline \end{array}$

● 정답 13쪽

13
$$\begin{array}{r} 66 \\ +\ \ 7 \\ \hline \end{array}$$

14
$$\begin{array}{r} 52 \\ +92 \\ \hline \end{array}$$

15
$$\begin{array}{r} 38 \\ +57 \\ \hline \end{array}$$

16
$$\begin{array}{r} 73 \\ +\ \ 9 \\ \hline \end{array}$$

17
$$\begin{array}{r} 19 \\ +47 \\ \hline \end{array}$$

18
$$\begin{array}{r} 85 \\ +\ \ 6 \\ \hline \end{array}$$

19
$$\begin{array}{r} 27 \\ +77 \\ \hline \end{array}$$

20
$$\begin{array}{r} 21 \\ +\ \ 9 \\ \hline \end{array}$$

21
$$\begin{array}{r} 69 \\ +29 \\ \hline \end{array}$$

22
$$\begin{array}{r} 72 \\ +91 \\ \hline \end{array}$$

23
$$\begin{array}{r} 55 \\ +98 \\ \hline \end{array}$$

24
$$\begin{array}{r} 37 \\ +45 \\ \hline \end{array}$$

1 계산해 보세요.

(1) $4+59$

(2) $55+76$

2 □ 안에 알맞은 수를 써넣으세요.

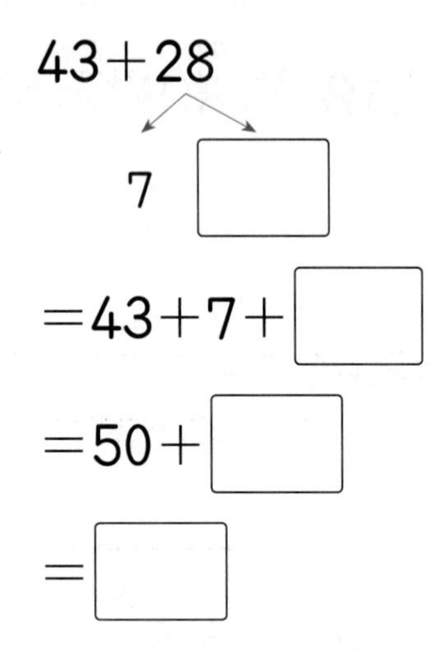

3 계산 결과가 같은 것끼리 선으로 이어 보세요.

$8+37$ ·	· $48+17$
$39+26$ ·	· $13+29$
	· $37+8$

4 계산에서 잘못된 곳을 찾아 바르게 계산해 보세요.

$$\begin{array}{r} 25 \\ +\ 19 \\ \hline 34 \end{array} \Rightarrow \boxed{\begin{array}{r} 25 \\ +\ 19 \\ \hline \ \end{array}}$$

5 계산 결과의 크기를 비교하여 ○ 안에 >, =, <를 알맞게 써넣으세요.

$48+84$ ○ $57+75$

서술형

6 연못에 오리가 14마리 있었는데 오리 7마리가 더 왔습니다. 연못에 있는 오리는 모두 몇 마리인지 풀이 과정을 쓰고 답을 구해 보세요.

❶ 문제에 알맞은 식 만들기

풀이 ______________________

❷ 연못에 있는 오리의 수 구하기

풀이 ______________________

답 ______________________

7 가장 큰 수와 가장 작은 수의 합은 얼마일까요?

35	77	25	58

( )

8 계산 결과가 92보다 작은 덧셈식을 찾아 기호를 써 보세요.

㉠ 53+48 ㉡ 75+18
㉢ 67+23 ㉣ 49+54

( )

9 지호와 서준이는 24+17을 서로 다른 방법으로 계산하였습니다. 잘못 계산한 사람은 누구일까요?

• 지호: 24+17 (17 → 10, 7)
=24−10−7
=14−7=7

• 서준: 24+17 (24 → 20, 4; 17 → 10, 7)
=20+10+4+7
=30+11=41

( )

10 □ 안에 알맞은 수를 써넣으세요.

$$\begin{array}{r} 3\ 9 \\ +\ \square\ 3 \\ \hline 9\ 2 \end{array}$$

11 두 수를 이용하여 덧셈 문제를 만들고, 답을 구해 보세요.

34 27

문제 ______

답 ______

(수학 익힘 유형)

12 화살 두 개를 던져 맞힌 두 수의 합이 74입니다. 맞힌 두 수를 찾아 ○표 하세요.

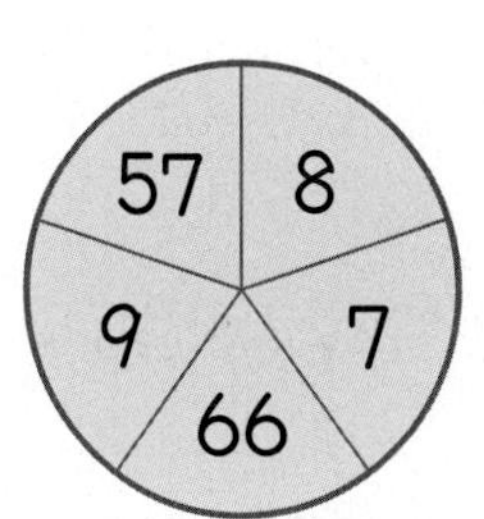

개념 4

일의 자리 수끼리 뺄 수 없는 (두 자리 수)−(한 자리 수)의 여러 가지 계산 방법

24−5의 계산

방법 1 거꾸로 세어 구하기

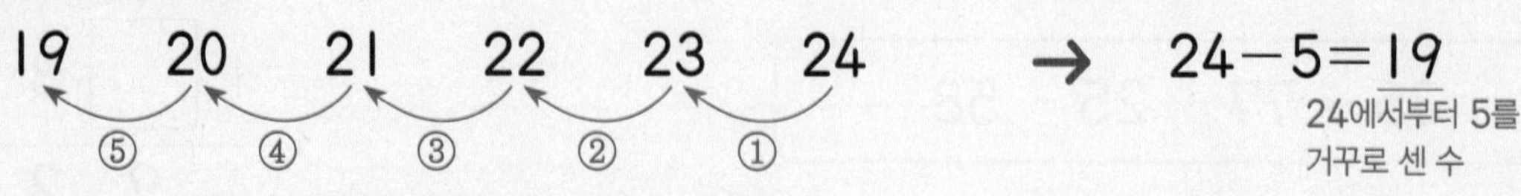

19 20 21 22 23 24
⑤ ④ ③ ② ①

→ 24−5=19 (24에서부터 5를 거꾸로 센 수)

방법 2 십 배열판에서 빼는 수 5만큼 ╱으로 지워 구하기

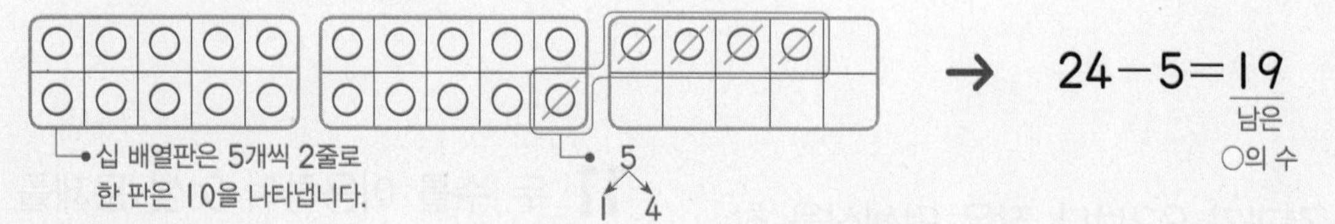

십 배열판은 5개씩 2줄로 한 판은 10을 나타냅니다.
5
1 4

→ 24−5=19 (남은 ○의 수)

방법 3 수 모형으로 구하기

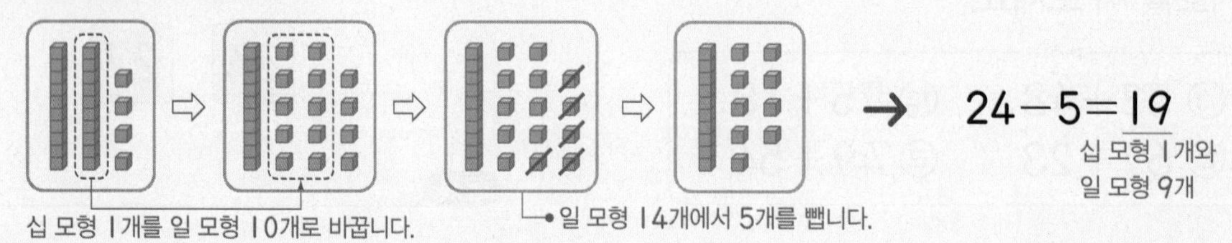

십 모형 1개를 일 모형 10개로 바꿉니다.
일 모형 14개에서 5개를 뺍니다.

→ 24−5=19 (십 모형 1개와 일 모형 9개)

1 22−7은 얼마인지 여러 가지 방법으로 알아보세요.

(1) 22에서부터 7을 거꾸로 세어 보세요.

□ □ □ 18 19 20 21 22

(2) 십 배열판에서 빼는 수 7만큼 ╱으로 지워 보세요.

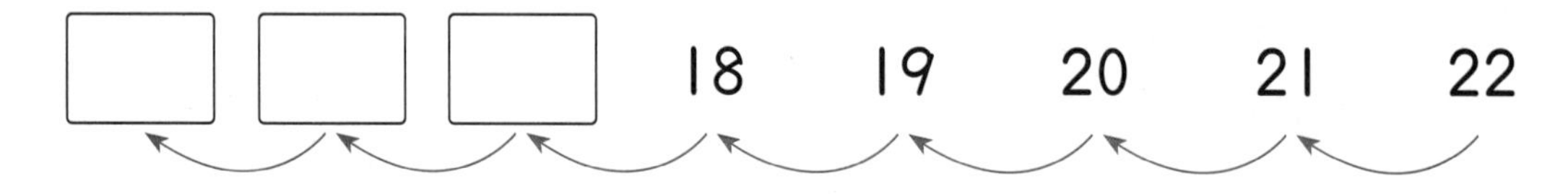

(3) 22−7은 얼마일까요?

22−7=□

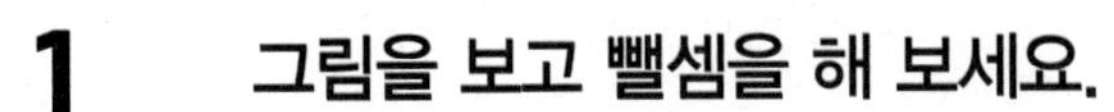

STEP 1 기본유형 익히기

복습책 37쪽 | 정답 13쪽

1 그림을 보고 뺄셈을 해 보세요.

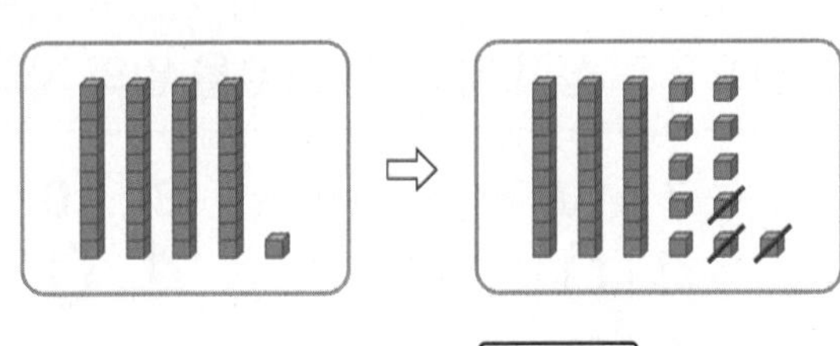

41－3＝☐

2 계산해 보세요.

(1) 25－8　　(2) 46－7

(3) 55－9　　(4) 64－6

3 빈칸에 알맞은 수를 써넣으세요.

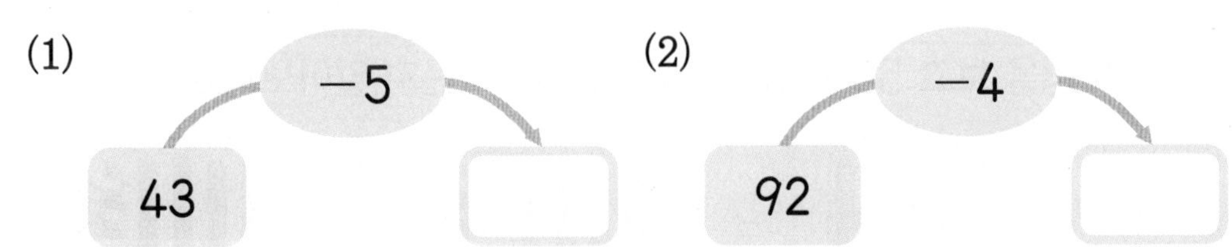

4 도훈이는 색종이를 22장 가지고 있습니다. 친구에게 9장을 주면 도훈이에게 남는 색종이는 몇 장일까요?

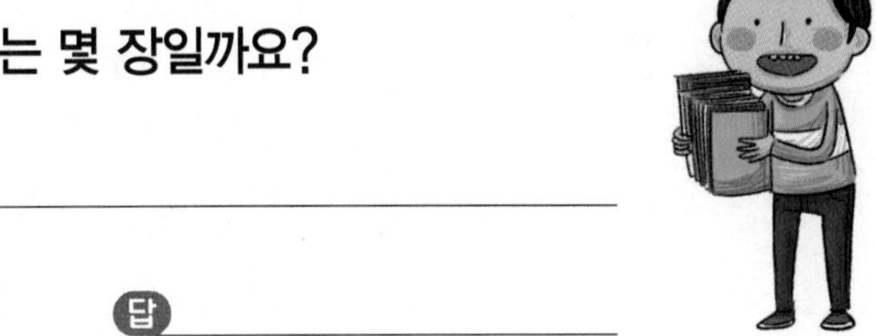

개념 5

받아내림이 있는 (몇십)－(몇십몇)

40－17의 계산

0에서 몇을 뺄 수 없으므로 **십의 자리에서 10을 일의 자리로 받아내림**합니다.

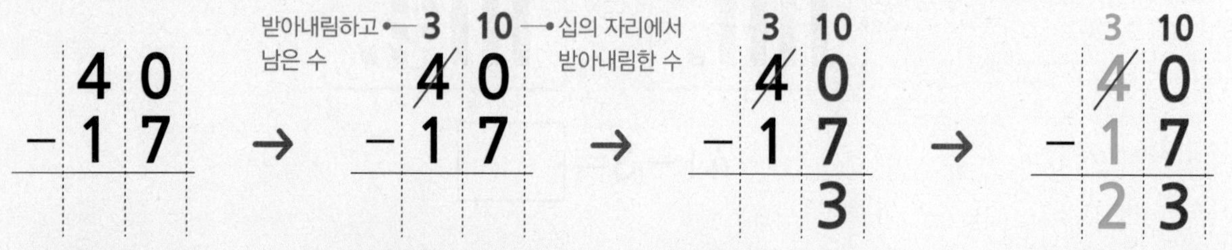

자리를 맞추어 수를 씁니다. → 0－7을 할 수 없으므로 십의 자리에서 10을 일의 자리로 받아내림합니다. → 받아내림한 10에서 일의 자리 수 7을 뺍니다. → 십의 자리에 남아 있는 3에서 십의 자리 수 1을 뺍니다.

참고 **40－17을 계산하는 여러 가지 방법**

• 17을 가르기하여 구하기

40－17 (17 → 10, 7)
$=40-10-7$
$=30-7$
$=23$

• 17을 20으로 만들어 구하기

40－17 (+3, +3)
$=43-20$
$=23$

• 40과 17을 가르기하여 구하기

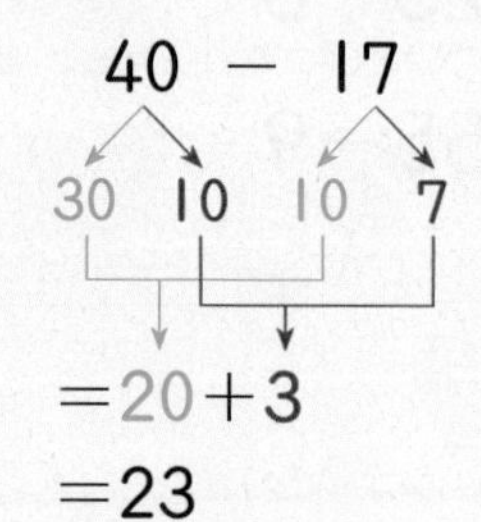

$=20+3$
$=23$

1 수 모형을 보고 50－26을 어떻게 계산하는지 알아보세요.

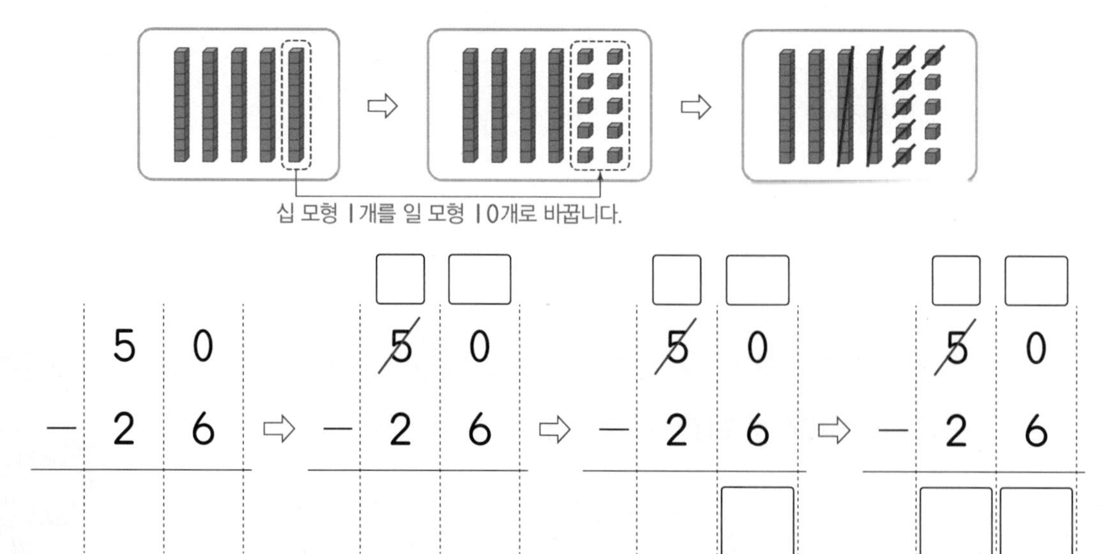

십 모형 1개를 일 모형 10개로 바꿉니다.

STEP 1 기본유형 익히기

복습책 37쪽 | 정답 14쪽

1 30 − 19를 두 가지 방법으로 계산해 보세요.

(1) 19를 가르기하여 구해 보세요.

$30-19=30-10-\square=20-\square=\square$

(19 → 10, 9)

(2) 19를 20으로 만들어 구해 보세요.

30 − 19 (30에 +1, 19에 +1)

$=\square-\square$

$=\square$

2 계산해 보세요.

(1)
$$\begin{array}{r} 2\,0 \\ -\,1\,2 \\ \hline \end{array}$$

(2)
$$\begin{array}{r} 7\,0 \\ -\,2\,5 \\ \hline \end{array}$$

(3) 60 − 43

(4) 90 − 37

3 벌집에 꿀벌이 80마리 있었는데 51마리가 날아 갔습니다. 벌집에 남아 있는 꿀벌은 몇 마리일까요?

식 ________________

답 ________________

개념 6 받아내림이 있는 (두 자리 수)－(두 자리 수)

53－26의 계산

일의 자리 수끼리 뺄 수 없으면 **십의 자리에서 10을 일의 자리로 받아내림**합니다.

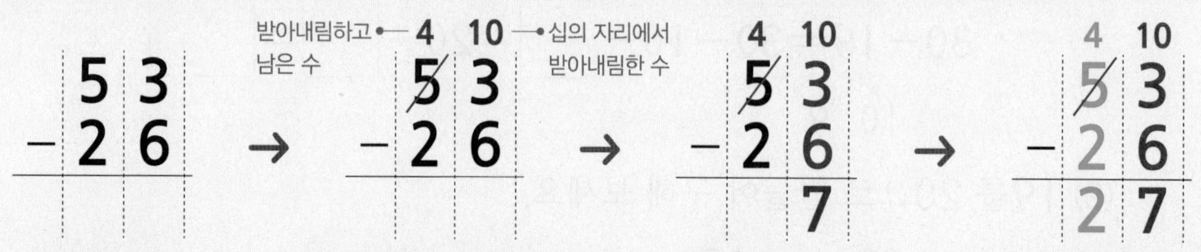

자리를 맞추어 수를 씁니다. → 3－6을 할 수 없으므로 십의 자리에서 10을 일의 자리로 받아내림합니다. → 받아내림한 10과 일의 자리 수 3을 더한 것에서 6을 뺍니다. → 십의 자리에 남아 있는 4에서 십의 자리 수 2를 뺍니다.

1 수 모형을 보고 42－15를 어떻게 계산하는지 알아보세요.

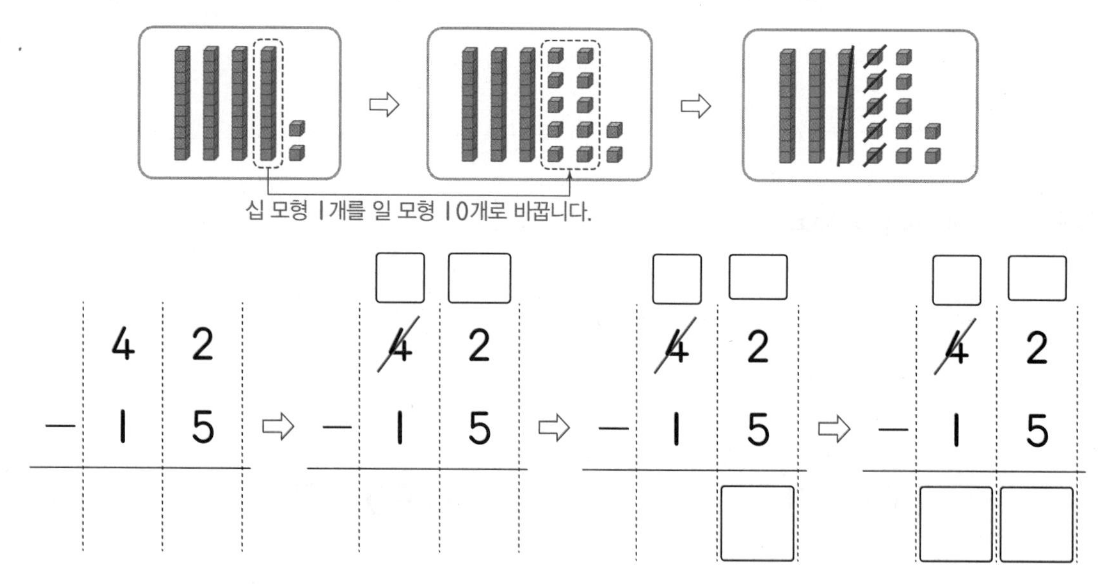

십 모형 1개를 일 모형 10개로 바꿉니다.

2 □ 안에 알맞은 수를 써넣으세요.

(1)

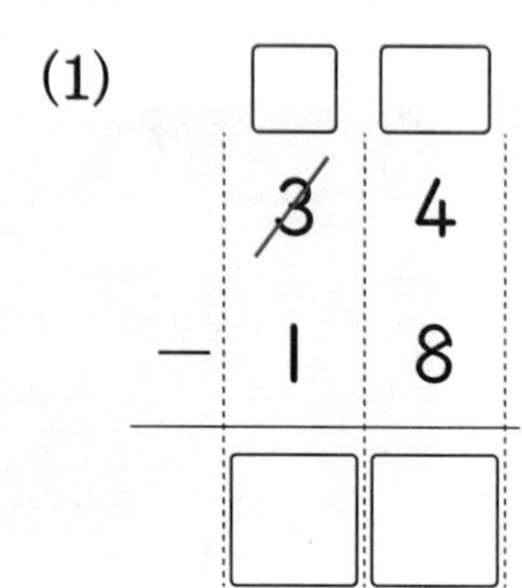

(2) 7 6 － 4 7

기본유형 익히기

복습책 38쪽 | 정답 14쪽

1 그림을 보고 뺄셈을 해 보세요.

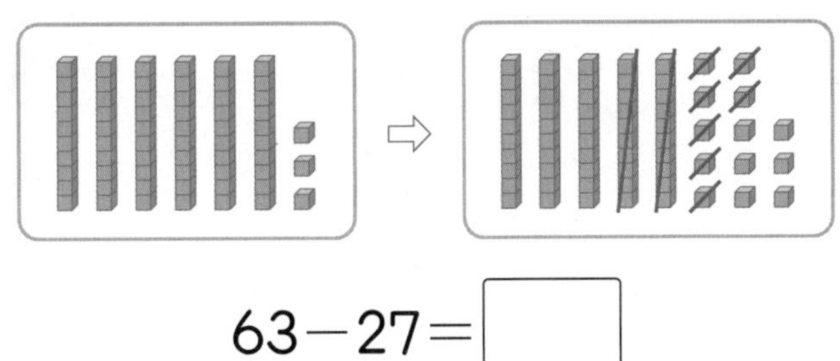

$63-27=$ □

2 계산해 보세요.

(1) $\begin{array}{r} 51 \\ -36 \\ \hline \end{array}$

(2) $\begin{array}{r} 73 \\ -19 \\ \hline \end{array}$

(3) $67-28$

(4) $94-46$

3 두 수의 차가 같은 것끼리 같은 색으로 칠해 보세요.

$81-53$ $32-13$ $64-17$

4~6 받아내림이 있는 두 자리 수의 뺄셈

1 $\begin{array}{r} 68 \\ -\ \ 9 \\ \hline \end{array}$

2 $\begin{array}{r} 40 \\ -21 \\ \hline \end{array}$

3 $\begin{array}{r} 96 \\ -28 \\ \hline \end{array}$

4 $\begin{array}{r} 67 \\ -49 \\ \hline \end{array}$

5 $\begin{array}{r} 50 \\ -36 \\ \hline \end{array}$

6 $\begin{array}{r} 25 \\ -\ \ 6 \\ \hline \end{array}$

7 $\begin{array}{r} 72 \\ -45 \\ \hline \end{array}$

8 $\begin{array}{r} 34 \\ -19 \\ \hline \end{array}$

9 $\begin{array}{r} 60 \\ -12 \\ \hline \end{array}$

10 $\begin{array}{r} 28 \\ -19 \\ \hline \end{array}$

11 $\begin{array}{r} 42 \\ -14 \\ \hline \end{array}$

12 $\begin{array}{r} 21 \\ -\ \ 3 \\ \hline \end{array}$

● 정답 14쪽

13
$$\begin{array}{r} 70 \\ -\ 59 \\ \hline \end{array}$$

14
$$\begin{array}{r} 53 \\ -\ \ 4 \\ \hline \end{array}$$

15
$$\begin{array}{r} 83 \\ -\ 67 \\ \hline \end{array}$$

16
$$\begin{array}{r} 75 \\ -\ 36 \\ \hline \end{array}$$

17
$$\begin{array}{r} 62 \\ -\ 39 \\ \hline \end{array}$$

18
$$\begin{array}{r} 84 \\ -\ \ 7 \\ \hline \end{array}$$

19
$$\begin{array}{r} 20 \\ -\ 14 \\ \hline \end{array}$$

20
$$\begin{array}{r} 76 \\ -\ \ 8 \\ \hline \end{array}$$

21
$$\begin{array}{r} 30 \\ -\ 17 \\ \hline \end{array}$$

22
$$\begin{array}{r} 51 \\ -\ 35 \\ \hline \end{array}$$

23
$$\begin{array}{r} 90 \\ -\ 63 \\ \hline \end{array}$$

24
$$\begin{array}{r} 80 \\ -\ 48 \\ \hline \end{array}$$

1 계산해 보세요.

(1) $62-3$

(2) $82-18$

2 □ 안에 알맞은 수를 써넣으세요.

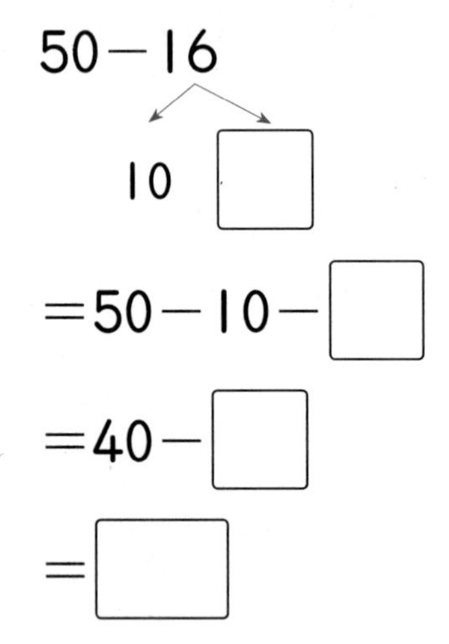

3 계산 결과가 같은 것끼리 선으로 이어 보세요.

43－19 ·	· 72－48
61－28 ·	· 35－8
	· 60－27

4 계산에서 잘못된 곳을 찾아 바르게 계산해 보세요.

$$\begin{array}{r} 34 \\ -\ 15 \\ \hline 21 \end{array} \Rightarrow \begin{array}{r} 34 \\ -\ 15 \\ \hline \end{array}$$

5 계산 결과의 크기를 비교하여 ○ 안에 >, =, <를 알맞게 써넣으세요.

$94-57$ ○ $66-28$

서술형

6 윤우는 88쪽짜리 만화책을 59쪽까지 읽었습니다. 만화책을 끝까지 읽으려면 몇 쪽을 더 읽으면 되는지 풀이 과정을 쓰고 답을 구해 보세요.

❶ 문제에 알맞은 식 만들기

풀이

❷ 더 읽어야 하는 쪽수 구하기

풀이

답

7 가장 큰 수와 가장 작은 수의 차는 얼마일까요?

92	14	45	68

(　　　　　　)

8 계산 결과가 24보다 작은 뺄셈식을 찾아 기호를 써 보세요.

㉠ 43－7	㉡ 50－19
㉢ 62－37	㉣ 61－39

(　　　　　　)

9 준이와 유진이는 70－37을 서로 다른 방법으로 계산하였습니다. 잘못 계산한 사람은 누구일까요?

• 준이: 70－37 (37 → 30, 7)
=70－30－7
=40－7=33

• 유진: 70－37 (70 ↓ －3, 37 ↓ ＋3)
=67－40=27

(　　　　　　)

10 □ 안에 알맞은 수를 써넣으세요.

$$\begin{array}{r} \square\,0 \\ -\;3\,6 \\ \hline 4\,4 \end{array}$$

11 두 수를 이용하여 뺄셈 문제를 만들고, 답을 구해 보세요.

46　17

문제 ____________________

답 ____________________

(수학 익힘 유형)

12 화살 두 개를 던져 맞힌 두 수의 차가 67입니다. 맞힌 두 수를 찾아 ○표 하세요.

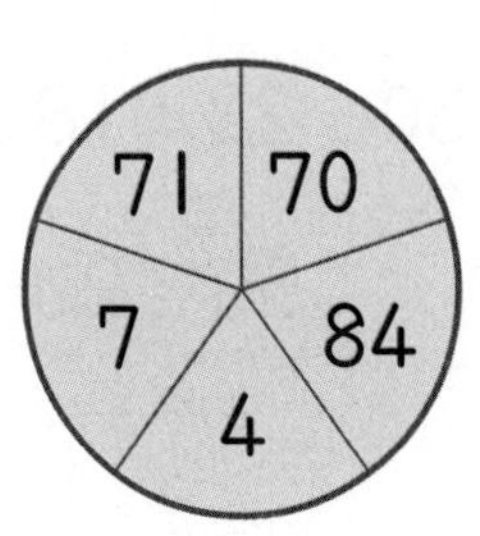

개념 7 세 수의 계산

세 수의 계산은 **앞에서부터 두 수씩 차례대로** 계산합니다.

25+19−17의 계산 → 더하고 빼기

$25+19-17=27$

❶ $25+19=44$, ❷ $44-17=27$

43−27+15의 계산 → 빼고 더하기

$43-27+15=31$

❶ $43-27=16$, ❷ $16+15=31$

참고 계산 순서를 바꿔서 계산하면 결과가 달라질 수 있습니다.

1 27+36−15를 어떻게 계산하는지 알아보세요.

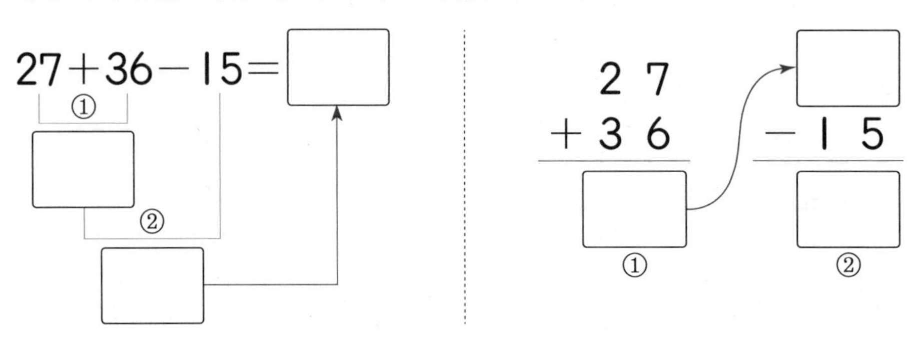

2 50−23+18을 어떻게 계산하는지 알아보세요.

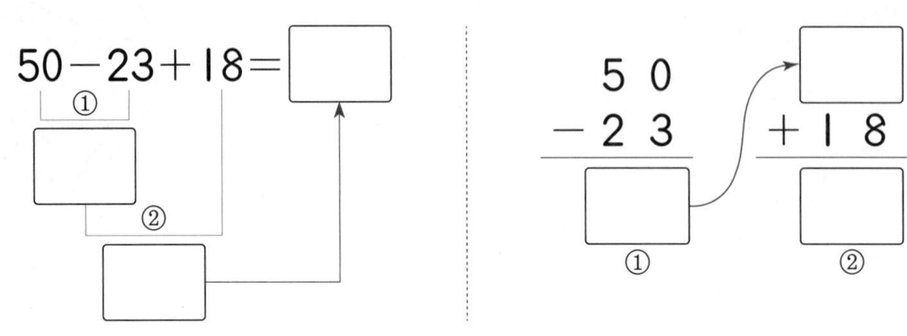

1 계산해 보세요.

(1) $16+27-9$　　(2) $37+38-26$

(3) $53-7+27$　　(4) $74-19+28$

2 관계있는 것끼리 선으로 이어 보세요.

$35+27-5$　　$61-33+24$

52　　57　　60

3 다음 식을 계산하여 □ 안에 알맞은 수를 써넣고, 각각의 계산 결과에 맞는 글자를 빈칸에 알맞게 써넣으세요.

• $46+9-5=$ [50] — 도

• $53+18-4=$ [　] — 리

• $70-55+6=$ [　] — 토

50	도
21	
67	

4 주차장에 자동차가 44대 있었습니다. 자동차 15대가 빠져나가고 28대가 들어왔습니다. 주차장에 있는 자동차는 몇 대일까요?

식 ______________________

답 ______________________

덧셈과 뺄셈의 관계를 식으로 나타내기

덧셈식을 뺄셈식으로 나타내기 → 덧셈식은 뺄셈식 2가지로 나타낼 수 있습니다.

6	4
10	

$6+4=10$ → $10-6=4$, $10-4=6$

뺄셈식을 덧셈식으로 나타내기 → 뺄셈식은 덧셈식 2가지로 나타낼 수 있습니다.

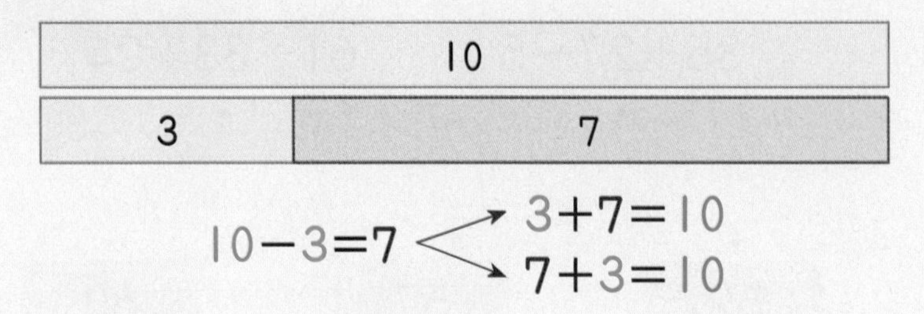

1 그림을 보고 덧셈식을 뺄셈식으로 나타내 보세요.

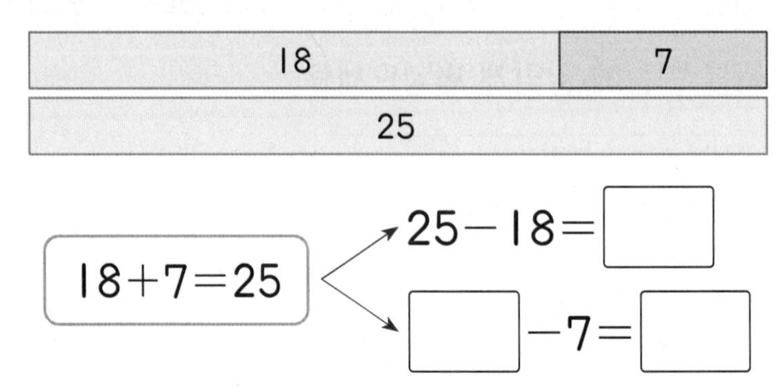

2 그림을 보고 뺄셈식을 덧셈식으로 나타내 보세요.

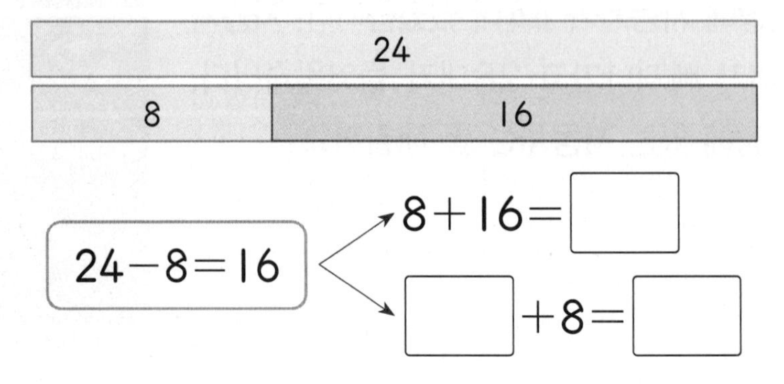

1 그림을 보고 덧셈식과 뺄셈식으로 나타내 보세요.

$7+4=\square$ → $11-\square=4$, $\square-4=7$

2 덧셈식을 뺄셈식으로 나타내 보세요.

$26+28=54$ → $54-\square=28$, $\square-\square=\square$

3 뺄셈식을 덧셈식으로 나타내 보세요.

$46-27=19$ → $27+\square=46$, $\square+\square=\square$

4 □ 안에 알맞은 수를 써넣으세요.

(1) $\square+26=50$ ⇨ $50-\square=24$

(2) $65-\square=27$ ⇨ $38+27=\square$

3 단원

개념 9

□를 사용하여 덧셈식을 만들고 □의 값 구하기

문제 상황에서 **모르는 양(수)을 □와 같은 기호를 사용**하여 덧셈식을 만들 수 있습니다.

예 바구니에 귤이 6개 있었는데 몇 개를 더 넣었더니 9개가 되었습니다.
더 넣은 귤은 몇 개일까요?

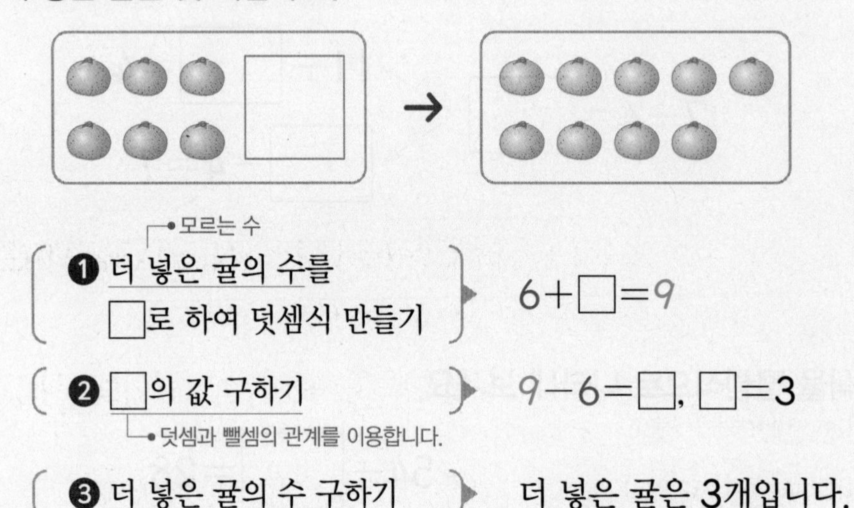

❶ 더 넣은 귤의 수를 □로 하여 덧셈식 만들기 (모르는 수) ▶ $6+\square=9$

❷ □의 값 구하기 (덧셈과 뺄셈의 관계를 이용합니다.) ▶ $9-6=\square$, $\square=3$

❸ 더 넣은 귤의 수 구하기 ▶ 더 넣은 귤은 3개입니다.

1 **봉지에 밤이 몇 개 있었는데 5개를 더 넣었더니 11개가 되었습니다. 처음에 있던 밤의 수를 알아보세요.**

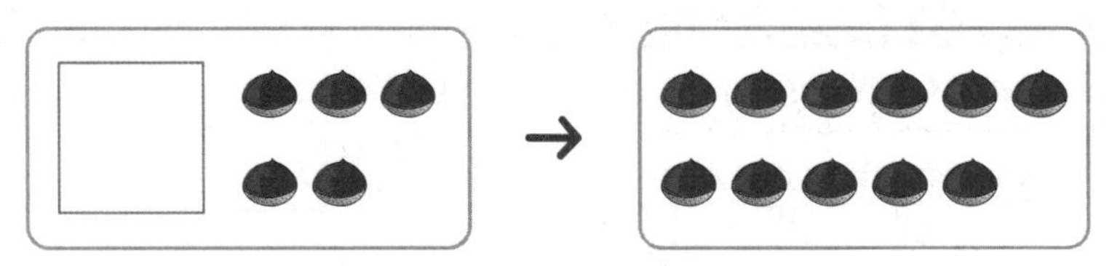

(1) 처음에 있던 밤의 수를 □로 하여 바르게 나타낸 덧셈식에 ○표 하세요.

$\square+5=11$	$5+11=\square$
(　　)	(　　)

(2) 덧셈과 뺄셈의 관계를 이용하여 □의 값을 구해 보세요.

$\square+5=11$ ⇨ $11-5=\square$, $\square=$ □

(3) 처음에 있던 밤은 몇 개일까요?

(　　　　　　)

복습책 42쪽 | 정답 16쪽

1 참새 4마리가 있었는데 몇 마리가 더 날아와서 7마리가 되었습니다. 더 날아온 참새의 수를 □로 하여 덧셈식을 만들고, □의 값을 구해 보세요.

덧셈식 ______________ □의 값 ______________

2 다람쥐 몇 마리가 있었는데 5마리가 더 와서 13마리가 되었습니다. 처음에 있던 다람쥐의 수를 □로 하여 덧셈식을 만들고, □의 값을 구해 보세요.

덧셈식 ______________ □의 값 ______________

3 □를 사용하여 그림에 알맞은 덧셈식을 만들고, □의 값을 구해 보세요.

5	□
14	

덧셈식 ______________ □의 값 ______________

4 □를 사용하여 그림에 알맞은 덧셈식을 만들고, □의 값을 구해 보세요.

□	9
17	

덧셈식 ______________ □의 값 ______________

개념 10 □를 사용하여 뺄셈식을 만들고 □의 값 구하기

문제 상황에서 **모르는 양(수)을 □와 같은 기호를 사용**하여 뺄셈식을 만들 수 있습니다.

예 상자에 딸기가 12개 있었는데 몇 개를 먹었더니 8개가 남았습니다.
먹은 딸기는 몇 개일까요?

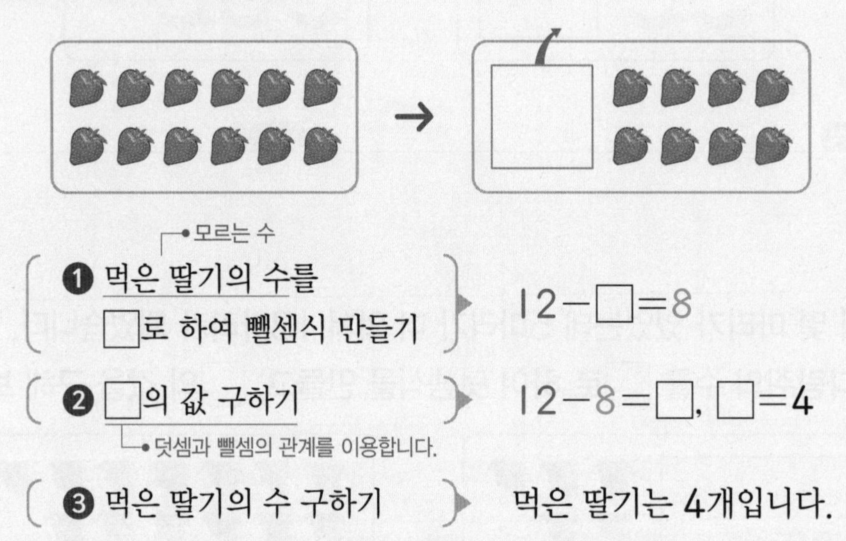

모르는 수
❶ 먹은 딸기의 수를 □로 하여 뺄셈식 만들기
12−□=8
❷ □의 값 구하기
12−8=□, □=4
덧셈과 뺄셈의 관계를 이용합니다.
❸ 먹은 딸기의 수 구하기
먹은 딸기는 4개입니다.

1 사탕 몇 개가 있었는데 3개를 먹었더니 4개가 남았습니다. 처음에 있던 사탕의 수를 알아보세요.

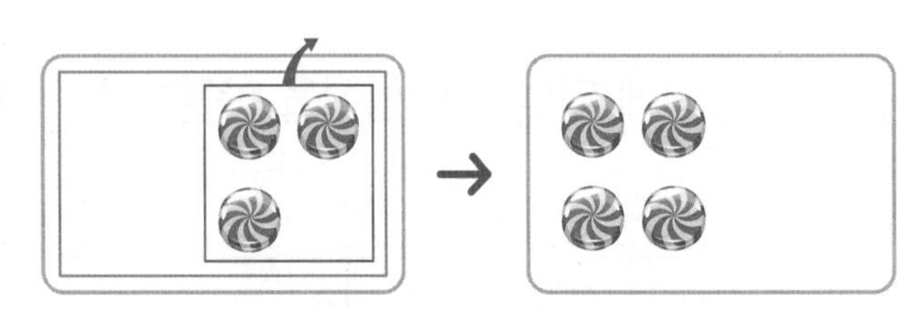

(1) 처음에 있던 사탕의 수를 □로 하여 바르게 나타낸 뺄셈식에 ○표 하세요.

4−□=3	□−3=4
(　　　)	(　　　)

(2) 덧셈과 뺄셈의 관계를 이용하여 □의 값을 구해 보세요.

□−3=4 ⇨ 3+4=□, □=□

(3) 처음에 있던 사탕은 몇 개일까요?

(　　　　　　　　)

기본유형 익히기

복습책 43쪽 | 정답 16쪽

1 사과 15개가 있었는데 몇 개를 먹었더니 9개가 남았습니다. 먹은 사과의 수를 □로 하여 뺄셈식을 만들고, □의 값을 구해 보세요.

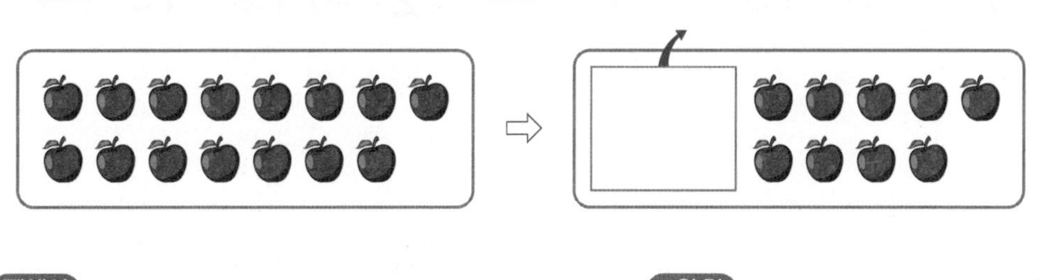

뺄셈식 ______________________ □의 값 ______________

2 배에 몇 명이 타고 있었는데 5명이 내려서 6명이 남았습니다. 처음 배에 타고 있던 사람 수를 □로 하여 뺄셈식을 만들고, □의 값을 구해 보세요.

뺄셈식 ______________________ □의 값 ______________

3 □를 사용하여 그림에 알맞은 뺄셈식을 만들고, □의 값을 구해 보세요.

뺄셈식 ______________________ □의 값 ______________

4 □ 안에 알맞은 수를 써넣으세요.

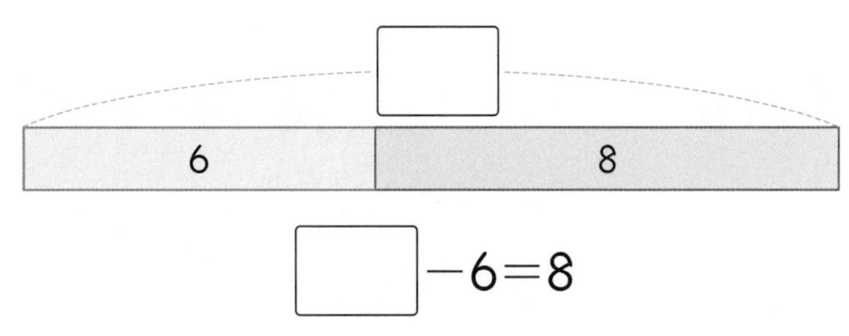

□$-6=8$

3 단원

7 세 수의 계산

1 26+18−15

2 47+8−13

3 73+14−78

4 14+39−7

5 55+22−52

6 82+12−76

7 31+29−21

8 53−16+24

9 20−2+16

10 62−29+45

11 47−33+57

12 39−5+8

13 54−14+6

14 78−4+9

● 정답 16쪽

9 ~ 10 □의 값 구하기

15 $16+\square=23$

16 $\square+7=35$

17 $32+\square=51$

18 $\square+24=46$

19 $\square+15=27$

20 $11+\square=29$

21 $\square+39=64$

22 $43-\square=35$

23 $18-\square=5$

24 $\square-9=26$

25 $\square-17=45$

26 $50-\square=19$

27 $31-\square=14$

28 $\square-25=7$

3 단원

STEP 2 실전유형 다지기

1 계산해 보세요.

(1) $39+19-24$

(2) $82-28+17$

(2~3) 덧셈식은 뺄셈식으로, 뺄셈식은 덧셈식으로 나타내 보세요.

2 $38+19=57$

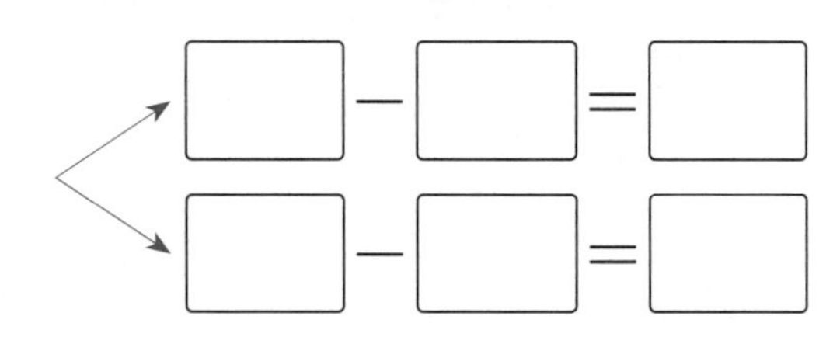

$\square-\square=\square$

$\square-\square=\square$

3 $64-16=48$

$\square+\square=\square$

$\square+\square=\square$

4 빈칸에 알맞은 수를 써넣으세요.

88 → -49 → $+27$ → $\square$

5 $\square$ 안에 알맞은 수를 써넣으세요.

(1) $\square+15=42$

(2) $42-\square=8$

6 ●+▲를 구해 보세요.

$33+17-14=$●

$33-14+17=$▲

( )

개념 확인 서술형

7 계산에서 잘못된 곳을 찾아 이유를 쓰고, 바르게 계산해 보세요.

$54-15+12=27$

① 27

② 27

⇩

$54-15+12$

이유

8 빨간 구슬이 56개, 파란 구슬이 26개 있습니다. 노란 구슬은 빨간 구슬과 파란 구슬을 합한 것보다 18개 더 적습니다. 노란 구슬은 몇 개일까요?

( )

9 □의 값이 큰 것부터 차례대로 기호를 써 보세요.

㉠ 14－□＝9
㉡ □－7＝13
㉢ 15＋□＝24

( )

(수학 익힘 유형)

10 수 카드 4장 중에서 3장을 한 번씩만 사용하여 덧셈식을 만들고, 만든 덧셈식을 뺄셈식으로 나타내 보세요.

3 12 9 21

덧셈식 ______

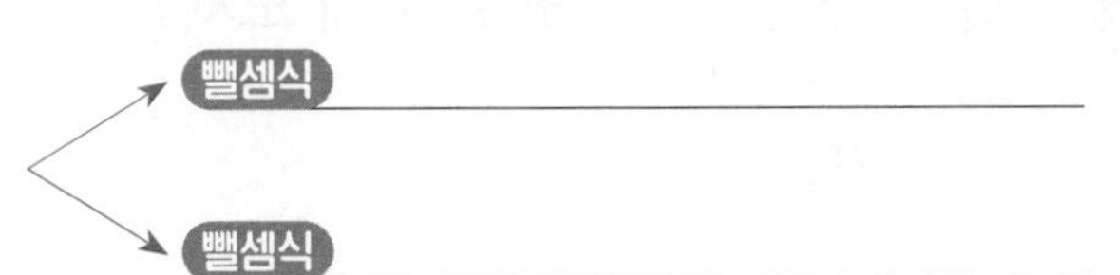
뺄셈식 ______

뺄셈식 ______

11 소희의 나이는 9살이고, 소희와 세미의 나이의 합은 15살입니다. 세미의 나이를 □로 하여 덧셈식을 만들고, □의 값을 구해 보세요.

덧셈식 ______

□의 값 ______

12 진수는 가지고 있던 귤 중에서 13개를 먹었더니 18개가 남았습니다. 진수가 처음에 가지고 있던 귤의 수를 □로 하여 뺄셈식을 만들고, □의 값을 구해 보세요.

뺄셈식 ______

□의 값 ______

(수학 익힘 유형)

13 세 수를 이용하여 계산 결과가 가장 큰 세 수의 계산식을 만들려고 합니다. □ 안에 알맞은 수를 써넣고 답을 구해 보세요.

11 48 23 15

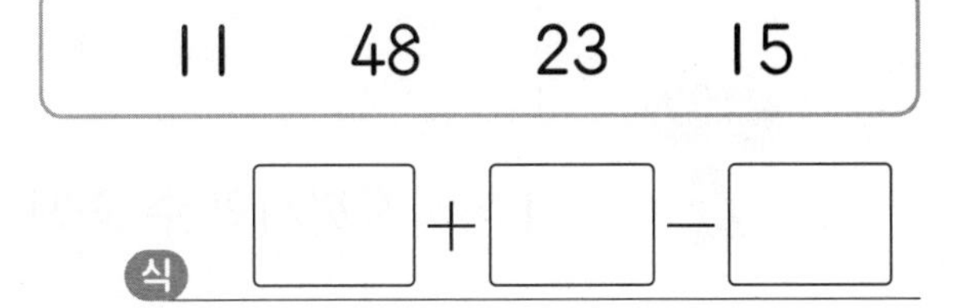

식 □＋□－□

답 ______

STEP 3 응용유형 다잡기

1

수 카드 3장 중에서 2장을 뽑아 두 자리 수를 만들어 46과 더하려고 합니다. 계산 결과가 가장 큰 수가 되도록 덧셈식을 만들고, 계산해 보세요.

7 8 9 덧셈식 $\square + 46 = \square$

(1) 46과 더했을 때 계산 결과가 가장 큰 수가 되도록 하는 두 자리 수는 얼마일까요? (　　　　　)

(2) 위 $\square$ 안에 계산 결과가 가장 큰 수가 되도록 덧셈식을 만들고, 계산해 보세요.

한번더 **2**

수 카드 3장 중에서 2장을 뽑아 두 자리 수를 만들어 71에서 빼려고 합니다. 계산 결과가 가장 큰 수가 되도록 뺄셈식을 만들고, 계산해 보세요.

4 5 8 뺄셈식 $71 - \square = \square$

3

1부터 9까지의 수 중에서 ㉠에 들어갈 수 있는 수를 모두 구해 보세요.

49+㉠<52

(1) $\square$ 안에 알맞은 수를 써넣으세요.

$49+1=\square$, $49+2=\square$, $49+3=\square$

(2) ㉠에 들어갈 수 있는 수를 모두 구해 보세요.

(　　　　　)

한번더 **4**

1부터 9까지의 수 중에서 ㉠에 들어갈 수 있는 수를 모두 구해 보세요.

82−㉠<75

(　　　　　)

5 어떤 수에서 16을 빼야 할 것을 잘못하여 더했더니 44가 되었습니다. 바르게 계산하면 얼마인지 구해 보세요.

(1) 어떤 수를 ■라 할 때, 잘못 계산한 식을 써 보세요.

■+□=□

(2) 어떤 수는 얼마일까요? (   )

(3) 바르게 계산하면 얼마일까요? (   )

한번더

6 어떤 수에 27을 더해야 할 것을 잘못하여 뺐더니 29가 되었습니다. 바르게 계산하면 얼마인지 구해 보세요.

(   )

놀이 수학

7 같은 선 위의 양쪽 끝에 있는 두 수의 차를 가운데에 쓴 것입니다. 빈칸에 알맞은 수를 써넣으세요.

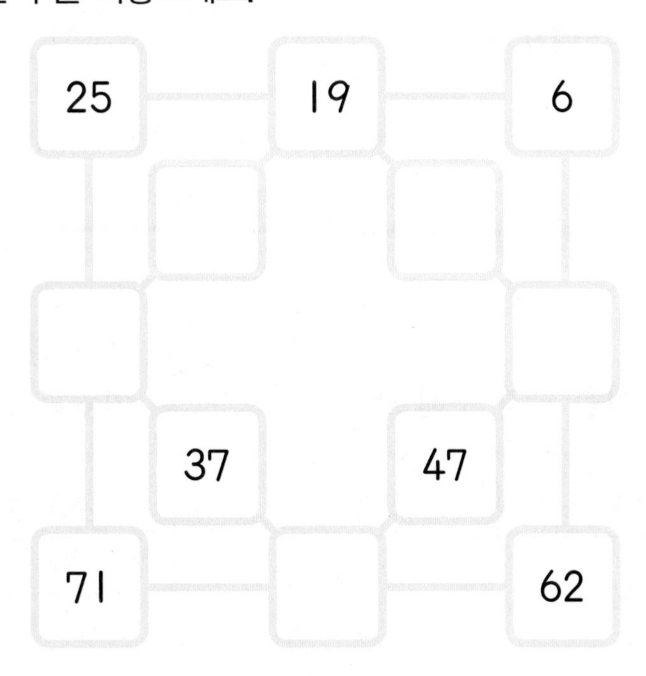

단원 마무리

1 그림을 보고 덧셈을 해 보세요.

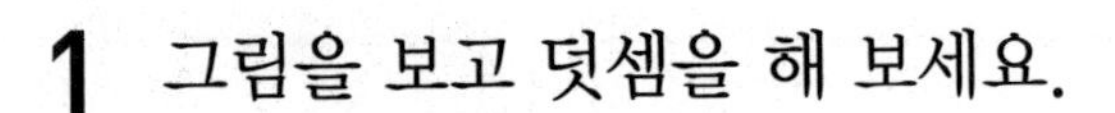

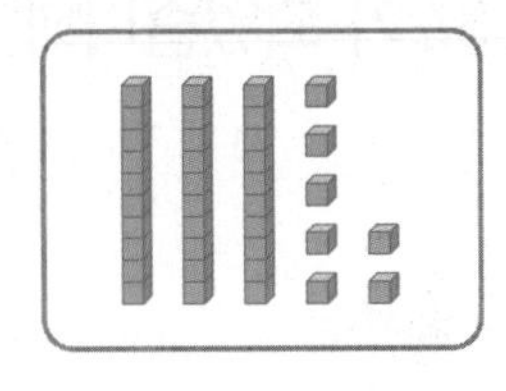
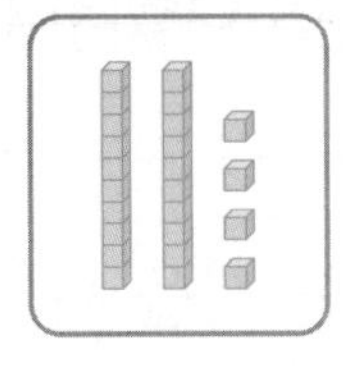

$37+24=\square$

2 계산해 보세요.

$$\begin{array}{r} 69 \\ +\,73 \\ \hline \end{array}$$

3 빈칸에 알맞은 수를 써넣으세요.

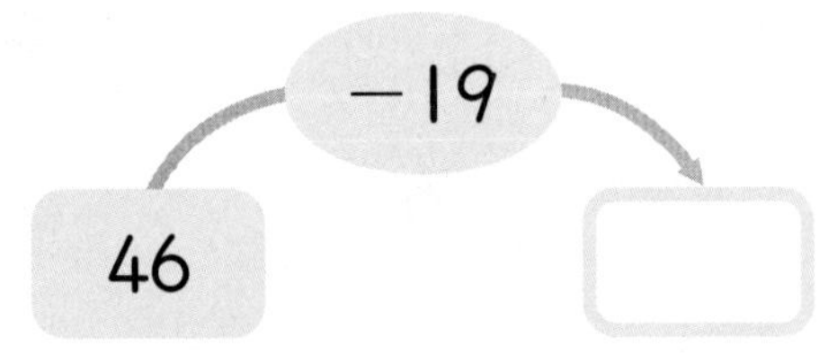

4 두 수의 합과 차를 각각 구해 보세요.

84 17

합 (   )

차 (   )

5 빈칸에 알맞은 수를 써넣으세요.

53 → +27 → □ → −55 → □

6 계산 결과의 크기를 비교하여 ◯ 안에 >, =, <를 알맞게 써넣으세요.

$43-8 \bigcirc 29+5$

7 뺄셈식을 덧셈식으로 나타내 보세요.

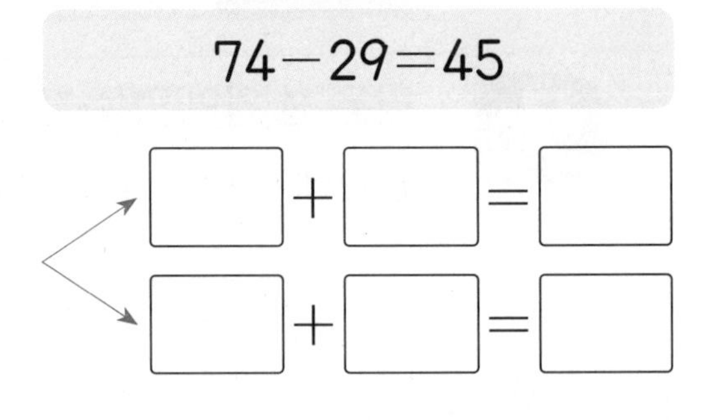

8 계산 결과가 13보다 큰 뺄셈식을 찾아 기호를 써 보세요.

㉠ 30−18　　㉡ 45−29
㉢ 70−61　　㉣ 86−79

(   )

9 □ 안에 알맞은 수를 써넣으세요.

$49+\square=57$

교과서에 꼭 나오는 문제

10 학급 문고에는 동화책이 78권, 위인전이 56권 있습니다. 학급 문고에 있는 동화책과 위인전은 모두 몇 권일까요?

(　　　　　　)

잘 틀리는 문제

11 □ 안에 알맞은 수를 써넣으세요.

$$\begin{array}{r} \square\ 6 \\ +\ 3\ 6 \\ \hline 9\ 2 \end{array}$$

12 수 카드 3장을 한 번씩만 사용하여 뺄셈식을 만들고, 만든 뺄셈식을 덧셈식으로 나타내 보세요.

28　19　47

뺄셈식 ______

덧셈식 ______

덧셈식 ______

교과서에 꼭 나오는 문제

13 버스에 23명이 타고 있었습니다. 정류장에 도착하여 5명이 내리고, 13명이 탔습니다. 지금 버스에 타고 있는 사람은 몇 명일까요?

(　　　　　　)

14 계산 결과가 큰 것부터 차례대로 기호를 써 보세요.

㉠ $79+18-19$
㉡ $72-27+36$
㉢ $58+23-14$

(　　　　　　)

15 공책 32권 중에서 친구에게 몇 권을 주었더니 14권이 남았습니다. 친구에게 준 공책의 수를 □로 하여 뺄셈식을 만들고, □의 값을 구해 보세요.

뺄셈식 ______

□의 값 ______

16 합이 64가 되는 두 수를 찾아 써 보세요.

6	9	45	58

( )

잘 틀리는 문제

17 1부터 9까지의 수 중에서 ㉠에 들어갈 수 있는 수를 모두 구해 보세요.

$53-㉠<47$

( )

18 어떤 수에 38을 더해야 할 것을 잘못하여 뺐더니 54가 되었습니다. 바르게 계산하면 얼마인지 구해 보세요.

( )

서술형 문제

19 계산에서 잘못된 곳을 찾아 이유를 쓰고, 바르게 계산해 보세요.

$$\begin{array}{r} 56 \\ +\,74 \\ \hline 120 \end{array} \Rightarrow \begin{array}{r} 56 \\ +\,74 \\ \hline \end{array}$$

이유

20 채소 가게에 오이가 29개, 당근이 31개 있습니다. 피망은 오이와 당근을 합한 것보다 14개 더 적습니다. 피망은 몇 개인지 풀이 과정을 쓰고 답을 구해 보세요.

풀이

답

두 그림에서 다른 곳 4가지를 찾아요!

정답

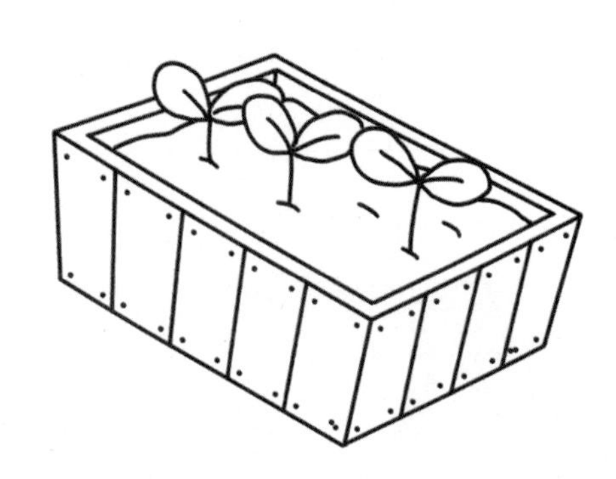

재미있게 색칠하며 화단을 완성해 보세요

4 길이 재기

이 단원에서는

- 여러 가지 단위로 길이를 재어 볼까요
- 1 cm를 알아볼까요
- 자로 길이를 재어 볼까요
- 길이를 어림해 볼까요

개념 1 길이를 비교하는 방법

● 책의 길이 비교하기

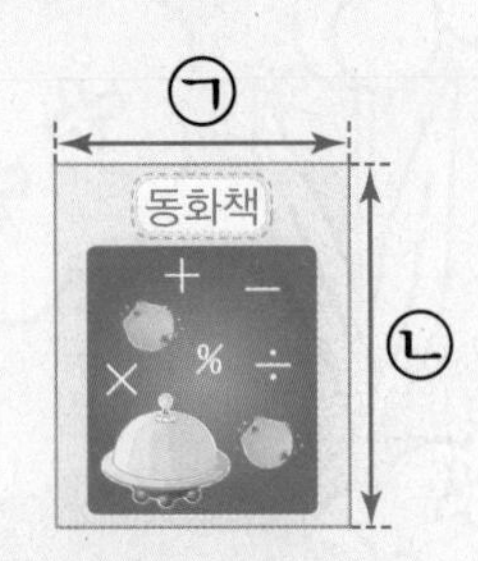

길이만큼 털실을 잘라 ㉠과 ㉡의 길이 비교하기

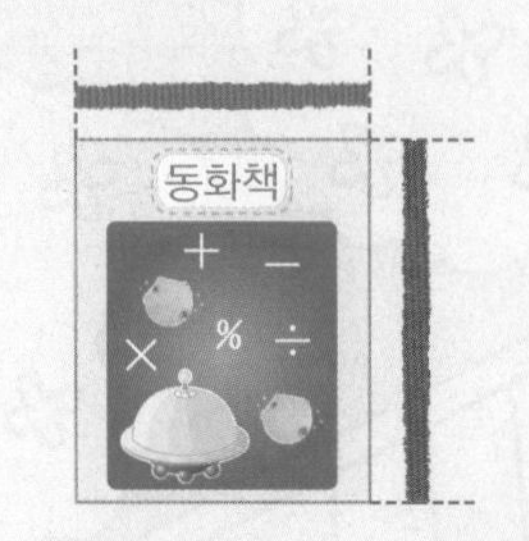

㉠과 ㉡은 직접 맞대어 길이를 비교할 수 없습니다.

㉠의 길이

㉡의 길이

⇨ ㉡의 길이가 더 깁니다.

1 ㉠과 ㉡의 길이를 비교해 보세요.

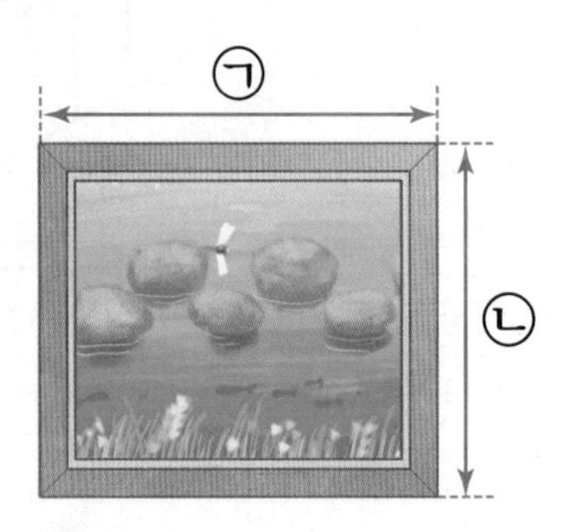

(1) 알맞은 말에 ○표 하세요.

㉠과 ㉡의 길이를 직접 맞대어 비교할 수 (있습니다 , 없습니다).

(2) 종이띠를 각각 ㉠과 ㉡의 길이만큼 본뜬 다음 서로 맞대어 길이를 비교한 것입니다. ㉠과 ㉡ 중 길이가 더 긴 것에 ○표 하세요.

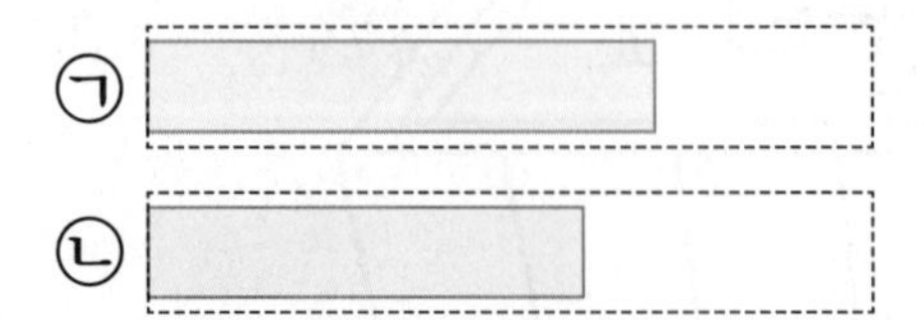

(㉠ , ㉡)의 길이가 더 깁니다.

기본유형 익히기

복습책 52쪽 | 정답 19쪽

1 길이를 비교하여 더 짧은 쪽에 ○표 하세요.

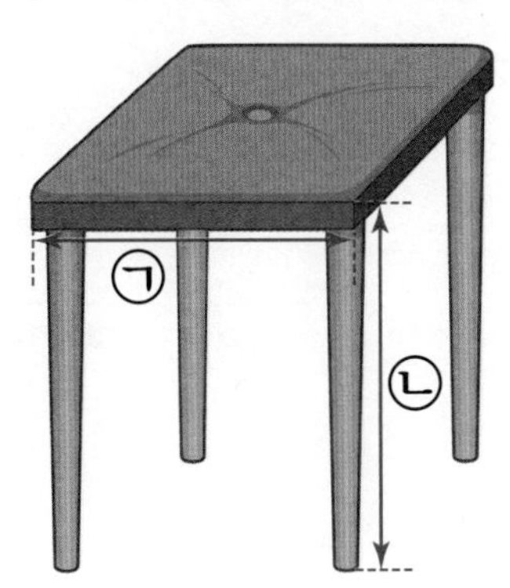

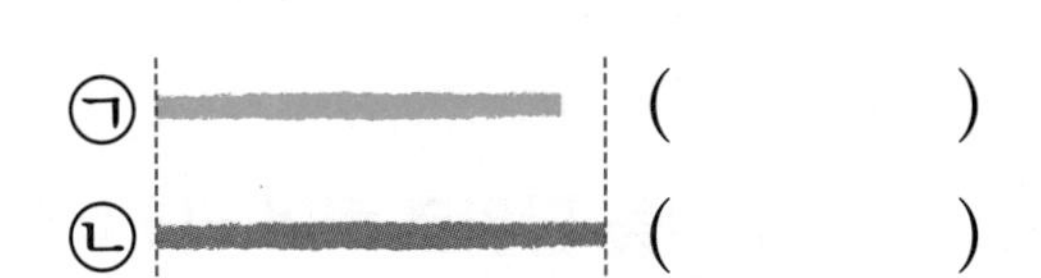

2 길이를 비교하여 □ 안에 알맞게 써넣으세요. 활동지

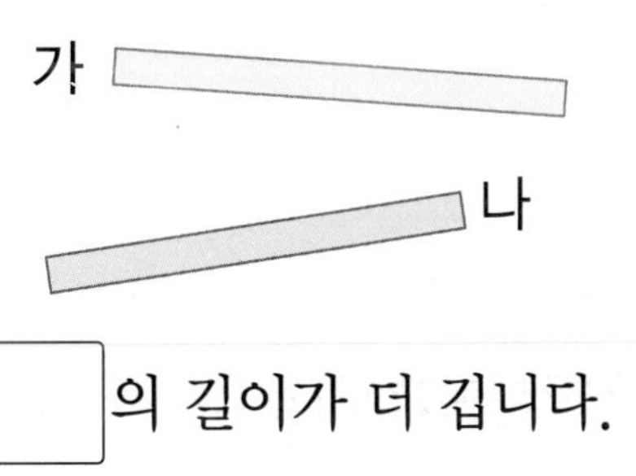

□의 길이가 더 깁니다.

3 길이가 긴 것부터 차례대로 써 보세요. 활동지

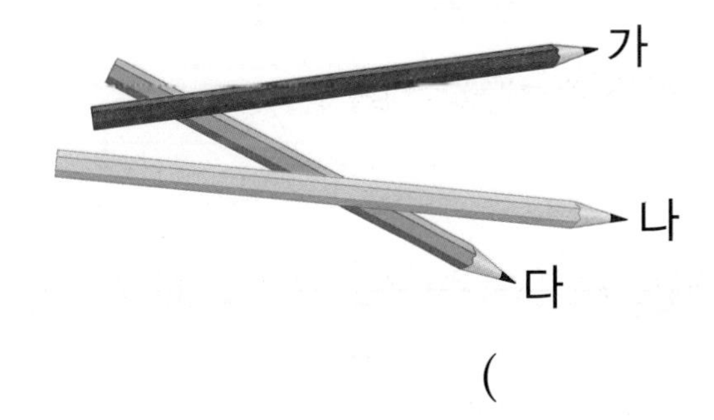

(   )

여러 가지 단위로 길이 재기

길이를 잴 때 사용할 수 있는 단위

길이를 잴 때 사용하는 단위에는 여러 가지가 있습니다.

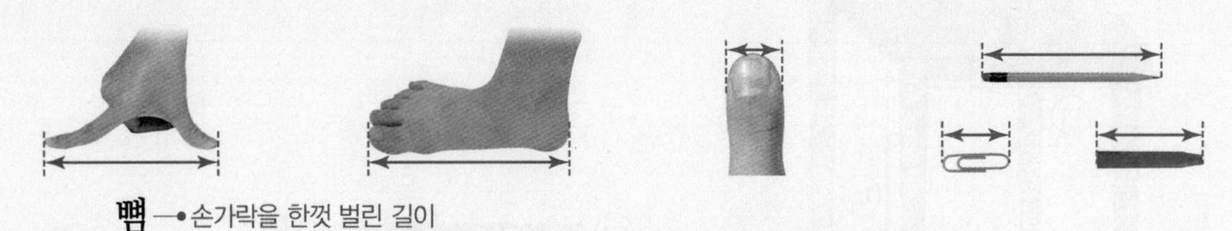

뼘 —• 손가락을 한껏 벌린 길이

여러 가지 물건을 단위로 하여 리코더의 길이 재기

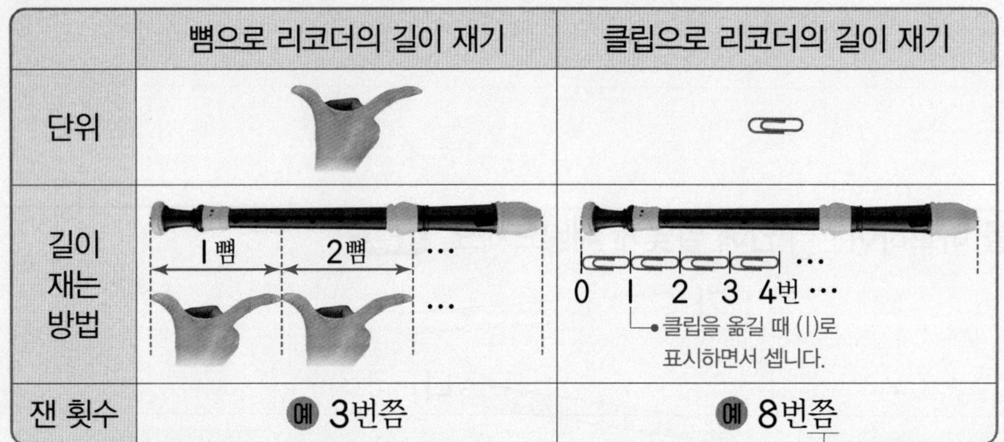

	뼘으로 리코더의 길이 재기	클립으로 리코더의 길이 재기
단위		
길이 재는 방법	1뼘 2뼘 …	0 1 2 3 4번 … 클립을 옮길 때 (|)로 표시하면서 셉니다.
잰 횟수	예 3번쯤	예 8번쯤

• 물건을 단위로 길이를 재다 딱 맞게 떨어지지 않는 경우 '몇 번쯤 된다.'로 표현합니다.

⇨ 단위의 길이가 길수록 잰 횟수는 더 적습니다.
단위의 길이가 짧을수록 잰 횟수는 더 많습니다.

참고 단위의 길이가 너무 길면 여러 번 놓기가 힘들고, 너무 짧으면 실제 길이와 차이가 많이 날 수 있습니다.

1 뼘과 가위로 줄넘기의 길이를 재어 보세요.

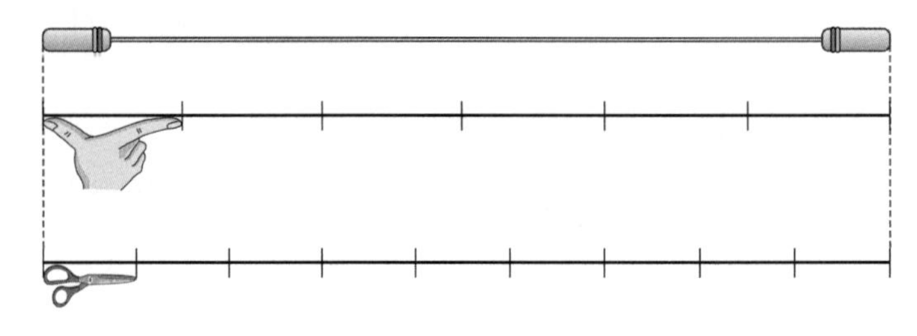

(1) 줄넘기의 길이는 뼘으로 ☐ 번입니다.

(2) 줄넘기의 길이는 가위로 ☐ 번입니다.

기본유형 익히기

복습책 52쪽 | 정답 19쪽

1 길이를 잴 때 사용되는 단위 중에서 가장 긴 것에 ○표, 가장 짧은 것에 △표 하세요.

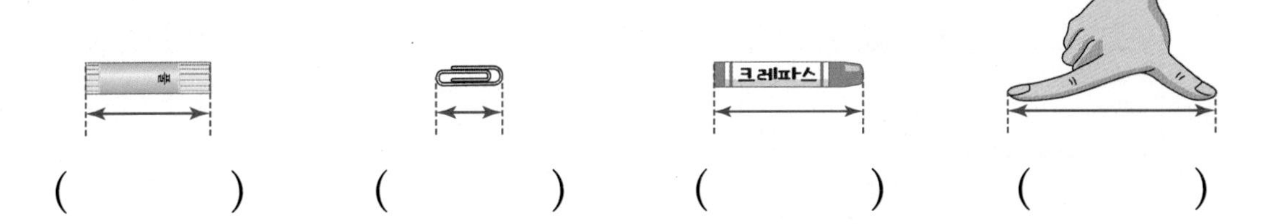

(   ) (   ) (   ) (   )

2 책꽂이의 긴 쪽의 길이는 몇 뼘인가요?

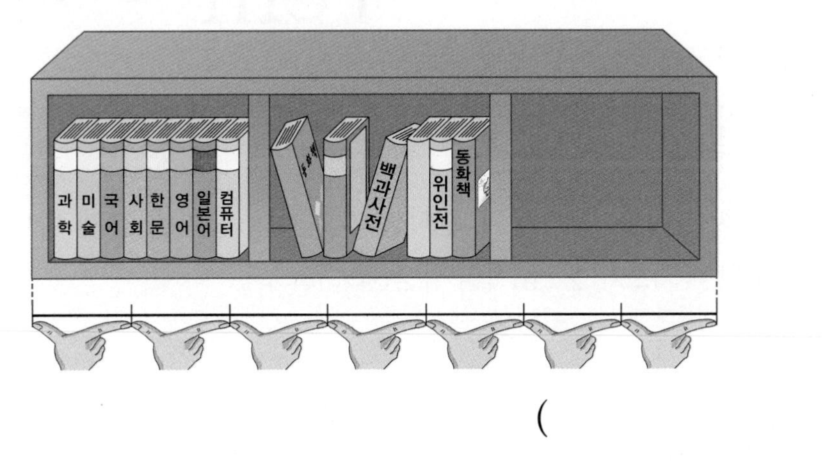

(   )

3 지우개와 연필로 색 테이프의 길이를 재었습니다. □ 안에 알맞은 수를 써넣고, 알맞은 말에 ○표 하세요.

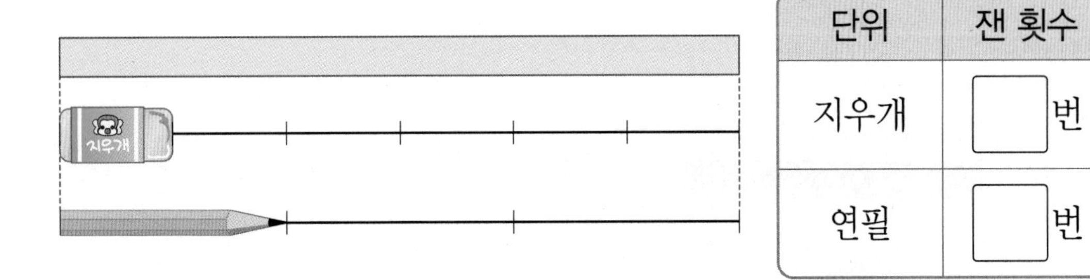

단위	잰 횟수
지우개	□번
연필	□번

연필의 길이가 지우개의 길이보다 더 (짧습니다 , 깁니다).

⇨ 연필로 잰 횟수가 지우개로 잰 횟수보다 (적습니다 , 많습니다).

개념 3 1 cm

두 사람의 뼘을 사용하여 막대의 길이 재기

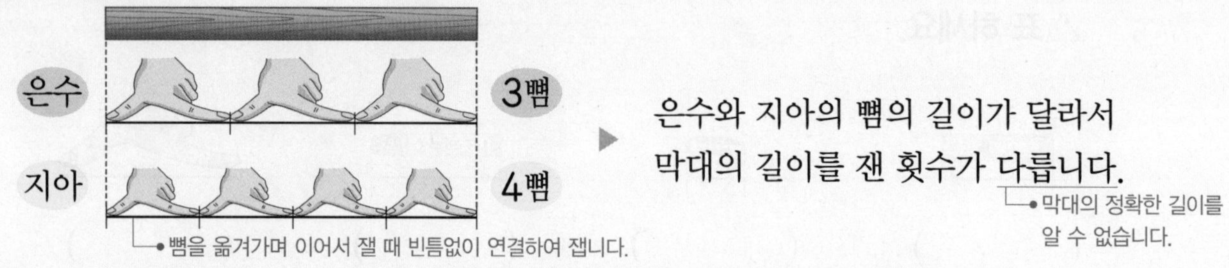

▶ 은수와 지아의 뼘의 길이가 달라서 막대의 길이를 잰 횟수가 다릅니다.

└ 막대의 정확한 길이를 알 수 없습니다.

⇨ 누가 길이를 재어도 길이를 똑같이 말할 수 있는 단위가 필요합니다.

1 cm

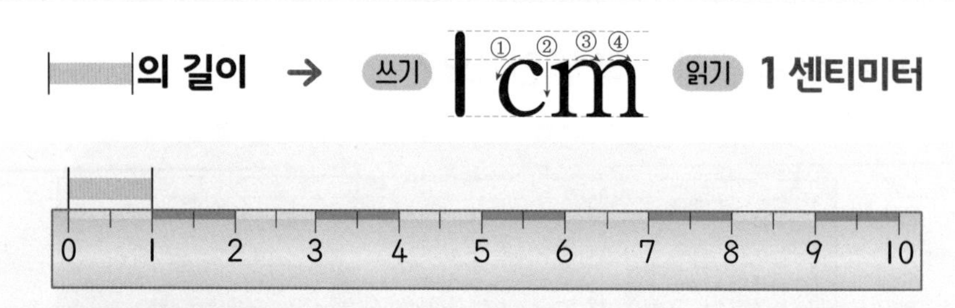

1 cm를 단위로 길이를 재면 누가 길이를 재더라도 길이를 같게 나타낼 수 있습니다.

참고 1 cm가 2번 ⇨ [쓰기] 2 cm [읽기] 2센티미터

1 □ 안에 알맞은 수를 써넣고, 주어진 길이를 쓰고 읽어 보세요.

(1)

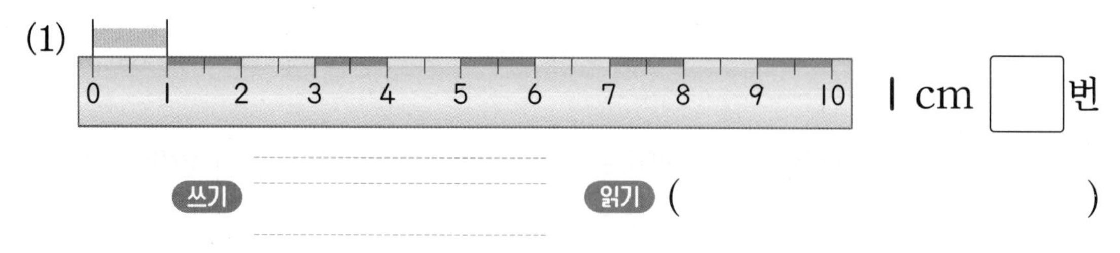

(2)

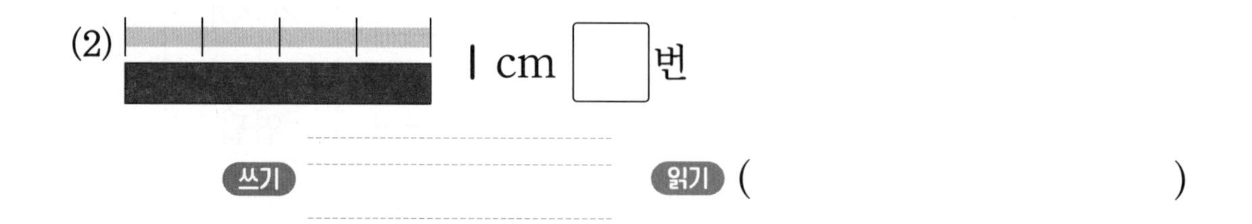

기본유형 익히기

복습책 53쪽 | 정답 19쪽

1 개미의 길이를 바르게 쓴 것을 찾아 ◯표 하세요.

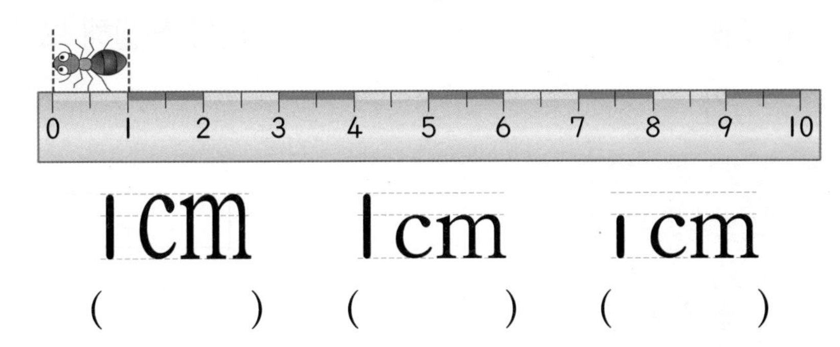

( ) ( ) ( )

2 □ 안에 알맞은 수를 써넣으세요.

(1) 4 cm는 1 cm가 □번입니다.

(2) 1 cm로 □번이면 10 cm입니다.

3 주어진 길이만큼 점선을 따라 선을 그어 보세요.

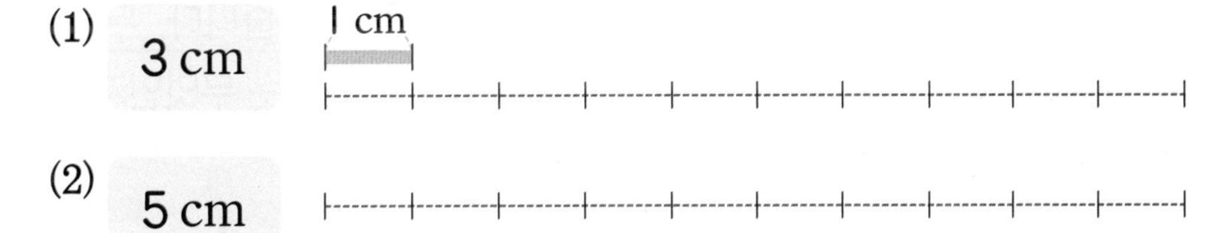

4 ㉮의 길이는 1 cm입니다. ㉯의 길이는 몇 cm인가요?

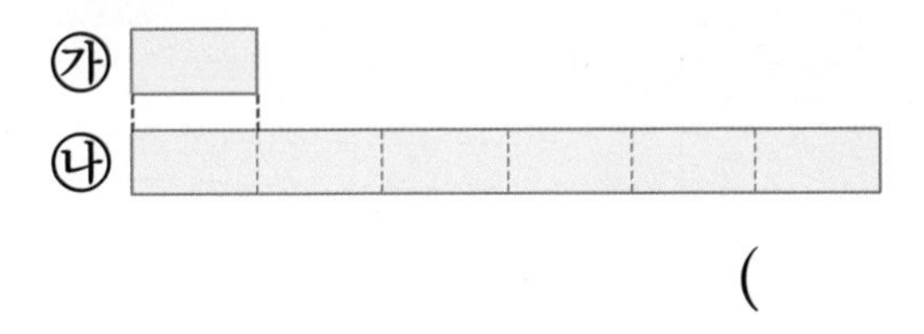

( )

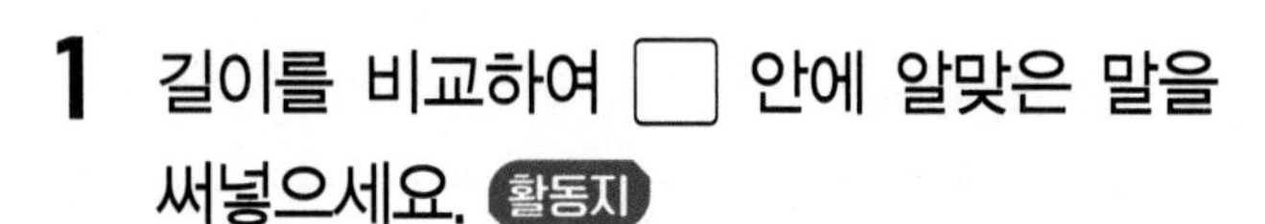

STEP 2 실전유형 다지기

1 길이를 비교하여 ☐ 안에 알맞은 말을 써넣으세요. 활동지

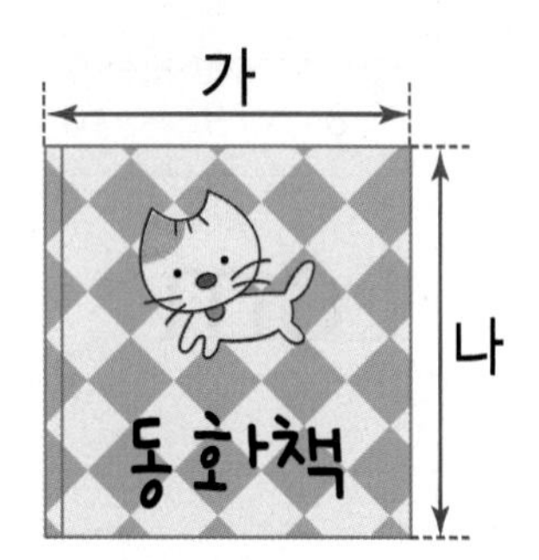

☐가 ☐보다 길이가 더 깁니다.

2 색 테이프의 길이는 클립으로 몇 번인가요?

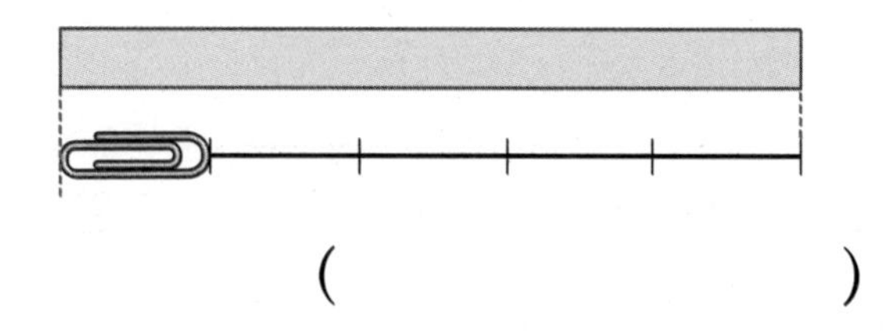

(　　　　　　　　)

3 숟가락의 길이는 크레파스와 모형으로 각각 몇 번인가요?

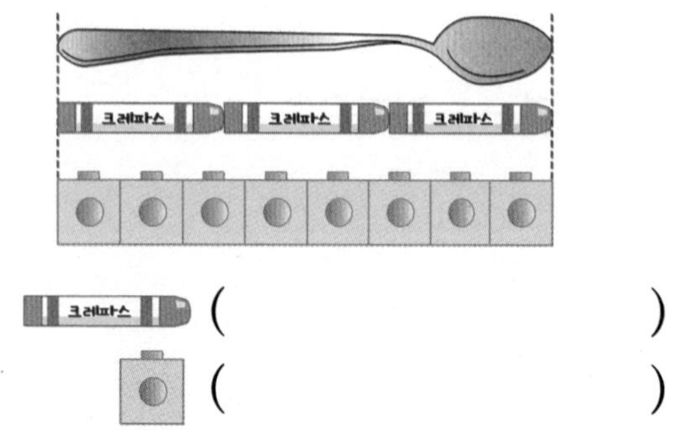

크레파스 (　　　　　　　　)

모형 (　　　　　　　　)

4 한 칸의 길이가 1 cm일 때, 주어진 길이만큼 색칠해 보세요.

4 cm

5 길이가 더 짧은 것에 ○표 하세요.

8 cm　　　1 cm로 6번

(　　　)　　(　　　)

개념 확인 서술형

6 윤주와 찬호가 각자의 뼘으로 우산의 길이를 재었습니다. 두 사람이 잰 길이가 다른 이유는 무엇인지 써 보세요.

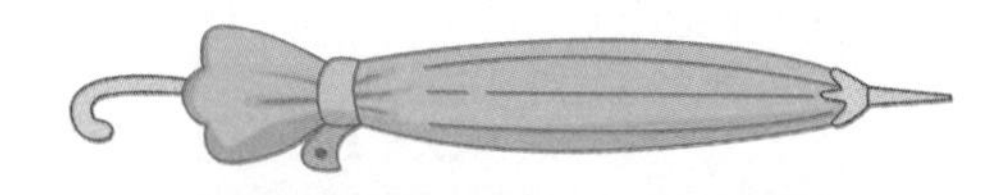

윤주의 뼘	찬호의 뼘
9뼘	7뼘

이유 ____________________

7 빨대로 밧줄과 지팡이의 길이를 잰 횟수입니다. 밧줄과 지팡이 중에서 길이가 더 긴 것은 무엇인가요?

밧줄	지팡이
10번	8번

(　　　　　　　)

8 칫솔의 길이는 열쇠로 몇 번인가요?

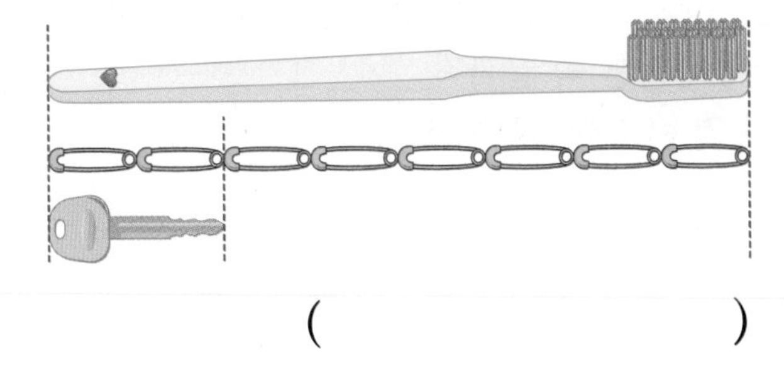

(　　　　　　　)

9 왼쪽 건물보다 더 높은 건물은 어느 것인가요? 활동지

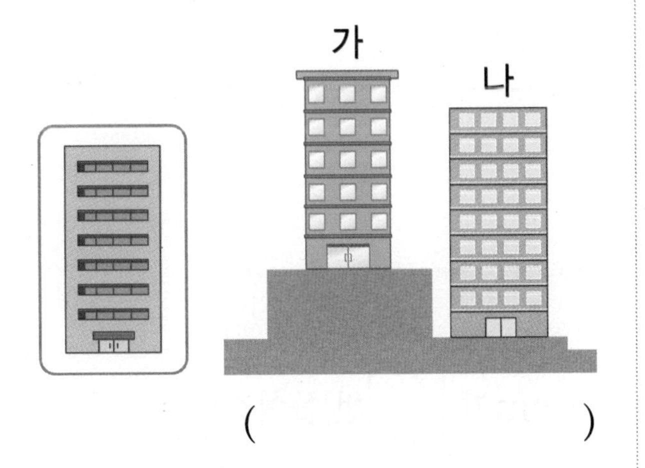

(　　　　　　　)

수학 익힘 유형

10 건희, 나리, 영두가 칠판의 긴 쪽의 길이를 재었습니다. 잰 횟수가 가장 적은 사람을 찾아 ○표 하세요.

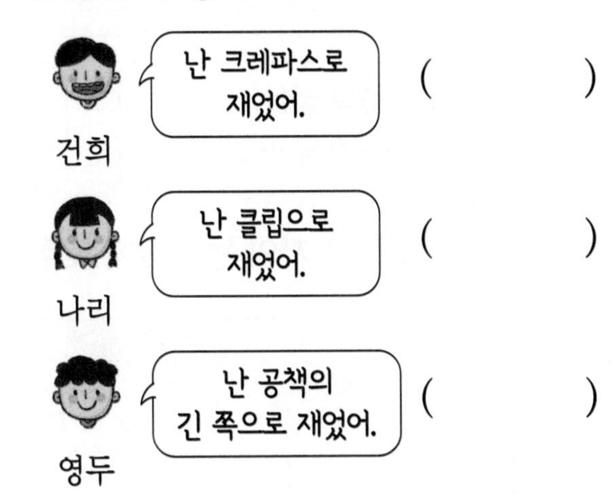

난 크레파스로 재었어.
건희
난 클립으로 재었어.
나리
난 공책의 긴 쪽으로 재었어.
영두

(　　　)
(　　　)
(　　　)

수학 익힘 유형

11 1 cm, 2 cm, 3 cm 막대가 있습니다. 이 막대들을 여러 번 사용하여 서로 다른 방법으로 6 cm를 색칠해 보세요.

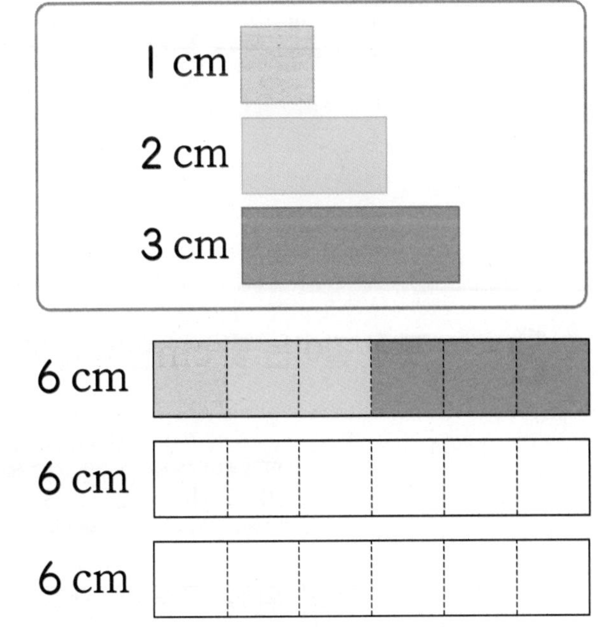

자로 길이를 재는 방법

길이의 시작, 길이를 잴 때 한쪽 끝을 맞추는 기준

- **물건의 한쪽 끝을 자의 눈금 0에 맞추어 길이를 재는 방법**

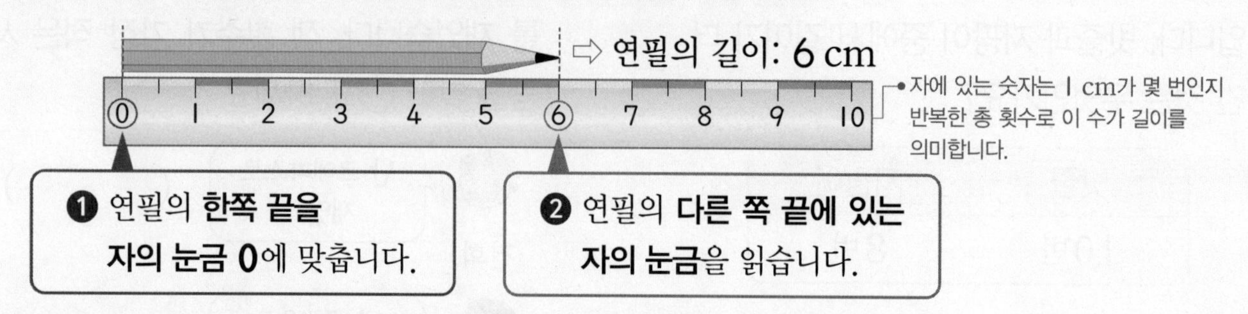

⇨ 연필의 길이: 6 cm
0 1 2 3 4 5 6 7 8 9 10
자에 있는 숫자는 1 cm가 몇 번인지 반복한 총 횟수로 이 수가 길이를 의미합니다.
❶ 연필의 한쪽 끝을 자의 눈금 0에 맞춥니다.
❷ 연필의 다른 쪽 끝에 있는 자의 눈금을 읽습니다.

- **물건의 한쪽 끝을 자의 눈금 0에 맞추지 않았을 때 길이를 재는 방법**

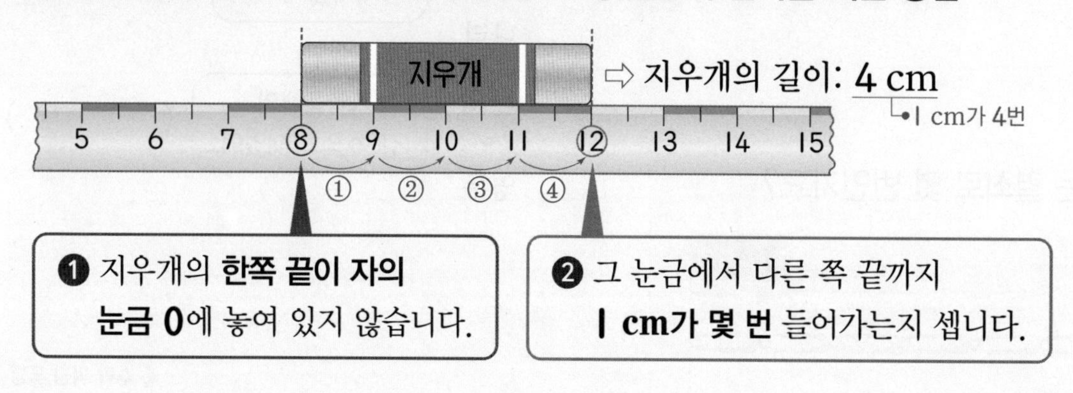

⇨ 지우개의 길이: 4 cm

❶ 지우개의 한쪽 끝이 자의 눈금 0에 놓여 있지 않습니다.

1 크레파스의 길이를 자로 바르게 잰 것에 ○표 하세요.

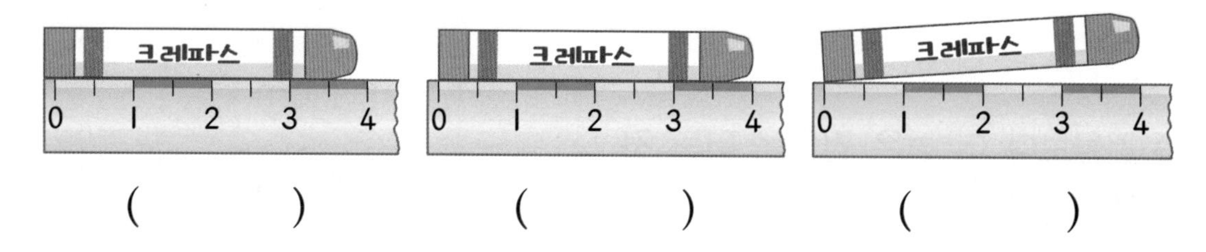

(　　　)　　(　　　)　　(　　　)

2 못의 길이는 몇 cm인지 재어 보세요.

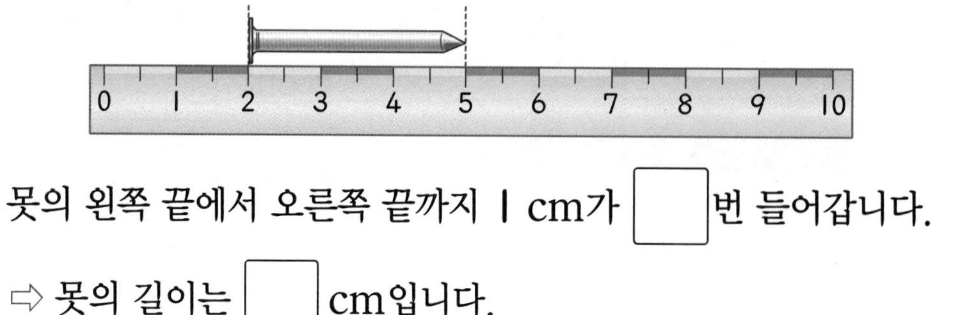

못의 왼쪽 끝에서 오른쪽 끝까지 1 cm가 □번 들어갑니다.

⇨ 못의 길이는 □ cm입니다.

1 기본유형 익히기

복습책 56쪽 | 정답 20쪽

1 물감의 길이는 몇 cm인가요?

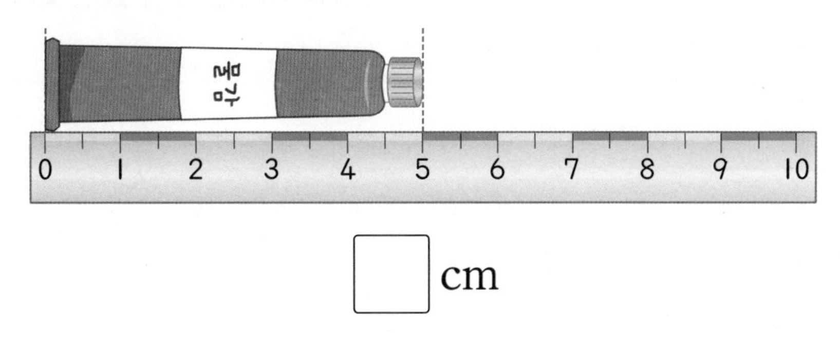

☐ cm

2 풀의 길이는 몇 cm인가요?

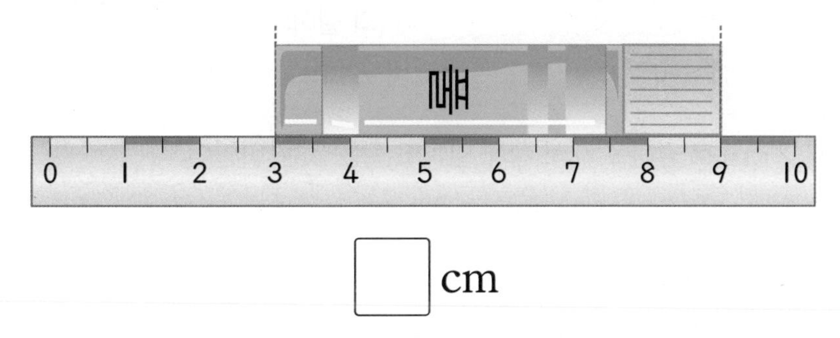

☐ cm

3 머리핀의 길이는 몇 cm인지 자로 재어 보세요.

(　　　　　　　　)

4 주어진 길이만큼 점선을 따라 선을 그어 보세요.

4 cm

개념 5 길이를 약 몇 cm로 나타내기

길이가 자의 눈금 사이에 있을 때는 **눈금과 가까운 쪽에 있는 숫자**를 읽으며, 숫자 앞에 **약**을 붙여 말합니다.

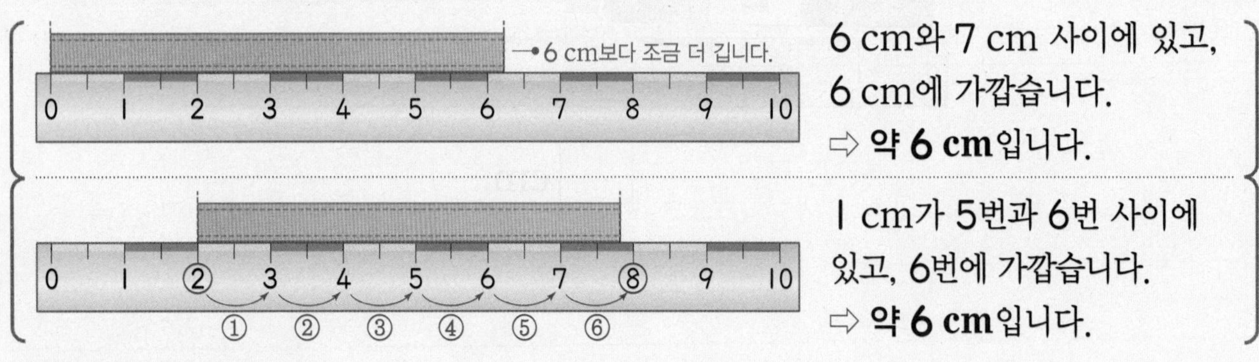

6 cm와 7 cm 사이에 있고, 6 cm에 가깝습니다.
⇨ **약 6 cm**입니다.

1 cm가 5번과 6번 사이에 있고, 6번에 가깝습니다.
⇨ **약 6 cm**입니다.

참고 ㉮와 ㉯의 길이 비교

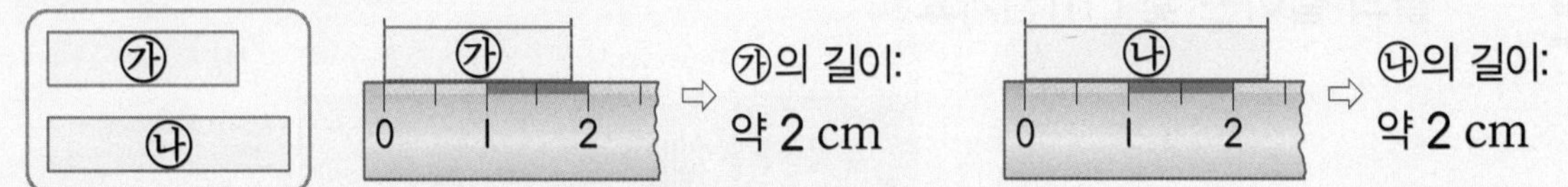

길이가 '약 2 cm'로 같다고 해서 실제 길이도 같은 것은 아닙니다.

1 여러 가지 물건의 길이를 자로 재어 보세요.

(1)

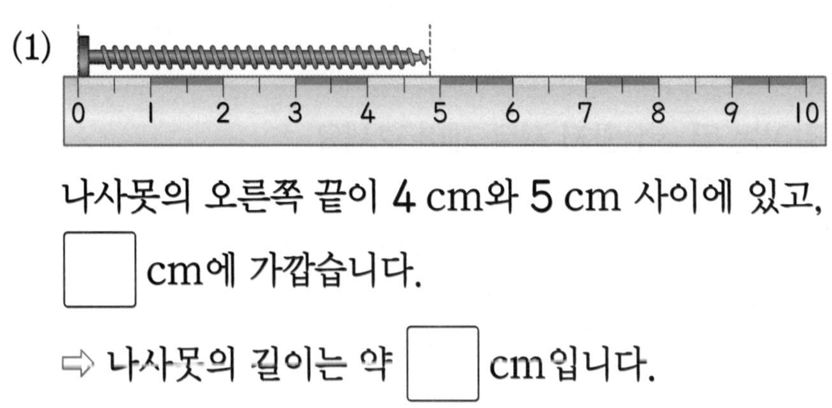

나사못의 오른쪽 끝이 4 cm와 5 cm 사이에 있고, ☐ cm에 가깝습니다.

⇨ 나사못의 길이는 약 ☐ cm입니다.

(2)

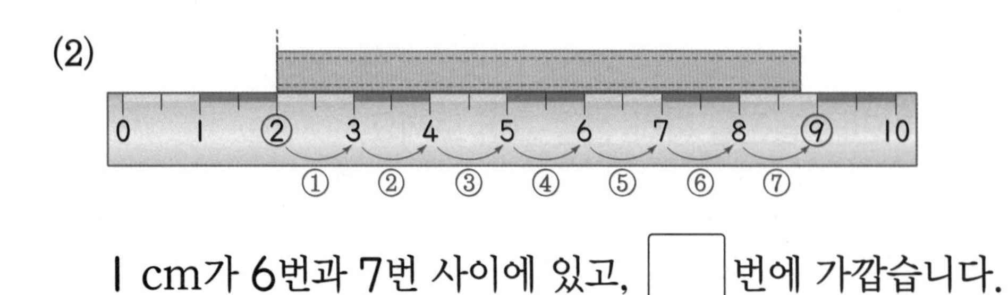

1 cm가 6번과 7번 사이에 있고, ☐ 번에 가깝습니다.

⇨ 끈의 길이는 약 ☐ cm입니다.

1 시계의 길이는 약 몇 cm인가요?

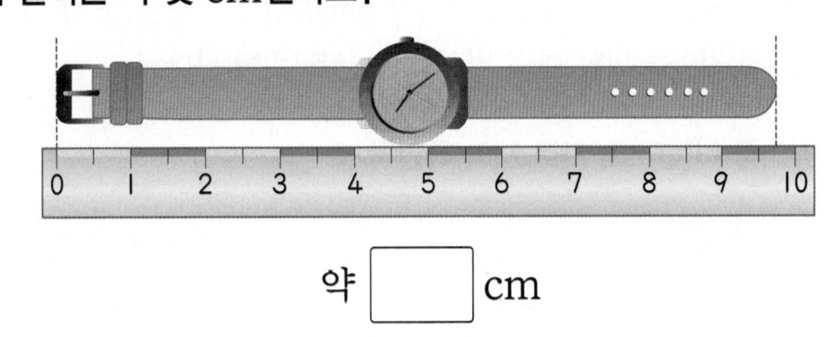

약 ☐ cm

2 붓의 길이는 약 몇 cm인가요?

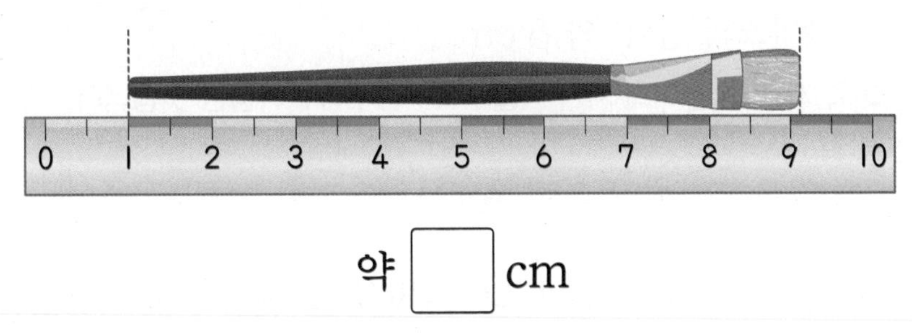

약 ☐ cm

3 물건의 길이는 약 몇 cm인지 자로 재어 보세요.

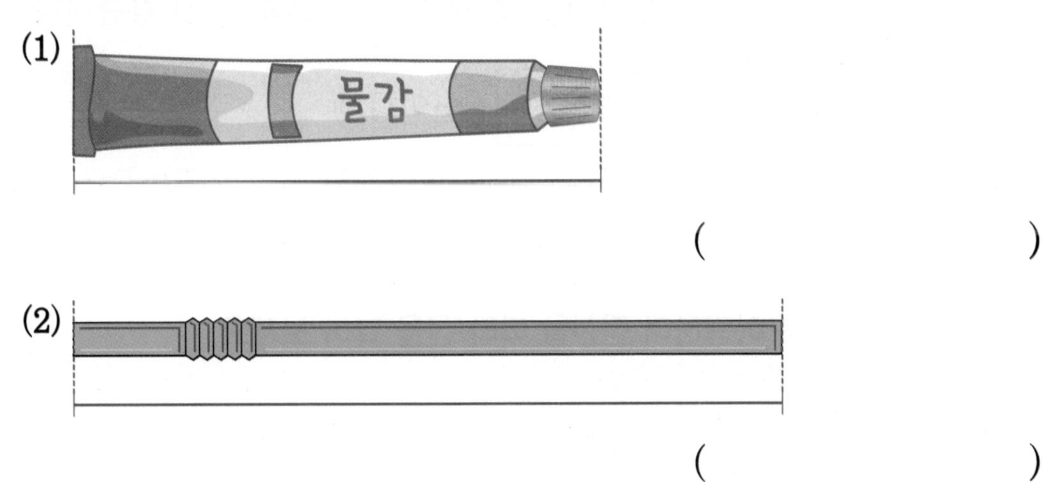

(1) (　　　　　　　　)

(2) (　　　　　　　　)

개념 6 길이 어림하기

자를 사용하지 않고 물건의 길이가 얼마쯤인지 어림할 수 있습니다.
어림한 길이를 말할 때는 '약 □ cm'라고 말합니다.

• 크레파스의 길이를 어림하고, 자로 재어 확인하기

어림하기

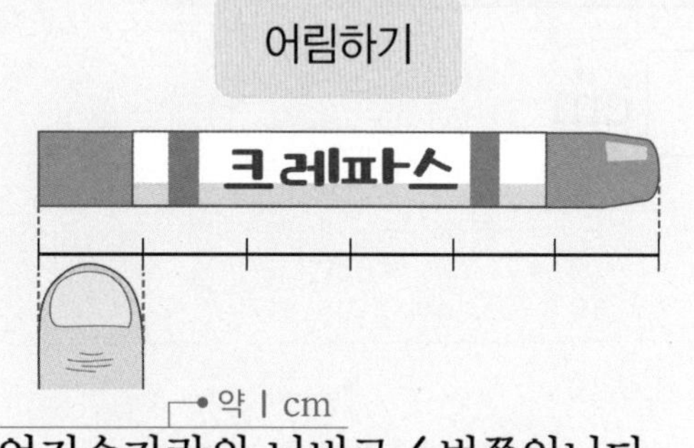

엄지손가락의 너비로 6번쯤입니다.
⇨ 어림한 크레파스의 길이: 약 6 cm

자로 재어 확인하기

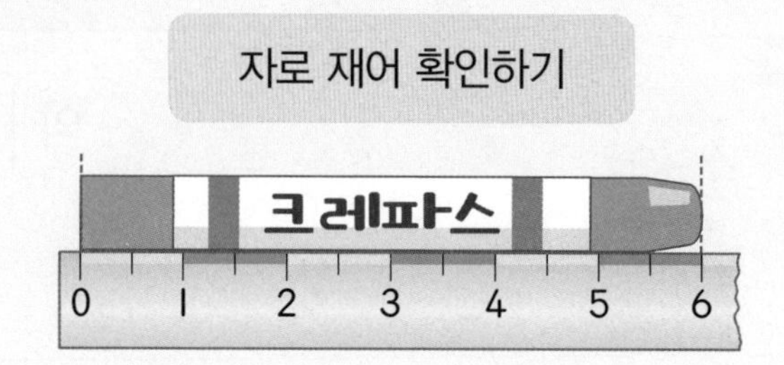

⇨ 자로 잰 크레파스의 길이: 6 cm

참고 어림한 길이와 자로 잰 길이의 차가 작을수록 더 가깝게 어림한 것입니다.

1 누름 못의 길이는 1 cm입니다. 팔찌의 길이는 약 몇 cm인지 어림해 보세요.

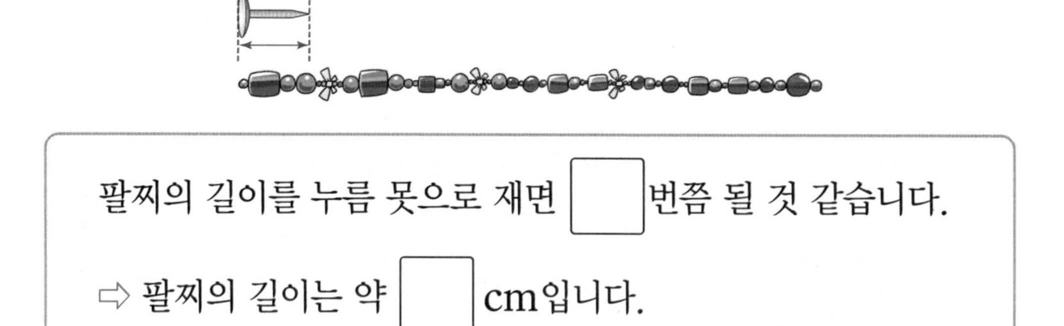

팔찌의 길이를 누름 못으로 재면 □번쯤 될 것 같습니다.
⇨ 팔찌의 길이는 약 □ cm입니다.

2 주어진 길이를 어림하여 점선을 따라 선을 그어 보세요.

(1) 1 cm

(2) 5 cm

(3) 10 cm

기본유형 익히기

복습책 57쪽 | 정답 20쪽

1 선의 길이를 어림하고 자로 재어 확인해 보세요.

선	어림한 길이	자로 잰 길이
────────	약 □ cm	□ cm
────────────────────	약 □ cm	□ cm

2 물건의 길이를 어림하고 자로 재어 확인해 보세요.

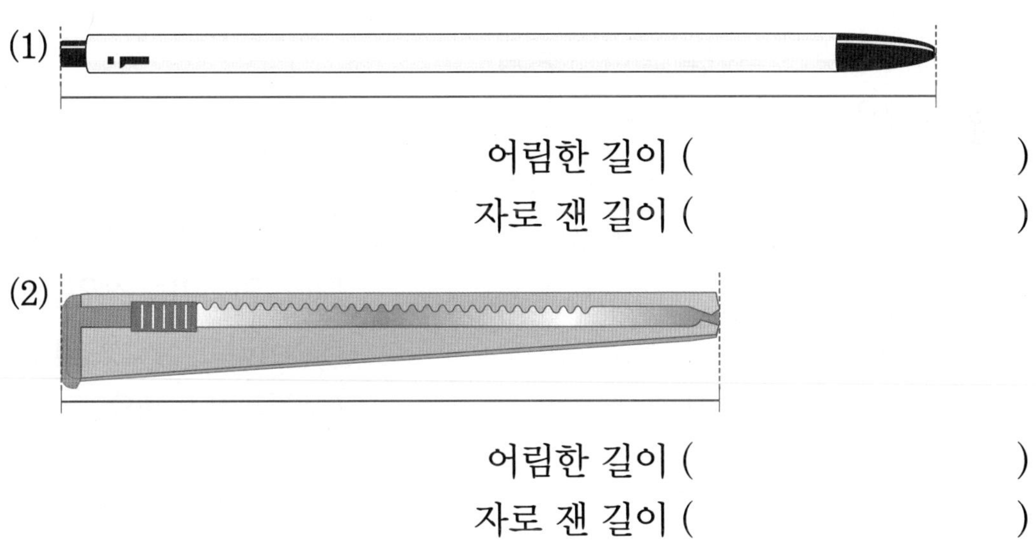

(1)

어림한 길이 (　　　　　　　)
자로 잰 길이 (　　　　　　　)

(2)

어림한 길이 (　　　　　　　)
자로 잰 길이 (　　　　　　　)

3 실제 길이에 가장 가까운 것을 찾아 선으로 이어 보세요.

STEP 2 실전유형 다지기

1 사탕의 길이는 몇 cm인지 자로 재어 보세요.

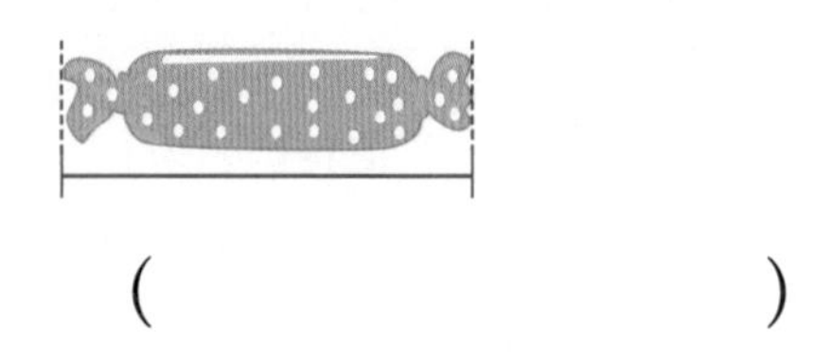

( )

2 〈보기〉에서 알맞은 길이를 골라 문장을 완성해 보세요.

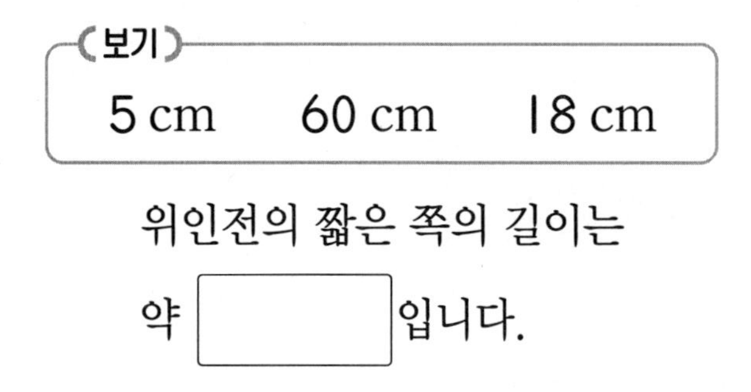

〈보기〉

5 cm　　60 cm　　18 cm

위인전의 짧은 쪽의 길이는

약 ☐ 입니다.

3 삼각형의 각 변의 길이를 자로 재어 ☐ 안에 알맞은 수를 써넣으세요.

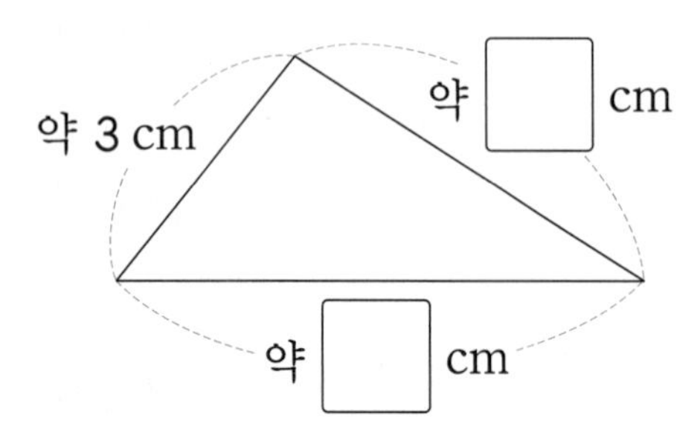

4 색연필의 길이가 더 짧은 것은 어느 것인가요?

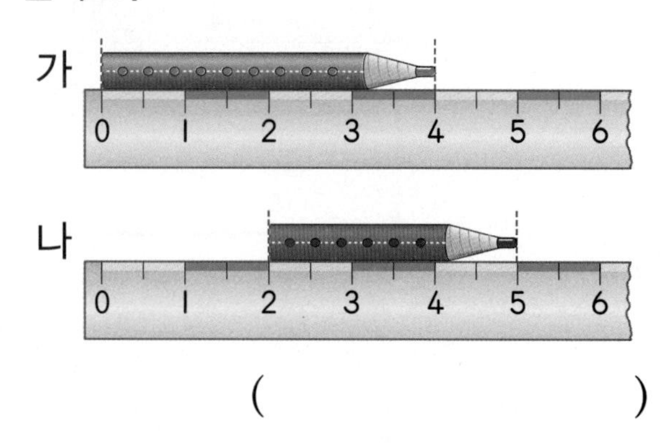

( )

개념 확인 서술형

5 실제 길이가 조금씩 다른 색연필이 있습니다. 민선이는 색연필의 길이를 모두 약 6 cm라고 생각했습니다. 그렇게 생각한 이유를 써 보세요.

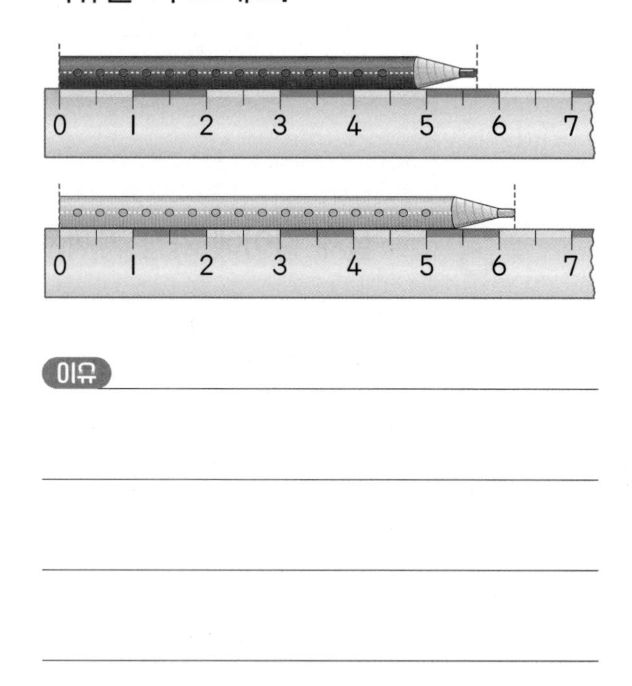

이유

6 장난감 버스의 길이를 재어 보고 혜나는 약 7 cm, 찬우는 약 8 cm라고 하였습니다. 장난감 버스의 길이를 바르게 잰 사람은 누구인가요?

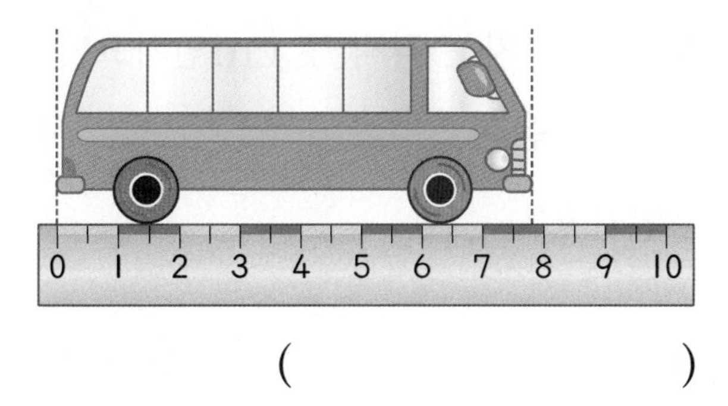

(　　　　　　　　)

《 수학 익힘 유형 》

7 길이가 1 cm, 2 cm인 선이 있습니다. 자를 사용하지 않고 7 cm에 가깝게 점선을 따라 선을 그어 보세요.

1 cm
2 cm

8 선의 길이를 자로 재어 길이가 더 긴 선의 기호를 써 보세요.

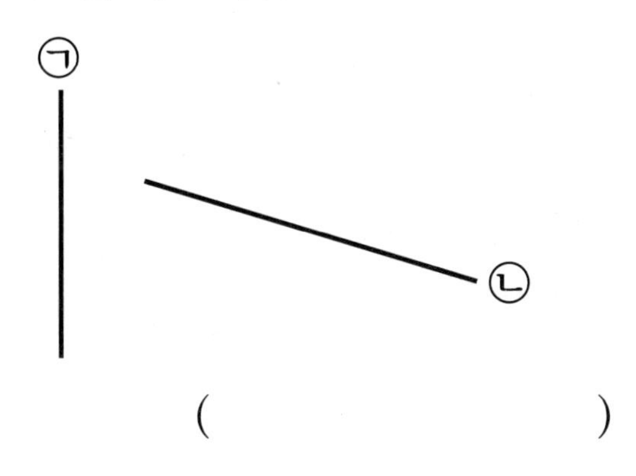

(　　　　　　　　)

《 수학 익힘 유형 》

9 막대의 길이를 잘못 말한 사람은 누구인가요?

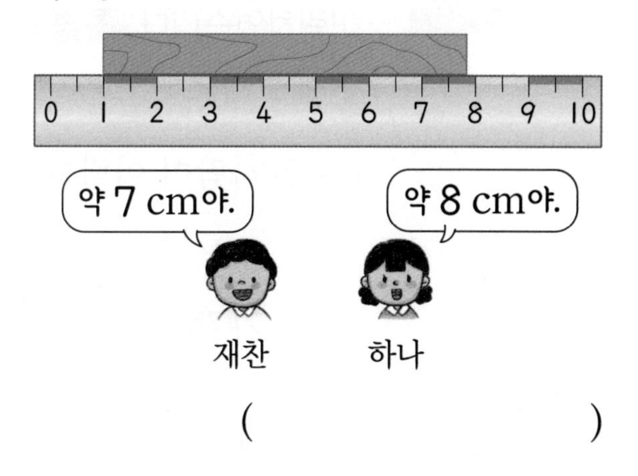

(　　　　　　　　)

10 원희와 수호는 약 5 cm를 어림하여 아래와 같이 종이를 잘랐습니다. 5 cm에 더 가깝게 어림한 사람은 누구인가요?

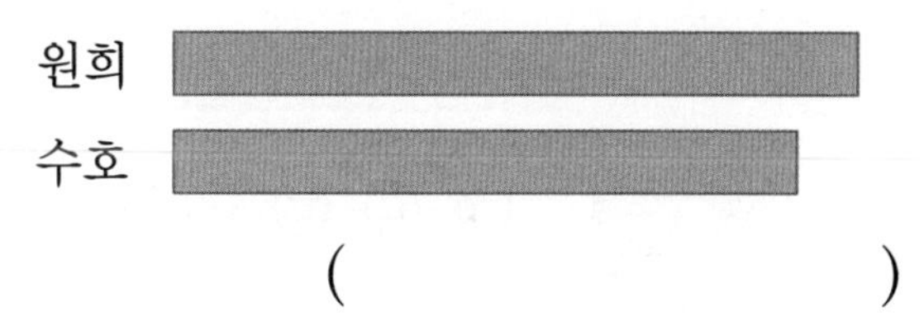

(　　　　　　　　)

11 색 테이프의 길이를 자로 재어 보고 같은 길이의 색 테이프를 같은 색으로 색칠해 보세요.

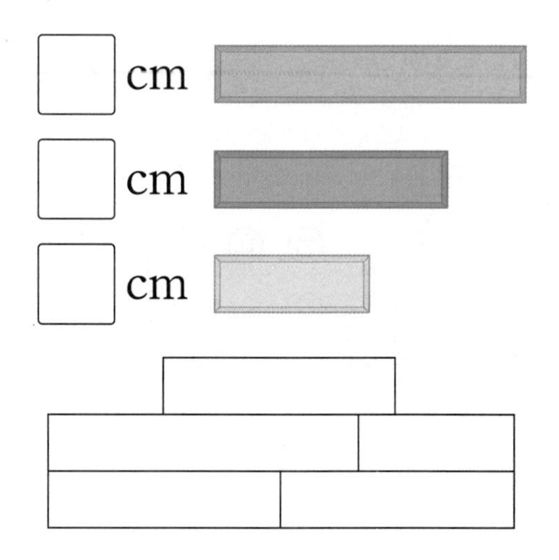

STEP 3 응용유형 다잡기

1 길이가 17 cm인 칫솔의 길이를 기우는 약 14 cm, 윤희는 약 19 cm로 어림하였습니다. 칫솔의 실제 길이에 더 가깝게 어림한 사람은 누구인지 구해 보세요.

(1) 두 사람이 어림한 길이와 실제 길이의 차는 각각 몇 cm인가요?

기우 (　　　　　　), 윤희 (　　　　　　)

(2) 더 가깝게 어림한 사람은 누구인가요? (　　　　　　)

한번더

2 길이가 13 cm인 가위의 길이를 광수는 약 12 cm, 은비는 약 15 cm로 어림하였습니다. 가위의 실제 길이에 더 가깝게 어림한 사람은 누구인지 구해 보세요.

(　　　　　　)

3 ㉠, ㉡, ㉢ 중 길이가 가장 긴 줄을 찾아 기호를 써 보세요.

㉠ 뼘으로 5번인 줄　㉡ 리코더로 5번인 줄　㉢ 풀로 5번인 줄

(1) 알맞은 말에 ○표 하세요.

잰 횟수가 같을 때 단위가 길수록 줄의 길이가 (깁니다 , 짧습니다).

(2) 가장 긴 줄을 찾아 기호를 써 보세요. (　　　　　　)

한번더

4 ㉠, ㉡, ㉢ 중 길이가 가장 짧은 막대를 찾아 기호를 써 보세요.

㉠ 볼펜으로 9번인 막대
㉡ 포크로 9번인 막대
㉢ 옷핀으로 9번인 막대

(　　　　　　)

5 연필의 길이는 길이가 3 cm인 클립으로 4번 잰 것과 같습니다. 이 연필의 길이는 길이가 4 cm인 지우개로 몇 번 잰 것과 같은지 구해 보세요.

(1) 연필의 길이는 몇 cm인가요? (　　　　　　)

(2) 연필의 길이는 길이가 4 cm인 지우개로 몇 번 잰 것과 같은가요?

(　　　　　　)

한번더

6 붓의 길이는 길이가 6 cm인 물감으로 3번 잰 것과 같습니다. 이 붓의 길이는 길이가 9 cm인 색연필로 몇 번 잰 것과 같은지 구해 보세요.

(　　　　　　)

놀이 수학 《 수학 익힘 유형 》

7 개미가 빨간색 선을 따라 집에 가려고 합니다. 가장 작은 사각형의 변의 길이가 모두 1 cm라고 할 때, 개미가 지나가는 길은 몇 cm인지 구해 보세요.

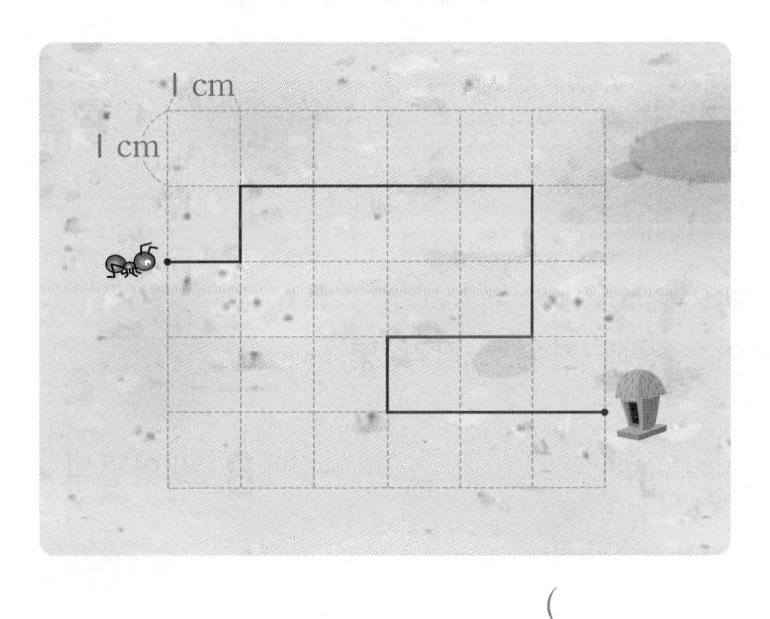

(　　　　　　)

단원 마무리

1 종이띠의 길이는 몇 뼘인가요?

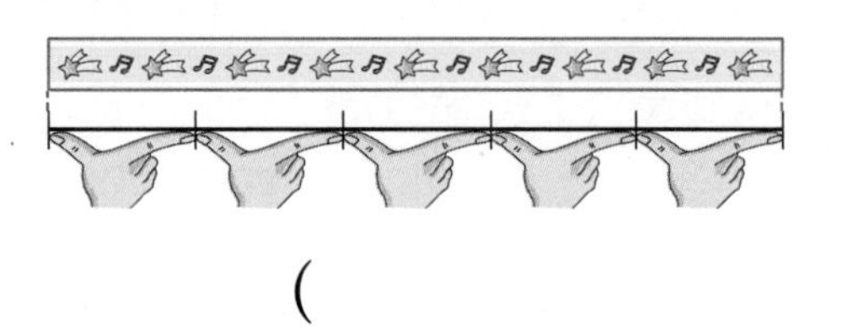

(   )

2 1 cm를 바르게 쓴 것은 어느 것인가요? (   )

① 1 Cm　　② 1 Cm

③ 1 cM　　④ 1 CM

⑤ 1 cm

3 길이를 바르게 잰 것을 찾아 기호를 써 보세요.

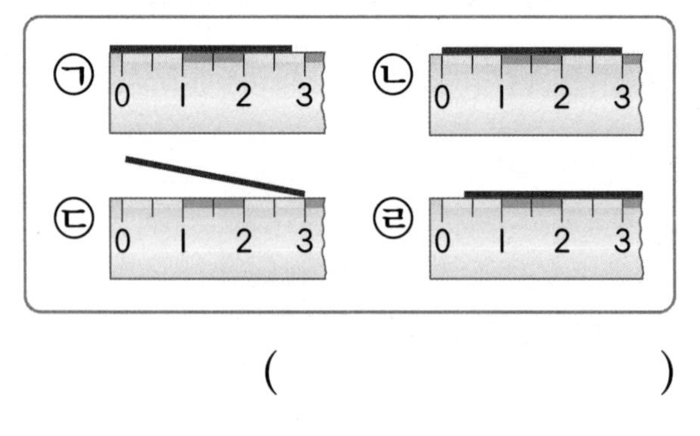

(   )

교과서에 꼭 나오는 문제

4 우산의 길이는 풀과 가위로 각각 몇 번인가요?

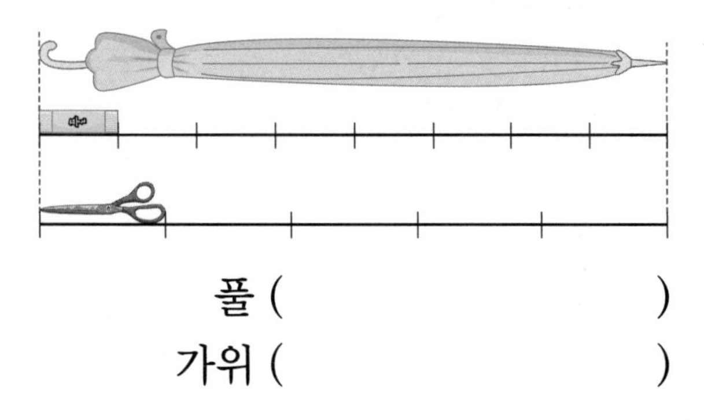

풀 (   )

가위 (   )

5 선의 길이를 어림하고 자로 재어 확인해 보세요.

어림한 길이	약 ☐ cm
자로 잰 길이	☐ cm

6 한 칸의 길이가 1 cm일 때, 주어진 길이만큼 점선을 따라 선을 그어 보세요.

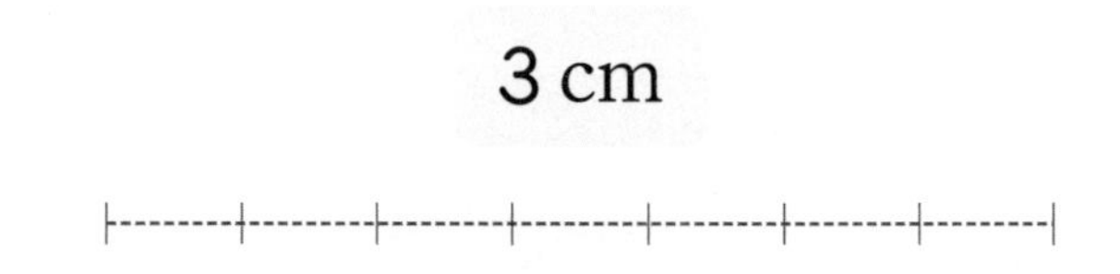

교과서에 꼭 나오는 문제

7 머리핀의 길이는 몇 cm인가요?

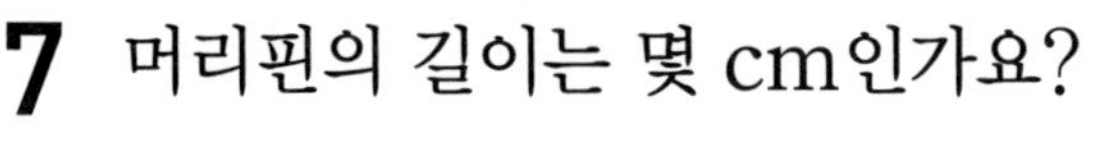

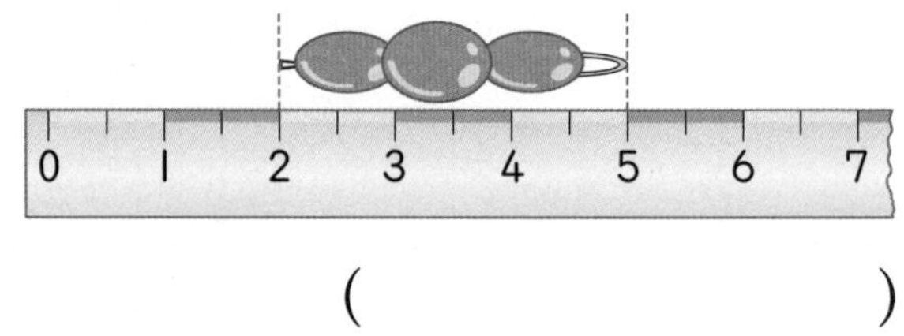

(   )

8 색연필의 길이는 약 몇 cm인가요?

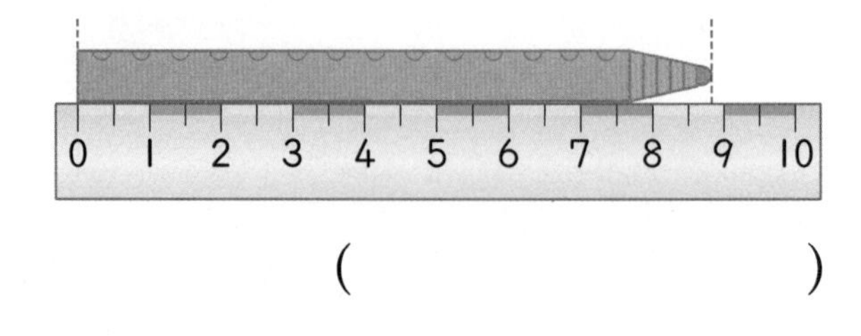

(   )

9 과학책의 짧은 쪽의 길이는 길이가 1 cm인 공깃돌로 15번입니다. 과학책의 짧은 쪽의 길이는 몇 cm인가요?

( )

● 잘 틀리는 문제

10 열쇠의 길이는 약 몇 cm인가요?

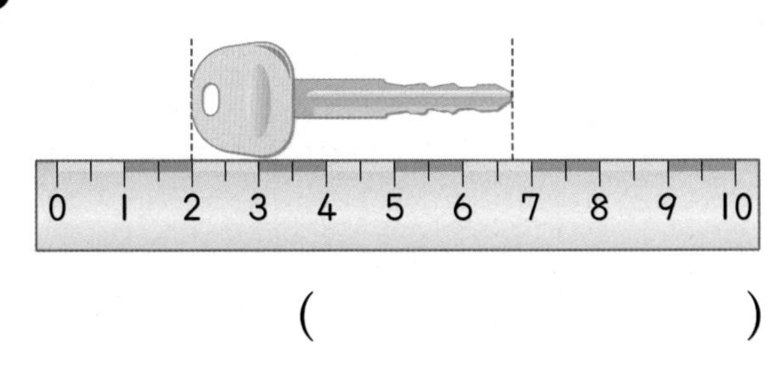

( )

11 〈보기〉에서 알맞은 길이를 골라 문장을 완성해 보세요.

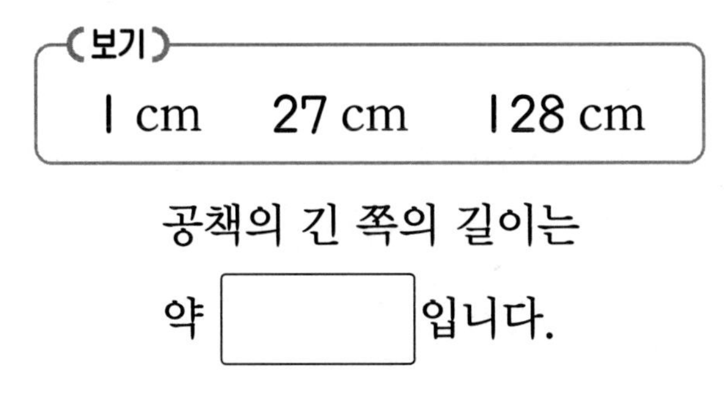

〈보기〉
1 cm 27 cm 128 cm
공책의 긴 쪽의 길이는
약 입니다.

12 사각형의 변의 길이를 자로 재어 □ 안에 알맞은 수를 써넣으세요.

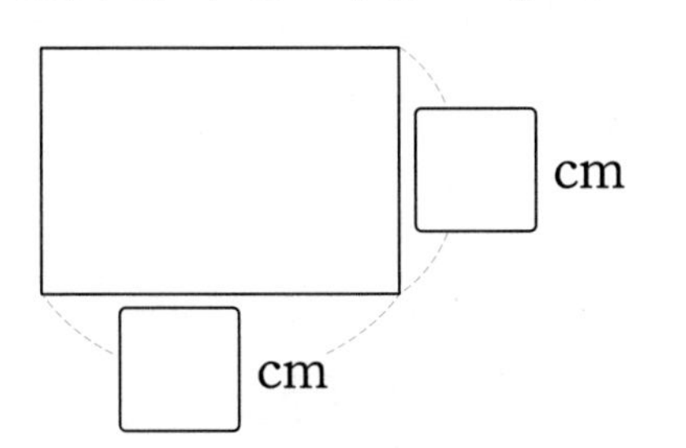

13 길이가 더 긴 것에 ○표 하세요.

1 cm로 17번	15 cm
( )	( )

14 막대의 길이를 자로 재어 보고 같은 길이를 찾아 ○표 하세요.

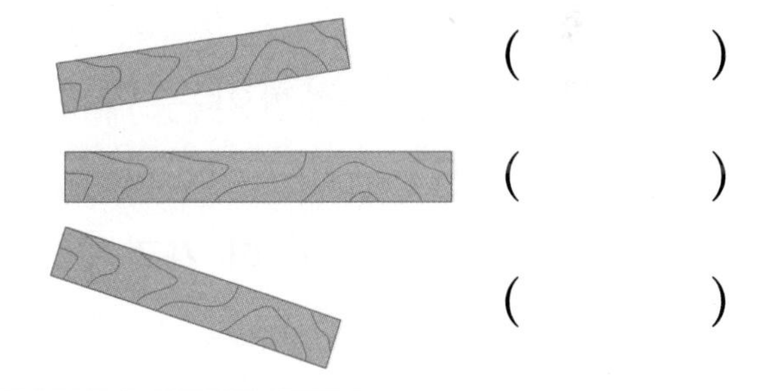

( )

( )

( )

15 클립의 길이가 2 cm일 때 못의 길이를 어림하고 자로 재어 확인해 보세요.

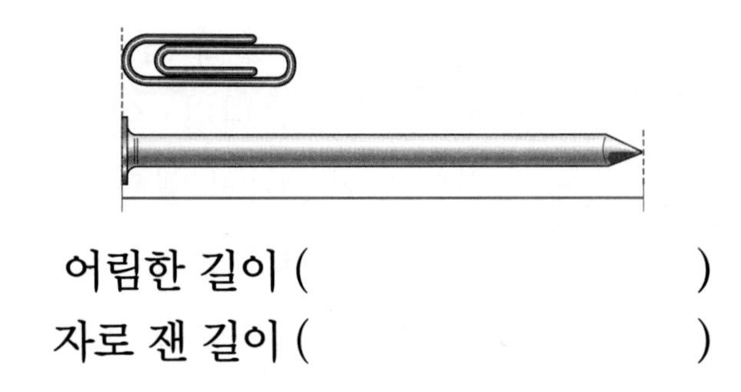

어림한 길이 ( )

자로 잰 길이 ( )

16 용준이가 뼘으로 다음과 같은 물건의 긴 쪽의 길이를 재었습니다. 긴 쪽의 길이가 가장 긴 물건은 무엇인가요?

액자	냉장고	식탁
5뼘	14뼘	12뼘

( )

잘 틀리는 문제

17 과자의 길이를 정현이는 약 8 cm, 윤미는 약 5 cm라고 어림하였습니다. 과자의 실제 길이에 더 가깝게 어림한 사람은 누구인가요?

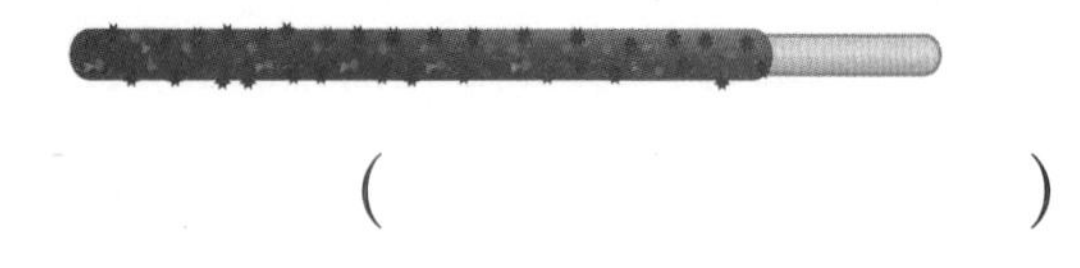

( )

18 가위의 길이는 길이가 4 cm인 바늘로 4번 잰 것과 같습니다. 이 가위의 길이는 길이가 8 cm인 볼펜으로 몇 번 잰 것과 같을까요?

( )

서술형 문제

19 민희는 지우개의 길이를 잘못 구했습니다. 그 이유를 써 보세요.

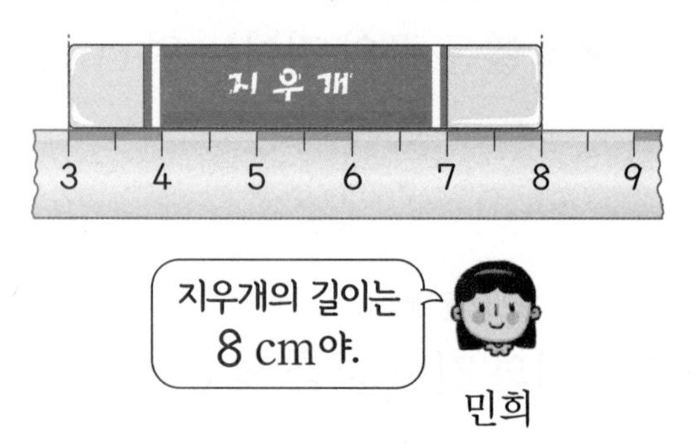

이유

20 더 짧은 끈을 가지고 있는 사람은 누구인지 풀이 과정을 쓰고 답을 구해 보세요.

- 준서: 내 끈의 길이는 클립으로 6번이야!
- 선미: 내 끈의 길이는 볼펜으로 6번이야!

풀이

답

아이에게 케이크를 줄 수 있는 길을 찾아요!

정답

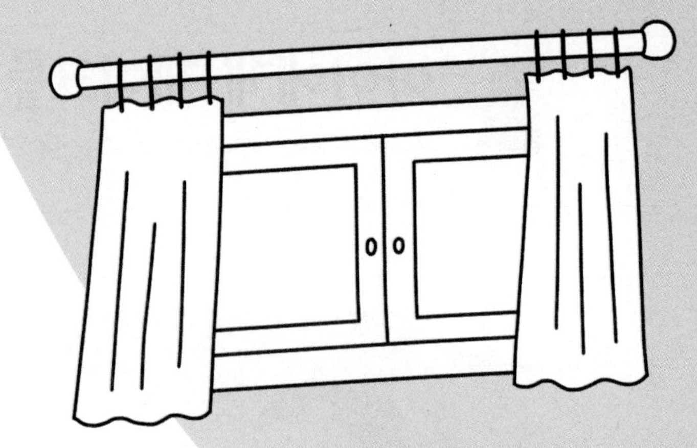

5

재미있게 색칠하며 방을 완성해 보세요

분류하기

이 단원에서는

- 기준에 따라 분류해 볼까요
- 분류하고 세어 볼까요
- 분류한 결과를 말해 볼까요

개념 1 분류하기

모자를 분류할 수 있는 기준 알아보기

분류: 기준에 따라 나누는 것

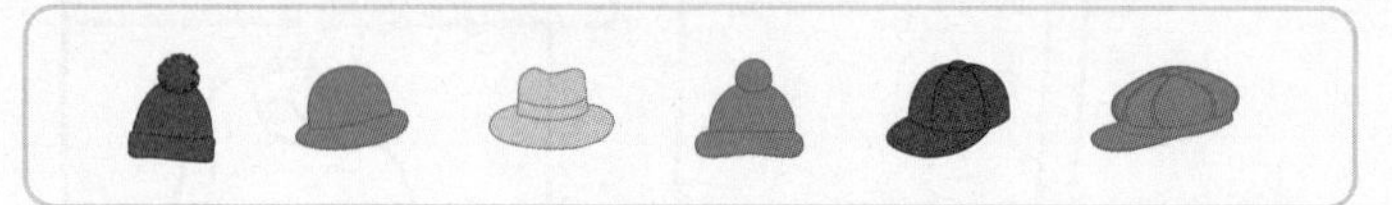

분류 기준 예쁜 모자와 예쁘지 않은 모자

예쁜 모자	예쁘지 않은 모자

- 분류 기준이 분명하지 않습니다.
- 사람에 따라 결과가 다를 수 있습니다.

분류 기준 모자의 색깔

빨간색 모자	노란색 모자	파란색 모자

- 분류 기준이 분명하기 때문에 누가 분류해도 결과가 같습니다.

분류할 때는 누가 분류를 하더라도 **같은 결과**가 나올 수 있도록 **분명한 기준**을 정해야 합니다.

1 사탕을 두 가지 기준으로 분류한 것입니다. 알맞은 것에 ◯표 하세요.

맛있는 사탕과 맛없는 사탕　　　　막대가 있는 사탕과 없는 사탕

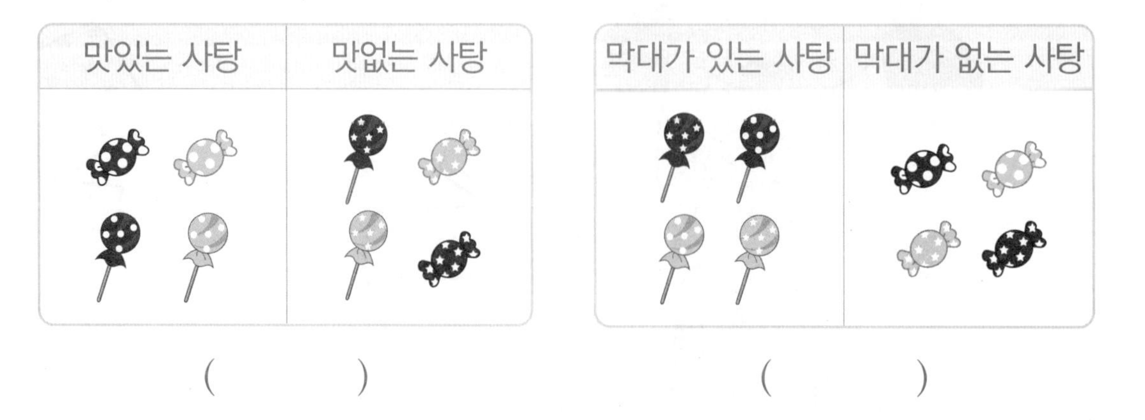

(　　　)　　　　(　　　)

5 단원

1 분류 기준으로 알맞은 것을 찾아 ◯표 하세요.

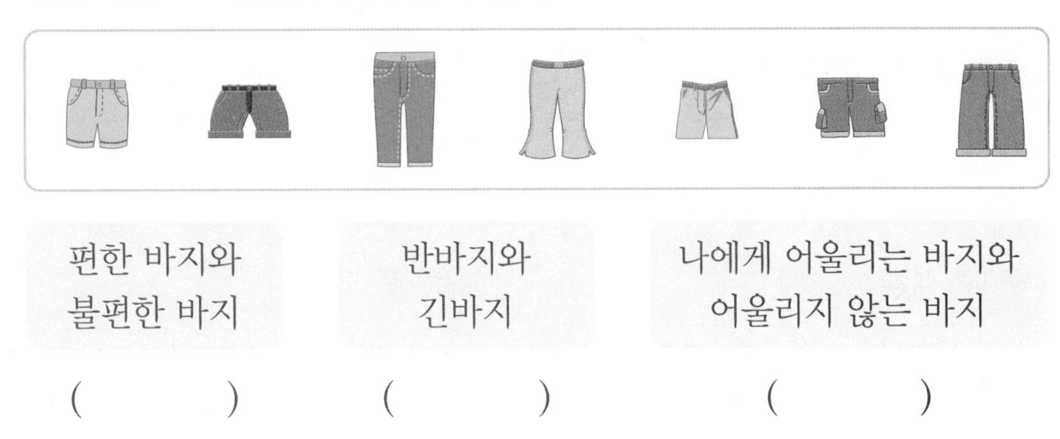

편한 바지와 불편한 바지	반바지와 긴바지	나에게 어울리는 바지와 어울리지 않는 바지
(　　　)	(　　　)	(　　　)

(2~3) 탈것을 보고 물음에 답하세요.

2 분류 기준으로 알맞지 않은 것을 찾아 ◯표 하세요.

- 움직이는 장소가 땅인 것과 땅이 아닌 것 ······ (　　　)
- 연료가 필요한 것과 필요하지 않은 것 ······ (　　　)
- 좋아하는 것과 좋아하지 않는 것 ······ (　　　)

3 다음과 같이 분류하였습니다. 분류 기준을 써 보세요.

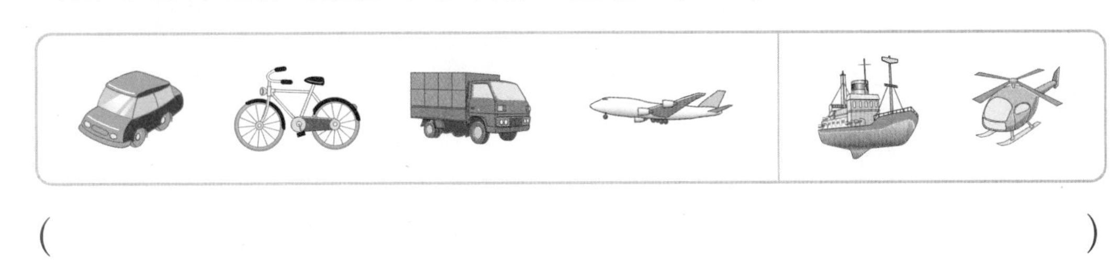

(　　　　　　　　　　　　　　　　　　　　)

개념 2 정해진 기준에 따라 분류하기

분류할 때는 색깔, 모양, 크기 등의 분명한 분류 기준에 따라 분류할 수 있습니다.

예 과자를 정해진 기준에 따라 분류하기

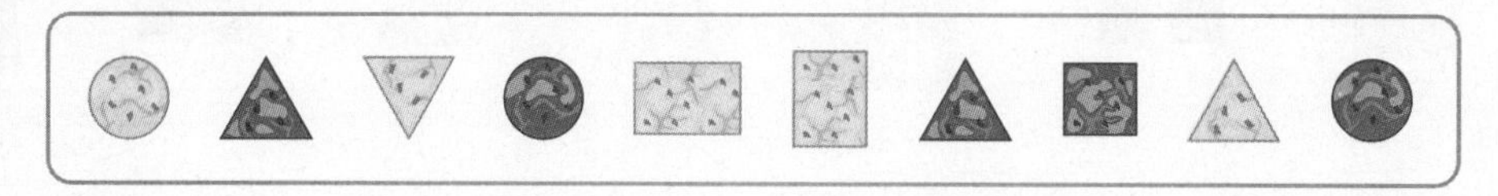

분류 기준 색깔

노란색	분홍색

분류 기준 모양

삼각형	사각형	원

1 냉장고 안에 들어 있는 것들을 분류하려고 합니다. 물음에 답하세요.

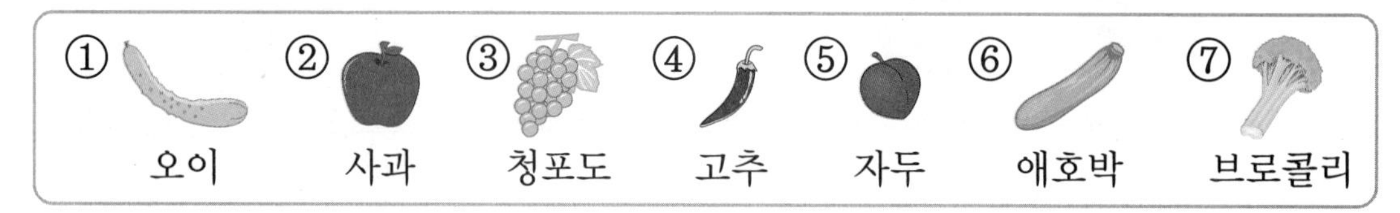

(1) 색깔에 따라 분류하여 번호를 써 보세요.

초록색	빨간색

(2) 종류에 따라 분류하여 번호를 써 보세요.

채소	과일

기본유형 익히기

복습책 65쪽 | 정답 23쪽

1 동물을 다리의 수에 따라 분류하여 번호를 써 보세요.

다리 0개	다리 2개	다리 4개

2 기준에 따라 물건을 알맞게 분류하여 가게를 만들려고 합니다. 각 가게에 알맞은 물건을 찾아 선으로 이어 보세요.

과일 가게 · 장난감 가게 · 옷 가게

바나나

팽이

포도

티셔츠

인형

바지

블록

개념 3 자신이 정한 기준에 따라 분류하기

정한 기준에 따라 나뭇잎 분류하기

❶ 분류 기준 정하기

나뭇잎을 색깔, 모양 등으로 분류할 수 있습니다.

❷ 정한 기준에 따라 나뭇잎 분류하기

분류 기준	색깔

초록색	빨간색	노란색

1 기준을 정하여 색종이를 분류하고 번호를 써 보세요.

① ② ③ ④ ⑤ ⑥

분류 기준	

기본유형 익히기

복습책 66쪽 | 정답 24쪽

1 블록을 분류할 수 있는 기준을 써 보세요.

분류 기준 1

분류 기준 2

2 바구니를 보고 물음에 답하세요.

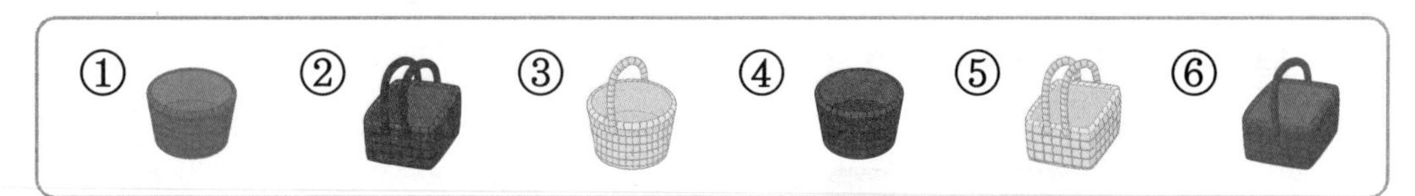

(1) 기준을 정하여 바구니를 분류하고 번호를 써 보세요.

분류 기준

(2) 위 (1)과 다른 기준을 정하여 바구니를 분류하고 번호를 써 보세요.

분류 기준

개념 4 분류하고 세어 보기

악기를 종류에 따라 분류하고 그 수를 세어 보기

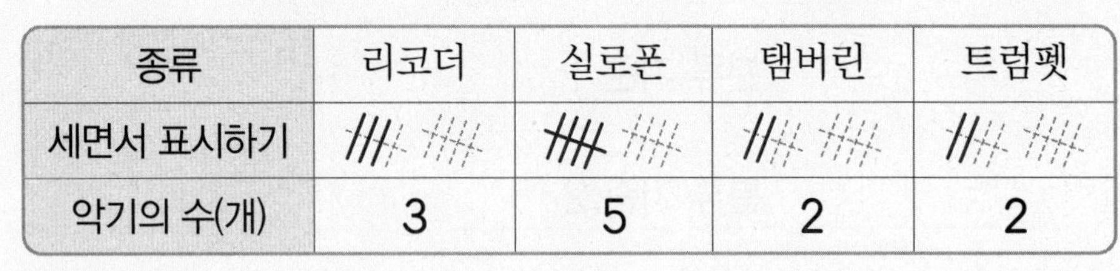

세었던 것을 또 세거나 빠뜨리지 않도록 그림에 ○, ×, ✓, / 등의 표시를 하며 셉니다.

종류	리코더	실로폰	탬버린	트럼펫
세면서 표시하기	///	////	//	//
악기의 수(개)	3	5	2	2

모든 악기를 종류별로 세어 본 후에 전체 악기의 수와 일치하는지 확인해요.

참고 분류하고 세어 보면 어떤 것이 가장 많은지, 가장 적은지, 전체는 몇 개인지 등을 쉽게 알 수 있습니다.

1 붙임딱지를 분류하고 그 수를 세어 보세요.

(1) 모양에 따라 분류하고 그 수를 세어 보세요.

모양	♡	☆	○
세면서 표시하기			
붙임딱지의 수(장)			

(2) 색깔에 따라 분류하고 그 수를 세어 보세요.

색깔	빨간색	초록색	파란색
세면서 표시하기			
붙임딱지의 수(장)			

STEP 1 기본유형 익히기

● 복습책 66쪽 | 정답 24쪽

1 학생들이 좋아하는 운동을 조사하였습니다. 운동을 종목에 따라 분류하고 그 수를 세어 보세요.

축구	야구	농구	축구	야구
수영	야구	축구	농구	수영
축구	축구	농구	야구	축구

종목	축구	야구	농구	수영
세면서 표시하기				
학생 수(명)				

2 책상 위의 물건을 기준을 정하여 분류하고 그 수를 세어 보세요.

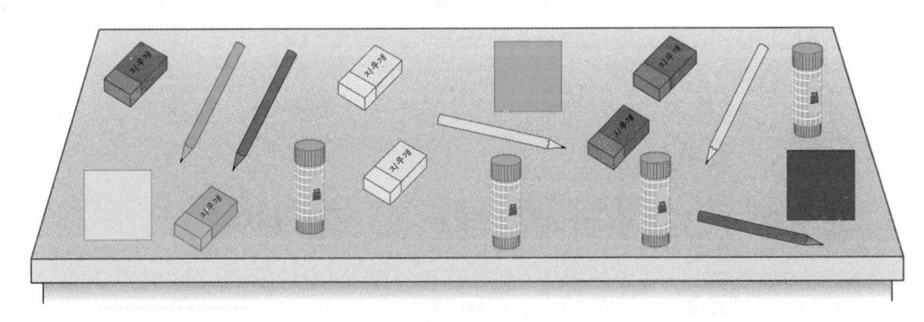

세면서 표시하기				
물건의 수(개)				

개념 5 분류한 결과 말하기

◐ **옷 가게에서 지난주에 팔린 티셔츠를 색깔에 따라 분류한 결과 말하기**

색깔	빨간색	파란색	노란색	초록색
세면서 표시하기	///	卌	//	卌 /
티셔츠의 수(장)	3	5	2	6

- 지난주에 가장 적게 팔린 티셔츠의 색깔: 노란색
- 지난주에 가장 많이 팔린 티셔츠의 색깔: 초록색

⇨ 예 옷 가게에서 옷을 더 많이 팔려면 초록색 티셔츠를 더 준비하는 것이 좋겠습니다.

1 음식을 기준에 따라 분류하고 분류한 결과를 알아보세요.

떡볶이	김밥	라면	떡볶이	라면	떡볶이	떡볶이	라면
김밥	김밥	라면	김밥	떡볶이	김밥	떡볶이	떡볶이

(1) 음식을 종류에 따라 분류하고 그 수를 세어 보세요.

종류	떡볶이	김밥	라면
세면서 표시하기			
음식의 수(개)			

(2) 가장 많은 음식은 무엇인가요?

( )

기본유형 익히기

복습책 67쪽 | 정답 24쪽

1 구슬을 기준에 따라 분류하고 분류한 결과를 알아보세요.

(1) 색깔에 따라 분류하고 그 수를 세어 보세요.

색깔	파란색	빨간색	노란색
세면서 표시하기			
구슬의 수(개)			

(2) 가장 많은 구슬 색깔은 무엇인가요?

( )

(3) 가장 적은 구슬 색깔은 무엇인가요?

( )

2 어느 가게에서 오늘 팔린 아이스크림을 조사하였습니다. 물음에 답하세요.

딸기 맛	딸기 맛	초콜릿 맛	바닐라 맛	딸기 맛	초콜릿 맛	딸기 맛
바닐라 맛	초콜릿 맛	딸기 맛	딸기 맛	초콜릿 맛	바닐라 맛	딸기 맛

(1) 아이스크림 맛에 따라 분류하고 그 수를 세어 보세요.

맛	딸기 맛	초콜릿 맛	바닐라 맛
세면서 표시하기			
아이스크림의 수(개)			

(2) 내일 어떤 맛 아이스크림을 가장 많이 준비하면 좋을까요?

( )

(1~3) 여러 가지 컵입니다. 물음에 답하세요.

1 컵을 분류하는 기준으로 알맞지 않은 것에 ◯표 하세요.

비싼 컵과 비싸지 않은 컵	컵의 색깔
(　　　)	(　　　)

2 무늬가 있는 것과 없는 것으로 분류하고 그 수를 세어 보세요.

무늬	있는 것	없는 것
컵의 수(개)		

3 손잡이의 수에 따라 분류하고 그 수를 세어 보세요.

손잡이의 수	0개	1개	2개
컵의 수(개)			

4 음료수를 분류할 수 있는 기준을 써 보세요.

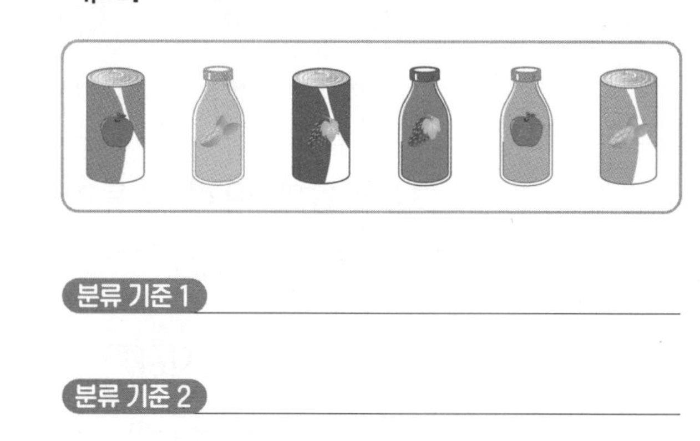

분류 기준 1 ______

분류 기준 2 ______

서술형

5 부채를 두 개의 상자에 나누어 담으려고 합니다. 어떻게 분류하여 담으면 좋을지 써 보세요.

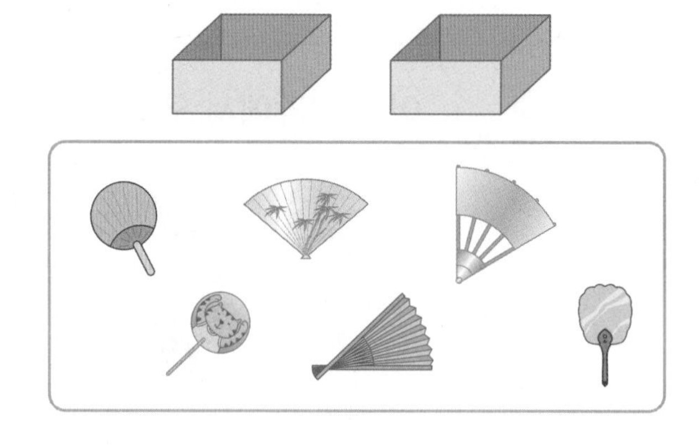

답 ______

〔 수학 유형 〕

6 냉장고에서 잘못 분류된 것을 찾아 ○표 하고, 어느 칸으로 옮겨야 하는지 써 보세요.

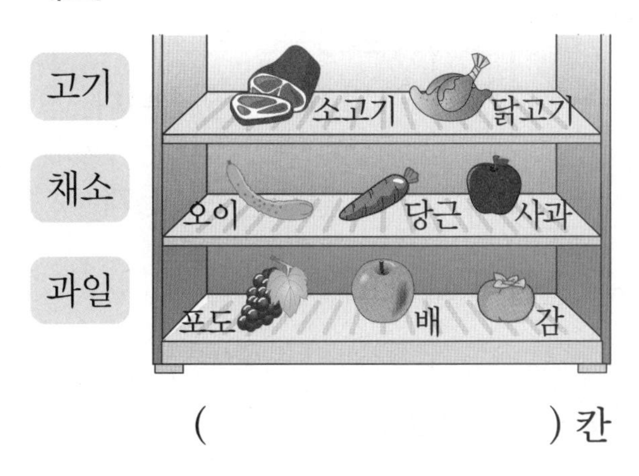

( ) 칸

7 칠판에 여러 가지 자석이 붙어 있습니다. 기준을 정하여 자석을 분류해 보세요.

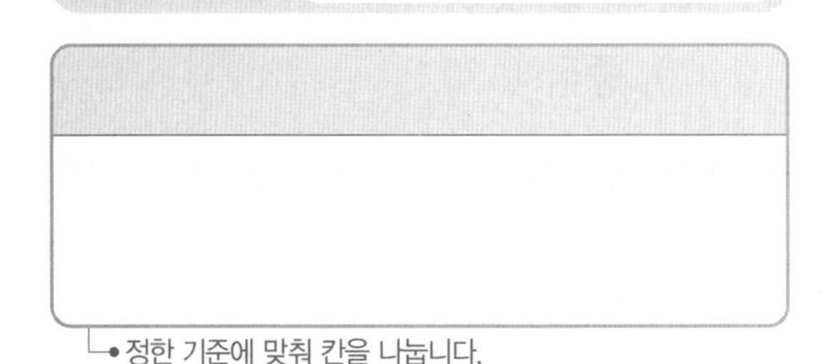

정한 기준에 맞춰 칸을 나눕니다.

(8~10) 문구점에서 지난주에 팔린 줄넘기를 조사하였습니다. 물음에 답하세요.

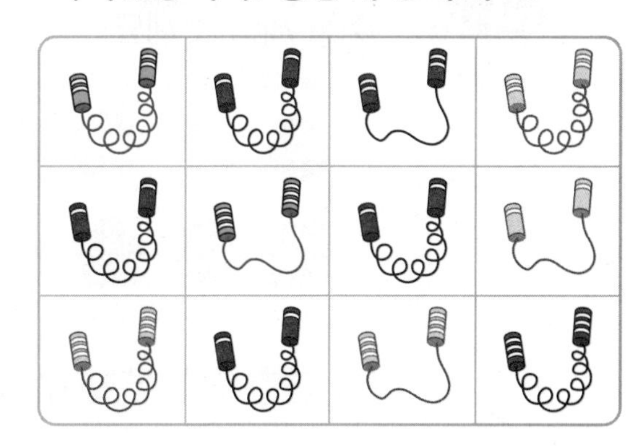

8 기준을 정하여 줄넘기를 분류하고 그 수를 세어 보세요.

분류 기준	

줄넘기의 수(개)	

〔 수학 익힘 유형 〕

9 지난주에 가장 적게 팔린 줄넘기의 색깔은 무엇일까요?

( )

10 이번 주에 어떤 색깔의 줄넘기를 가장 많이 준비하면 좋을까요?

( )

5 단원

STEP 3 응용유형 다잡기

1 〈보기〉와 같이 단추를 분류하는 기준을 만들고, 기준에 따라 분류하여 그 수를 세어 보세요.

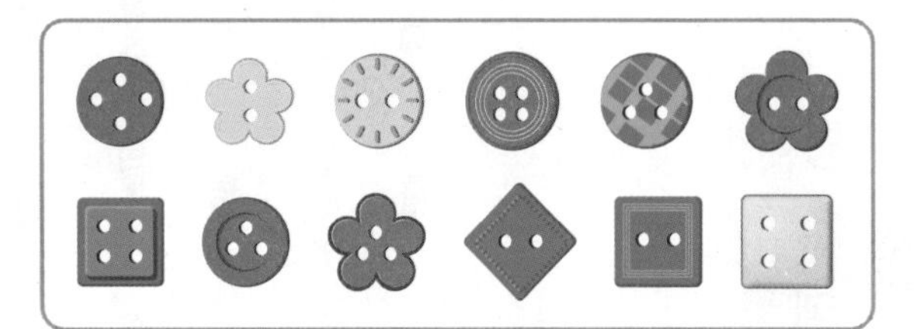

〈보기〉
구멍이 2개 있습니다.

⇨ 단추의 수: 5개

(1) 단추를 분류할 수 있는 기준을 만들어 보세요.

(　　　　　　　　　　　　　　　　　　　　　　　)

(2) 위 (1)에서 만든 기준에 따라 단추를 분류하여 그 수를 세어 보세요.

(　　　　　　　)

한번더

2 위 **1**과 다른 기준을 만들고, 기준에 따라 단추를 분류하여 그 수를 세어 보세요.

분류 기준 　　　　　　　　　　　(　　　　　　　)

3 오른쪽은 원희와 친구들이 가고 싶은 나라를 조사한 것입니다. 미국에 가고 싶은 사람은 중국에 가고 싶은 사람보다 몇 명 더 많은지 구해 보세요.

미국	중국	독일	미국
독일	미국	미국	중국
중국	독일	중국	미국

(1) 미국과 중국에 가고 싶은 사람은 각각 몇 명인가요?

미국 (　　　　　　　), 중국 (　　　　　　　)

(2) 미국에 가고 싶은 사람은 중국에 가고 싶은 사람보다 몇 명 더 많은가요?

(　　　　　　　)

한번더

4 빵집에서 산 빵입니다. 단팥빵은 소금빵보다 몇 개 더 많은지 구해 보세요.

단팥빵 소금빵

(　　　　　　　)

수학 유형

5 노란색이면서 무늬가 없는 양말을 모두 찾아 번호를 써 보세요.

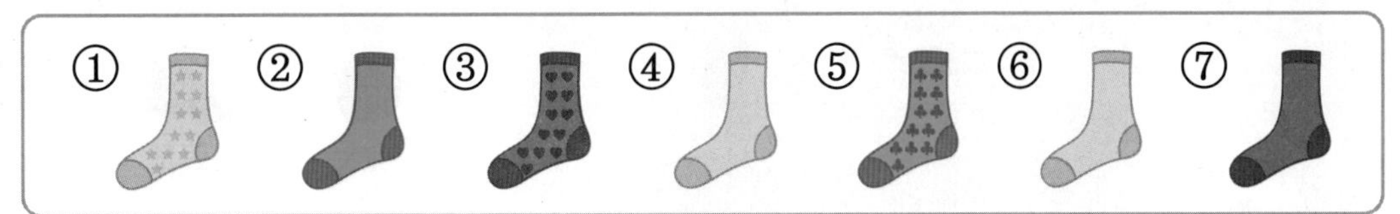

(1) 노란색 양말을 모두 찾아 번호를 써 보세요.

( )

(2) 노란색이면서 무늬가 없는 양말을 모두 찾아 번호를 써 보세요.

( )

한번더

6 색종이로 접은 모양입니다. 파란색 나비를 모두 찾아 번호를 써 보세요.

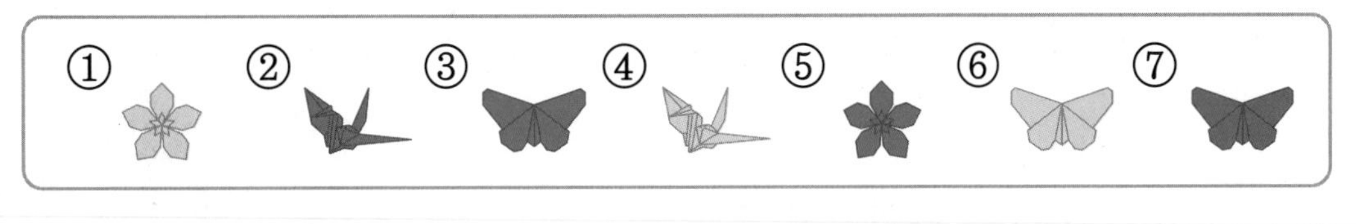

( )

놀이 수학

7 카드 뒤집기 놀이를 하였습니다. 색깔에 따라 분류하여 파란색이 많으면 세희가, 흰색이 많으면 지호가 이긴다면 이긴 사람은 누구인지 구해 보세요.

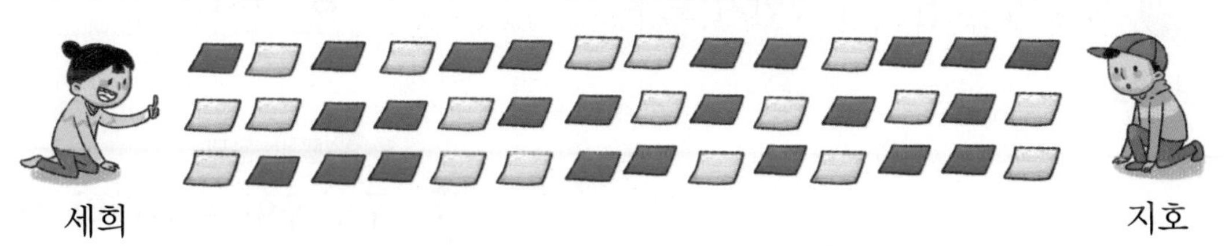

(1) 색깔에 따라 분류하고 그 수를 세어 보세요.

색깔	파란색	흰색
카드의 수(장)		

(2) 이긴 사람은 누구일까요? ( )

(1~4) 물건을 보고 물음에 답하세요.

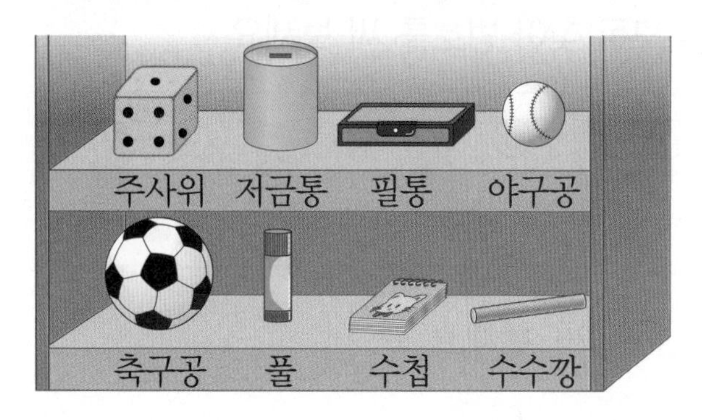

1 분류 기준으로 알맞은 것에 ○표 하세요.

운동용품인 것과 운동용품이 아닌 것	사고 싶은 것과 사고 싶지 않은 것
(　　　)	(　　　)

2 모양의 물건은 무엇인지 모두 써 보세요.

(　　　　　　　　　　)

3 모양의 물건은 무엇인지 모두 써 보세요.

(　　　　　　　　　　)

4 모양에 따라 물건을 분류하고 그 수를 세어 보세요.

모양			
물건의 수(개)			

● 교과서에 꼭 나오는 문제

5 과일을 분류할 수 있는 기준을 써 보세요.

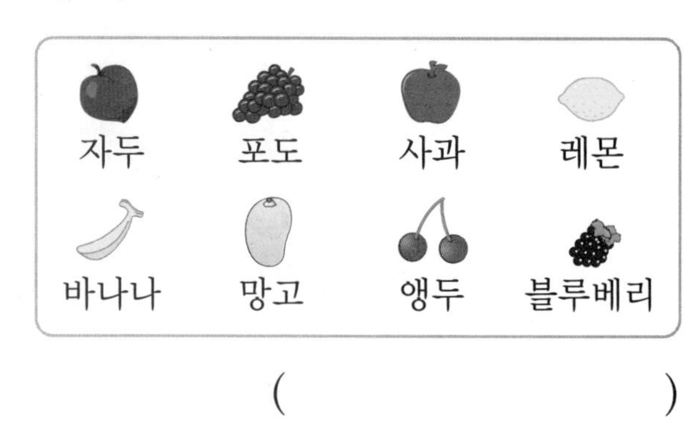

(　　　　　　　　　　)

6 우표를 그림에 따라 분류하여 번호를 써 보세요.

사람 그림	
식물 그림	
동물 그림	

● 잘 틀리는 문제

7 주인공이 우리나라 사람인 책과 외국 사람인 책으로 분류하였습니다. 잘못 분류된 책을 찾아 ○표 하세요.

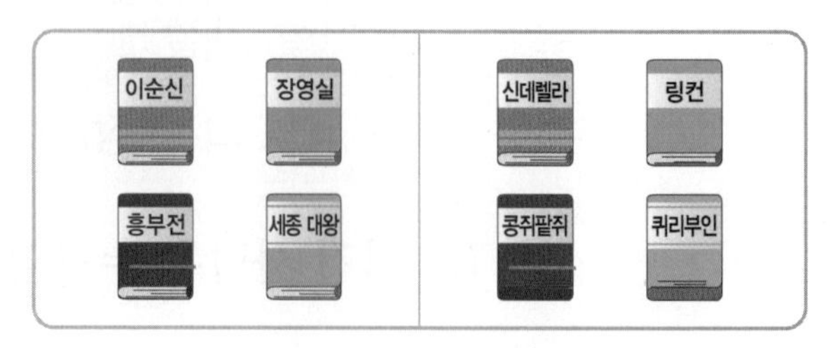

(8~10) 학생들이 쉬는 시간에 하는 놀이를 조사하였습니다. 물음에 답하세요.

술래잡기	종이접기	공놀이	술래잡기
오목	종이접기	술래잡기	공놀이
술래잡기	오목	술래잡기	종이접기

8 놀이를 종류에 따라 분류하고 그 수를 세어 보세요.

종류	술래잡기	종이접기	공놀이	오목
학생 수(명)				

9 놀이를 종류에 따라 분류했을 때 수가 같은 놀이는 무엇과 무엇인가요?

(,)

● 교과서에 꼭 나오는 문제

10 가장 많은 학생들이 쉬는 시간에 하는 놀이는 무엇인가요?

( )

(11~14) 동물을 보고 물음에 답하세요.

11 동물을 다음과 같이 분류하였습니다. 분류 기준을 써 보세요.

( )

12 위 11의 기준 외에 동물을 분류할 수 있는 다른 기준을 써 보세요.

( )

13 위 12에서 정한 기준에 따라 분류하고 그 수를 세어 보세요.

동물의 수(마리)	

14 동물은 모두 몇 마리인가요?

( )

5 단원

(15~18) 단추를 보고 물음에 답하세요.

15 □ 모양의 단추는 모두 몇 개인가요?

( )

16 초록색 단추는 모두 몇 개인가요?

( )

17 구멍이 3개인 단추는 모두 몇 개인가요?

( )

잘 틀리는 문제

18 ○ 모양이면서 구멍이 4개인 단추는 모두 몇 개인가요?

( )

서술형 문제

19 머리핀을 다음과 같이 분류하였습니다. 분류 기준으로 알맞지 않은 이유를 써 보세요.

예쁜 머리핀	예쁘지 않은 머리핀

이유

20 어느 가게에서 오늘 팔린 주스를 조사하였습니다. 가장 많이 팔린 주스는 무엇인지 풀이 과정을 쓰고 답을 구해 보세요.

풀이

답

똑같은 선인장 2개를 찾아요!

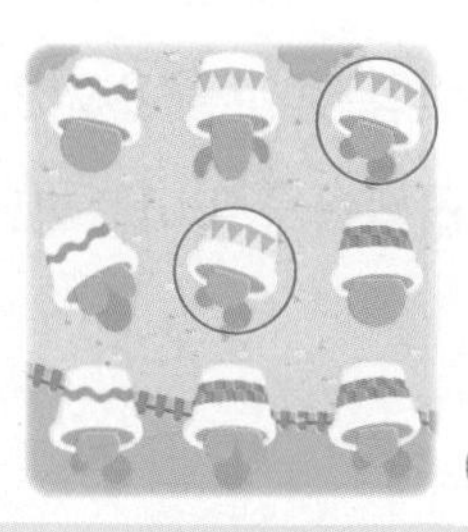

정답

6 곱셈

재미있게 색칠하며 체육관을 완성해 보세요

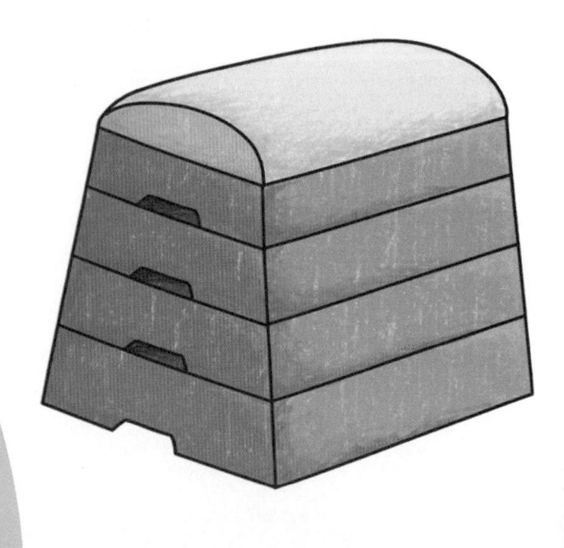

이 단원에서는

- 묶어 세어 볼까요
- 몇의 몇 배를 알아볼까요
- 곱셈식을 알아볼까요

개념 1 여러 가지 방법으로 세어 보기

딸기는 모두 몇 개인지 여러 가지 방법으로 세어 보기

• 하나씩 세어 보기

1, 2, 3, 4, 5, 6, 7, 8

⇨ 하나씩 세어 보면 모두 8개입니다.

• 2씩 뛰어 세어 보기

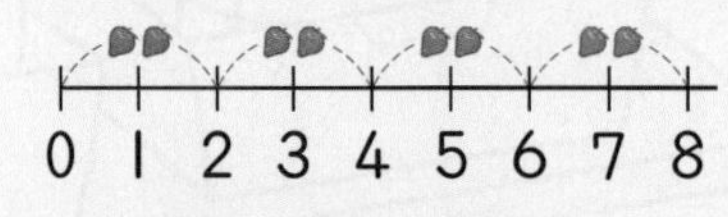

⇨ 2씩 뛰어 세면 모두 8개입니다.

• 4개씩 묶어 세어 보기

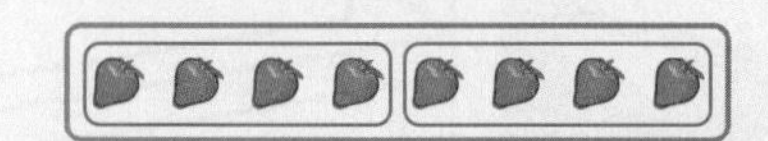

⇨ 4개씩 2묶음이므로 모두 8개입니다.

└• 하나씩 세는 것보다 묶어 세는 것이 시간이 더 적게 걸려서 편리합니다.

1 주머니는 모두 몇 개인지 여러 가지 방법으로 세어 보세요.

(1) 하나씩 세어 보세요.

1, 2, 3, 4, 5, 6, ☐, ☐, ☐, ☐

(2) 2씩 뛰어 세어 보세요.

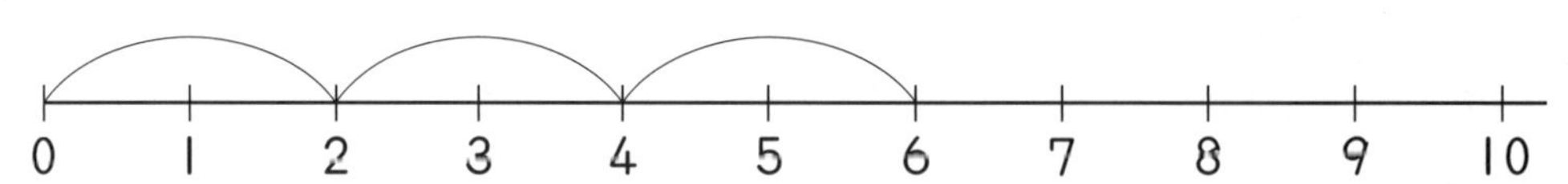

(3) 5씩 묶어 세어 보세요.

5씩 ☐ 묶음

(4) 주머니는 모두 몇 개일까요? (　　　　　)

기본유형 익히기

복습책 75쪽 | 정답 27쪽

1 컵케이크는 모두 몇 개인지 하나씩 세어 보세요.

( )

2 멜론은 모두 몇 통인지 뛰어 세어 보세요.

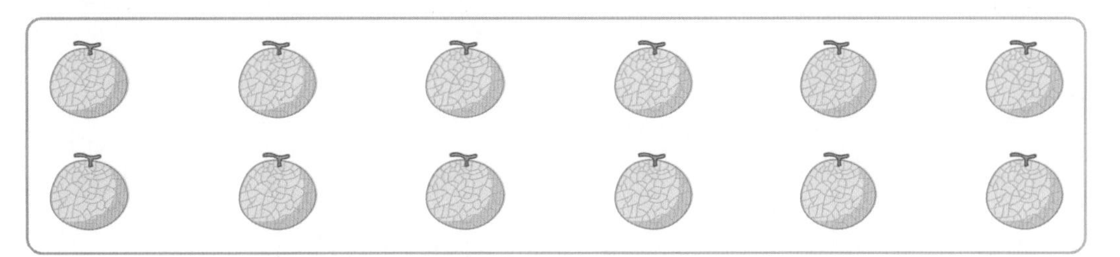

(1) 3씩 뛰어 세어 보세요.

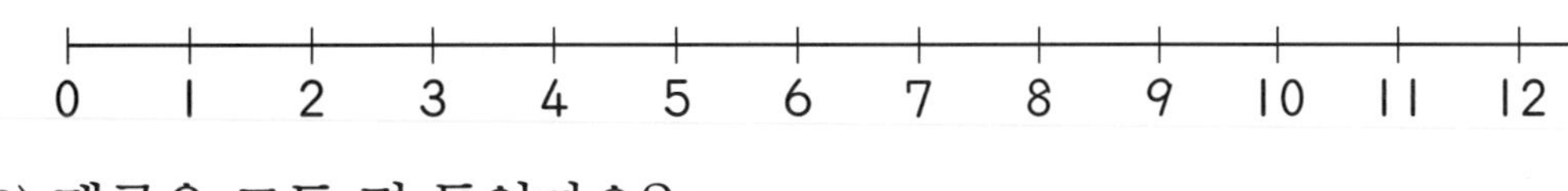

(2) 멜론은 모두 몇 통일까요?

( )

3 공책은 모두 몇 권인지 6권씩 묶어 세어 보세요.

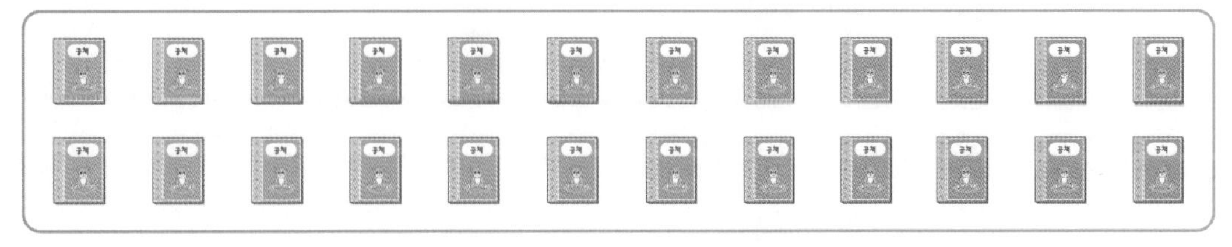

(1) 6씩 묶어 세어 보세요.

6씩 □ 묶음

(2) 공책은 모두 몇 권일까요?

( )

개념 2 묶어 세기

귤은 모두 몇 개인지 묶어 세기

• 4씩 묶어 세기

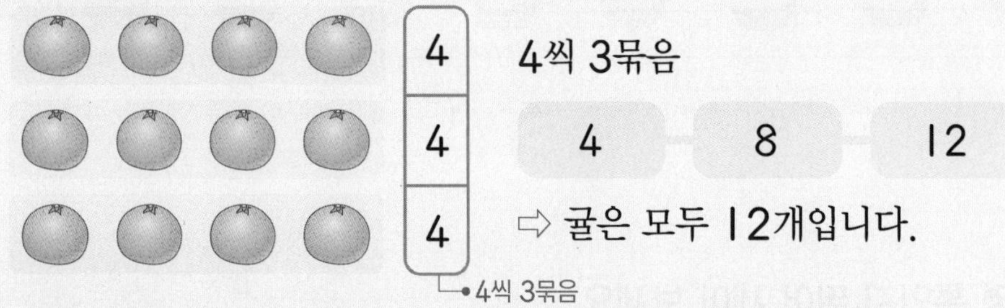

4씩 3묶음

4 — 8 — 12

⇨ 귤은 모두 12개입니다.

• 3씩 묶어 세기

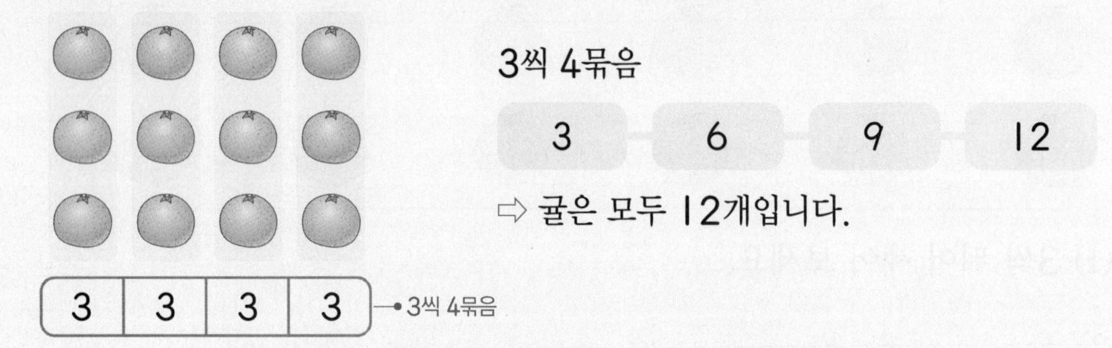

3씩 4묶음

3 — 6 — 9 — 12

⇨ 귤은 모두 12개입니다.

1 풍선은 모두 몇 개인지 묶어 세어 보세요.

(1) 4씩 묶어 세어 보세요.

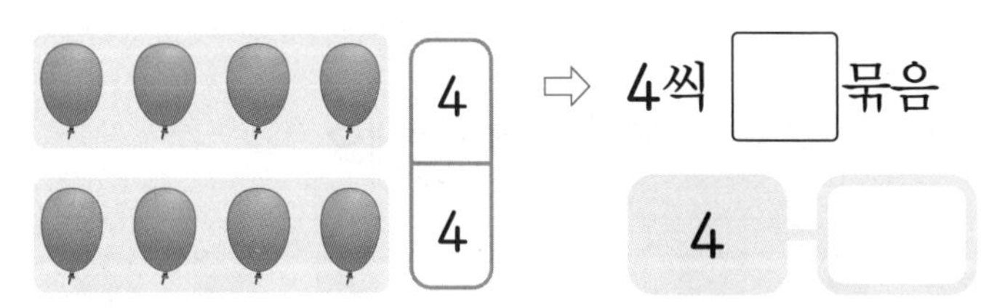

⇨ 4씩 ☐ 묶음

4 — ☐

(2) 2씩 묶어 세어 보세요.

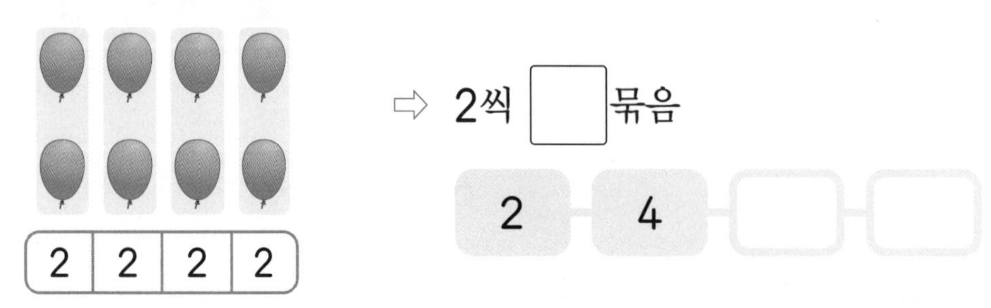

⇨ 2씩 ☐ 묶음

2 — 4 — ☐ — ☐

(3) 풍선은 모두 몇 개일까요? (　　　　　　)

1 바나나는 모두 몇 개인지 묶어 세어 보세요.

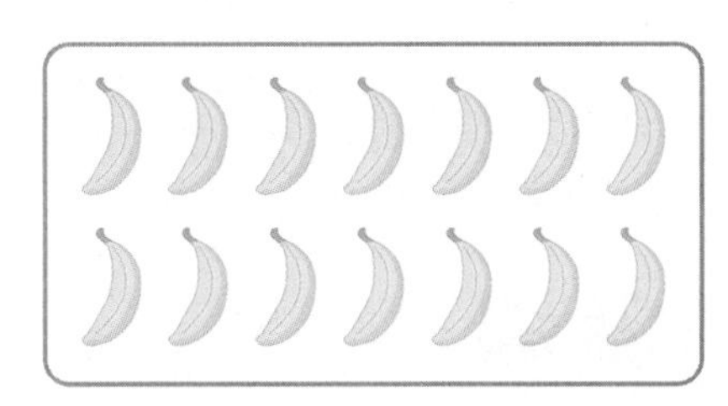

(1) 7씩 묶어 세어 보세요.

7씩 ☐ 묶음

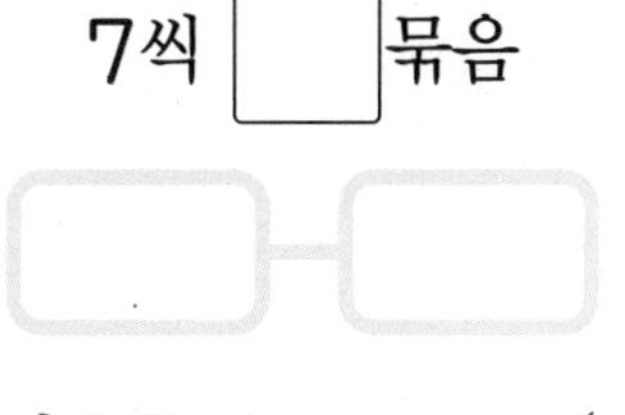

(2) 바나나는 모두 몇 개일까요? (   )

2 우표는 모두 몇 장인지 4장씩 묶어 보고, 세어 보세요.

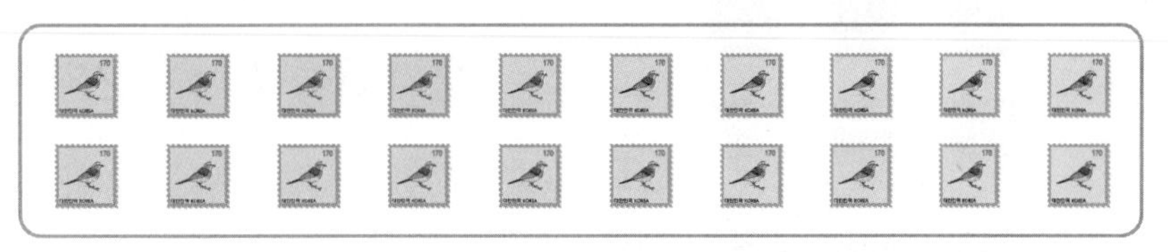

4씩 ☐ 묶음이므로 우표는 모두 ☐ 장입니다.

3 공깃돌은 모두 몇 개인지 묶어 세어 보세요.

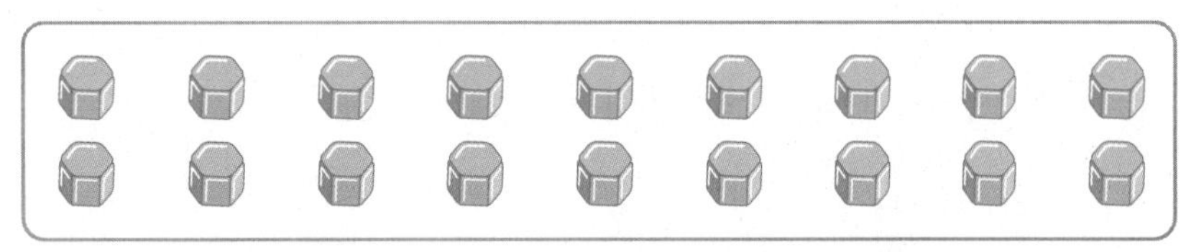

(1) 6씩 몇 묶음일까요? (   )

(2) 3씩 몇 묶음일까요? (   )

(3) 공깃돌은 모두 몇 개일까요? (   )

개념 3 몇의 몇 배 알아보기

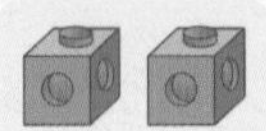

2씩 1묶음 ⇨ 2의 1배 → 똑같은 수씩 묶어 셀 때, 묶음의 수를 '배'라고 합니다.

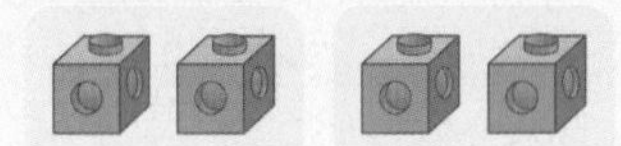

2씩 2묶음 ⇨ 2의 2배

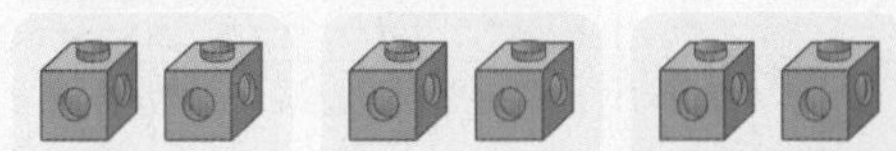

2씩 3묶음 ⇨ 2의 3배

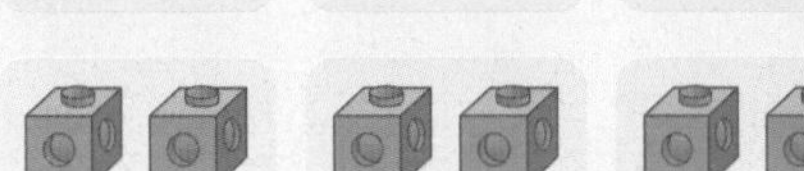

2씩 4묶음 ⇨ 2의 4배

참고 ■씩 ▲묶음 ⇨ ■의 ▲배

1 초콜릿의 수로 몇의 몇 배를 알아보세요.

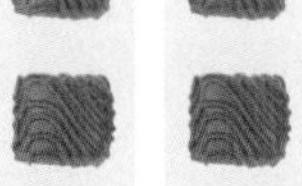

2씩 2묶음 ⇨ 2의 □배

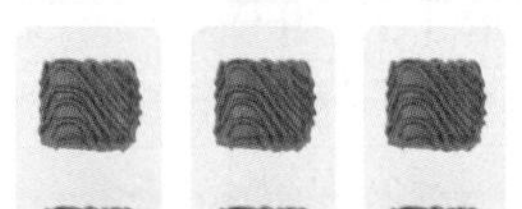

2씩 3묶음 ⇨ 2의 □배

2씩 4묶음 ⇨ 2의 □배

2 쌓기나무의 수는 4의 몇 배인지 알아보세요.

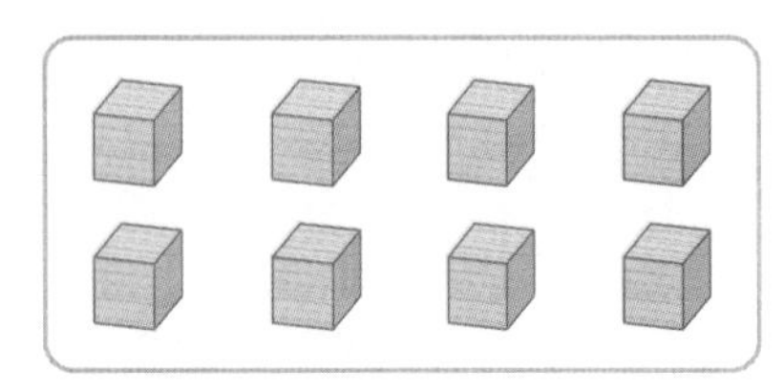

4씩 □묶음 ⇨ 4의 □배

STEP 1 기본유형 익히기

복습책 76쪽 | 정답 27쪽

1 그림을 보고 □ 안에 알맞은 수를 써넣으세요.

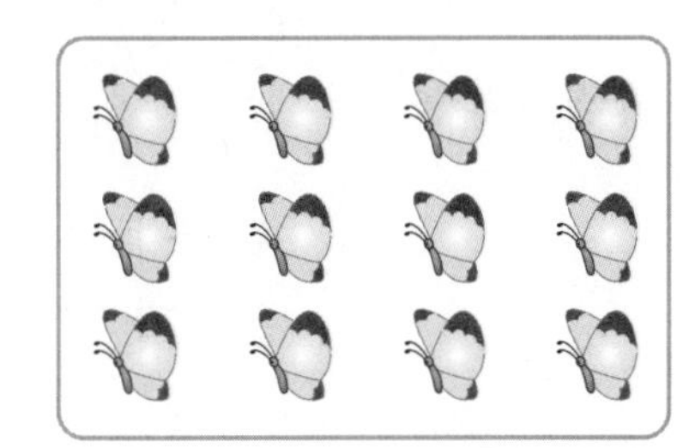

3씩 □ 묶음은 3의 □ 배입니다.

2 그림을 보고 □ 안에 알맞은 수를 써넣으세요.

□ 씩 □ 묶음이므로 □ 의 □ 배입니다.

3 □ 안에 알맞은 수를 써넣고, 선으로 이어 보세요.

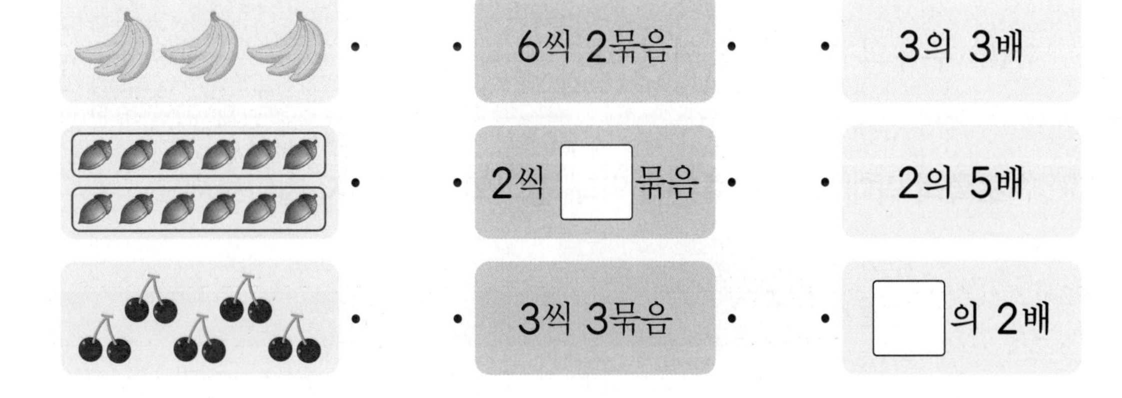

개념 4 몇의 몇 배로 나타내기

은지와 선우가 가진 딸기의 수를 비교하여 몇의 몇 배로 나타내기

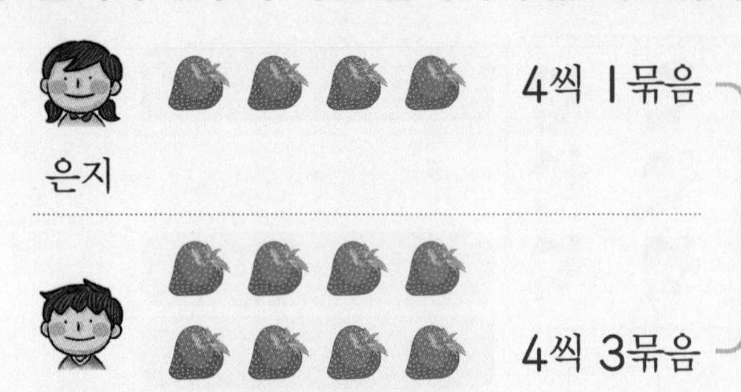

선우가 가진 딸기의 수는
은지가 가진 딸기의 수의 3배입니다.

색 막대의 길이를 몇의 몇 배로 나타내기

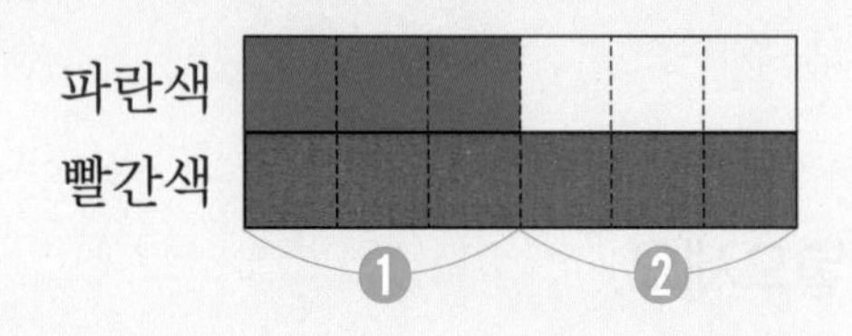

파란색 막대 길이를 2번 이어 붙이면
빨간색 막대 길이와 같습니다.
⇨ 빨간색 막대 길이는 파란색 막대 길이의
2배입니다.

1 우유의 수는 주스의 수의 몇 배인지 알아보세요.

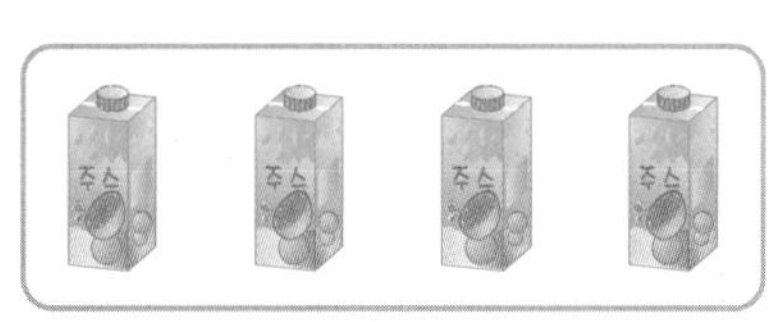

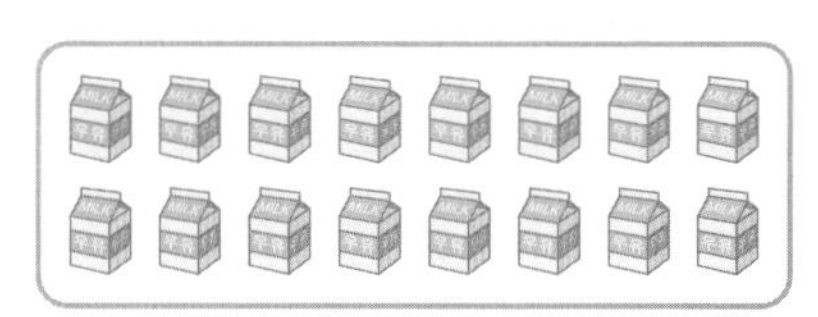

(1) 주스의 수는 4씩 □묶음이고, 우유의 수는 4씩 □묶음입니다.

(2) 우유의 수는 주스의 수의 □배입니다.

2 초록색 막대 길이는 주황색 막대 길이의 몇 배인지 알아보세요.

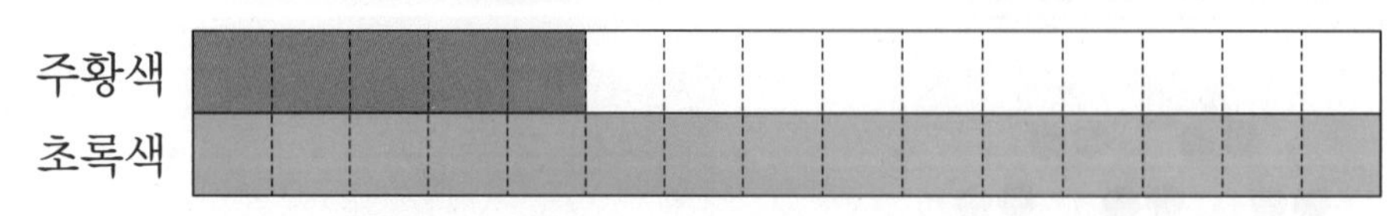

초록색 막대 길이는 주황색 막대 길이를 □번 이어 붙인 것과 같습니다. ⇨ 초록색 막대 길이는 주황색 막대 길이의 □배입니다.

복습책 76쪽 | 정답 27쪽

1 종규가 가진 과자의 수는 은채가 가진 과자의 수의 몇 배일까요?

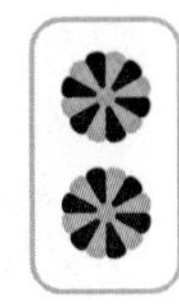
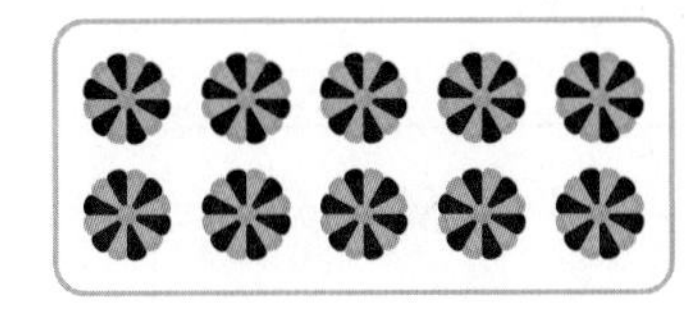

은채　　　　종규

(　　　　　　)

2 노란색 막대 길이는 보라색 막대 길이의 몇 배일까요?

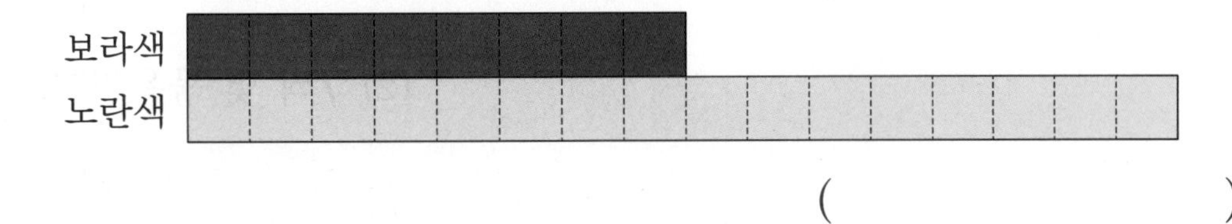

(　　　　　　)

3 □ 안에 알맞은 수를 써넣으세요.

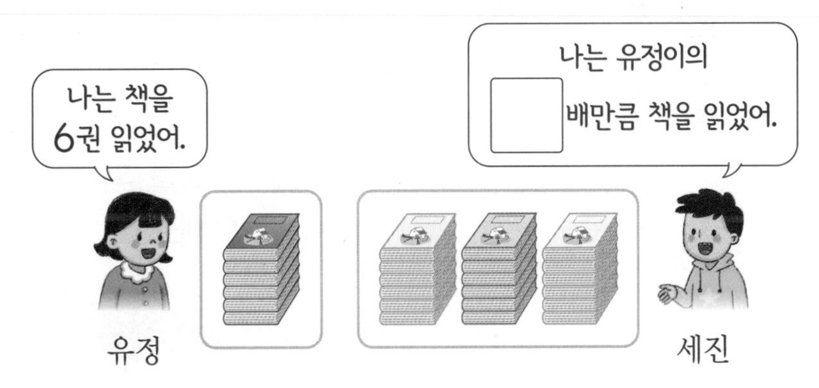

나는 책을 6권 읽었어.
나는 유정이의 □배만큼 책을 읽었어.
유정
세진

4 팽이의 수를 몇의 몇 배로 나타내 보세요.

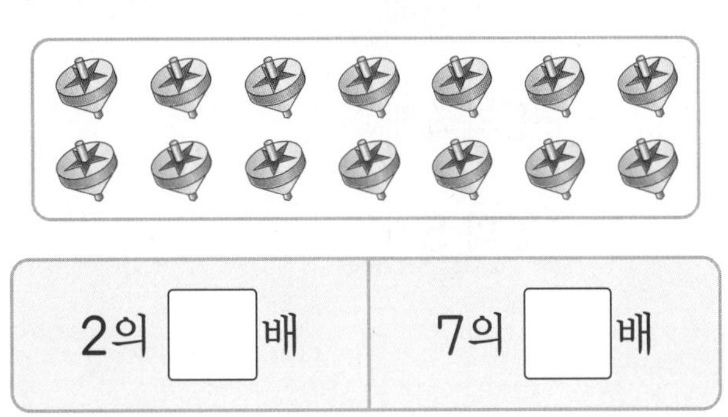

2의 □배	7의 □배

실전유형 다지기

1 상자는 모두 몇 개인지 4씩 뛰어 세어 보세요.

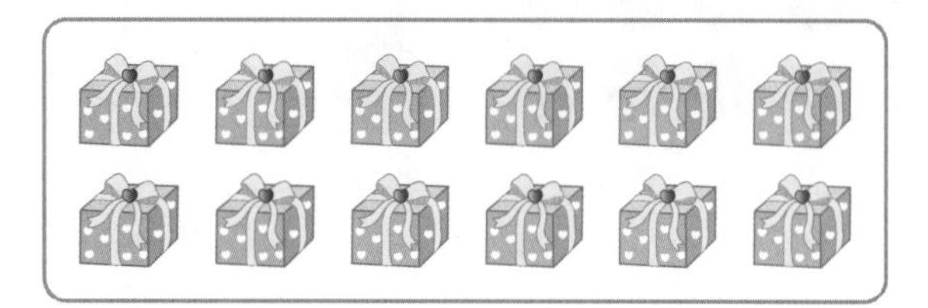

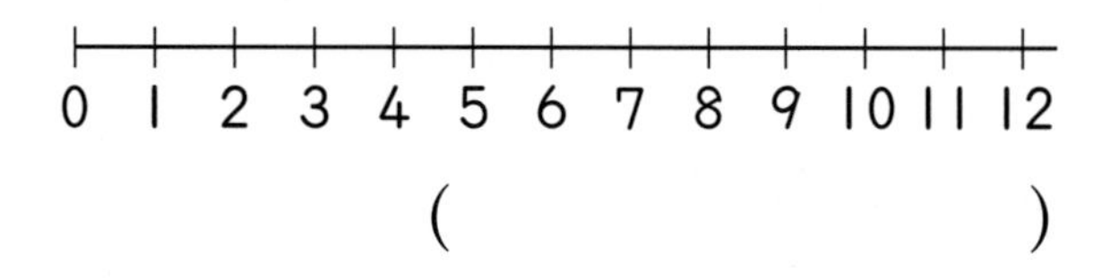

(　　　　　　　)

2 매미는 모두 몇 마리인지 8마리씩 묶어 세어 보세요.

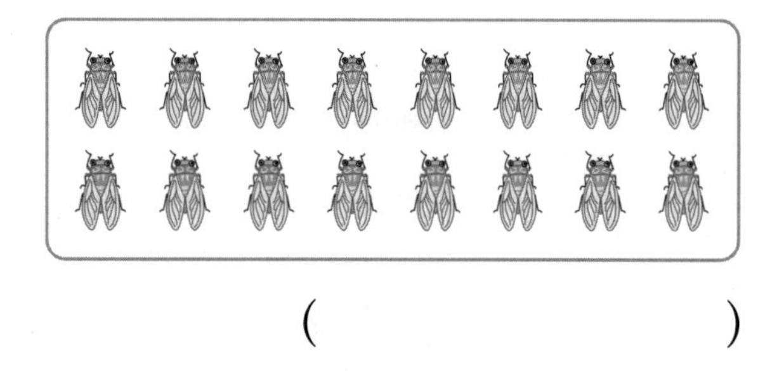

(　　　　　　　)

3 관계있는 것끼리 선으로 이어 보세요.

5씩 4묶음 ·	· 4의 5배
4씩 5묶음 ·	· 5의 4배
	· 5의 5배

4 사탕은 모두 몇 개인지 묶어 세어 보세요.

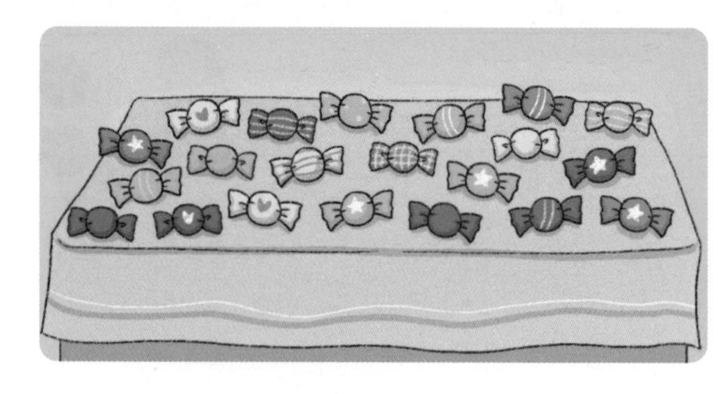

(1) 3씩 몇 묶음일까요?

3씩 □ 묶음

(2) 7씩 몇 묶음일까요?

7씩 □ 묶음

(3) 사탕은 모두 몇 개일까요?

(　　　　　　　)

5 그림을 보고 □ 안에 알맞은 수를 써넣으세요.

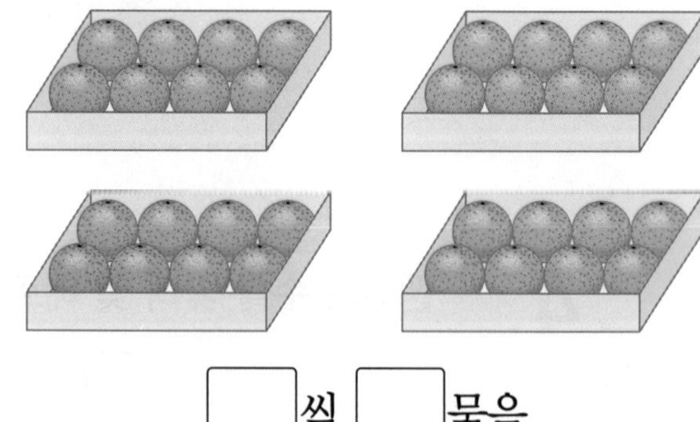

□씩 □묶음

⇩

□의 □배

(수학 익힘 유형)

6 밤이 12개 있습니다. 바르게 말한 사람을 모두 찾아 이름을 써 보세요.

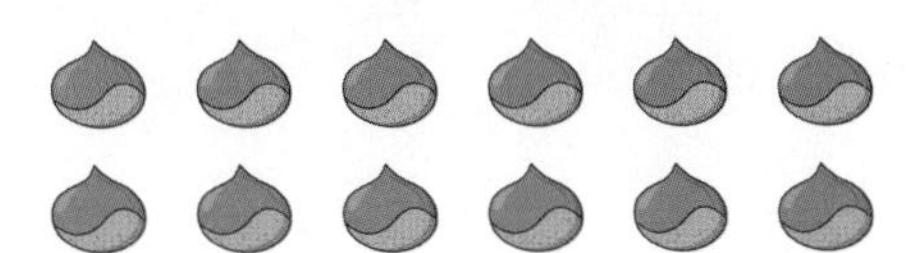

- 유리: 밤을 2개씩 묶으면 6묶음이 됩니다.
- 태연: 밤의 수는 5씩 2묶음입니다.
- 선우: 밤의 수는 4, 8, 12로 세어 볼 수 있습니다.

(   )

서술형

7 지우개의 수는 구슬의 수의 몇 배인지 풀이 과정을 쓰고 답을 구해 보세요.

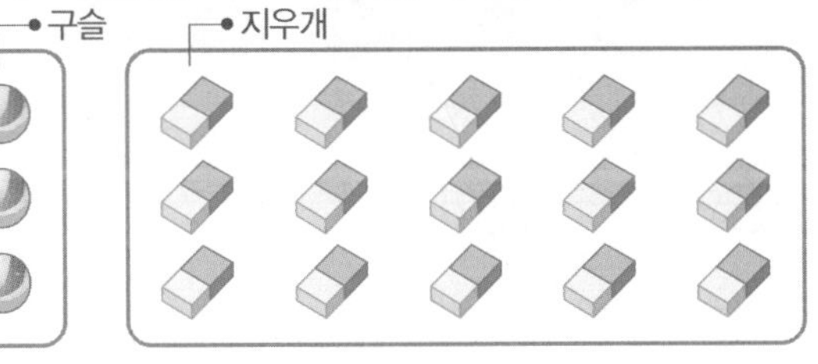

① 지우개의 수는 몇씩 몇 묶음인지 구하기

풀이 ______________________

____

② 지우개의 수는 구슬의 수의 몇 배인지 구하기

풀이 ______________________

____

답 ______________

8 사과는 모두 몇 개인지 묶어 세어 보세요.

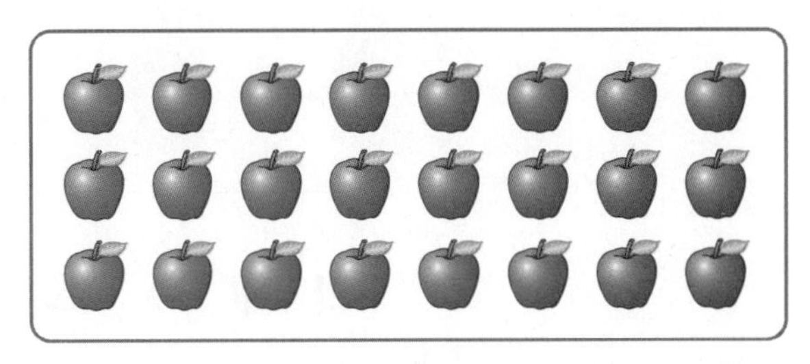

(1) 두 가지 방법으로 묶어 세어 보세요.

- □씩 □묶음
- □씩 □묶음

(2) 사과는 모두 몇 개일까요?

(   )

(수학 익힘 유형)

9 친구들이 쌓은 연결 모형의 수는 은영이가 쌓은 연결 모형의 수의 몇 배일까요?

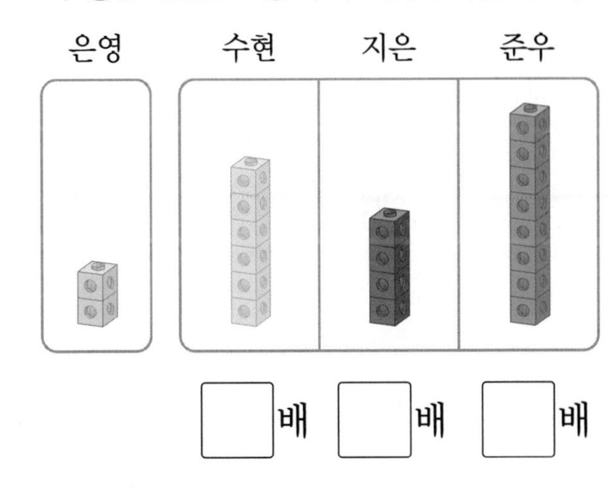

6 단원

개념 5 곱셈 알아보기

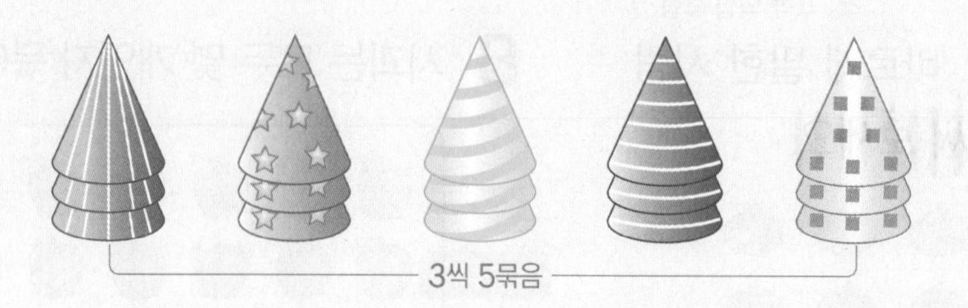

3의 5배 → 쓰기 3×5 읽기 3 곱하기 5

곱셈식으로 알아보기

- 3+3+3+3+3=3×5 (5번)
- 3×5=15 → 읽기 3 곱하기 5는 15와 같습니다.
- 3과 5의 곱은 15입니다.

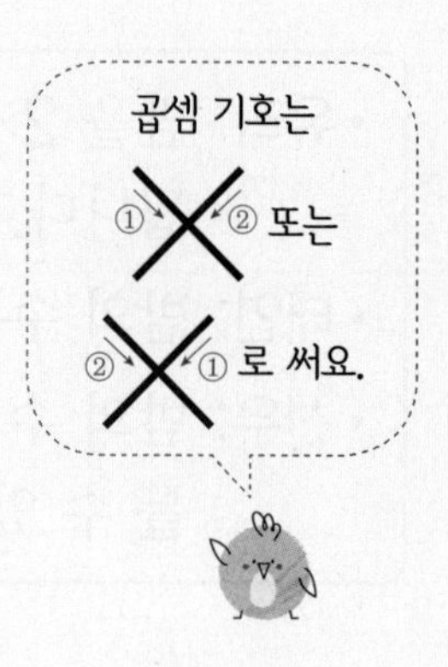

1 소라는 모두 몇 개인지 곱셈식으로 알아보세요.

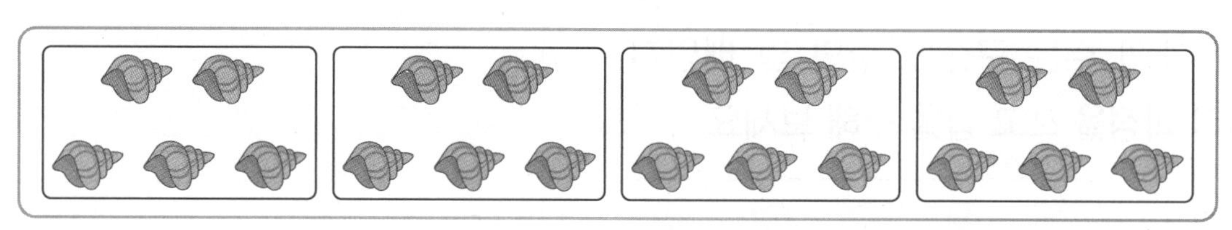

(1) 소라의 수는 5씩 □ 묶음이므로 5의 □ 배입니다.

(2) 소라의 수를 덧셈식으로 나타내면

5+□+□+□=□ 입니다.

(3) 소라의 수를 곱셈식으로 알아보면 5×□=□ 입니다.

(4) 소라는 모두 □ 개입니다.

1 기본유형 익히기

복습책 79쪽 | 정답 28쪽

1 도넛의 수를 곱셈으로 알아보려고 합니다. 그림을 보고 □ 안에 알맞은 수를 써넣으세요.

(1) 3씩 □ 묶음 ⇨ 3의 □배

(2) 3의 □배는 □ × □(이)라고 씁니다.

2 토마토의 수를 곱셈으로 알아보려고 합니다. 그림을 보고 □ 안에 알맞은 수를 써넣으세요.

$7+7+7+7+7+7$은 □ × □과 같습니다.

3 성냥개비의 수를 곱셈식으로 알아보려고 합니다. 그림을 보고 □ 안에 알맞은 수를 써넣으세요.

5씩 □ 묶음, 5의 □배를 곱셈식으로 알아보면

□ × □ = □입니다.

개념 6 곱셈식으로 나타내기

사탕의 수는 모두 몇 개인지 알아보기

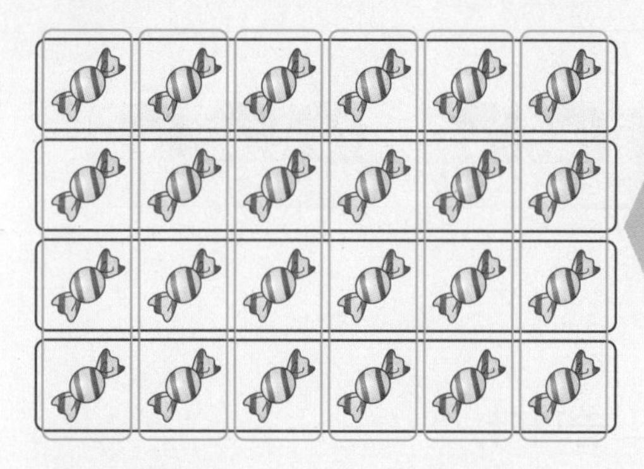

사탕의 수를 묶는 방법에 따라 다양한 곱셈식으로 나타낼 수 있습니다.

- 6의 4배
  덧셈식 $6+6+6+6=24$
  곱셈식 $6\times4=24$
- 4의 6배
  곱셈식 $4\times6=24$
- 3의 8배
  곱셈식 $3\times8=24$
- 8의 3배
  곱셈식 $8\times3=24$

⇨ 사탕은 모두 24개입니다.

1 꽃은 모두 몇 송이인지 곱셈식으로 알아보세요.

(1) 꽃의 수는 2의 6배이고
곱셈식으로 나타내면 $2\times$ □ $=$ □ 입니다.

(2) 꽃의 수는 3의 □ 배이고
곱셈식으로 나타내면 □ $\times$ □ $=$ □ 입니다.

(3) 꽃은 모두 □ 송이입니다.

기본유형 익히기

● 복습책 79쪽 | 정답 28쪽

1 피자 한 판에 피자 조각이 6개씩 있습니다. 피자 조각의 수를 곱셈식으로 알아보세요.

  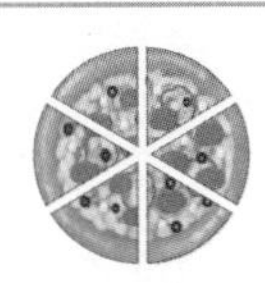   

(1) 피자 조각의 수는 6의 □배입니다.

(2) 피자 조각의 수를 곱셈식으로 나타내면

□ × □ = □ 입니다.

6 단원

2 그림을 보고 알맞은 곱셈식으로 나타내 보세요.

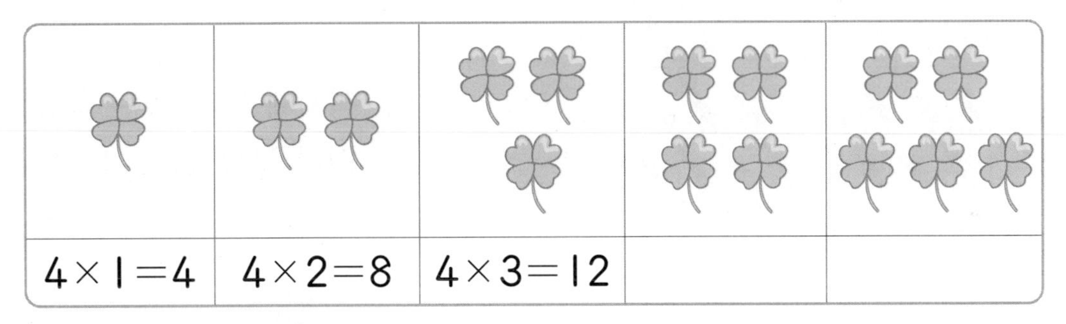

$4\times1=4$	$4\times2=8$	$4\times3=12$		

3 야구공의 수를 두 가지 곱셈식으로 나타내 보세요.

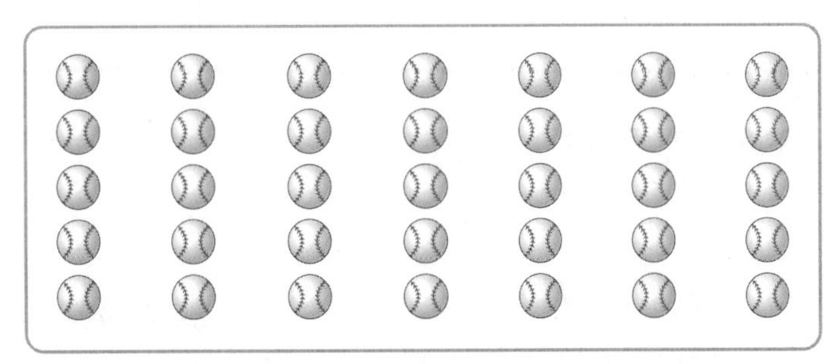

• 5의 □배 ⇨ 5 × □ = □

• 7의 □배 ⇨ □ × □ = □

STEP 2 실전유형 다지기

1 그림을 보고 □ 안에 알맞은 수를 써넣으세요.

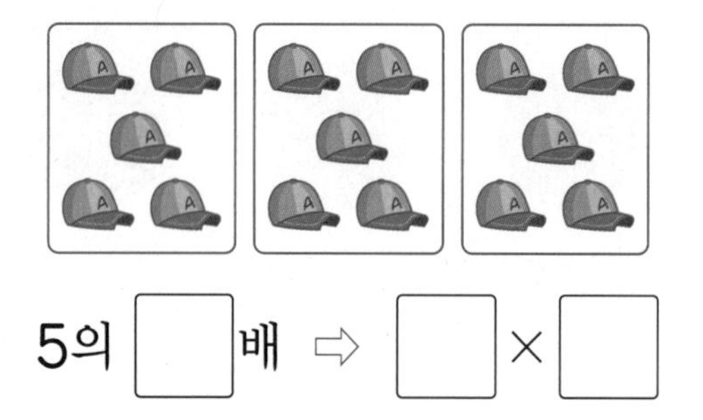

5의 □배 ⇨ □ × □

2 연필의 수를 덧셈식과 곱셈식으로 나타내 보세요.

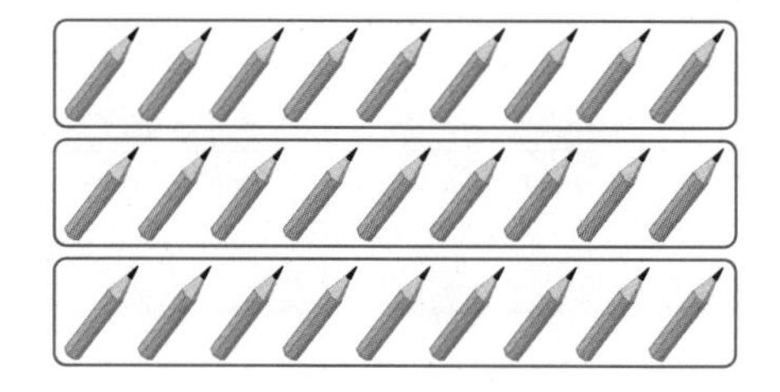

덧셈식 ________

곱셈식 ________

3 나타내는 수가 다른 것은 어느 것인가요? (   )

① 7의 4배 ② 7×7

③ 7씩 4묶음 ④ $7+7+7+7$

⑤ 7을 4번 더한 수

4 선예가 가지고 있는 구슬은 모두 몇 개일까요?

식 □ × □ = □

답 ________

서술형

5 상자에 들어 있는 음료수는 모두 몇 개인지 곱셈식으로 나타내 구하려고 합니다. 풀이 과정을 쓰고 답을 구해 보세요.

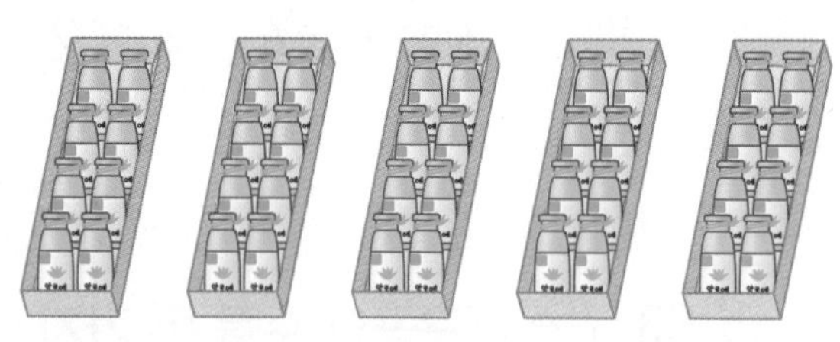

❶ 음료수의 수는 몇의 몇 배인지 구하기

풀이 ________

❷ 상자에 들어 있는 음료수의 수 구하기

풀이 ________

답 ________

6 막대 사탕의 수를 곱셈식으로 잘못 설명한 사람을 찾아 이름을 써 보세요.

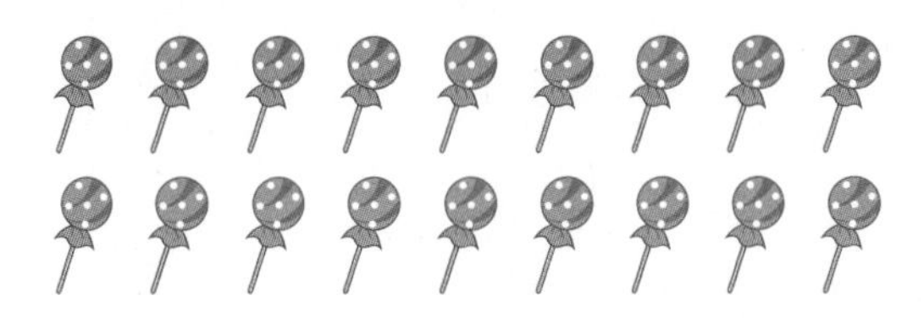

- 도준: $2 \times 9 = 18$입니다.
- 승완: $2+2+2+2+2+2+2+2+2$는 2×9와 같습니다.
- 연경: '$2 \times 9 = 18$은 9 곱하기 2는 18과 같습니다.'라고 읽습니다.

(　　　　　　　　)

7 기훈이와 정미 중 곱셈식으로 나타내 구한 곱이 더 작은 사람은 누구일까요?

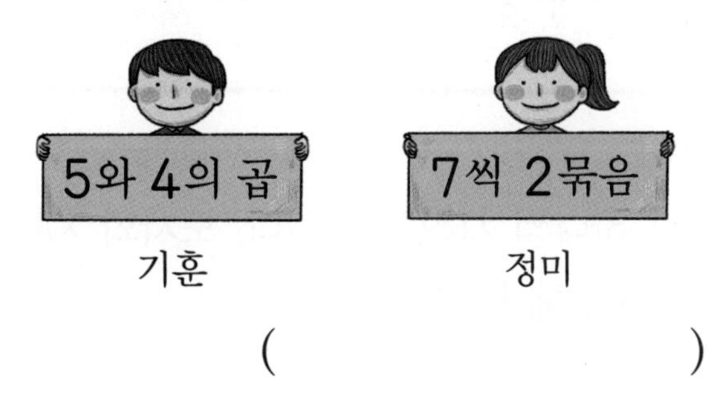

(　　　　　　　　)

《 수학 익힘 유형 》

8 수정이가 그린 그림의 수를 곱셈식으로 나타내 보세요.

계획 \ 요일	월	화	수	목	금
하루에 그림 3장 그리기	○	×	○	○	○

$\square \times \square = \square$

9 ■에 알맞은 수는 얼마일까요?

$5 \times ■ = 35$

(　　　　　　　　)

《 수학 유형 》

10 초콜릿이 모두 몇 개인지 여러 가지 곱셈식으로 나타내 보세요.

$\square \times \square = \square$

$\square \times \square = \square$

$\square \times \square = \square$

STEP 3 응용유형 다잡기

(수학 익힘 유형)

1 사과가 3개씩 6묶음 있습니다. 이 사과를 9개씩 묶으면 몇 묶음이 되는지 구해 보세요.

(1) 사과는 모두 몇 개일까요? ( )

(2) 사과를 9개씩 묶으면 몇 묶음일까요? ( )

한번더

2 감자가 4개씩 3묶음 있습니다. 이 감자를 6개씩 묶으면 몇 묶음이 되는지 구해 보세요.

( )

3 주호는 아래의 티셔츠와 바지를 모두 몇 가지 방법으로 입을 수 있을지 구해 보세요.

(1) 티셔츠 하나와 바지를 함께 입을 수 있는 방법은 몇 가지일까요?

( )

(2) 주호는 티셔츠와 바지를 모두 몇 가지 방법으로 입을 수 있을까요?

( )

한번더

4 도연이가 아래의 모자와 치마를 각각 하나씩 사려고 합니다. 모자와 치마를 모두 몇 가지 방법으로 살 수 있을지 구해 보세요.

( )

5 영지는 한 묶음에 3개인 요구르트를 3묶음 사고, 태호는 한 묶음에 6개인 요구르트를 8묶음 샀습니다. 영지와 태호가 산 요구르트는 모두 몇 개인지 구해 보세요.

(1) 영지가 산 요구르트는 몇 개일까요? (　　　　　)

(2) 태호가 산 요구르트는 몇 개일까요? (　　　　　)

(3) 영지와 태호가 산 요구르트는 모두 몇 개일까요?

(　　　　　)

한번더

6 상자에 파란색 구슬은 한 줄에 7개씩 3줄 들어 있고, 초록색 구슬은 한 줄에 5개씩 6줄 들어 있습니다. 어떤 색 구슬이 몇 개 더 많은지 구해 보세요.

(　　　　　,　　　　　)

놀이 수학

7 은빈이가 성냥개비로 모양 만들기 놀이를 하고 있습니다. 그림과 같은 집 모양을 6개 만들었다면 은빈이가 사용한 성냥개비는 모두 몇 개인지 구해 보세요.

(　　　　　)

단원 마무리

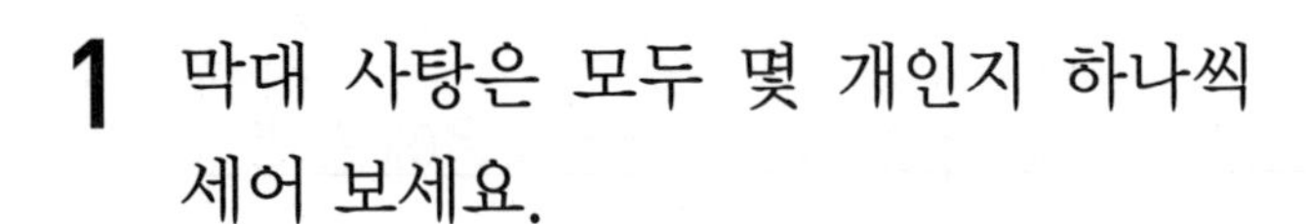

1 막대 사탕은 모두 몇 개인지 하나씩 세어 보세요.

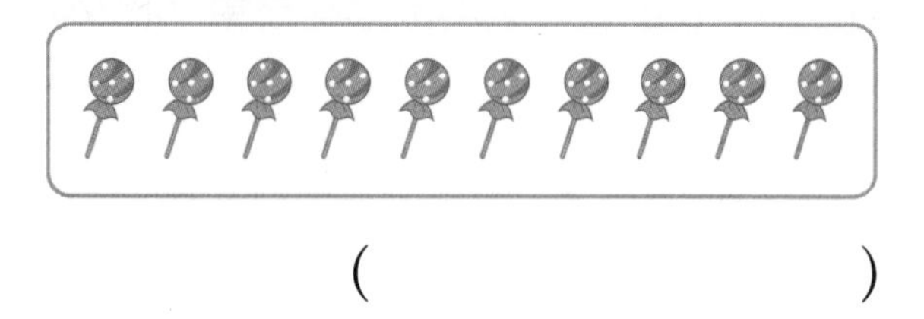

( )

2 지우개는 모두 몇 개인지 3개씩 묶어 세어 보세요.

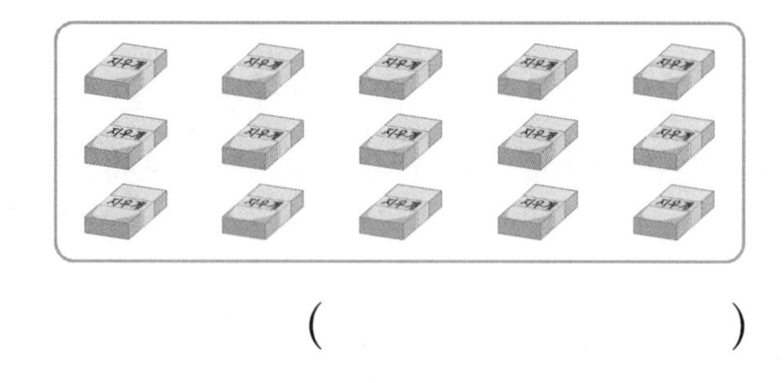

( )

3 그림을 보고 □ 안에 알맞은 수를 써넣으세요.

2씩 □ 묶음은 2의 □ 배입니다.

4 곱셈식으로 나타내 보세요.

4 곱하기 8은 32와 같습니다.

( )

5 관계있는 것끼리 선으로 이어 보세요.

7씩 5묶음 ·	· 5의 7배
5씩 9묶음 ·	· 7의 5배
5씩 7묶음 ·	· 5의 9배

6 그림을 보고 □ 안에 알맞은 수를 써넣으세요.

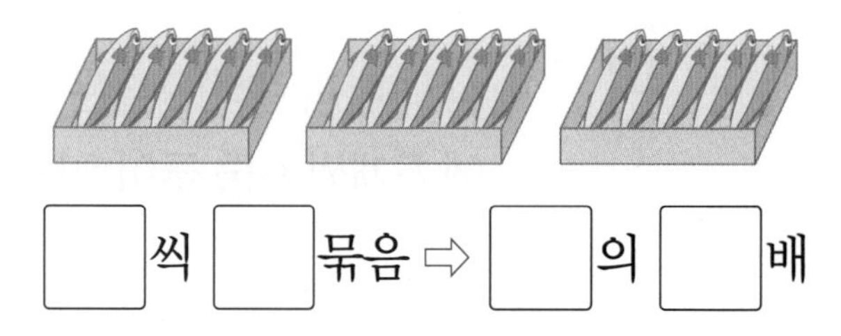

□ 씩 □ 묶음 ⇨ □ 의 □ 배

7 □ 안에 알맞은 수를 써넣으세요.

$6+6+6+6+6=$ □

⇨ □ $\times$ □ $=$ □

8 그림을 보고 □ 안에 알맞은 수를 써넣으세요.

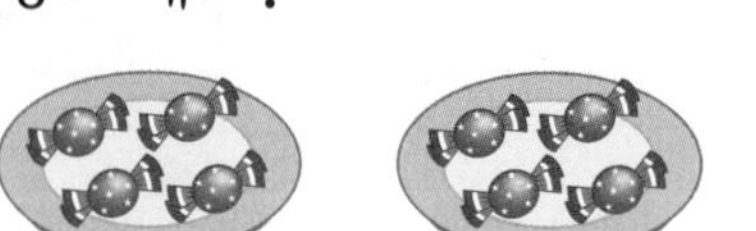

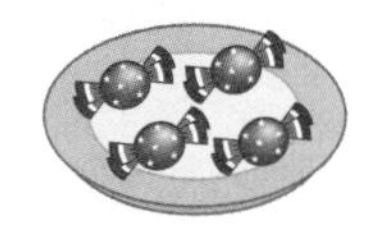

4의 □ 배를 곱셈으로 알아보면

□ $\times$ □ 입니다.

9 나타내는 수가 <u>다른</u> 하나를 찾아 기호를 써 보세요.

㉠ $9+9+9+9$	㉡ 9씩 4묶음
㉢ 9의 4배	㉣ $9+4$

( )

10 28은 7의 몇 배일까요?

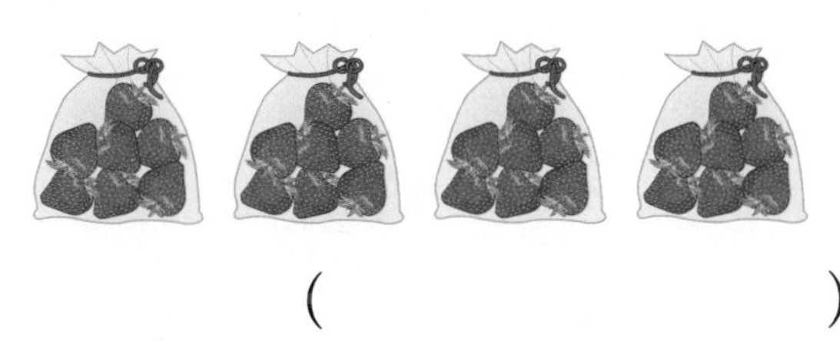

( )

11 그림을 보고 알맞은 곱셈식으로 나타내 보세요.

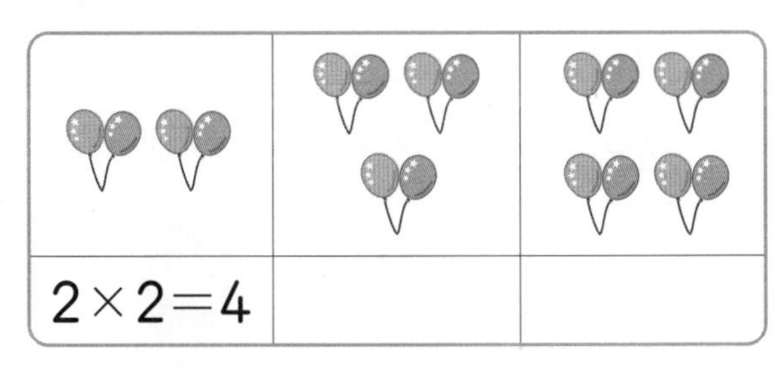

$2\times2=4$		

교과서에 꼭 나오는 문제

12 ● 모양의 수를 몇의 몇 배로 나타내 보세요.

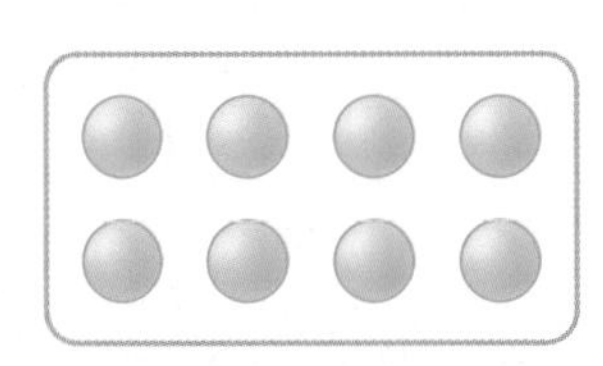

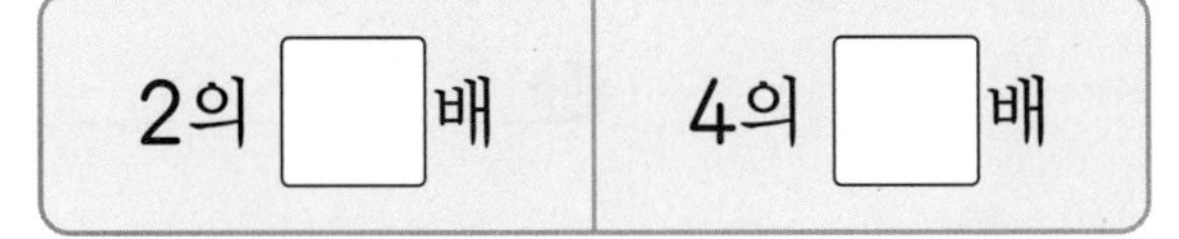

2의 □배	4의 □배

잘 틀리는 문제

13 클립이 16개 있습니다. 바르게 설명한 사람을 모두 찾아 이름을 써 보세요.

- 준하: 클립을 2개씩 묶으면 8묶음이 됩니다.
- 경민: 클립의 수는 4씩 3묶음입니다.
- 희수: 클립의 수는 4, 8, 12, 16으로 세어 볼 수 있습니다.

( )

14 과자의 수를 덧셈식과 곱셈식으로 나타내 보세요.

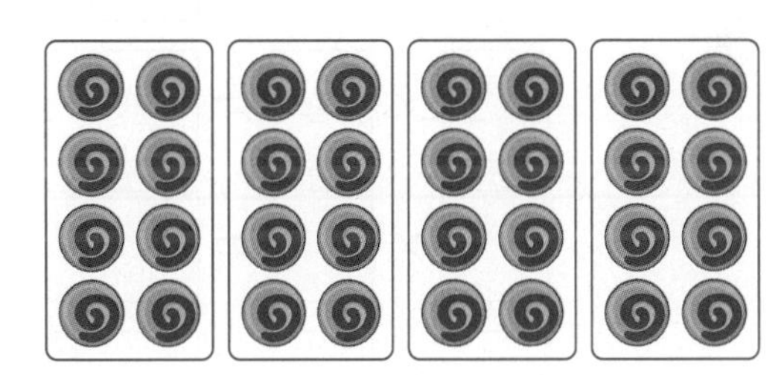

덧셈식 ________

곱셈식 ________

15 단춧구멍은 모두 몇 개일까요?

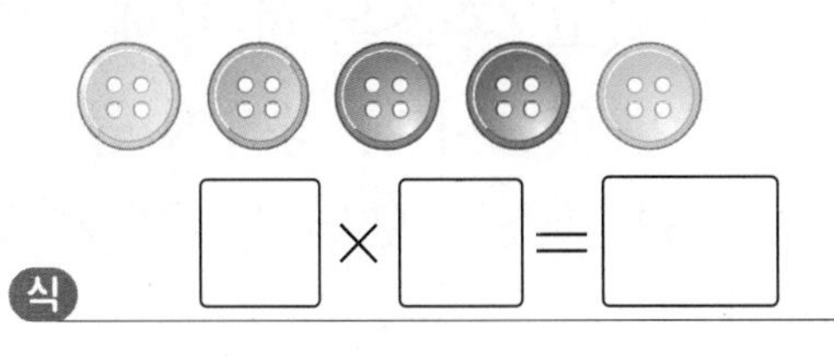

식 □ × □ = □

답 ________

6 단원

단원 마무리

잘 틀리는 문제

16 ●에 알맞은 수는 얼마일까요?

$7 \times ● = 21$

(　　　　　　　　)

교과서에 꼭 나오는 문제

17 핫도그가 모두 몇 개인지 여러 가지 곱셈식으로 나타내 보세요.

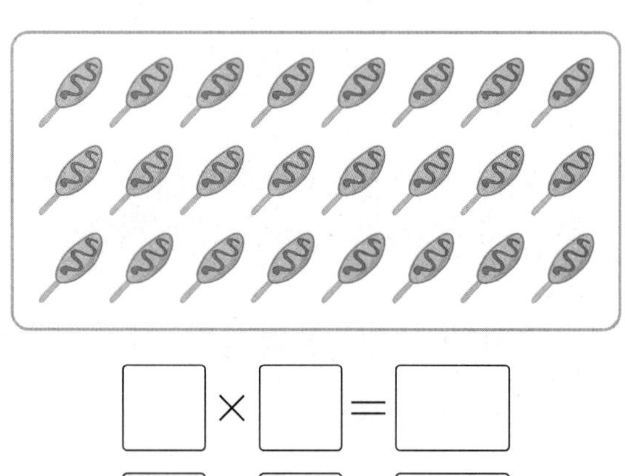

□ × □ = □

□ × □ = □

□ × □ = □

□ × □ = □

18 상자에 우유는 한 줄에 3개씩 2줄 들어 있고, 주스는 한 줄에 7개씩 5줄 들어 있습니다. 상자에 들어 있는 우유와 주스는 모두 몇 개일까요?

(　　　　　　　　)

서술형 문제

19 빨간색 모형의 수는 파란색 모형의 수의 몇 배인지 풀이 과정을 쓰고 답을 구해 보세요.

파란색

빨간색

풀이

답

20 어머니께서 한 상자에 4개씩 들어 있는 도넛을 4상자 사 오셨습니다. 어머니께서 사 오신 도넛은 모두 몇 개인지 풀이 과정을 쓰고 답을 구해 보세요.

풀이

답

개념+유형

정답과 풀이

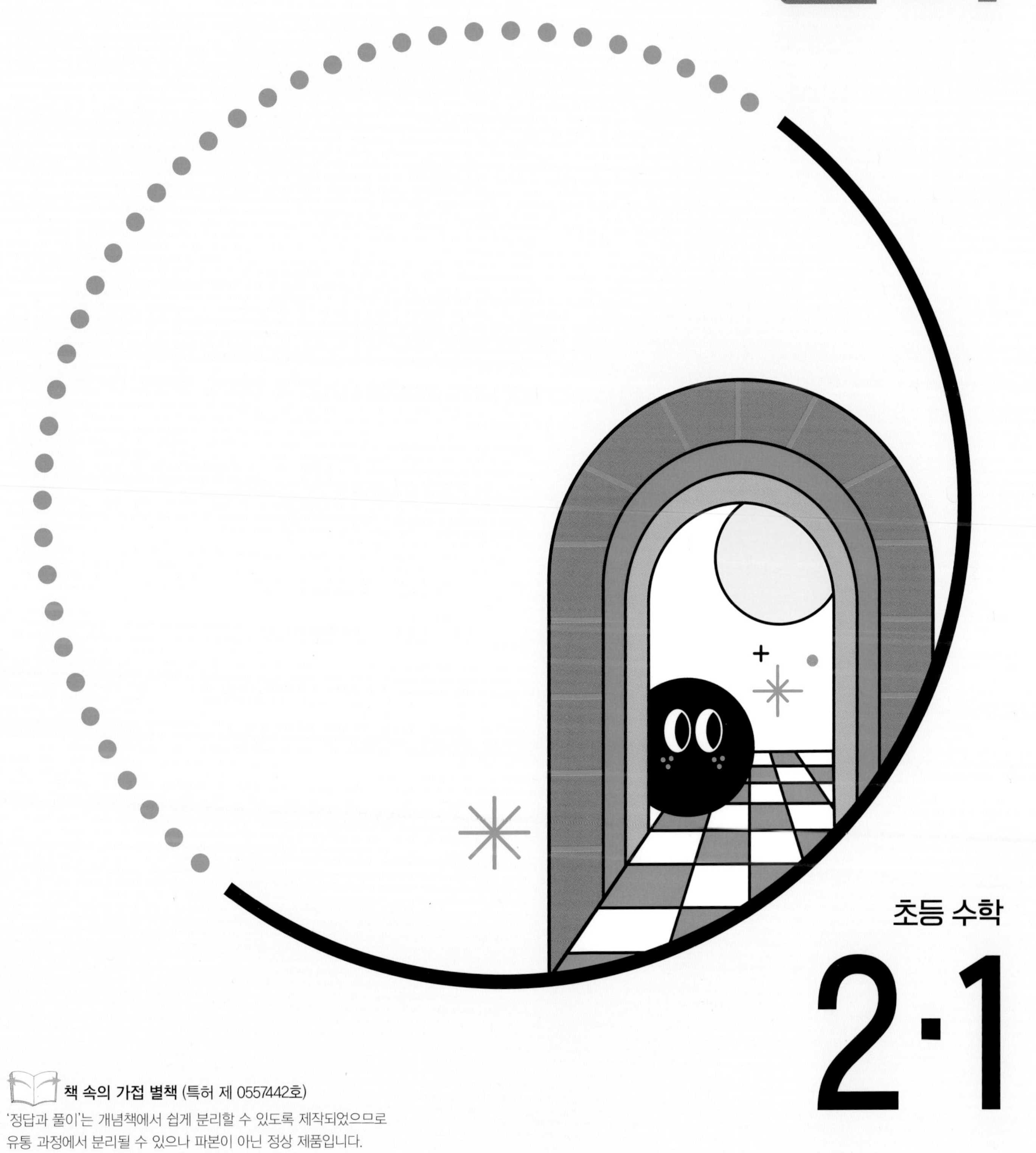

초등 수학

2·1

책 속의 가접 별책 (특허 제 0557442호)

'정답과 풀이'는 개념책에서 쉽게 분리할 수 있도록 제작되었으므로
유통 과정에서 분리될 수 있으나 파본이 아닌 정상 제품입니다.

visang

ABOVE IMAGINATION

개념+유형

정답과 풀이

초등 수학

2·1

1. 세 자리 수

개념책 8쪽 개념 ❶

1 (1) 1 (2) 100
2 20, 60, 100 / 100

개념책 9쪽 기본유형 익히기

1 (1) 99 (2) 100
2 (1) 9, 10 (2) 1, 0, 0 / 100
3 (1) 94, 100 (2) 20, 70, 100

2 (1) 십 모형이 9개, 일 모형이 10개이면 100입니다.
(2) 백 모형이 1개, 십 모형이 0개, 일 모형이 0개이면 100입니다.

개념책 10쪽 개념 ❷

1 예 (백 모형 9개 그림) / 4
2 800 / 팔백

2 백 모형이 8개이면 800이라 쓰고, 팔백이라고 읽습니다.

개념책 11쪽 기본유형 익히기

1 (1) 700 (2) 200
2 (선 잇기)
3 300, 600, 800

1 (1) 100원짜리 동전 7개이면 700입니다.
(2) 백 모형이 1개, 십 모형이 10개이면 200입니다.

2 ■00 ⇨ 100이 ■개인 수 ⇨ ■백
(한글로)

3 100이 몇 개인 수를 수직선에 나타내면 다음과 같습니다.

0 100 200 (300) 400 500 (600) 700 (800) 900

개념책 12쪽 개념 ❸

1 358
2 412 / 사백십이

1 100이 3개, 10이 5개, 1이 8개이면 358입니다.

2 100이 4개, 10이 1개, 1이 2개이면 412라 쓰고, 사백십이라고 읽습니다.

개념책 13쪽 기본유형 익히기

1 2, 7, 4, 274, 이백칠십사
2 (선 잇기)
3 (1) 591 (2) 804
4 625

3 (1) 100이 5개이면 500, 10이 9개이면 90, 1이 1개이면 1이므로 591입니다.
(2) 100이 8개이면 800, 10이 0개이면 0, 1이 4개이면 4이므로 804입니다.

개념책 14쪽 개념 ❹

1 (1) (위에서부터) 6, 3 / 60 (2) 400, 60, 3

개념책 15쪽 기본유형 익히기

1 예 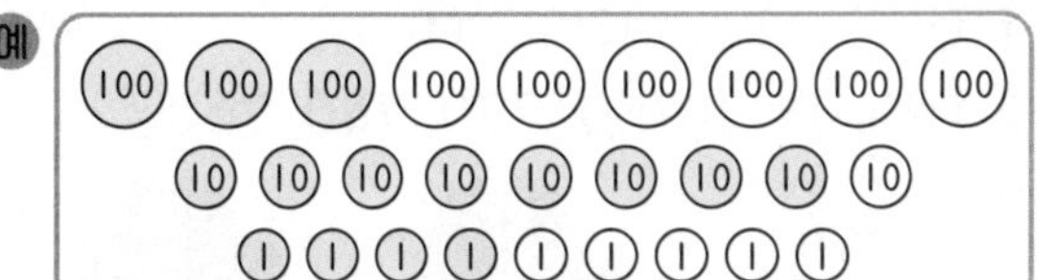

/ 300, 80, 4

2 (1) 7, 700 (2) 0, 0 (3) 9, 9

3 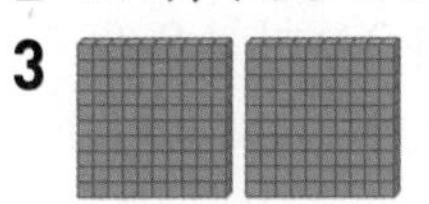

1 384에서 3은 백의 자리 숫자이고 300을 나타내고, 8은 십의 자리 숫자이고 80을 나타내고, 4는 일의 자리 숫자이고 4를 나타냅니다.

2 709에서
(1) 백의 자리 숫자는 7이고 700을 나타냅니다.
(2) 십의 자리 숫자는 0이고 0을 나타냅니다.
(3) 일의 자리 숫자는 9이고 9를 나타냅니다.

3 252에서 밑줄 친 숫자 2는 백의 자리 숫자이고 200을 나타내므로 백 모형 2개에 ○표 합니다.

개념책 16~17쪽 실전유형 다지기

서술형 문제는 풀이를 꼭 확인하세요.

1 10 / 1 / 30
2 (1) ○ (2) × (3) ○
3 백구십이
4 200, 0
5 70
6 825장
7 300자루
8 (1), (2)

611	612	613	614	615
621	622	623	624	625
631	632	633	634	635
641	642	643	644	645
651	652	653	654	655

(3) 624
9 700 / 900
10 120, 111
11 726

1 100은 10이 10개인 수, 99보다 1만큼 더 큰 수, 70보다 30만큼 더 큰 수입니다.

2 (2) 100이 4개이면 400입니다.

3 백 모형이 1개, 십 모형이 9개, 일 모형이 2개이면 192이므로 백구십이라고 읽습니다.

4 백의 자리 숫자 2는 200을 나타내고, 십의 자리 숫자 0은 0을 나타냅니다.

5 178에서 7은 십의 자리 숫자이므로 70을 나타냅니다.

6 ❶ 예 100장씩 8묶음은 800장, 10장씩 2묶음은 20장, 낱개는 5장입니다.
❷ 예 보미가 가지고 있는 우표는 모두 825장입니다.

7 10이 10개이면 100이므로 10이 30개이면 300입니다.
따라서 연필은 모두 300자루입니다.
다른 풀이 10이 10개이면 100이고, 100이 3개이면 300입니다.
따라서 연필은 모두 300자루입니다.

8 (1) 십의 자리 숫자가 2인 수는 621, 622, 623, 624, 625입니다.
(2) 일의 자리 숫자가 4인 수는 614, 624, 634, 644, 654입니다.
(3) 두 가지 색이 모두 칠해진 수는 624입니다.

9 • 200은 100이 2개이고, 700은 100이 7개이므로 100이 6개인 600에 더 가까운 수는 700입니다.
• 300은 100이 3개이고, 900은 100이 9개이므로 100이 7개인 700에 더 가까운 수는 900입니다.

10 수 모형 3개만 사용하여 세 자리 수를 만들어야 합니다.

백 모형	1개	1개
십 모형	2개	1개
일 모형		1개
세 자리 수	120	111

11 100이 7개인 세 자리 수이므로 백의 자리 수는 7이고, 십의 자리 수는 20을 나타내므로 2이고, 일의 자리 수는 156과 같으므로 6입니다.
따라서 도훈이가 만든 수는 726입니다.

개념책 18쪽 개념 5

1 (1) 700, 800, 900 (2) 640, 670, 680
(3) 995, 997, 999, 1000

개념책 19쪽 기본유형 익히기

1 (1) 500, 800, 900 (2) 512, 517, 518
2 (1) 10 (2) 1
3

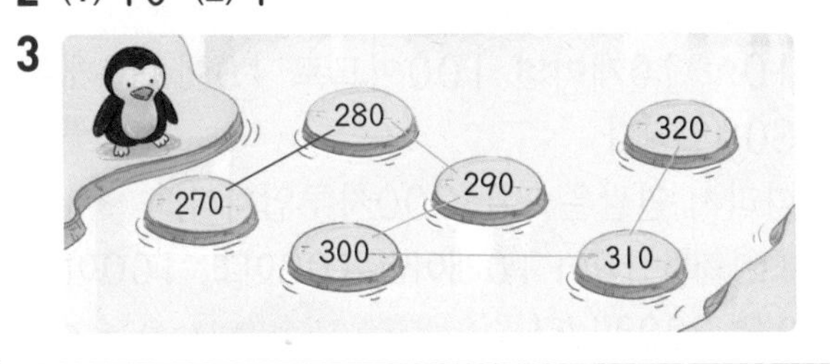

2 (1) 420에서 430으로 십의 자리 수가 1만큼 더 커졌으므로 10씩 뛰어 센 것입니다.
(2) 634에서 635로 일의 자리 수가 1만큼 더 커졌으므로 1씩 뛰어 센 것입니다.

3 10씩 뛰어 세면 십의 자리 수가 1씩 커집니다.

개념책 20쪽 개념 6

1 7 / 8 / $<$
2 (위에서부터) 1, 6 / 4, 7 (1) 216 (2) 143

1 백의 자리 수가 같으므로 십의 자리 수를 비교합니다.
십의 자리 수를 비교하면 $7<8$이므로 $678<681$입니다.

2 (1) 백의 자리 수를 비교하면 $1<2$이므로 가장 큰 수는 216입니다.
(2) 143과 147의 백, 십의 자리 수가 각각 같으므로 일의 자리 수를 비교하면 $3<7$이므로 가장 작은 수는 143입니다.

개념책 21쪽 기본유형 익히기

1 (1) $>$ (2) $<$ (3) $<$ (4) $>$
2 (위에서부터) 750, 770, 740, 760 / $<$
3 364 419 362

2 수직선의 수들은 십의 자리 수가 1씩 커지므로 10씩 뛰어 센 것입니다. 710부터 10씩 뛰어 세어 수직선을 완성하면 다음과 같습니다.

710 720 730 740 750 760 770 780

따라서 수직선에서 오른쪽에 있는 수일수록 큰 수이므로 $740<770$입니다.

3 • 백의 자리 수를 비교하면 $3<4$이므로 가장 큰 수는 419입니다.
• 362와 364의 백, 십의 자리 수가 각각 같으므로 일의 자리 수를 비교하면 $2<4$이므로 가장 작은 수는 362입니다.

개념책 22~23쪽 실전유형 다지기

서술형 문제는 풀이를 꼭 확인하세요.

1 361, 391, 401
2 (1) $>$ (2) $<$
3 744, 742, 741
4 614, 814 / 100
5 516
6 618
7 진우
8 (1) 201, 202, 203, 204, 205
(2) 500, 400, 300, 200, 100
9 현수
10 656, 599, 595
11 8, 9
12 280 / 270 / 250

2 (1) $198>165$ ($9>6$) (2) $802<807$ ($2<7$)

3 1씩 거꾸로 뛰어 세면 일의 자리 수가 1씩 작아집니다.

4 414에서 514로 백의 자리 수가 1만큼 더 커졌으므로 100씩 뛰어 센 것입니다.

5 $456-466-476-486-496-506-516-526$

6 623<635 (2<3)　　623>618 (2>1)
따라서 623보다 더 작은 수는 618입니다.

7 ❶ 예 327과 345는 백의 자리 수가 같고 십의 자리 수를 비교하면 2<4이므로 327<345입니다.
❷ 예 구슬을 더 많이 모은 사람은 진우입니다.

8 (1) 200에서 출발해서 1씩 뛰어 세면 일의 자리 수가 1씩 커집니다.
(2) 600에서 출발해서 100씩 거꾸로 뛰어 세면 백의 자리 수가 1씩 작아집니다.

9 140>104 (4>0)
따라서 수가 작을수록 번호표를 먼저 뽑은 것이므로 번호표를 더 먼저 뽑은 사람은 현수입니다.

10 • 백의 자리 수를 비교하면 6>5이므로 가장 큰 수는 656입니다.
• 599>595이므로 가장 작은 수는 595입니다. (9>5)
⇨ 656>599>595

11 54□>547에서 백, 십의 자리 수가 각각 같고 일의 자리 수를 비교하면 □>7이므로 □ 안에는 7보다 큰 수가 들어갈 수 있습니다.
따라서 □ 안에 들어갈 수 있는 수를 모두 찾으면 8, 9입니다.
다른 풀이 1부터 9까지의 수를 □ 안에 넣어 봅니다.
547=547, 548>547, 549>547입니다.
따라서 □ 안에 들어갈 수 있는 수를 모두 찾으면 8, 9입니다.

12 275<㉠　　255<㉡　　245<㉢
• 수 카드 중 275보다 큰 수는 280입니다.
• 수 카드 중 255보다 큰 수는 270, 280입니다.
• 수 카드 중 245보다 큰 수는 250, 270, 280입니다.
⇨ 수 카드를 한 번씩만 사용하므로 ㉠에 280, ㉡에 270, ㉢에 250을 써넣습니다.

개념책 24~25쪽 응용유형 다잡기

1 (1) 큰 (2) 864
2 468
3 (1) 431 (2) 731
4 631
5 (1) 6 (2) 6 (3) 662
6 421
7 해, 바, 라, 기

1 (2) 8>6>4이므로 가장 큰 세 자리 수는 864입니다.

2 가장 작은 세 자리 수를 만들려면 백의 자리부터 작은 수를 놓아야 합니다.
따라서 4<6<8이므로 가장 작은 세 자리 수는 468입니다.

3 (1) 100이 4개, 10이 3개, 1이 1개이면 431입니다.
(2) 431−531−631−731이므로 431에서 100씩 3번 뛰어 센 수는 731입니다.

4 100이 6개, 10이 2개, 1이 7개이면 627입니다.
따라서 627−628−629−630−631이므로 627에서 1씩 4번 뛰어 센 수는 631입니다.

5 (1) 백의 자리 수는 5보다 크고 7보다 작은 수이므로 6입니다.
(2) 십의 자리 수는 60을 나타내므로 6입니다.
(3) 설명에서 나타내는 세 자리 수는 662입니다.

6 • 백의 자리 수는 400을 나타내므로 4입니다.
• 일의 자리 수는 3보다 작은 홀수를 나타내므로 1입니다.
따라서 설명에서 나타내는 세 자리 수는 421입니다.

7 285: 200 ⇨ 해　　192: 90 ⇨ 바　　849: 9 ⇨ 라　　102: 2 ⇨ 기
따라서 숫자가 나타내는 수를 표에서 찾아 만든 비밀 단어는 해바라기입니다.

개념책 26~28쪽 **단원 마무리**

서술형 문제는 풀이를 꼭 확인하세요.

1	100	2	20 / 10 / 99
3	( )(○)	4	807
5	7 / 4 / 5	6	900, 10, 7
7	459, 659, 759	8	568원
9	80	10	$<$
11	605, 609, 610	12	755
13	600개	14	동화책
15	560, 550, 540	16	7, 8, 9
17	886	18	829
19	507개	20	651

3 100이 3개인 수는 300이고, 삼백이라고 읽습니다.

4 읽지 않은 자리에는 0을 씁니다.

5 745는 100이 7개, 10이 4개, 1이 5개인 수입니다.

7 100씩 뛰어 세면 백의 자리 수가 1씩 커집니다.

8
100원짜리 동전 5개 → 500원
10원짜리 동전 6개 → 60원
1원짜리 동전 8개 → 8원
568원

9 285에서 8은 십의 자리 숫자이므로 80을 나타냅니다.

10 $814<817$
$\quad 4<7$

11 606에서 607로 일의 자리 수가 1만큼 더 커졌으므로 1씩 뛰어 센 것입니다.

12
100이 7개 → 700
10이 4개 → 40
1이 15개 → 15
755

13 10이 10개이면 100이므로 10이 60개이면 600입니다.
따라서 10개씩 60통에 들어 있는 단추는 모두 600개입니다.

14 $285>279$
$\quad 8>7$
따라서 동화책이 더 많습니다.

15 570에서 출발해서 10씩 거꾸로 뛰어 세면 십의 자리 수가 1씩 작아집니다.

16 2□8$>$275에서 백의 자리 수가 같고 일의 자리 수를 비교하면 $8>5$이므로 □ 안에는 7과 같거나 7보다 큰 수가 들어갈 수 있습니다.
따라서 □ 안에 들어갈 수 있는 수를 모두 찾으면 7, 8, 9입니다.
다른 풀이 1부터 9까지의 수를 □ 안에 넣어 봅니다.
$268<275$, $278>275$, $288>275$, $298>275$이므로 □ 안에 들어갈 수 있는 수를 모두 찾으면 7, 8, 9입니다.

17 100이 3개, 10이 8개, 1이 6개이면 386입니다.
따라서 386−486−586−686−786−886이므로 386에서 100씩 5번 뛰어 센 수는 886입니다.

18
• 백의 자리 수는 800을 나타내므로 8입니다.
• 십의 자리 수는 3보다 작은 짝수를 나타내므로 2입니다.
따라서 설명에서 나타내는 세 자리 수는 829입니다.

19 예 100개씩 5상자는 500개, 낱개는 7개입니다.」❶
따라서 과일 가게에 있는 귤은 모두 507개입니다.」❷

채점 기준

❶ 100개씩 5상자, 낱개는 각각 몇 개인지 알아보기	4점
❷ 과일 가게에 있는 귤은 모두 몇 개인지 구하기	1점

20 예 가장 큰 세 자리 수를 만들려면 백의 자리부터 큰 수를 놓아야 합니다.」❶
따라서 $6>5>1$이므로 가장 큰 세 자리 수는 651입니다.」❷

채점 기준

❶ 가장 큰 세 자리 수를 만드는 방법 알기	2점
❷ 만들 수 있는 가장 큰 세 자리 수 구하기	3점

2. 여러 가지 도형

개념책 32쪽 개념❶

1 (1)

(2) 삼각형

2 (왼쪽에서부터) 변, 꼭짓점

2 • 변: 삼각형의 곧은 선
• 꼭짓점: 삼각형의 곧은 선 2개가 만나는 점

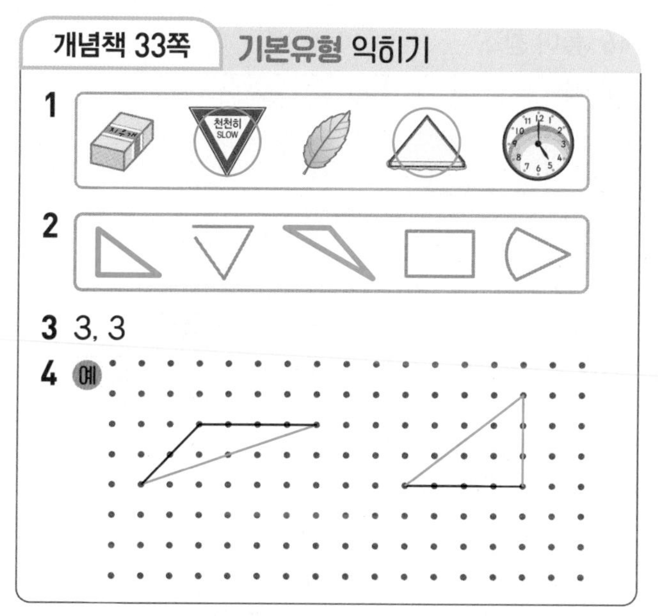

2 곧은 선 3개로 둘러싸인 도형을 모두 찾습니다.
참고 곧은 선이 아니거나 중간에 연결되어 있지 않은 도형은 삼각형이 될 수 없습니다.

4 점과 점을 곧은 선으로 이어 삼각형을 완성합니다.

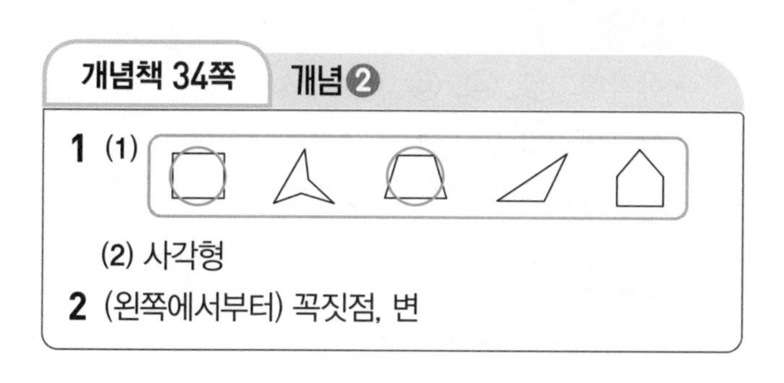

개념책 34쪽
개념❷
1 (1)
(2) 사각형
2 (왼쪽에서부터) 꼭짓점, 변

2 • 변: 사각형의 곧은 선
• 꼭짓점: 사각형의 곧은 선 2개가 만나는 점

개념책 35쪽 기본유형 익히기

1

2

3 4, 4

4 예

2 곧은 선 4개로 둘러싸인 도형을 모두 찾습니다.
참고 곧은 선이 아니거나 중간에 연결되어 있지 않은 도형은 사각형이 될 수 없습니다.

4 점과 점을 곧은 선으로 이어 사각형을 완성합니다.

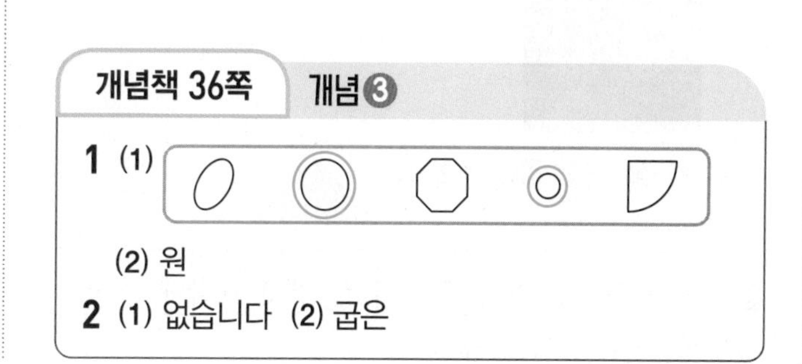

개념책 26~36쪽

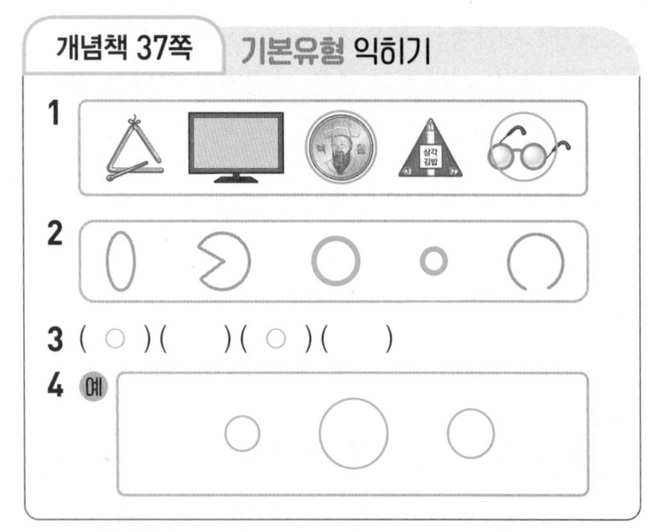

개념책 37쪽 기본유형 익히기

1

2

3 (○)(   )(○)(   )

4 예

2 어느 곳에서 보아도 완전히 동그란 모양의 도형을 찾습니다.

참고 곧은 선이 있거나 중간에 연결되어 있지 않은 도형은 원이 될 수 없습니다.

3 원은 곧은 선이 없고, 원의 모양은 서로 같지만 크기는 다를 수 있습니다.

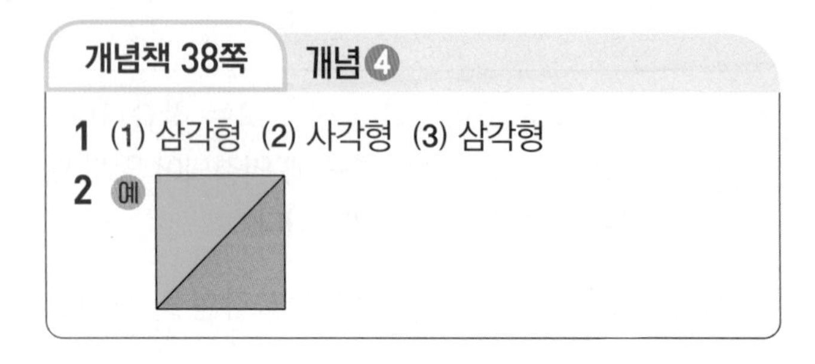

개념책 38쪽 개념 4

1 (1) 삼각형 (2) 사각형 (3) 삼각형

2 예

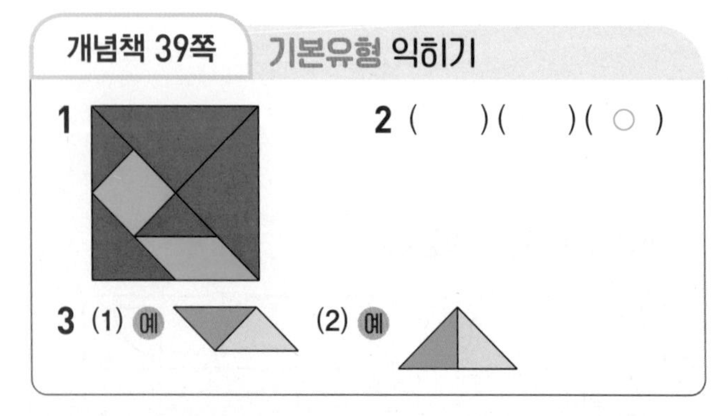

개념책 39쪽 기본유형 익히기

1

2 (   )(   )(○)

3 (1) 예 (2) 예

2 칠교 조각은 모두 7개이고, 칠교 조각에는 삼각형, 사각형이 있습니다.

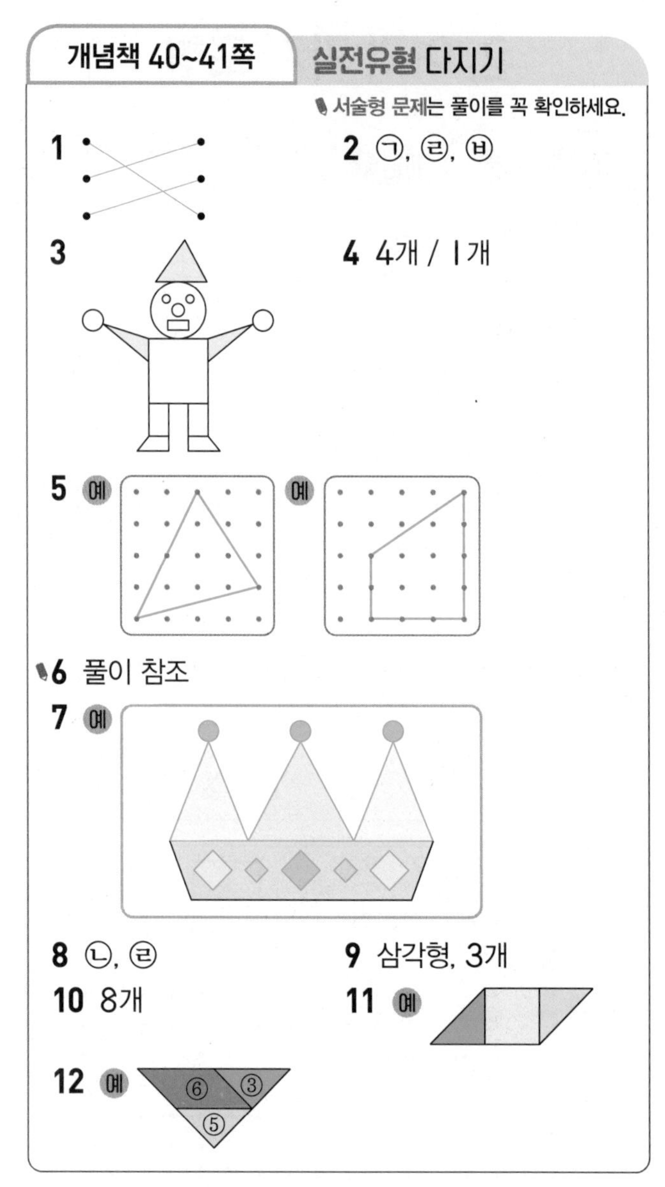

개념책 40~41쪽 실전유형 다지기

서술형 문제는 풀이를 꼭 확인하세요.

1

2 ㉠, ㉣, ㉥

3

4 4개 / 1개

5 예 예

6 풀이 참조

7 예

8 ㉡, ㉣

9 삼각형, 3개

10 8개

11 예

12 예

1 • 동그란 모양의 도형: 원
• 곧은 선 3개로 둘러싸인 도형: 삼각형
• 곧은 선 4개로 둘러싸인 도형: 사각형

2 원을 그릴 수 있는 동그란 모양이 있는 물건을 모두 찾습니다.

4

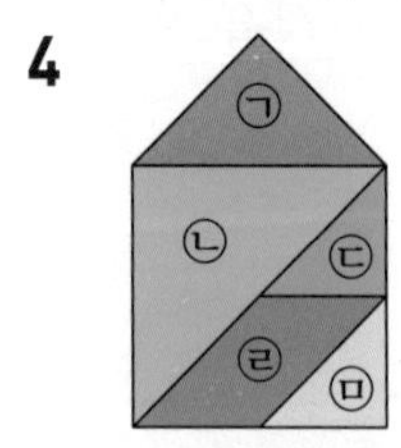

• 삼각형: ㉠, ㉡, ㉢, ㉤ ⇨ 4개
• 사각형: ㉣ ⇨ 1개

6 예 동그란 모양이지만 끊어져 있으므로 원이 아닙니다.」 ❶

채점 기준

❶ 원이 아닌 이유 쓰기

8 ㉠ 삼각형과 사각형은 둥근 부분이 없습니다.
㉢ 삼각형에 대한 설명입니다.
따라서 삼각형과 사각형의 공통점은 ㉡, ㉣입니다.

9 색종이를 점선을 따라 자르면 곧은 선 3개로 둘러싸인 도형, 즉 삼각형이 3개 생깁니다.

10 곧은 선 4개로 둘러싸인 도형은 사각형이고, 사각형은 변과 꼭짓점이 각각 4개입니다.
⇨ $4+4=8$(개)

12 참고 ③, ④, ⑤번 조각을 이용하거나 ③, ⑤, ⑦번 조각을 이용하여 만들 수도 있습니다.

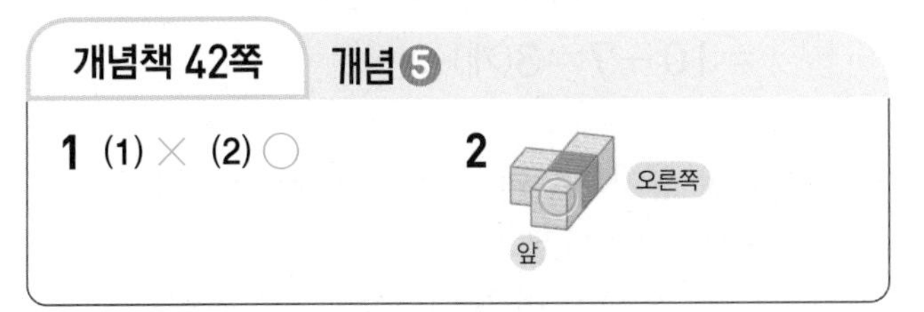

개념책 42쪽 개념 5
1 (1) × (2) ○
2
오른쪽
앞

1 (1) 쌓기나무는 상자 모양입니다.

2 빨간색 쌓기나무를 앞에서 보았을 때 앞에 놓인 쌓기나무를 찾습니다.

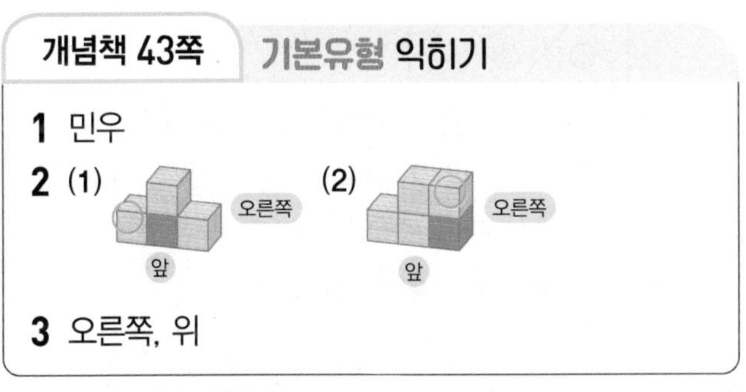

1 쌓기나무를 반듯하게 맞춰 쌓으면 더 높이 쌓을 수 있습니다.
⇨ 반듯하게 맞춰 쌓은 사람은 민우입니다.

개념책 44쪽 개념 6

1 ( )(○)( ) 2 위

1 • 첫 번째 모양: 1층에 4개, 2층에 1개
⇨ $4+1=5$(개)
• 두 번째 모양: 1층에 2개, 2층에 1개, 3층에 1개
⇨ $2+1+1=4$(개)
• 세 번째 모양: 1층에 5개, 2층에 1개
⇨ $5+1=6$(개)
따라서 쌓기나무 4개로 만든 모양은 두 번째 모양입니다.

개념책 45쪽 기본유형 익히기

1 ( )(○)(○)( )
2 3, 위
3 (○)( )

1 • 첫 번째 모양: 1층에 3개, 2층에 1개
⇨ $3+1=4$(개)
• 두 번째 모양: 1층에 4개, 2층에 1개
⇨ $4+1=5$(개)
• 세 번째 모양: 1층에 4개, 2층에 1개
⇨ $4+1=5$(개)
• 네 번째 모양: 1층에 6개 ⇨ 6개
따라서 쌓기나무 5개로 만든 모양은 두 번째 모양과 세 번째 모양입니다.

3 오른쪽 모양: 쌓기나무 3개가 1층에 옆으로 나란히 있고, 맨 왼쪽과 맨 오른쪽 쌓기나무 위에 쌓기나무가 각각 1개씩 있는 모양

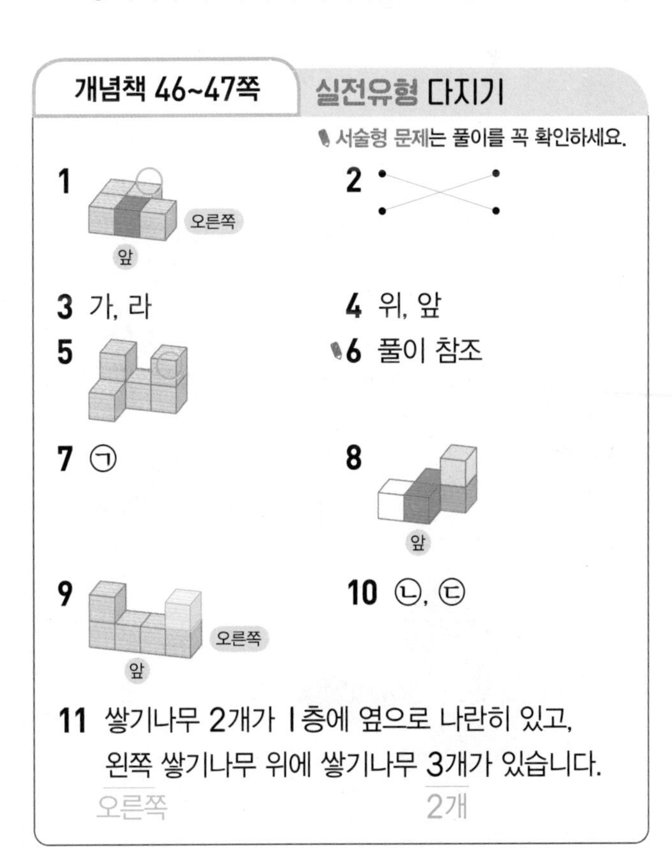

개념책 46~47쪽 실전유형 다지기
서술형 문제는 풀이를 꼭 확인하세요.
1
오른쪽
앞
2
3 가, 라
4 위, 앞
5
6 풀이 참조
7 ㉠
8
앞
9
오른쪽
앞
10 ㉡, ㉢
11 쌓기나무 2개가 1층에 옆으로 나란히 있고,
왼쪽 쌓기나무 위에 쌓기나무 3개가 있습니다.
오른쪽
2개

3 가: 3개, 나: 4개, 다: 3+2=5(개),
라: 2+1=3(개), 마: 3+1=4(개), 바: 5개
따라서 쌓기나무 3개로 만든 모양은 가, 라입니다.

5 ⇨
ⓜ을 ㉠의 오른쪽으로 옮겨야 합니다.

6 예 쌓기나무 4개를 옆으로 나란히 놓고 맨 왼쪽에서 두 번째 쌓기나무 앞과 뒤에 각각 1개씩 놓았습니다.」❶

채점 기준
❶ 쌓은 모양 설명하기

7 쌓기나무 3개가 1층에 옆으로 나란히 있고, 가운데 쌓기나무 앞과 위에 쌓기나무가 각각 1개씩 있습니다.

9 1층에 있는 쌓기나무 중 맨 오른쪽 쌓기나무 위에 쌓기나무 1개를 그립니다.

10 빨간색 쌓기나무 오른쪽과 위에 쌓기나무를 각각 1개씩 놓아야 합니다.

개념책 48~49쪽 응용유형 다잡기

1 (1) 7 2 4 8 6 9
(2) 13
2 12
3 (1) 7개 (2) 3개
4 7개
5 (1) 3개, 1개 (2) 4개
6 6개
7 예

1 (1) 어느 곳에서 보아도 완전히 동그란 모양의 도형을 모두 찾습니다.
(2) 위 (1)에서 찾은 원 안에 있는 수는 7과 6이므로 합은 7+6=13입니다.

2 곧은 선 4개로 둘러싸인 도형을 모두 찾습니다. 따라서 사각형 안에 있는 수는 5와 7이므로 합은 5+7=12입니다.

3 (1) 1층에 6개, 2층에 1개
⇨ (사용한 쌓기나무의 수)=6+1=7(개)
(2) (남은 쌓기나무의 수)
=(처음에 있던 쌓기나무의 수)
−(사용한 쌓기나무의 수)
=10−7=3(개)

4 (사용한 쌓기나무의 수)=4+2=6(개)
⇨ (남은 쌓기나무의 수)
=(처음에 있던 쌓기나무의 수)
−(사용한 쌓기나무의 수)
=13−6=7(개)

5 (1) ① ② ③
• 작은 삼각형 1개짜리: ①, ②, ③ ⇨ 3개
• 작은 삼각형 2개짜리: ①+② ⇨ 1개
(2) 그림에서 찾을 수 있는 크고 작은 삼각형은 모두 3+1=4(개)입니다.

6 ① ② ③
• 작은 사각형 1개짜리: ①, ②, ③ ⇨ 3개
• 작은 사각형 2개짜리: ①+②, ②+③ ⇨ 2개
• 작은 사각형 3개짜리: ①+②+③ ⇨ 1개
따라서 그림에서 찾을 수 있는 크고 작은 사각형은 모두 3+2+1=6(개)입니다.

7 참고 주어진 모양 안에 가장 큰 조각부터 채워 봅니다.

개념책 50~52쪽 **단원 마무리**

✎서술형 문제는 풀이를 꼭 확인하세요.

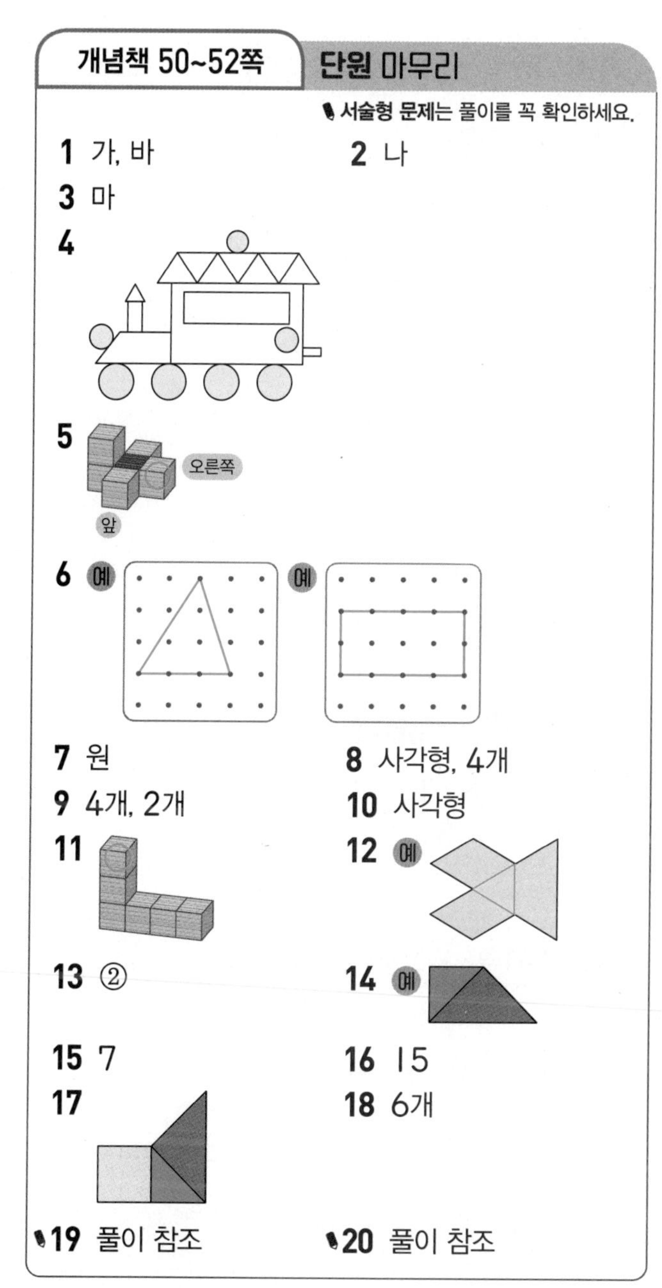

1 가, 바
2 나
3 마
4
5

6 예 예
7 원
8 사각형, 4개
9 4개, 2개
10 사각형
11
12 예
13 ②
14 예
15 7
16 15
17
18 6개
✎19 풀이 참조
✎20 풀이 참조

1 변이 3개, 꼭짓점이 3개인 도형을 모두 찾으면 가, 바입니다.

2 동그란 모양의 도형을 찾으면 나입니다.

3 꼭짓점이 4개인 도형은 사각형이므로 마입니다.

6 • 3개의 점을 정한 뒤 곧은 선으로 이어 삼각형을 그립니다.
• 4개의 점을 정한 뒤 곧은 선으로 이어 사각형을 그립니다.

8 색종이를 점선을 따라 자르면 곧은 선 4개로 둘러싸인 도형, 즉 사각형이 4개 생깁니다.

10 삼각형보다 변이 1개 더 많은 도형은 변이 4개인 사각형입니다.

11

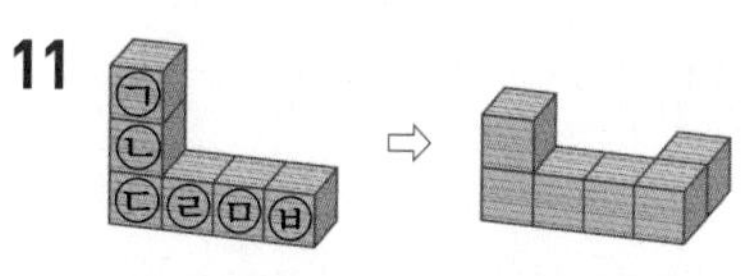

㉠을 ㉥의 뒤로 옮겨야 합니다.

13 ① 5개 ② 6개 ③ 5개 ④ 5개 ⑤ 5개

15 • 삼각형의 변은 3개 ⇨ ★$=3$
• 사각형의 꼭짓점은 4개 ⇨ ■$=4$
따라서 ★과 ■의 합은 $3+4=7$입니다.

16 어느 곳에서 보아도 완전히 동그란 모양의 도형을 모두 찾습니다.
따라서 원 안에 있는 수는 6과 9이므로 합은 $6+9=15$입니다.

18 (사용한 쌓기나무의 수)$=4+1=5$(개)
⇨ (남은 쌓기나무의 수)$=11-5=6$(개)

✎19 예 사각형은 곧은 선 4개로 둘러싸여 있어야 하는데 굽은 선이 있으므로 사각형이 아닙니다.」❶

채점 기준	
❶ 사각형이 아닌 이유 쓰기	5점

✎20 예 쌓기나무 3개가 1층에 옆으로 나란히 있고, 맨 왼쪽과 가운데 쌓기나무 위에 쌓기나무가 각각 2개씩 있습니다.」❶

채점 기준	
❶ 쌓은 모양 설명하기	5점

3. 덧셈과 뺄셈

개념책 56쪽 개념 ❶

1 (1) 20, 21, 22
(2) 예

○	○	○	○	○	○	○	○	○	○	△	△			
○	○	○	○	○	○	○	△	△	△					

(3) 22

1 (2) 5를 3과 2로 가르기하여 17에 3을 더한 다음 2를 더합니다.

개념책 57쪽 기본유형 익히기

1 44
2 (1) 33 (2) 52 (3) 74 (4) 94
3 (1) 45 (2) 92
4 16+9=25 / 25개

1 일 모형 5개와 9개를 더하면 십 모형 1개와 일 모형 4개가 됩니다.
따라서 십 모형 4개와 일 모형 4개가 되므로 35+9=44입니다.

2 (1) 29에서부터 4를 이어 세면 33입니다.
(2) 49에서부터 3을 이어 세면 52입니다.
(3) 7을 3과 4로 가르기하여 67에 3을 더한 다음 4를 더하면 74입니다.
(4) 6을 2와 4로 가르기하여 88에 2를 더한 다음 4를 더하면 94입니다.

3 (1) 8을 3과 5로 가르기하여 37에 3을 더한 다음 5를 더하면 45입니다.
(2) 6을 4와 2로 가르기하여 86에 4를 더한 다음 2를 더하면 92입니다.

4 (파란색 구슬의 수)+(빨간색 구슬의 수)
=16+9=25(개)

개념책 58쪽 개념 ❷

1 1, 2 / 1, 4, 2

개념책 59쪽 기본유형 익히기

1 (1) 7, 7, 45
(2) 25, 25, 45
(3) 8, 7, 15, 45
2 (1) 74 (2) 94 (3) 48 (4) 90
3 35+36=71 / 71개

2 (3) $\begin{array}{r} {\scriptstyle 1} \\ 29 \\ +\,19 \\ \hline 48 \end{array}$ (4) $\begin{array}{r} {\scriptstyle 1} \\ 74 \\ +\,16 \\ \hline 90 \end{array}$

3 (정훈이가 캔 감자의 수)+(도희가 캔 감자의 수)
=35+36=71(개)

개념책 60쪽 개념 ❸

1 8 / 1, 1, 8 / 1, 1, 1, 8
2 (1) 1, 1, 1, 5 (2) 1, 1, 3, 9

개념책 61쪽 기본유형 익히기

1 129
2 (1) 117 (2) 148 (3) 140 (4) 151
3

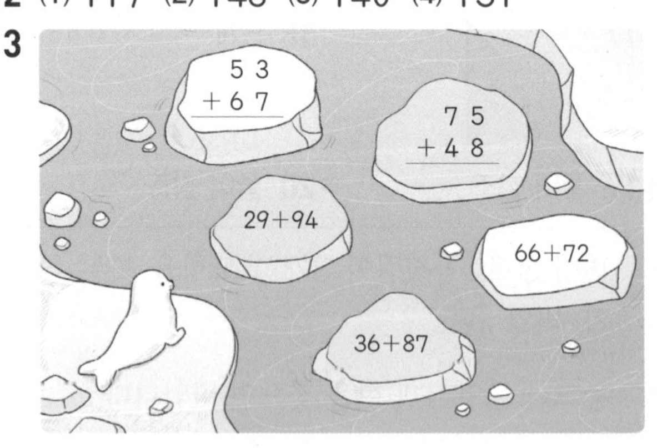

1 일 모형 5개와 4개를 더하면 일 모형 9개가 되고, 십 모형 9개와 3개를 더하면 백 모형 1개와 십 모형 2개가 됩니다.
따라서 백 모형 1개, 십 모형 2개, 일 모형 9개가 되므로 95+34=129입니다.

2 (3) $\begin{array}{r} {\scriptstyle 1\,1} \\ 87 \\ +\,53 \\ \hline 140 \end{array}$ (4) $\begin{array}{r} {\scriptstyle 1\,1} \\ 94 \\ +\,57 \\ \hline 151 \end{array}$

3 •$53+67=120$ •$75+48=123$
•$29+94=123$ •$66+72=138$
•$36+87=123$

개념책 62~63쪽 연산 PLUS

1 72	2 81	3 107
4 73	5 106	6 90
7 122	8 54	9 135
10 113	11 107	12 94
13 73	14 144	15 95
16 82	17 66	18 91
19 104	20 30	21 98
22 163	23 153	24 82

개념책 64~65쪽 실전유형 다지기

서술형 문제는 풀이를 꼭 확인하세요.

1 (1) 63 (2) 131
2 21, 21, 21, 71
3 (풀이 참조)
4 $\begin{array}{r} 25 \\ +\ 19 \\ \hline 44 \end{array}$
5 =
6 21마리
7 102
8 ㉢
9 지호
10 5
11 예 정후는 종이학을 34마리 접었고, 혜지는 27마리 접었습니다. 정후와 혜지가 접은 종이학은 모두 몇 마리일까요? / 예 61마리
12 66, 8

1 (1) $\begin{array}{r} {}^{1}\ \ \\ 4 \\ +\ 59 \\ \hline 63 \end{array}$ (2) $\begin{array}{r} {}^{1\,1}\ \ \\ 55 \\ +\ 76 \\ \hline 131 \end{array}$

3 •$8+37=45$ •$48+17=65$
•$39+26=65$ •$13+29=42$
•$37+8=45$

4 $25+19=44$인데 받아올림을 하지 않아 잘못 계산하였습니다.

5 $48+84=132$, $57+75=132$
⇨ $132=132$

6 ❶ 예 처음에 있었던 오리의 수와 더 온 오리의 수를 더하면 되므로 $14+7$을 계산합니다.
❷ 예 연못에 있는 오리는 모두 $14+7=21$(마리)입니다.

7 가장 큰 수는 77이고, 가장 작은 수는 25이므로 합은 $77+25=102$입니다.

8 ㉠ $53+48=101$ ㉡ $75+18=93$
㉢ $67+23=90$ ㉣ $49+54=103$

9 17을 10과 7로 가르기한 다음 24에 10을 먼저 더하고 7을 더해야 합니다.
⇨ $24+17=24+10+7=34+7=41$

10 일의 자리에서 받아올림이 있습니다.
$1+3+\square=9$, $\square=5$

11 (접은 종이학의 수)$=34+27=61$(마리)

12 비법
받아올림을 생각하며 일의 자리 수끼리 먼저 계산해 봅니다.

두 수의 합이 74이므로 일의 자리 수끼리의 합이 14가 되는 수를 찾습니다.
$57+7=64$, $66+8=74$
따라서 맞힌 두 수는 66과 8입니다.

개념책 66쪽 개념 4

1 (1) (왼쪽에서부터) 15, 16, 17
(2) 예 (풀이 참조)
(3) 15

1 (2) 7을 5와 2로 가르기하여 22에서 2를 뺀 다음 5를 더 뺍니다.

개념책 67쪽 기본유형 익히기

1 38
2 (1) 17 (2) 39 (3) 46 (4) 58
3 (1) 38 (2) 88
4 $22-9=13$ / 13장

1 십 모형 1개를 일 모형 10개로 바꾼 후 일 모형 11개에서 3개를 빼면 8개가 남습니다.
따라서 십 모형 3개와 일 모형 8개가 되므로 41−3=38입니다.

2 (1) 25에서부터 8을 거꾸로 세면 17입니다.
(2) 46에서부터 7을 거꾸로 세면 39입니다.
(3) 9를 5와 4로 가르기하여 55에서 5를 뺀 다음 4를 더 빼면 46입니다.
(4) 6을 4와 2로 가르기하여 64에서 4를 뺀 다음 2를 더 빼면 58입니다.

3 (1) 5를 3과 2로 가르기하여 43에서 3을 뺀 다음 2를 더 빼면 38입니다.
(2) 4를 2와 2로 가르기하여 92에서 2를 뺀 다음 2를 더 빼면 88입니다.

4 (도훈이가 가지고 있는 색종이의 수)
−(친구에게 줄 색종이의 수)
=22−9=13(장)

개념책 68쪽 개념 5

1 4, 10 / 4, 10, 4 / 4, 10, 2, 4

개념책 69쪽 기본유형 익히기

1 (1) 9, 9, 11 (2) 31, 20, 11
2 (1) 8 (2) 45 (3) 17 (4) 53
3 80−51=29 / 29마리

2 (3)
$$\begin{array}{r} {\scriptstyle 5\ 10} \\ \not{6}\,0 \\ -\,4\,3 \\ \hline 1\,7 \end{array}$$
(4)
$$\begin{array}{r} {\scriptstyle 8\ 10} \\ \not{9}\,0 \\ -\,3\,7 \\ \hline 5\,3 \end{array}$$

3 (벌집에 있었던 꿀벌의 수)−(날아간 꿀벌의 수)
=80−51=29(마리)

개념책 70쪽 개념 6

1 3, 10 / 3, 10, 7 / 3, 10, 2, 7
2 (1) 2, 10, 1, 6 (2) 6, 10, 2, 9

개념책 71쪽 기본유형 익히기

1 36
2 (1) 15 (2) 54 (3) 39 (4) 48
3 81−53 32−13 64−17

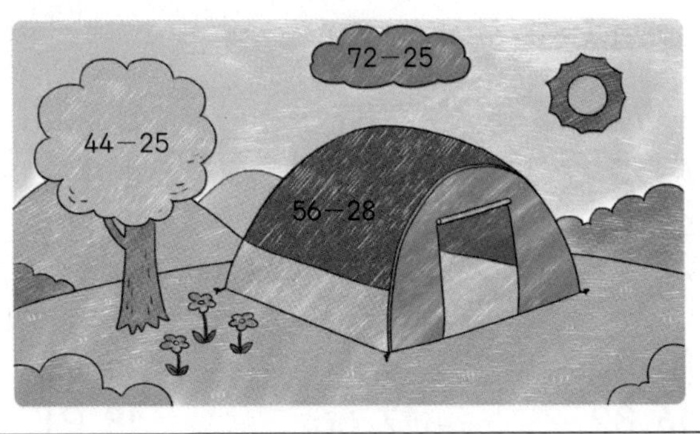

1 십 모형 1개를 일 모형 10개로 바꾼 후 일 모형 13개에서 7개를 빼면 6개가 남고, 십 모형 5개에서 2개를 빼면 3개가 남습니다.
따라서 십 모형 3개와 일 모형 6개가 되므로 63−27=36입니다.

2 (3)
$$\begin{array}{r} {\scriptstyle 5\ 10} \\ \not{6}\,7 \\ -\,2\,8 \\ \hline 3\,9 \end{array}$$
(4)
$$\begin{array}{r} {\scriptstyle 8\ 10} \\ \not{9}\,4 \\ -\,4\,6 \\ \hline 4\,8 \end{array}$$

3 • 81−53=28 • 구름: 72−25=47
• 32−13=19 • 나무: 44−25=19
• 64−17=47 • 텐트: 56−28=28

개념책 72~73쪽 연산 PLUS

1 59	2 19	3 68
4 18	5 14	6 19
7 27	8 15	9 48
10 9	11 28	12 18
13 11	14 49	15 16
16 39	17 23	18 77
19 6	20 68	21 13
22 16	23 27	24 32

개념책 74~75쪽 실전유형 다지기

✎ 서술형 문제는 풀이를 꼭 확인하세요.

1 (1) 59 (2) 64
2 6, 6, 6, 34
3 (선 잇기)
4 $\begin{array}{r} 34 \\ -15 \\ \hline 19 \end{array}$
5 <
✎6 29쪽
7 78
8 ㉣
9 유진
10 8
11 예 혜미는 사탕 46개를 가지고 있었습니다. 그 중 17개를 동생에게 주었습니다. 혜미에게 남은 사탕은 몇 개일까요? / 예 29개
12 71, 4

1 (1) $\begin{array}{r} {}^{5\ 10} \\ \not{6}\,2 \\ -\ \ 3 \\ \hline 59 \end{array}$ (2) $\begin{array}{r} {}^{7\ 10} \\ \not{8}\,2 \\ -18 \\ \hline 64 \end{array}$

3 ·43−19=24 ·72−48=24
·61−28=33 ·35−8=27
·60−27=33

4 34−15=19인데 받아내림을 하지 않고 일의 자리 수 중 큰 수인 5에서 4를 빼어 21이라고 잘못 계산하였습니다.

5 94−57=37, 66−28=38
⇨ 37<38

✎6 ❶ 예 만화책의 전체 쪽수에서 읽은 쪽수를 빼면 되므로 88−59를 계산합니다.
❷ 예 만화책을 끝까지 읽으려면 88−59=29(쪽)을 더 읽으면 됩니다.

7 가장 큰 수는 92이고, 가장 작은 수는 14이므로 차는 92−14=78입니다.

8 ㉠ 43−7=36 ㉡ 50−19=31
㉢ 62−37=25 ㉣ 61−39=22

9 두 수의 차가 변하지 않으려면 두 수에 같은 수를 더한 다음 빼야 합니다.
⇨ 70−37=73−40=33

10 □−1−3=4, □=8

11 (남은 사탕의 수)=46−17=29(개)

12 비법
받아내림을 생각하며 일의 자리 수끼리 먼저 계산해 봅니다.

두 수의 차가 67이므로 받아내림을 하여 일의 자리 수끼리의 차가 7이 되는 수를 찾습니다.
71−4=67, 84−7=77
따라서 맞힌 두 수는 71과 4입니다.

개념책 76쪽 개념 ❼

1 (계산 순서대로) 63, 48, 48 / 63, 63, 48
2 (계산 순서대로) 27, 45, 45 / 27, 27, 45

개념책 77쪽 기본유형 익히기

1 (1) 34 (2) 49 (3) 73 (4) 83
2 (선 잇기)
3 67, 21 / 토, 리
4 44−15+28=57 / 57대

1 (1) 16+27−9=43−9=34
(2) 37+38−26=75−26=49
(3) 53−7+27=46+27=73
(4) 74−19+28=55+28=83

2 ·35+27−5=62−5=57
·61−33+24=28+24=52

3 ·53+18−4=71−4=67(리)
·70−55+6=15+6=21(토)

4 (처음에 있었던 자동차의 수)
−(빠져나간 자동차의 수)
+(들어온 자동차의 수)
=44−15+28=29+28=57(대)

개념책 78쪽 개념 ❽

1 7 / 25, 18
2 24 / 16, 24

개념책 79쪽 기본유형 익히기

1 11 / 7, 11
2 26 / 54, 28, 26
3 19 / 19, 27, 46
4 (1) 24, 26 (2) 38, 65

4 (1) □+26=50을 뺄셈식으로 나타내면 50−26=□입니다.
50−26=24이므로 왼쪽 덧셈식에서 □=24이고, 오른쪽 뺄셈식에서 □=26입니다.
(2) 65−□=27을 덧셈식으로 나타내면 □+27=65입니다.
오른쪽 덧셈식에서 38+27=65이므로 왼쪽 뺄셈식에서 □=38이고, 오른쪽 덧셈식에서 □=65입니다.

개념책 80쪽 개념 9

1 (1) (○) (   ) (2) 6 (3) 6개

개념책 81쪽 기본유형 익히기

1 예 4+□=7 / 3
2 예 □+5=13 / 8
3 예 5+□=14 / 9
4 예 □+9=17 / 8

1 4+□=7 ⇨ 7−4=□, □=3
2 □+5=13 ⇨ 13−5=□, □=8
3 5+□=14 ⇨ 14−5=□, □=9
4 □+9=17 ⇨ 17−9=□, □=8

개념책 82쪽 개념 10

1 (1) (   ) (○) (2) 7 (3) 7개

개념책 83쪽 기본유형 익히기

1 예 15−□=9 / 6
2 예 □−5=6 / 11
3 예 18−□=7 / 11
4 14 / 14

1 15−□=9 ⇨ 15−9=□, □=6
2 □−5=6 ⇨ 5+6=□, □=11
3 18−□=7 ⇨ 18−7=□, □=11
4 □−6=8 ⇨ 6+8=□, □=14

개념책 84~85쪽 연산 PLUS

1 29 2 42
3 9 4 46
5 25 6 18
7 39 8 61
9 34 10 78
11 71 12 42
13 46 14 83
15 7 16 28
17 19 18 22
19 12 20 18
21 25 22 8
23 13 24 35
25 62 26 31
27 17 28 32

개념책 86~87쪽 실전유형 다지기

서술형 문제는 풀이를 꼭 확인하세요.

1 (1) 34 (2) 71
2 57, 38, 19 / 57, 19, 38
3 16, 48, 64 / 48, 16, 64
4 66 5 (1) 27 (2) 34
6 72 7 풀이 참조
8 64개 9 ㉡, ㉢, ㉠
10 예 12+9=21
/ 예 21−12=9, 예 21−9=12

11 예 $9+\square=15$ / 6
12 예 $\square-13=18$ / 31
13 48, 23, 11 또는 23, 48, 11 / 60

1 (1) $39+19-24=58-24=34$
(2) $82-28+17=54+17=71$

4 $88-49+27=39+27=66$

5 (1) $\square+15=42$ ⇨ $42-15=\square$, $\square=27$
(2) $42-\square=8$ ⇨ $42-8=\square$, $\square=34$

6 • ●$=33+17-14=50-14=36$
• ▲$=33-14+17=19+17=36$
⇨ ●+▲$=36+36=72$

7 예 앞에서부터 순서대로 계산하지 않았고, 15를 빼야 하는데 더했습니다.」❶
$54-15+12=51$
① 39
② 51 」❷

채점 기준
❶ 계산이 잘못된 이유 쓰기
❷ 바르게 계산하기

8 (노란 구슬의 수)
$=56+26-18=82-18=64$(개)

9 ㉠ $14-\square=9$ ⇨ $14-9=\square$, $\square=5$
㉡ $\square-7=13$ ⇨ $7+13=\square$, $\square=20$
㉢ $15+\square=24$ ⇨ $24-15=\square$, $\square=9$

10 수 카드를 사용하여 만들 수 있는 덧셈식은 $3+9=12$, $9+3=12$, $12+9=21$, $9+12=21$입니다.

11 $9+\square=15$ ⇨ $15-9=\square$, $\square=6$

12 $\square-13=18$ ⇨ $13+18=\square$, $\square=31$

13 비법
계산 결과가 가장 크려면 가장 큰 수와 두 번째로 큰 수를 더하고 가장 작은 수를 뺍니다.

가장 큰 수 48과 두 번째로 큰 수 23을 더한 후 가장 작은 수 11을 뺍니다.
$48+23-11=71-11=60$

개념책 88~89쪽 응용유형 다잡기

1 (1) 98 (2) 98, 144
2 45, 26
3 (1) 50, 51, 52 (2) 1, 2
4 8, 9
5 (1) 16, 44 (2) 28 (3) 12
6 83
7
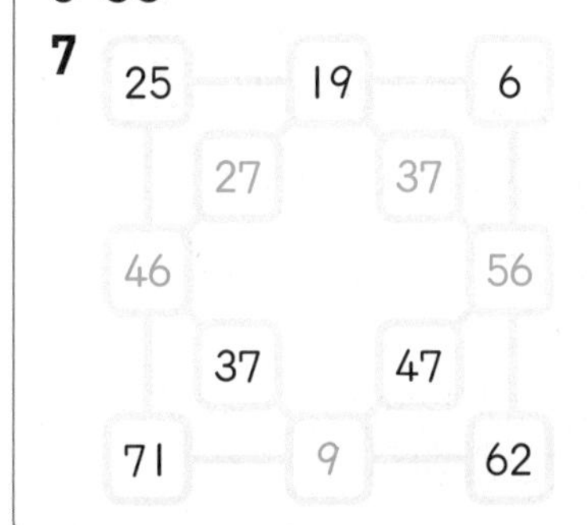

1 비법
계산 결과가 가장 큰 수가 되려면 가장 큰 수를 더해야 합니다.

(1) $9>8>7$이므로 수 카드 2장을 뽑아 만들 수 있는 가장 큰 두 자리 수는 98입니다.

2 비법
계산 결과가 가장 큰 수가 되려면 빼는 수가 가장 작아야 합니다.

$4<5<8$이므로 수 카드 2장을 뽑아 만들 수 있는 가장 작은 두 자리 수는 45입니다.
⇨ $71-45=26$

3 (2) ㉠에 들어갈 수 있는 수는 3보다 작은 1, 2입니다.

4 $82-9=73$, $82-8=74$, $82-7=75$
따라서 ㉠에 들어갈 수 있는 수는 7보다 큰 8, 9입니다.

5 (1) 어떤 수를 □라 하면 $\square+16=44$입니다.
(2) $44-16=\square$, $\square=28$
(3) 바르게 계산하면 $28-16=12$입니다.

6 어떤 수를 □라 하면 $\square-27=29$이므로 $27+29=\square$, $\square=56$입니다.
따라서 바르게 계산하면 $56+27=83$입니다.

7

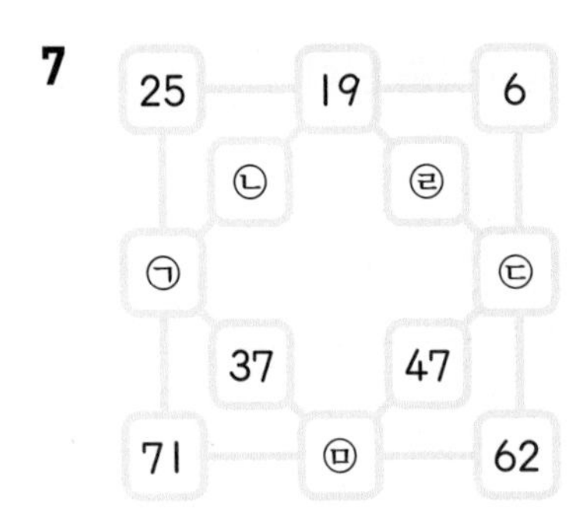

㉠ $71-25=46$ ㉡ $46-19=27$
㉢ $62-6=56$ ㉣ $56-19=37$
㉤ $71-62=9$

개념책 90~92쪽	단원 마무리

✎ 서술형 문제는 풀이를 꼭 확인하세요.

1 61 **2** 142
3 27 **4** 101 / 67
5 80, 25 **6** >
7 29, 45, 74 / 45, 29, 74
8 ㉡ **9** 8
10 134권 **11** 5
12 $47-28=19$ 또는 $47-19=28$ / $28+19=47$, $19+28=47$
13 31명 **14** ㉡, ㉠, ㉢
15 예 $32-\square=14$ / 18
16 6, 58 **17** 7, 8, 9
18 130 ✎**19** 풀이 참조
✎**20** 46개

4
$$\begin{array}{r} {\scriptsize 1\ 1}\ \ \\ 8\ 4 \\ +\ 1\ 7 \\ \hline 1\ 0\ 1 \end{array} \qquad \begin{array}{r} {\scriptsize 7\ 10} \\ \not{8}\ 4 \\ -\ 1\ 7 \\ \hline 6\ 7 \end{array}$$

5 • $53+27=80$
• $80-55=25$

6 $43-8=35$, $29+5=34$
⇨ $35>34$

8 ㉠ $30-18=12$ ㉡ $45-29=16$
㉢ $70-61=9$ ㉣ $86-79=7$

9 $49+\square=57$ ⇨ $57-49=\square$, $\square=8$

10 (동화책과 위인전의 수)
$=78+56=134$(권)

11 일의 자리에서 받아올림이 있습니다.
$1+\square+3=9$, $\square=5$

12 수 카드를 사용하여 만들 수 있는 뺄셈식은 $47-28=19$, $47-19=28$입니다.

13 (버스에 타고 있는 사람 수)
$=23-5+13=18+13=31$(명)

14 ㉠ $79+18-19=97-19=78$
㉡ $72-27+36=45+36=81$
㉢ $58+23-14=81-14=67$
⇨ $\underset{㉡}{\underline{81}}>\underset{㉠}{\underline{78}}>\underset{㉢}{\underline{67}}$

15 $32-\square=14$ ⇨ $32-14=\square$, $\square=18$

16 두 수의 합이 64이므로 일의 자리 수끼리의 합이 14가 되는 수를 찾습니다.
$6+58=64$, $9+45=54$
따라서 두 수는 6과 58입니다.

17 $53-9=44$, $53-8=45$,
$53-7=46$, $53-6=47$
따라서 ㉠에 들어갈 수 있는 수는 6보다 큰 7, 8, 9입니다.

18 어떤 수를 □라 하면 $\square-38=54$이므로 $38+54=\square$, $\square=92$입니다.
따라서 바르게 계산하면 $92+38=130$입니다.

✎**19** 예 $56+74=130$인데 받아올림을 하지 않아 잘못 계산하였습니다.」❶
$$\begin{array}{r} 5\ 6 \\ +\ 7\ 4 \\ \hline 1\ 3\ 0 \end{array}$$」❷

채점 기준

❶ 계산이 잘못된 이유 쓰기	3점
❷ 바르게 계산하기	2점

✎**20** 예 오이와 당근의 수를 더하고 14를 빼면 되므로 $29+31-14$를 계산합니다.」❶
따라서 피망은 $29+31-14=46$(개)입니다.」❷

채점 기준

❶ 문제에 알맞은 식 만들기	2점
❷ 피망의 수 구하기	3점

4. 길이 재기

개념책 96쪽 개념❶

1 (1) 없습니다 (2) ㉠

개념책 97쪽 기본유형 익히기

1 (○)
( )

2 가

3 나, 가, 다

1 직접 맞대어 길이를 비교할 수 없으므로 구체물을 이용하여 길이를 비교하면 ㉠의 길이가 더 짧습니다.
참고 길이를 비교할 수 있는 구체물로는 털실, 종이띠 등이 있습니다.

2 직접 맞대어 길이를 비교할 수 없으므로 종이띠를 이용하여 길이를 비교하면 가의 길이가 더 깁니다.

3 직접 맞대어 길이를 비교할 수 없으므로 종이띠를 이용하여 길이를 비교합니다.
따라서 길이가 긴 것부터 차례대로 쓰면 나, 가, 다입니다.

개념책 98쪽 개념❷

1 (1) 6 (2) 9

개념책 99쪽 기본유형 익히기

1 ( )(△)( )(○)

2 7뼘

3 6 / 3 / 깁니다, 적습니다

3 똑같은 길이를 잴 때 단위의 길이가 길수록 잰 횟수는 더 적습니다.

개념책 100쪽 개념❸

1 (1) 1 / 1 cm, 1 센티미터
(2) 4 / 4 cm, 4 센티미터

개념책 101쪽 기본유형 익히기

1 ( )(○)( ) 2 (1) 4 (2) 10

3 (1) 예 (2) 예

4 6 cm

1 1 cm를 바르게 쓴 것을 찾습니다.

4 ㉯의 길이는 ㉮의 길이가 6번입니다.
따라서 ㉯의 길이는 1 cm가 6번이므로 6 cm입니다.

개념책 102~103쪽 실전유형 다지기

✎ 서술형 문제는 풀이를 꼭 확인하세요.

1 나, 가 2 5번

3 3번 / 8번

4 예

5 ( )(○) ✎6 풀이 참조

7 밧줄 8 4번

9 나 10 ( )
( )
(○)

11 예 예

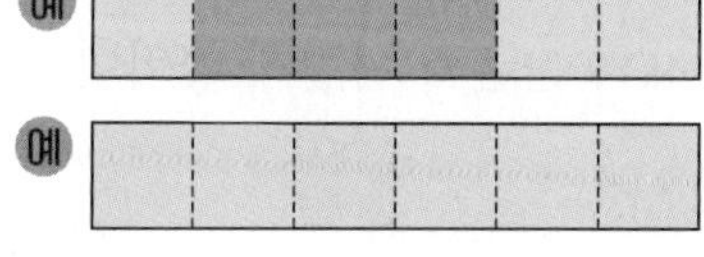

4 4 cm는 1 cm로 4번이므로 4칸만큼 색칠합니다.

5 1 cm로 6번은 6 cm입니다.
따라서 6<8이므로 길이가 더 짧은 것은 1 cm로 6번입니다.

✎6 예 사람마다 뼘의 길이가 다르기 때문입니다.」❶

채점 기준
❶ 두 사람이 잰 길이가 다른 이유 쓰기

7 잰 횟수가 많을수록 길이가 더 깁니다.
따라서 8<10이므로 길이가 더 긴 것은 밧줄입니다.

8 칫솔의 길이는 옷핀 8개의 길이와 같습니다.
따라서 옷핀 2개의 길이는 열쇠 1개의 길이와 같으므로 칫솔의 길이는 열쇠로 4번입니다.

9 직접 맞대어 길이를 비교할 수 없으므로 종이띠를 이용하여 길이를 비교합니다.
따라서 왼쪽 건물보다 더 높은 건물은 나입니다.

10 똑같은 길이를 잴 때 단위의 길이가 길수록 잰 횟수는 더 적습니다.
따라서 크레파스, 클립, 공책의 긴 쪽 중 길이가 가장 긴 단위는 공책의 긴 쪽이므로 잰 횟수가 가장 적은 사람은 영두입니다.

11 3 cm 막대 1개, 1 cm 막대 3개를 사용하여 6 cm를 칠하기, 2 cm 막대 2개, 1 cm 막대 2개를 사용하여 6 cm를 칠하기 등 여러 가지 방법으로 6 cm를 색칠할 수 있습니다.

개념책 104쪽 개념 4

1 ( )(○)( )
2 3, 3

1 • 크레파스의 한쪽 끝을 자의 눈금 0 또는 자의 한 눈금에 맞추어야 합니다.
• 크레파스를 자의 눈금과 나란히 놓아야 합니다.

개념책 105쪽 기본유형 익히기

1 5 **2** 6
3 7 cm
4 예 실제 4 cm 길이만큼 선을 긋습니다.

1 눈금 0에서 시작하여 5에 있으므로 물감의 길이는 5 cm입니다.

2 3부터 9까지 1 cm가 6번 들어가므로 풀의 길이는 6 cm입니다.

3 머리핀의 길이를 자로 재면 눈금 0에서 시작하여 7에 있으므로 7 cm입니다.

4 점선의 왼쪽 끝에 점을 찍고 그 점을 자의 눈금 0에 맞춘 후 4 cm에 맞게 다른 점을 찍어 두 점을 잇습니다.

개념책 106쪽 개념 5

1 (1) 5, 5 (2) 7, 7

개념책 107쪽 기본유형 익히기

1 10 **2** 8
3 (1) 약 7 cm (2) 약 10 cm

1 9 cm와 10 cm 사이에 있고, 10 cm에 가깝기 때문에 시계의 길이는 약 10 cm입니다.

2

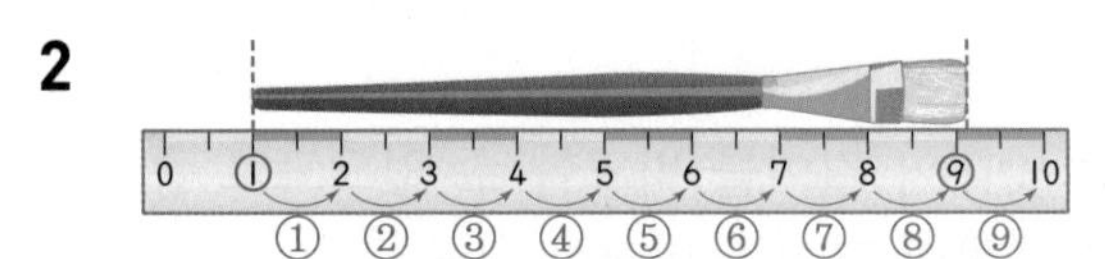

1 cm가 8번과 9번 사이에 있고, 8번에 가깝기 때문에 붓의 길이는 약 8 cm입니다.

3 (1) 7 cm에 가깝기 때문에 물감의 길이는 약 7 cm입니다.
(2) 10 cm에 가깝기 때문에 빨대의 길이는 약 10 cm입니다.

개념책 108쪽 개념 6

1 예 8, 예 8
2 (1) 예 1 cm 길이만큼 어림하여 선을 긋습니다.
(2) 예 5 cm 길이만큼 어림하여 선을 긋습니다.
(3) 예 10 cm 길이만큼 어림하여 선을 긋습니다.

1 1 cm가 8번쯤 되므로 팔찌의 길이는 약 8 cm입니다.

2 자를 사용하지 않고 선을 그은 다음 선의 길이를 자로 확인해 봅니다.

참고 **1 cm, 5 cm, 10 cm의 길이를 어림하면 좋은 점**

- 자가 없어도 길이를 비교적 정확하게 어림할 수 있습니다.
- 10 cm보다 더 긴 길이도 어림할 수 있습니다.

개념책 109쪽 **기본유형 익히기**

1 (위에서부터) 예 3, 3 / 예 7, 7
2 (1) 예 약 12 cm / 12 cm
(2) 예 약 9 cm / 9 cm
3 (선 잇기)

1 어림한 길이를 말할 때는 숫자 앞에 '약'을 붙여서 말합니다.

3 공깃돌의 실제 길이는 약 1 cm, 색연필의 실제 길이는 약 15cm입니다.

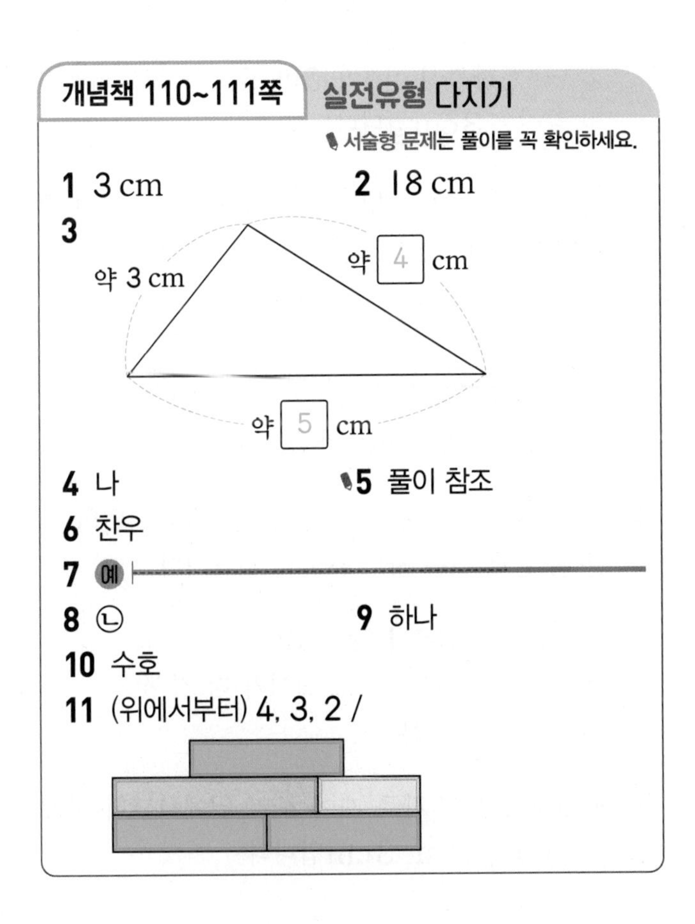

개념책 110~111쪽 **실전유형 다지기**

서술형 문제는 풀이를 꼭 확인하세요.

1 3 cm **2** 18 cm
3

4 나 **5** 풀이 참조
6 찬우
7 예
8 ㉡ **9** 하나
10 수호
11 (위에서부터) 4, 3, 2 /

3 길이가 자의 눈금 사이에 있을 때는 눈금과 가까운 쪽에 있는 숫자를 읽으며, 숫자 앞에 '약'을 붙여 말합니다.

4 • 가: 0부터 4까지 1 cm가 4번 들어가므로 4cm입니다.
• 나: 2부터 5까지 1 cm가 3번 들어가므로 3cm입니다.
따라서 색연필의 길이가 더 짧은 것은 나입니다.

5 예 물건의 길이가 눈금과 눈금 사이에 있을 때 가까운 쪽의 숫자를 읽기 때문입니다.」 ❶

채점 기준
❶ 색연필의 길이를 모두 약 6 cm라고 생각한 이유 쓰기

6 장난감 버스 길이의 눈금이 8cm에 가깝기 때문에 약 8cm입니다. 따라서 장난감 버스의 길이를 바르게 잰 사람은 찬우입니다.

7 2 cm인 선을 2번, 1 cm인 선을 3번 사용하기, 1 cm인 선을 7번 사용하기 등 여러 가지 방법으로 7 cm에 가깝게 선을 그을 수 있습니다.

8 ㉠의 길이를 자로 재어 보면 3cm이고, ㉡의 길이를 자로 재어 보면 4cm입니다.
따라서 길이가 더 긴 선은 ㉡입니다.

9 1 cm가 6번과 7번 사이에 있고, 7번에 가깝기 때문에 막대의 길이는 약 7cm입니다.

10 원희: 약 6cm, 수호: 약 5cm
5cm와 어림한 길이의 차가 원희는 $6-5=1$(cm), 수호는 $5-5=0$(cm)입니다.
따라서 $0<1$이므로 5cm에 더 가깝게 어림한 사람은 수호입니다.

11 분홍색 색 테이프의 길이는 4cm, 파란색 색 테이프의 길이는 3cm, 노란색 색 테이프의 길이는 2cm입니다.
따라서 길이가 4cm인 색 테이프에 분홍색, 길이가 3cm인 색 테이프에 파란색, 길이가 2cm인 색 테이프에 노란색으로 색칠합니다.

개념책 112~113쪽 응용유형 다잡기

1 (1) 3 cm, 2 cm (2) 윤희
2 광수
3 (1) 깁니다 (2) ㉡
4 ㉢
5 (1) 12 cm (2) 3번
6 2번
7 14 cm

1 (1) 기우: $17-14=3$(cm)
윤희: $19-17=2$(cm)
(2) $2<3$이므로 실제 길이에 더 가깝게 어림한 사람은 윤희입니다.

2 어림한 길이와 실제 길이의 차를 각각 구하면
광수: $13-12=1$(cm),
은비: $15-13=2$(cm)입니다.
따라서 $1<2$이므로 실제 길이에 더 가깝게 어림한 사람은 광수입니다.

3 (1) 잰 횟수가 모두 5번으로 같으므로 단위의 길이가 길수록 줄의 길이가 깁니다.
(2) 뼘, 리코더, 풀 중 길이가 가장 긴 단위는 리코더이므로 가장 긴 줄은 ㉡입니다.

4 잰 횟수가 모두 9번으로 같으므로 단위의 길이가 짧을수록 막대의 길이가 짧습니다.
따라서 볼펜, 포크, 옷핀 중 길이가 가장 짧은 단위는 옷핀이므로 가장 짧은 막대는 ㉢입니다.

5 (1) 연필의 길이는 3 cm가 4번이므로
$3+3+3+3=12$(cm)입니다.
(2) $4+4+4=12$이므로 연필의 길이는 길이가 4 cm인 지우개로 3번 잰 것과 같습니다.

6 붓의 길이는 6 cm가 3번이므로
$6+6+6=18$(cm)입니다.
따라서 $9+9=18$이므로 붓의 길이는 길이가 9 cm인 색연필로 2번 잰 것과 같습니다.

7 빨간색 선이 그려진 변의 수를 세어 보면 모두 14개입니다.
따라서 빨간색 선의 길이는 1 cm로 14번이므로 개미가 지나가는 길은 14 cm입니다.

개념책 114~116쪽 단원 마무리

서술형 문제는 풀이를 꼭 확인하세요.

1 5뼘
2 ⑤
3 ㉡
4 8번 / 5번
5 예 4 / 4
6 예
7 3 cm
8 약 9 cm
9 15 cm
10 약 5 cm
11 27 cm
12 (위에서부터) 2, 3
13 (○)( )
14 (○)
( )
(○)
15 예 약 6 cm / 6 cm
16 냉장고
17 윤미
18 2번
19 풀이 참조
20 준서

2 숫자는 위와 아래 칸에 모두 차도록 쓰고, cm는 아래 칸에만 씁니다.

3 ㉠, ㉣: 물건의 한쪽 끝을 자의 눈금 0 또는 자의 한 눈금에 맞추어야 합니다.
㉢: 물건을 자의 눈금과 나란히 놓아야 합니다.

7 2부터 5까지 1 cm가 3번 들어가므로 머리핀의 길이는 3 cm입니다.

8 8 cm와 9 cm 사이에 있고, 9 cm에 가깝기 때문에 색연필의 길이는 약 9 cm입니다.

9 1 cm로 15번이므로 15 cm입니다.

10 1 cm가 4번과 5번 사이에 있고, 5번에 가깝기 때문에 열쇠의 길이는 약 5 cm입니다.

12 변의 한쪽 끝을 자의 눈금 0에 맞춘 뒤 변의 다른 쪽 끝에 있는 자의 눈금을 읽습니다.

13 1 cm로 17번은 17 cm입니다.
따라서 $15<17$이므로 길이가 더 긴 것은 1 cm로 17번입니다.

14 막대의 길이를 자로 재어 보면 위에서부터 차례로 3 cm, 4 cm, 3 cm입니다.

15 못의 길이는 클립으로 약 3번쯤입니다.
따라서 2 cm로 3번이므로 못의 길이는 약 6 cm로 어림할 수 있습니다.

16 잰 횟수가 많을수록 길이가 더 깁니다.
따라서 $5<12<14$이므로 긴 쪽의 길이가 가장 긴 물건은 냉장고입니다.

17 과자의 길이를 자로 재어 보면 6 cm입니다.
어림한 길이와 과자의 실제 길이의 차가 정현이는 $8-6=2$(cm), 윤미는 $6-5=1$(cm)이므로 과자의 실제 길이에 더 가깝게 어림한 사람은 윤미입니다.

18 가위의 길이는 4 cm가 4번이므로
$4+4+4+4=16$(cm)입니다.
따라서 $8+8=16$이므로 가위의 길이는 길이가 8 cm인 볼펜으로 2번 잰 것과 같습니다.

19 예 3부터 8까지 1 cm가 5번 들어가므로 지우개의 길이는 5 cm입니다.」❶

채점 기준

❶ 지우개의 길이를 잘못 구한 이유 쓰기	5점

20 예 잰 횟수가 같을 때 단위의 길이가 짧을수록 끈의 길이가 짧습니다.」❶
따라서 클립과 볼펜 중 길이가 더 짧은 단위는 클립이므로 더 짧은 끈을 가지고 있는 사람은 준서입니다.」❷

채점 기준

❶ 단위의 길이와 끈의 길이의 관계 알기	2점
❷ 더 짧은 끈을 가지고 있는 사람 구하기	3점

5. 분류하기

개념책 120쪽 개념❶

1 ( )(○)

1 맛있는 사탕과 맛없는 사탕은 사람에 따라 다를 수 있습니다.

개념책 121쪽 기본유형 익히기

1 ( )(○)( )
2 ( )
( )
(○)
3 예 바퀴가 있는 것과 없는 것

1 편한 바지와 불편한 바지, 나에게 어울리는 바지와 어울리지 않는 바지는 분류 기준이 분명하지 않습니다.

2
- 움직이는 장소가 땅인 것: 승용차, 자전거, 트럭
움직이는 장소가 땅이 아닌 것: 배, 헬리콥터, 비행기
- 연료가 필요한 것: 승용차, 배, 헬리콥터, 트럭, 비행기
연료가 필요하지 않은 것: 자전거
- 좋아하는 것과 좋아하지 않는 것은 분류 기준이 분명하지 않습니다.

3 바퀴가 있는 것은 승용차, 자전거, 트럭, 비행기, 바퀴가 없는 것은 배, 헬리콥터입니다.

개념책 122쪽 개념❷

1 (1) ①, ③, ⑥, ⑦ / ②, ④, ⑤
(2) ①, ④, ⑥, ⑦ / ②, ③, ⑤

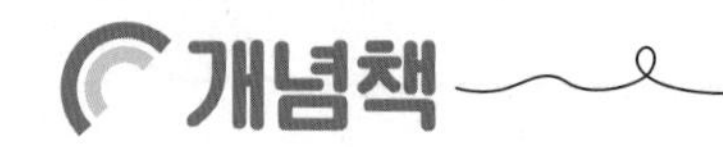

개념책 123쪽 기본유형 익히기

1 ⑧ / ②, ⑥, ⑦ / ①, ③, ④, ⑤

2 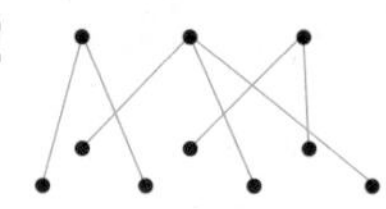

2 각 가게와 어울리는 물건을 찾습니다.
- 과일 가게: 바나나, 포도
- 장난감 가게: 팽이, 인형, 블록
- 옷 가게: 티셔츠, 바지

개념책 124쪽 개념 ❸

1 예 색깔 /

초록색	파란색	노란색
①, ③	②, ⑤	④, ⑥

1 색종이의 색깔, 무늬 등의 특징을 생각하여 분류 기준을 정한 후 기준에 따라 색종이를 분류합니다.

개념책 125쪽 기본유형 익히기

1 예 색깔 / 예 크기

2 (1) 예 색깔 /

파란색	빨간색	노란색
①, ⑥	②, ④	③, ⑤

(2) 예 손잡이의 수 /

손잡이 0개	손잡이 1개	손잡이 2개
①, ④	③, ⑥	②, ⑤

1 참고 블록의 모양에 따라 분류할 수도 있습니다.

개념책 126쪽 개념 ❹

1 (1)

모양	♡	☆	○
세면서 표시하기	𝍸𝍸	𝍸𝍸	𝍸𝍸
붙임딱지의 수(장)	7	6	3

(2)

색깔	빨간색	초록색	파란색
세면서 표시하기	𝍸𝍸	𝍸𝍸	𝍸𝍸
붙임딱지의 수(장)	4	7	5

개념책 127쪽 기본유형 익히기

1

종목	축구	야구	농구	수영
세면서 표시하기	𝍸𝍸	𝍸𝍸	𝍸𝍸	𝍸𝍸
학생 수(명)	6	4	3	2

2 예

종류	풀	연필	지우개	색종이
세면서 표시하기	𝍸𝍸	𝍸𝍸	𝍸𝍸	𝍸𝍸
물건의 수(개)	4	5	6	3

2 참고 물건의 색깔 등에 따라 분류할 수도 있습니다.

개념책 128쪽 개념 ❺

1 (1)

종류	떡볶이	김밥	라면
세면서 표시하기	𝍸𝍸	𝍸𝍸	𝍸𝍸
음식의 수(개)	7	5	4

(2) 떡볶이

1 (2) $7>5>4$이므로 가장 많은 음식은 떡볶이입니다.

개념책 129쪽 기본유형 익히기

1 (1)

색깔	파란색	빨간색	노란색
세면서 표시하기			
구슬의 수(개)	3	8	5

(2) 빨간색 (3) 파란색

2 (1)

맛	딸기 맛	초콜릿 맛	바닐라 맛
세면서 표시하기			
아이스크림의 수(개)	7	4	3

(2) 예 딸기 맛

1 $8>5>3$이므로 가장 많은 구슬 색깔은 빨간색, 가장 적은 구슬 색깔은 파란색입니다.

2 (2) 오늘 딸기 맛 아이스크림이 가장 많이 팔렸으므로 내일 딸기 맛 아이스크림을 가장 많이 준비하면 좋습니다.

개념책 130~131쪽 실전유형 다지기

서술형 문제는 풀이를 꼭 확인하세요.

1 (○)(   )
2 8, 6
3 7, 5, 2
4 예 맛 / 예 통의 모양
5 풀이 참조
6 사과에 ○표, 과일
7 예 글자와 숫자 /

글자	숫자
ㄱ, ㄴ, ㄷ, ㄹ	1, 3, 5, 7, 9

8 예 색깔 /

색깔	파란색	빨간색	노란색
줄넘기의 수(개)	2	6	4

9 파란색
10 예 빨간색

2 무늬가 있는 것과 없는 것에 따라 표시를 하면서 수를 세어 봅니다.

3 손잡이의 수에 따라 표시를 하면서 수를 세어 봅니다.

5 예 부채를 막대 손잡이가 있는 것과 없는 것으로 분류하여 담습니다.」❶

채점 기준

❶ 분류하여 담는 방법 쓰기

참고 무늬가 있는 것과 없는 것으로 분류하여 담을 수도 있습니다.

7 글자와 숫자, 색깔, 무늬 등 여러 가지 분류 기준 중 한 가지를 선택하여 해당하는 분류 기준에 알맞게 분류합니다.

8 참고 손잡이에 있는 줄무늬의 수 등에 따라 분류할 수도 있습니다.

9 색깔에 따라 분류할 때 파란색 줄넘기가 2개로 가장 적습니다.

10 지난주에 빨간색 줄넘기가 가장 많이 팔렸으므로 이번 주에는 빨간색 줄넘기를 가장 많이 준비하면 좋습니다.

개념책 132~133쪽 응용유형 다잡기

1 (1) 예 파란색입니다. (2) 예 4개
2 예 원 모양입니다. / 예 5개
3 (1) 5명, 4명 (2) 1명
4 2개
5 (1) ①, ④, ⑥ (2) ④, ⑥
6 ③, ⑦
7 (1) 24, 18 (2) 세희

1 단추의 색깔, 모양, 구멍의 수 등의 특징을 생각하여 분류 기준을 만든 후 기준에 따라 단추를 분류하고 그 수를 세어 봅니다.

3 (2) 미국에 가고 싶은 사람은 중국에 가고 싶은 사람보다 $5-4=1$(명) 더 많습니다.

4 단팥빵이 6개, 소금빵이 4개이므로 단팥빵은 소금빵보다 $6-4=2$(개) 더 많습니다.

5 (2) (1)에서 찾은 양말 중에서 무늬가 없는 양말을 찾습니다.

6 파란색 색종이로 접은 모양은 ②, ③, ⑤, ⑦이고, 이 중에서 나비 모양은 ③, ⑦입니다.

7 (2) 파란색이 24장, 흰색이 18장이고 24>18이므로 파란색 카드가 더 많습니다.
따라서 이긴 사람은 세희입니다.

개념책 134~136쪽 단원 마무리

서술형 문제는 풀이를 꼭 확인하세요.

1 (○)( )
2 주사위, 필통, 수첩
3 야구공, 축구공
4 3, 3, 2
5 예 색깔
6

사람 그림	②, ⑤
식물 그림	③, ⑥, ⑦
동물 그림	①, ④, ⑧

7
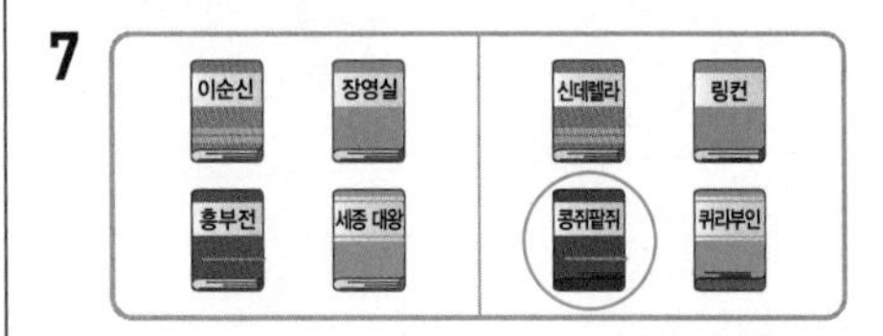

8 5, 3, 2, 2
9 공놀이, 오목
10 술래잡기
11 예 활동하는 곳
12 예 다리의 수
13 예

다리의 수	없음.	2개	4개
동물의 수(마리)	4	2	2

14 8마리
15 5개
16 3개
17 4개
18 2개
19 풀이 참조
20 예 사과주스

4 모양에 따라 표시를 하면서 수를 세어 봅니다.

8 놀이를 종류에 따라 표시를 하면서 수를 세어 봅니다.

10 술래잡기를 하는 학생이 5명으로 가장 많습니다.

11 호랑이, 뱀, 달팽이, 여우는 땅 위에서 활동하고, 참새와 독수리는 하늘에서, 상어와 미꾸라지는 물속에서 활동합니다.

12 새끼를 낳는 방법 또는 털이 있는 것과 없는 것 또는 이동 방법에 따라 분류할 수도 있습니다.

13 • 다리가 없는 동물: 상어, 뱀, 달팽이, 미꾸라지
• 다리가 2개인 동물: 참새, 독수리
• 다리가 4개인 동물: 호랑이, 여우

15

모양	○	△	□
단추의 수(개)	4	3	5

16

색깔	빨간색	파란색	초록색
단추의 수(개)	4	5	3

17

구멍의 수	2개	3개	4개
단추의 수(개)	5	4	3

18 ○ 모양인 단추를 먼저 찾고 구멍이 4개인 단추를 찾으면 모두 2개입니다.

19 예 사람마다 예쁘다고 생각하는 기준이 다르므로 분류 기준이 분명하지 않습니다.」 ❶

채점 기준	
❶ 분류 기준으로 알맞지 않은 이유 쓰기	5점

20 예 주스를 종류에 따라 분류하고, 그 수를 세어 보면 오렌지주스는 4개, 사과주스는 6개, 포도주스는 2개입니다.」 ❶
따라서 6>4>2이므로 가장 많이 팔린 주스는 사과주스입니다.」 ❷

채점 기준	
❶ 주스를 종류에 따라 분류하고 그 수를 세기	3점
❷ 가장 많이 팔린 주스의 종류 쓰기	2점

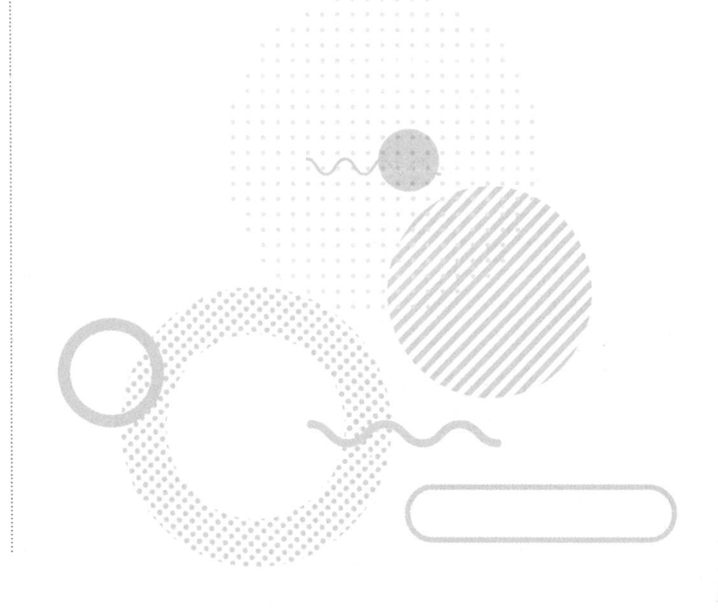

6. 곱셈

개념책 140쪽 개념❶

1 (1) 7, 8, 9, 10
(2) 0 1 2 3 4 5 6 7 8 9 10
(3) 2
(4) 10개

1 (1) 손으로 짚으며 하나씩 세어 보거나 연필 등으로 표시하며 하나씩 세어 봅니다.
참고 3개씩 3묶음에 낱개 1개를 더해서 셀 수도 있습니다.

개념책 141쪽 기본유형 익히기

1 9개
2 (1) 0 1 2 3 4 5 6 7 8 9 10 11 12
(2) 12통
3 (1) 4 (2) 24권

1 ① ② ③ ④ ⑤ ⑥ ⑦ ⑧ ⑨
연필로 /으로 표시하며 하나씩 세어 보면 컵케이크는 모두 9개입니다.

개념책 142쪽 개념❷

1 (1) 2 / 8 (2) 4 / 6, 8 (3) 8개

개념책 143쪽 기본유형 익히기

1 (1) 2 / 7, 14 (2) 14개
2 예 / 5, 20
3 (1) 3묶음 (2) 6묶음 (3) 18개

1 (2) 7씩 2묶음이므로 7—14입니다.
따라서 바나나는 모두 14개입니다.

2 4씩 5묶음이므로 4—8—12—16—20입니다.
따라서 우표는 모두 20장입니다.

3 (1) 6씩 묶으면 3묶음입니다. ⇨ 6—12—18
(2) 3씩 묶으면 6묶음입니다.
⇨ 3—6—9—12—15—18

개념책 144쪽 개념❸

1 2 / 3 / 4 2 2 / 2

개념책 145쪽 기본유형 익히기

1 4, 4 2 5, 6, 5, 6
3 (위에서부터) 5, 6 /

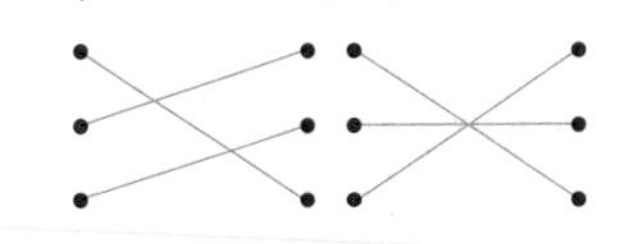

3 • 바나나 9개 ⇨ 3씩 3묶음 ⇨ 3의 3배
• 도토리 12개 ⇨ 6씩 2묶음 ⇨ 6의 2배
• 체리 10개 ⇨ 2씩 5묶음 ⇨ 2의 5배

개념책 146쪽 개념❹

1 (1) 1, 4 (2) 4 2 3, 3

개념책 147쪽 기본유형 익히기

1 5배 2 2배
3 3 4 7 / 2

1 은채가 가진 과자의 수는 2씩 1묶음이고, 종규가 가진 과자의 수는 2씩 5묶음입니다.
따라서 종규가 가진 과자의 수는 은채가 가진 과자의 수의 5배입니다.

2 노란색 막대 길이는 보라색 막대 길이를 2번 이어 붙인 것과 같습니다.
따라서 노란색 막대 길이는 보라색 막대 길이의 2배입니다.

4 14는 2씩 7묶음이므로 2의 7배, 7씩 2묶음이므로 7의 2배로 나타낼 수 있습니다.

개념책 148~149쪽 실전유형 다지기

서술형 문제는 풀이를 꼭 확인하세요.

1 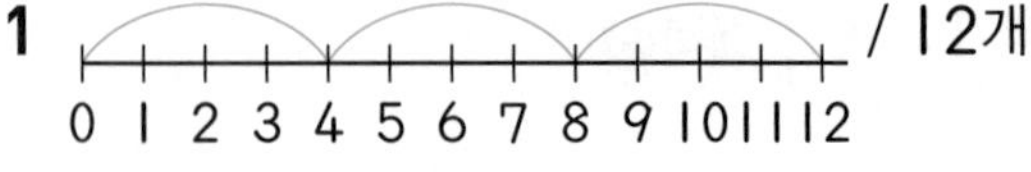

/ 12개

2 16마리　3 (선 잇기)

4 (1) 7 (2) 3 (3) 21개

5 8, 4 / 8, 4　6 유리, 선우

7 5배

8 (1) 예 3, 8 / 예 4, 6 (2) 24개

9 3, 2, 4

2 8씩 2묶음이므로 8－16으로 세어 매미는 모두 16마리입니다.

3 • 5씩 4묶음 ⇨ 5의 4배
• 4씩 5묶음 ⇨ 4의 5배

4 (1) 3씩 묶으면 7묶음입니다.
⇨ 3－6－9－12－15－18－21
(2) 7씩 묶으면 3묶음입니다. ⇨ 7－14－21

5 오렌지가 한 상자에 8개씩 4상자 있습니다.
⇨ 8씩 4묶음 ⇨ 8의 4배

6 대연: 밤의 수는 5개씩 묶으면 2묶음이고 2개가 남습니다.

7 ❶ 예 지우개는 15개이므로 3씩 5묶음입니다.
❷ 예 3씩 5묶음은 3의 5배이므로 지우개의 수는 구슬의 수의 5배입니다.

8 (1) • 3씩 묶으면 8묶음입니다.
⇨ 3－6－9－12－15－18－21－24
• 4씩 묶으면 6묶음입니다.
⇨ 4－8－12－16－20－24

9 은영이가 쌓은 연결 모형의 수는 2개입니다.
• 수현이가 쌓은 연결 모형의 수는 6개이므로 2의 3배입니다.
• 지은이가 쌓은 연결 모형의 수는 4개이므로 2의 2배입니다.
• 준우가 쌓은 연결 모형의 수는 8개이므로 2의 4배입니다.

개념책 150쪽 개념 ❺

1 (1) 4, 4 (2) 5, 5, 5, 20 (3) 4, 20 (4) 20

개념책 151쪽 기본유형 익히기

1 (1) 4 / 4 (2) 4, 3, 4

2 7, 6

3 6, 6, 5, 6, 30

2 $7+7+7+7+7+7=7\times6$ (6번)

3 5씩 6묶음 ⇨ 5의 6배
⇨ $5+5+5+5+5+5=30$ (6번)
⇨ $5\times6=30$

개념책 152쪽 개념 ❻

1 (1) 6, 12 (2) 4, 3, 4, 12 (3) 12

1 참고 꽃의 수는 묶는 방법에 따라 여러 가지 곱셈식으로 나타낼 수 있습니다.
• 4의 3배 ⇨ $4\times3=12$
• 6의 2배 ⇨ $6\times2=12$

개념책 153쪽 기본유형 익히기

1 (1) 6 (2) 6, 6, 36

2 $4\times4=16$ / $4\times5=20$

3 7, 7, 35 / 5, 7, 5, 35

2 • 4의 4배 ⇨ $4\times4=16$
• 4의 5배 ⇨ $4\times5=20$

개념책 154~155쪽 실전유형 다지기

서술형 문제는 풀이를 꼭 확인하세요.

1 3 / 5, 3
2 $9+9+9=27$ / $9\times3=27$
3 ②
4 6, 4, 24 / 24개
5 40개
6 연경
7 정미
8 3, 4, 12
9 7
10 2, 8, 16 / 4, 4, 16 / 8, 2, 16

2 9자루씩 3묶음이므로 연필의 수는 9의 3배입니다. ⇨ $9+9+9=27$ ⇨ $9\times3=27$

3 7씩 4묶음 ⇨ 7의 4배 ⇨ $\underbrace{7+7+7+7}_{\text{7을 4번 더한 수}}$

4 혜성이가 가지고 있는 구슬이 6개이므로 선예가 가지고 있는 구슬의 수는 6의 4배입니다.
⇨ $6\times4=24$이므로 선예가 가지고 있는 구슬은 모두 24개입니다.

5 ① 예 음료수의 수는 8개씩 5상자이므로 8의 5배입니다.
② 예 상자에 들어 있는 음료수는 모두 $8\times5=40$(개)입니다.

6 연경: '$2\times9=18$은 2 곱하기 9는 18과 같습니다.'라고 읽습니다.

7 • 기훈: 5와 4의 곱 ⇨ $5\times4=20$
• 정미: 7씩 2묶음 ⇨ 7의 2배 ⇨ $7\times2=14$
따라서 $14<20$이므로 곱셈식으로 나타내 구한 곱이 더 작은 사람은 정미입니다.

8 월요일, 수요일, 목요일, 금요일에 그림을 3장씩 그렸으므로 그린 그림의 수를 곱셈식으로 나타내면 $3\times4=12$입니다.

9 $5\times$■$=35$에서 5를 7번 더해야 35가 되므로 ■$=7$입니다.

10 • 2씩 8묶음 ⇨ $2\times8=16$
• 4씩 4묶음 ⇨ $4\times4=16$
• 8씩 2묶음 ⇨ $8\times2=16$

개념책 156~157쪽 응용유형 다잡기

1 (1) 18개 (2) 2묶음
2 2묶음
3 (1) 4가지 (2) 8가지
4 20가지
5 (1) 9개 (2) 48개 (3) 57개
6 초록색, 9개
7 42개

1 (1) 3개씩 6묶음은 3의 6배이므로 사과는 모두 $3\times6=18$(개)입니다.
(2) $9+9=18$이므로 9개씩 묶으면 2묶음입니다.

2 4개씩 3묶음은 4의 3배이므로 감자는 모두 $4\times3=12$(개)입니다.
따라서 $6+6=12$이므로 6개씩 묶으면 2묶음입니다.

3

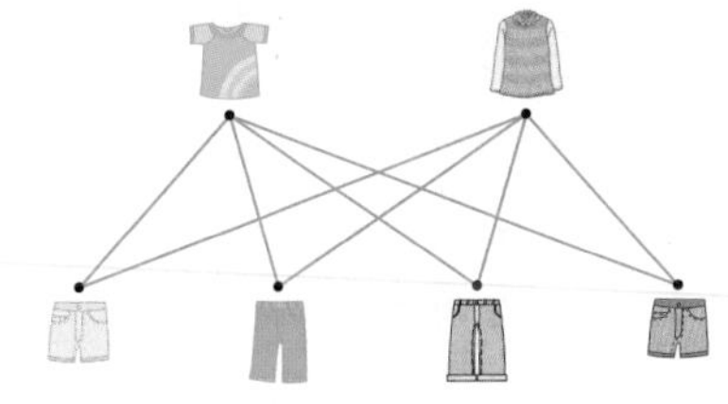

(2) 티셔츠는 2개이므로 티셔츠와 바지를 모두 $2\times4=8$(가지) 방법으로 입을 수 있습니다.

4

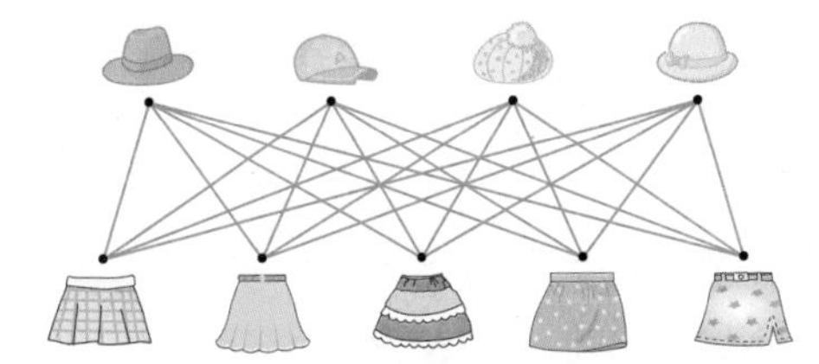

모자 하나와 치마를 함께 살 수 있는 방법은 5가지입니다.
따라서 모자는 4개이므로 모자와 치마를 모두 $4\times5=20$(가지) 방법으로 살 수 있습니다.

5 (1) 3씩 3묶음은 3의 3배이므로 영지가 산 요구르트는 $3\times3=9$(개)입니다.
(2) 6씩 8묶음은 6의 8배이므로 태호가 산 요구르트는 $6\times8=48$(개)입니다.
(3) 영지와 태호가 산 요구르트는 모두 $9+48=57$(개)입니다.

6 • 7개씩 3줄은 7의 3배이므로 파란색 구슬은 $7\times3=21$(개)입니다.
• 5개씩 6줄은 5의 6배이므로 초록색 구슬은 $5\times6=30$(개)입니다.
따라서 $21<30$이므로 초록색 구슬이 $30-21=9$(개) 더 많습니다.

7 은빈이가 집 모양 한 개를 만드는 데 사용한 성냥개비는 7개입니다.
따라서 집 모양 6개를 만드는 데 사용한 성냥개비는 7의 6배이므로 모두 $7\times6=42$(개)입니다.

개념책 158~160쪽 **단원 마무리**

서술형 문제는 풀이를 꼭 확인하세요.

1 10개
2 15개
3 8, 8
4 $4\times8=32$
5
6 5, 3 / 5, 3
7 30 / 6, 5, 30
8 3, 4, 3
9 ㉣
10 4배
11 $2\times3=6$ / $2\times4=8$
12 4 / 2
13 준하, 희수
14 $8+8+8+8=32$ / $8\times4=32$
15 4, 5, 20 / 20개
16 3
17 3, 8, 24 / 4, 6, 24 / 6, 4, 24 / 8, 3, 24
18 41개
19 2배
20 16개

2 3씩 5묶음이므로 3－6－9－12－15로 세어 지우개는 모두 15개입니다.

5 • 7씩 5묶음 ⇨ 7의 5배
• 5씩 9묶음 ⇨ 5의 9배
• 5씩 7묶음 ⇨ 5의 7배

7 $6+6+6+6+6$은 6×5와 같습니다.

9 9씩 4묶음 ⇨ 9의 4배 ⇨ $9+9+9+9$

10 7씩 4묶음은 28입니다. ⇨ 28은 7의 4배입니다.

11 • 2의 3배 ⇨ $2\times3=6$
• 2의 4배 ⇨ $2\times4=8$

12 8은 2씩 4묶음이므로 2의 4배, 4씩 2묶음이므로 4의 2배로 나타낼 수 있습니다.

13 경민: 클립의 수는 4씩 4묶음입니다.

14 8개씩 4묶음이므로 과자의 수는 8의 4배입니다.
⇨ $8+8+8+8=32$ ⇨ $8\times4=32$

15 구멍이 4개인 단추가 5개 있으므로 단춧구멍은 모두 $4\times5=20$(개)입니다.

16 $7\times$ ● $=21$에서 7을 3번 더해야 21이 되므로 ● $=3$입니다.

17 • 3씩 8묶음 ⇨ $3\times8=24$
• 4씩 6묶음 ⇨ $4\times6=24$
• 6씩 4묶음 ⇨ $6\times4=24$
• 8씩 3묶음 ⇨ $8\times3=24$

18 • 3개씩 2줄은 3의 2배이므로 우유는 $3\times2=6$(개)입니다.
• 7개씩 5줄은 7의 5배이므로 주스는 $7\times5=35$(개)입니다.
따라서 상자에 들어 있는 우유와 주스는 모두 $6+35=41$(개)입니다.

19 예 $3+3=6$이므로 6은 3의 2배입니다.」❶
따라서 빨간색 모형의 수는 파란색 모형의 수의 2배입니다.」❷

채점 기준

❶ 6은 3의 몇 배인지 구하기	3점
❷ 빨간색 모형의 수는 파란색 모형의 수의 몇 배인지 구하기	2점

20 예 도넛의 수는 4개씩 4상자이므로 4의 4배입니다.」❶
따라서 어머니께서 사 오신 도넛은 모두 $4\times4=16$(개)입니다.」❷

채점 기준

❶ 도넛의 수는 몇의 몇 배인지 구하기	3점
❷ 어머니께서 사 오신 도넛의 수 구하기	2점

1. 세 자리 수

복습책 4~6쪽 기초력 기르기

① 백

1 100　2 100
3 1　4 10
5 100　6 100
7 100　8 100

② 몇백

1 300　2 400
3 600　4 800
5 이백　6 구백
7 500　8 700

③ 세 자리 수

1 296　2 453
3 789　4 백삼십오
5 칠백사십이　6 499
7 961

④ 각 자리의 숫자가 나타내는 값

1 백, 300　2 일, 5
3 9 / 5 / 7 / 900, 50, 7
4 8 / 6 / 5 / 800, 60, 5

⑤ 뛰어 세기

1 410　2 556
3 805　4 650
5 721　6 304
7 543　8 624
9 820

⑥ 수의 크기 비교

1 >　2 >
3 <　4 >
5 <　6 <
7 >　8 <
9 <

복습책 7~8쪽 기본유형 익히기

1 (1) 90 (2) 100　2 1, 0, 0, 100
3 (1) 100 (2) 100　4 300
5
6 200, 400
7 1, 5, 8, 158, 백오십팔
8　9 362
10 369
11 예 (100)(100)(100)(100)(100) (10)(10)(10)(10)(10) (1)(1)(1)(1)(1) / 500, 10, 2
12 2, 9, 5 / 200, 90, 5
13

4 백 모형이 2개, 십 모형이 10개이면 300입니다.

5 100이 ■개인 수 ⇨ ■00 ⇨ ■백

6 100이 몇 개인 수를 수직선에 나타내면 다음과 같습니다.

0　100　200　300　400　500

9 100이 3개이면 300, 10이 6개이면 60, 1이 2개이면 2이므로 362입니다

11 512에서 5는 백의 자리 숫자이고 500을 나타내고, 1은 십의 자리 숫자이고 10을 나타내고, 2는 일의 자리 숫자이고 2를 나타냅니다.

12 295에서
백의 자리 숫자는 2이고 200을 나타냅니다.
십의 자리 숫자는 9이고 90을 나타냅니다.
일의 자리 숫자는 5이고 5를 나타냅니다.

13 112에서 밑줄 친 숫자 1은 십의 자리 숫자이고 10을 나타내므로 십 모형 1개에 ○표 합니다.

복습책 9~10쪽 실전유형 다지기

서술형 문제는 풀이를 꼭 확인하세요.

1 20 / 2　　2 (1) × (2) ○ (3) ○
3 백팔십사　　4 20, 0
5 500　　6 617개
7 400장
8 (1), (2)

821	822	823	824	825
831	832	833	834	835
841	842	843	844	845
851	852	853	854	855
861	862	863	864	865

(3) 852
9 400 / 800　　10 210, 201, 111
11 635

5 502에서 5는 백의 자리 숫자이므로 500을 나타냅니다.

6 예 100개씩 6묶음은 600개, 10개씩 1묶음은 10개, 낱개는 7개입니다.」❶
따라서 민지가 가지고 있는 구슬은 모두 617개입니다.」❷

채점 기준
❶ 100개씩 6묶음, 10개씩 1묶음, 낱개는 각각 몇 개인지 알아보기
❷ 민지가 가지고 있는 구슬은 모두 몇 개인지 구하기

7 10이 10개이면 100이므로 10이 40개이면 400입니다.
따라서 색종이는 모두 400장입니다.
다른 풀이 10이 10개이면 100이고, 100이 4개이면 400입니다.
따라서 색종이는 모두 400장입니다.

8 (1) 십의 자리 숫자가 5인 수는 851, 852, 853, 854, 855입니다.
(2) 일의 자리 숫자가 2인 수는 822, 832, 842, 852, 862입니다.
(3) 두 가지 색이 모두 칠해진 수는 852입니다.

9 • 400은 100이 4개이고, 900은 100이 9개이므로 100이 6개인 600에 더 가까운 수는 400입니다.
• 500은 100이 5개이고, 800은 100이 8개이므로 100이 7개인 700에 더 가까운 수는 800입니다.

10 수 모형 3개만 사용하여 세 자리 수를 만들어야 합니다.

백 모형	2개	2개	1개
십 모형	1개		1개
일 모형		1개	1개
세 자리 수	210	201	111

11 100이 6개인 세 자리 수이므로 백의 자리 수는 6이고, 십의 자리 수는 30을 나타내므로 3이고, 일의 자리 수는 975와 같으므로 5입니다.
따라서 지율이가 만든 수는 635입니다.

복습책 11쪽 기본유형 익히기

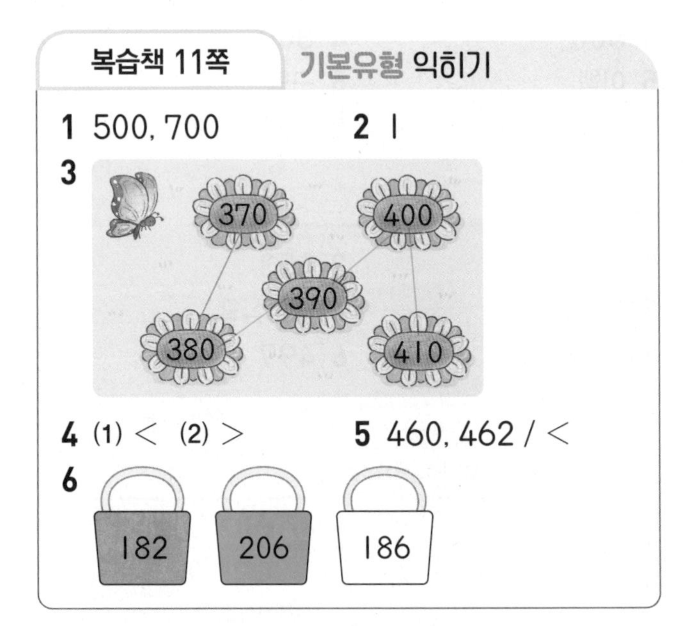
1 500, 700　　2 1
3

4 (1) $<$ (2) $>$　　5 460, 462 / $<$
6

2 995에서 996으로 일의 자리 수가 1만큼 더 커졌으므로 1씩 뛰어 센 것입니다.

4 (1) 백의 자리 수를 비교하면 $1<2$이므로 $184<282$입니다.
(2) 백의 자리 수와 십의 자리 수가 각각 같습니다. 일의 자리 수를 비교하면 $6>3$이므로 $836>833$입니다.

5 수직선의 수들은 1씩 커지므로 1씩 뛰어 센 것입니다. 459부터 1씩 뛰어 세어 수직선을 완성하면 다음과 같습니다.

459　460　461　462　463

따라서 수직선에서 오른쪽에 있는 수일수록 큰 수이므로 $460<462$입니다.

6 • 백의 자리 수를 비교하면 $1<2$이므로 가장 큰 수는 206입니다.
• 182와 186의 백, 십의 자리 수가 각각 같으므로 일의 자리 수를 비교하면 $2<6$이므로 가장 작은 수는 182입니다.

복습책 12~13쪽 **실전유형 다지기**

서술형 문제는 풀이를 꼭 확인하세요.

1 293, 303, 323　　2 (1) < (2) >
3 489, 389, 189　　4 695, 705 / 10
5 343　　6 495
7 민규
8 (1) 400, 500, 600, 700, 800
(2) 690, 680, 670, 660, 650
9 예리　　10 368, 417, 435
11 1, 2, 3, 4　　12 540 / 530 / 520

6 $486<495$ ($8<9$)　　$486>424$ ($8>2$)
따라서 486보다 더 큰 수는 495입니다.

7 예 253과 228은 백의 자리 수가 같고 십의 자리 수를 비교하면 $5>2$이므로 $253>228$입니다.」 ❶
따라서 줄넘기를 더 많이 넘은 사람은 민규입니다.」 ❷

채점 기준
❶ 253과 228의 크기 비교하기
❷ 줄넘기를 더 많이 넘은 사람 구하기

9 $107<171$ ($0<7$)
따라서 수가 작을수록 번호표를 먼저 뽑은 것이므로 번호표를 더 먼저 뽑은 사람은 예리입니다.

10 • 백의 자리 수를 비교하면 $3<4$이므로 가장 작은 수는 368입니다.
• $417<435$ ($1<3$)이므로 가장 큰 수는 435입니다.
⇨ $368<417<435$

11 96□<965에서 백, 십의 자리 수가 각각 같고 일의 자리 수를 비교하면 □<5이므로 □ 안에는 5보다 작은 수가 들어갈 수 있습니다.
따라서 □ 안에 들어갈 수 있는 수를 모두 찾으면 1, 2, 3, 4입니다.
다른 풀이 1부터 9까지의 수를 □ 안에 넣어 봅니다.
$961<965$, $962<965$, $963<965$, $964<965$, $965=965$
따라서 □ 안에 들어갈 수 있는 수를 모두 찾으면 1, 2, 3, 4입니다.

12 535<㉠　　525<㉡　　515<㉢
• 수 카드 중 535보다 큰 수는 540입니다.
• 수 카드 중 525보다 큰 수는 530, 540입니다.
• 수 카드 중 515보다 큰 수는 520, 530, 540입니다.
⇨ 수 카드를 한 번씩만 사용하므로 ㉠에 540, ㉡에 530, ㉢에 520을 써넣습니다.

복습책 14쪽 **응용유형 다잡기**

1 872　　2 313
3 459　　4 나, 무, 늘, 보

1 가장 큰 세 자리 수를 만들려면 백의 자리부터 큰 수를 놓아야 합니다.
따라서 $8>7>2$이므로 가장 큰 세 자리 수는 872입니다.

2 100이 2개, 10이 7개, 1이 3개이면 273입니다.
따라서 273－283－293－303－313이므로 273에서 10씩 4번 뛰어 센 수는 313입니다.

3 • 백의 자리 수는 3보다 크고 5보다 작으므로 4입니다.
• 십의 자리 수는 50을 나타내므로 5입니다.
따라서 설명에서 나타내는 세 자리 수는 459입니다.

4 463: 400 ⇨ 나　　981: 1 ⇨ 무　　247: 40 ⇨ 늘　　165: 100 ⇨ 보
따라서 숫자가 나타내는 수를 표에서 찾아 만든 비밀 단어는 나무늘보입니다.

2. 여러 가지 도형

복습책 16~18쪽 기초력 기르기

❶ 삼각형

1 (　　)(　　)(○)
2 (○)(　　)(　　)
3 (　　)(　　)(○)
4 (위에서부터) 3, 3 / 3, 3 / 3, 3

❷ 사각형

1 (○)(　　)(　　)
2 (　　)(○)(　　)
3 (　　)(　　)(○)
4 (위에서부터) 4, 4 / 4, 4 / 4, 4

❸ 원

1 (○)(　　)(　　)
2 (　　)(○)(　　)
3 (　　)(　　)(○)
4 다릅니다
5 같습니다

❹ 칠교판으로 모양 만들기

1
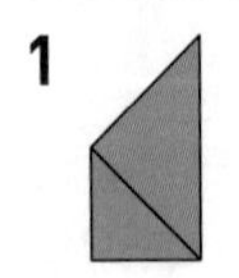

2 예
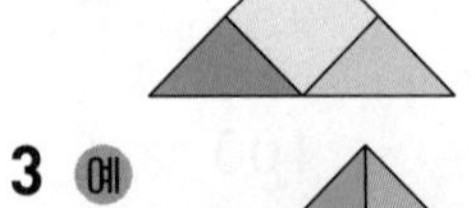

3 예
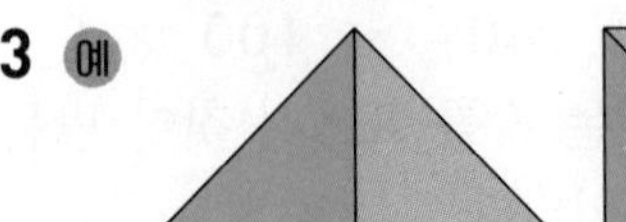, 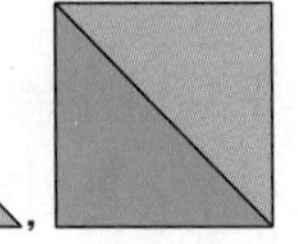

❺ 쌓은 모양 알아보기

1
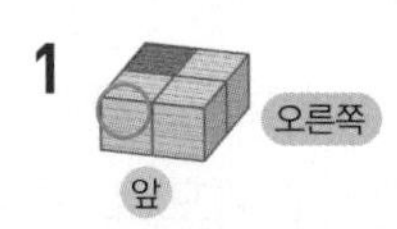

2
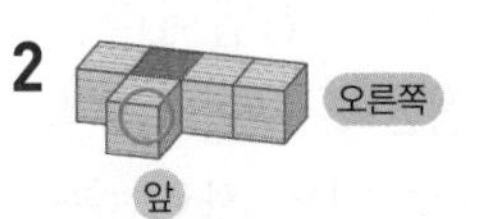

3

4
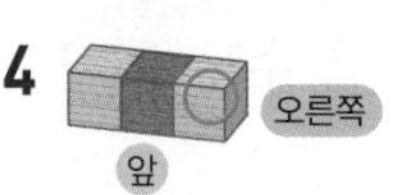

5
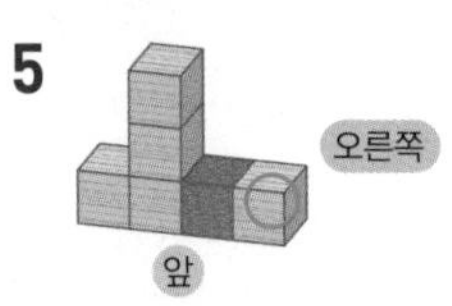

6
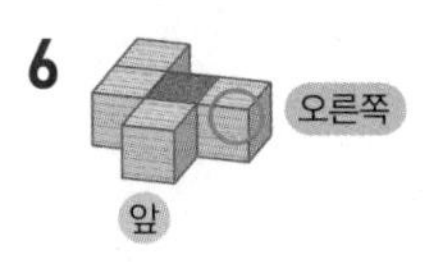

❻ 여러 가지 모양으로 쌓기

1 (　　)(　　)(○)
2 (○)(　　)
3 (　　)(○)

복습책 19~20쪽 기본유형 익히기

1
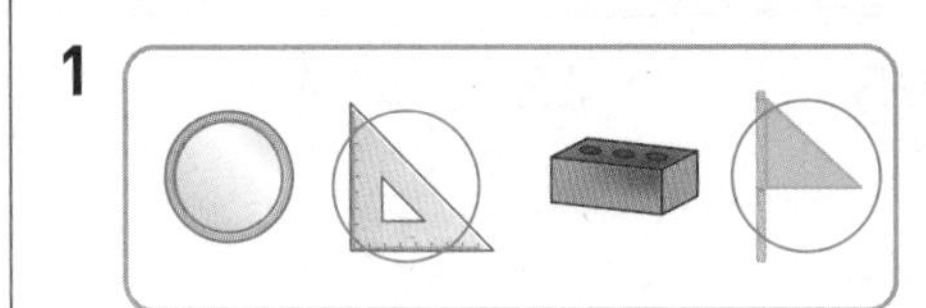

2

3 3, 3

4 
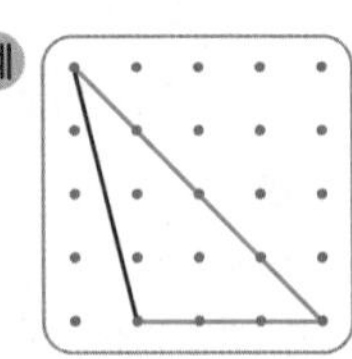

5
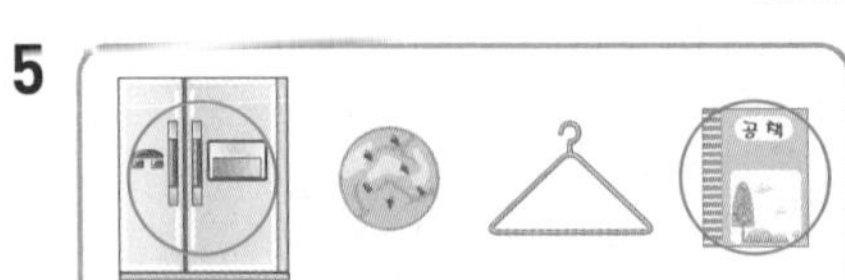

6
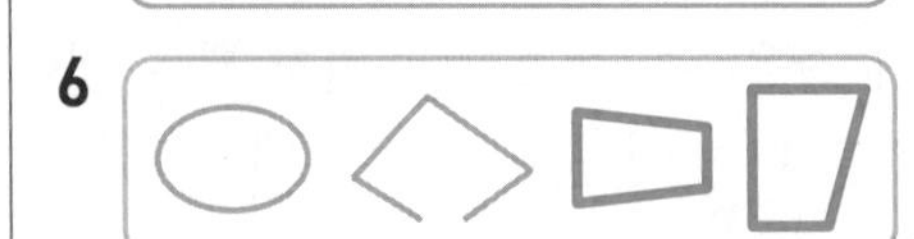

7 4, 4

8 예
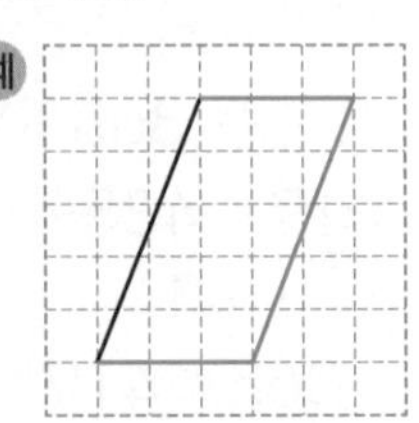

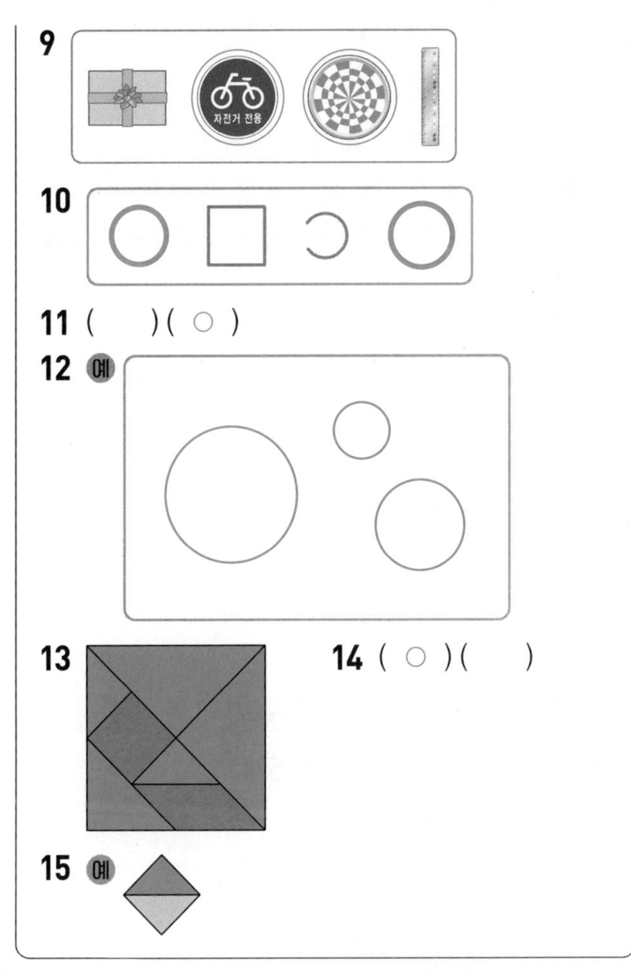

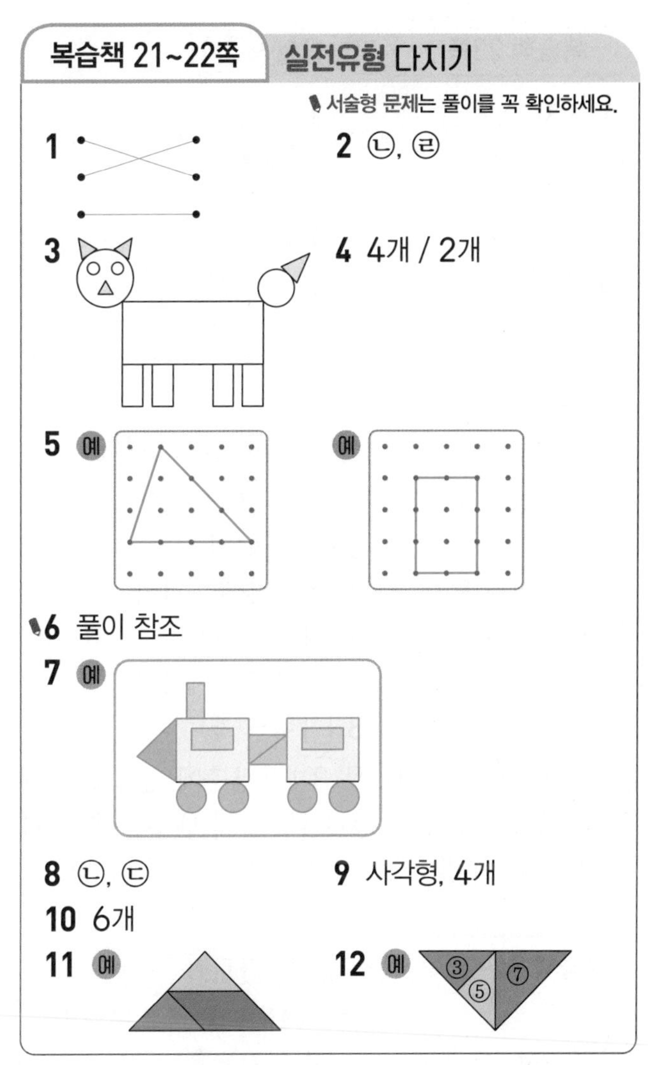

복습책 21~22쪽
실전유형 다지기
서술형 문제는 풀이를 꼭 확인하세요.
1
2 ㉡, ㉣
3
4 4개 / 2개
5 예
예
6 풀이 참조
7 예
8 ㉡, ㉢
9 사각형, 4개
10 6개
11 예
12 예

2 곧은 선 3개로 둘러싸인 도형을 모두 찾습니다.

4 점과 점을 곧은 선으로 이어 삼각형을 완성합니다.

6 곧은 선 4개로 둘러싸인 도형을 모두 찾습니다.
참고 곧은 선이 아니거나 중간에 연결되어 있지 않은 도형은 사각형이 될 수 없습니다.

8 점과 점을 곧은 선으로 이어 사각형을 완성합니다.

10 어느 곳에서 보아도 완전히 동그란 모양의 도형을 찾습니다.
참고 곧은 선이 있거나 중간에 연결되어 있지 않은 도형은 원이 될 수 없습니다.

11 원은 변이 없고 굽은 선으로 이어져 있습니다.

14 칠교 조각은 모두 7개이고, 칠교 조각 중 사각형은 2개입니다.

4

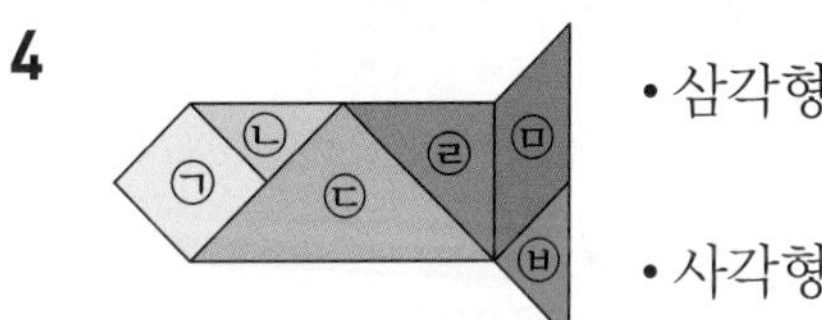

• 삼각형: ㉡, ㉢, ㉣, ㉥
⇨ 4개
• 사각형: ㉠, ㉤ ⇨ 2개

6 예 어느 곳에서 보아도 동그란 모양이 아니므로 원이 아닙니다.」❶

채점 기준
❶ 원이 아닌 이유 쓰기

8 ㉠ 삼각형은 뾰족한 부분이 3개, 사각형은 뾰족한 부분이 4개 있습니다.
㉣ 사각형에 대한 설명입니다.
따라서 삼각형과 사각형의 공통점은 ㉡, ㉢입니다.

9

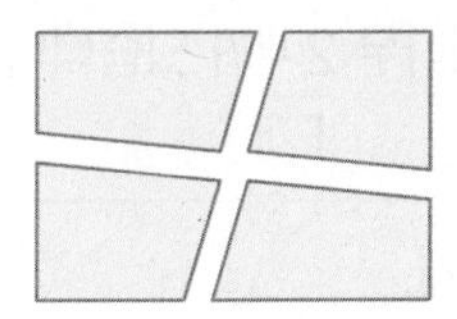

사각형이 4개 생깁니다.

10 곧은 선 3개로 둘러싸인 도형은 삼각형이고, 삼각형은 변과 꼭짓점이 각각 3개입니다.
⇨ $3+3=6$(개)

복습책 23쪽 기본유형 익히기

1 민지
2 (그림)
3 위, 오른쪽
4 (○)( )(○)
5 3, 뒤
6 ( )(○)

1 쌓기나무를 반듯하게 맞춰 쌓으면 더 높이 쌓을 수 있습니다.
⇨ 반듯하게 맞춰 쌓은 사람은 민지입니다.

4 • 첫 번째 모양: 1층에 3개, 2층에 1개
⇨ $3+1=4$(개)
• 두 번째 모양: 1층에 4개, 2층에 1개
⇨ $4+1=5$(개)
• 세 번째 모양: 1층에 3개, 2층에 1개
⇨ $3+1=4$(개)

6 왼쪽 모양: 쌓기나무 3개가 1층에 옆으로 나란히 있고, 맨 왼쪽 쌓기나무 앞과 맨 오른쪽 쌓기나무 위에 쌓기나무가 각각 1개씩 있는 모양

복습책 24~25쪽 실전유형 다지기

서술형 문제는 풀이를 꼭 확인하세요.

1 (그림)
2 (그림)
3 나, 바
4 위, 앞
5 (그림)
6 풀이 참조
7 ㉡
8 (그림)
9 (그림)
10 ㉠, ㉢
11 쌓기나무 3개가 1층에 옆으로 나란히 있고, 맨 오른쪽 쌓기나무 위에 쌓기나무 2개가 있습니다.
(오른쪽 → 왼쪽, 2개 → 1개)

3 가: 3개, 나: 4개,
다: $4+1=5$(개), 라: $4+1=5$(개),
마: $5+1=6$(개), 바: $3+1=4$(개)
따라서 쌓기나무 4개로 만든 모양은 나, 바입니다.

5 ㉤을 ㉠의 앞으로 옮겨야 합니다.

6 예 쌓기나무 4개를 서로 맞닿게 놓고 뒤에 있는 두 쌓기나무 위에 각각 1개씩 쌓았습니다.」❶

채점 기준
❶ 쌓은 모양 설명하기

7 쌓기나무가 1층에 3개, 2층에 1개, 3층에 1개 있습니다.

9 1층에 있는 쌓기나무 중 맨 오른쪽 쌓기나무 앞에 쌓기나무 1개를 그립니다.

복습책 26쪽 응용유형 다잡기

1 14
2 5개
3 6개
4 예 (그림)

1 삼각형 안에 있는 수는 9와 5이므로 합은 $9+5=14$입니다.

2 (사용한 쌓기나무의 수)$=6+3=9$(개)
⇨ (남은 쌓기나무의 수)
=(처음에 있던 쌓기나무의 수)
−(쌓은 쌓기나무의 수)
$=14-9=5$(개)

3 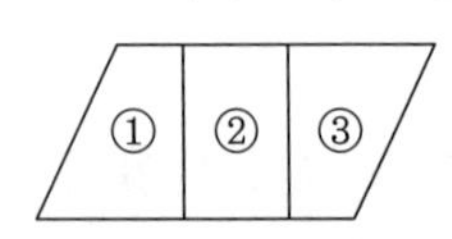

• 작은 사각형 1개짜리: ①, ②, ③ ⇨ 3개
• 작은 사각형 2개짜리: ①+②, ②+③ ⇨ 2개
• 작은 사각형 3개짜리: ①+②+③ ⇨ 1개
따라서 그림에서 찾을 수 있는 크고 작은 사각형은 모두 $3+2+1=6$(개)입니다.

4 참고 주어진 모양 안에 가장 큰 조각부터 채워 봅니다.

3. 덧셈과 뺄셈

복습책 28~32쪽 기초력 기르기

❶ 일의 자리 수끼리의 합이 10이거나 10보다 큰 (두 자리 수)+(한 자리 수)의 여러 가지 계산 방법

1 61 **2** 33
3 52 **4** 47
5 81 **6** 72
7 41 **8** 33
9 94 **10** 56

❷ 일의 자리에서 받아올림이 있는 (두 자리 수)+(두 자리 수)

1 61 **2** 82
3 90 **4** 71
5 33 **6** 65
7 80 **8** 86
9 55 **10** 74

❸ 십의 자리에서 받아올림이 있는 (두 자리 수)+(두 자리 수)

1 157 **2** 138
3 109 **4** 121
5 103 **6** 101
7 154 **8** 116
9 125 **10** 154

❹ 일의 자리 수끼리 뺄 수 없는 (두 자리 수)−(한 자리 수)의 여러 가지 계산 방법

1 38 **2** 76
3 58 **4** 27
5 45 **6** 89
7 48 **8** 79
9 63 **10** 18

❺ 받아내림이 있는 (몇십)−(몇십몇)

1 15 **2** 44
3 9 **4** 36
5 17 **6** 22
7 28 **8** 3
9 65 **10** 51

❻ 받아내림이 있는 (두 자리 수)−(두 자리 수)

1 18 **2** 68
3 59 **4** 19
5 47 **6** 3
7 56 **8** 4
9 25 **10** 29

❼ 세 수의 계산

1 42 **2** 47
3 73 **4** 34
5 47 **6** 59
7 91 **8** 51
9 94 **10** 75

❽ 덧셈과 뺄셈의 관계를 식으로 나타내기

1 72, 54 / 72, 18 **2** 81, 23 / 81, 58
3 65, 84 / 19, 84 **4** 38, 54 / 16, 54

❾ □를 사용하여 덧셈식을 만들고 □의 값 구하기

1 예 7+□=11 / 4 **2** 예 5+□=13 / 8
3 예 □+6=11 / 5 **4** 예 □+9=15 / 6

❿ □를 사용하여 뺄셈식을 만들고 □의 값 구하기

1 예 16−□=7 / 9 **2** 예 13−□=9 / 4
3 14 / 14 **4** 17 / 17

복습책 33~34쪽 **기본유형 익히기**

1 62
2 (1) 53 (2) 82
3 71
4 27+6=33 / 33개
5 (1) 5 / 5, 61 (2) 21 / 21, 61
(3) 6, 5 / 11, 61
6 (1) 73 (2) 84 (3) 61 (4) 75
7 37+54=91 / 91그루
8 120
9 (1) 137 (2) 117 (3) 151 (4) 102
10

1 일 모형 5개와 7개를 더하면 십 모형 1개와 일 모형 2개가 됩니다.
따라서 십 모형 6개와 일 모형 2개가 되므로 55+7=62입니다.

4 (야구공의 수)+(농구공의 수)
=27+6=33(개)

7 (사과나무의 수)+(배나무의 수)
=37+54=91(그루)

10 •78+75=153 •84+69=153
•67+86=153 •64+67=131
•76+79=155

복습책 35~36쪽 **실전유형 다지기**

서술형 문제는 풀이를 꼭 확인하세요.

1 (1) 51 (2) 110
2 15, 15, 15, 75
3 (선 잇기)
4
$$\begin{array}{r} 56 \\ +47 \\ \hline 103 \end{array}$$
5 <
6 23마리
7 61
8 ㉣
9 미호
10 4
11 예 연수는 딱지를 65장 가지고 있고, 준구는 딱지를 47장 가지고 있습니다. 두 사람이 가지고 있는 딱지는 모두 몇 장일까요? / 예 112장
12 58, 5

1 (1)
$$\begin{array}{r} ^{1}\;\; \\ 2 \\ +49 \\ \hline 51 \end{array}$$
(2)
$$\begin{array}{r} ^{1\,1}\;\; \\ 75 \\ +35 \\ \hline 110 \end{array}$$

3 •25+27=52 •17+26=43
•35+8=43 •9+43=52
•38+16=54

4 56+47=103인데 받아올림을 하지 않아 잘못 계산하였습니다.

5 68+45=113, 26+94=120
⇨ 113<120

6 예 처음에 있었던 개구리의 수와 더 온 개구리의 수를 더하면 되므로 15+8을 계산합니다.」❶
따라서 연못에 있는 개구리는 모두
15+8=23(마리)입니다.」❷

채점 기준
❶ 문제에 알맞은 식 만들기
❷ 연못에 있는 개구리의 수 구하기

7 가장 큰 수는 45이고, 가장 작은 수는 16이므로 합은 45+16=61입니다.

8 ㉠ 65+18=83 ㉡ 54+37=91
㉢ 38+55=93 ㉣ 53+49=102

9 27을 20과 7로 가르기한 다음 58에 20을 먼저 더하고 7을 더해야 합니다.
⇨ 58+27=58+20+7=78+7=85

10 일의 자리에서 받아올림이 있습니다.
1+□+3=8, □=4

11 (두 사람이 가지고 있는 딱지의 수)
=65+47=112(장)

12 비법

받아올림을 생각하며 일의 자리 수끼리 먼저 계산해 봅니다.

두 수의 합이 63이므로 일의 자리 수끼리의 합이 13이 되는 수를 찾습니다.
47+6=53, 58+5=63
따라서 맞힌 두 수는 58과 5입니다.

복습책 37~38쪽 기본유형 익히기

1 16 **2** (1) 45 (2) 77
3 36
4 24−7=17 / 17마리
5 (1) 4, 4, 66 (2) 96, 30, 66
6 (1) 36 (2) 35 (3) 38 (4) 18
7 70−28=42 / 42장
8 24
9 (1) 25 (2) 39 (3) 29 (4) 37
10

1 십 모형 1개를 일 모형 10개로 바꾼 후 일 모형 15개에서 9개를 빼면 6개가 남습니다.
따라서 십 모형 1개와 일 모형 6개가 되므로 25−9=16입니다.

4 (노랑나비의 수)−(호랑나비의 수)
=24−7=17(마리)

7 (윤아가 가지고 있는 색종이의 수)
−(친구에게 줄 색종이의 수)
=70−28=42(장)

8 십 모형 1개를 일 모형 10개로 바꾼 후 일 모형 11개에서 7개를 빼면 4개가 남고 십 모형 4개에서 2개를 빼면 2개가 남습니다.
따라서 십 모형 2개와 일 모형 4개가 되므로 51−27=24입니다.

10
- 빨간색: 72−25=47
- 노란색: 63−18=45
- 파란색: 73−35=38
- 창문: 85−47=38
- 자동차: 93−46=47
- 중앙선: 81−36=45

복습책 39~40쪽 실전유형 다지기

서술형 문제는 풀이를 꼭 확인하세요.

1 (1) 18 (2) 47 **2** 4, 4, 4, 16
3 (선 잇기)
4
$$\begin{array}{r} 65 \\ -\ \ 8 \\ \hline 57 \end{array}$$
5 > **6** 38번
7 48 **8** ㉢
9 선주 **10** 8
11 예 지우는 색종이 25장을 가지고 있었습니다. 그중 8장을 동생에게 주었습니다. 지우에게 남은 색종이는 몇 장일까요? / 예 17장
12 63, 5

1 (1)
$$\begin{array}{r} \scriptstyle 1\ 10 \\ \not{2}7 \\ -\ \ 9 \\ \hline 18 \end{array}$$
(2)
$$\begin{array}{r} \scriptstyle 6\ 10 \\ \not{7}5 \\ -28 \\ \hline 47 \end{array}$$

3
- 50−13=37
- 90−56=34
- 72−38=34
- 70−25=45
- 42−5=37

4 65−8=57인데 받아내림을 하지 않아 잘못 계산하였습니다.

5 87−39=48, 64−18=46
⇨ 48>46

6 예 넘으려는 전체 횟수에서 넘은 횟수를 빼면 되므로 $96-58$을 계산합니다.」❶
따라서 앞으로 $96-58=38$(번)을 더 넘으면 됩니다.」❷

채점 기준
❶ 문제에 알맞은 식 만들기
❷ 더 넘어야 하는 횟수 구하기

7 가장 큰 수는 77, 가장 작은 수는 29이므로 차는 $77-29=48$입니다.

8 ㉠ $62-26=36$ ㉡ $85-47=38$
㉢ $52-6=46$ ㉣ $71-28=43$

9 58을 50과 8로 가르기한 다음 90에서 50을 먼저 빼고 8을 빼야 합니다.
⇨ $90-58=90-50-8=40-8=32$

10 $\square-1-2=5$, $\square=8$

11 (남은 색종이의 수)$=25-8=17$(장)

12 비법
받아내림을 생각하며 일의 자리 수끼리 먼저 계산해 봅니다.

두 수의 차가 58이므로 받아내림을 하여 일의 자리 수끼리의 차가 8이 되는 수를 찾습니다.
$63-5=58$, $76-8=68$
따라서 맞힌 두 수는 63과 5입니다.

복습책 41~43쪽 기본유형 익히기

1 (1) 44 (2) 72
2 (선 잇기)
3 54, 45 / 극, 기
4 $52-24+19=47$ / 47대
5 12 / 9, 12
6 27 / 73, 46, 27
7 35 / 35, 39, 74
8 (1) 19, 47 (2) 17, 31
9 예 $5+\square=14$ / 9
10 예 $\square+7=12$ / 5
11 예 $8+\square=12$ / 4
12 예 $\square+7=13$ / 6
13 예 $15-\square=7$ / 8
14 예 $\square-9=8$ / 17
15 예 $11-\square=6$ / 5
16 13 / 13

1 (1) $53+28-37=81-37=44$
(2) $83-39+28=44+28=72$

3 • $18+43-7=61-7=54$(기)
• $83-45+7=38+7=45$(극)

4 (처음에 있었던 버스의 수)
$-$(빠져나간 버스의 수)$+$(들어온 버스의 수)
$=52-24+19=28+19=47$(대)

9 $5+\square=14$ ⇨ $14-5=\square$, $\square=9$

10 $\square+7=12$ ⇨ $12-7=\square$, $\square=5$

11 $8+\square=12$ ⇨ $12-8=\square$, $\square=4$

12 $\square+7=13$ ⇨ $13-7=\square$, $\square=6$

13 $15-\square=7$ ⇨ $15-7=\square$, $\square=8$

14 $\square-9=8$ ⇨ $8+9=\square$, $\square=17$

15 $11-\square=6$ ⇨ $11-6=\square$, $\square=5$

16 $\square-4=9$ ⇨ $4+9=\square$, $\square=13$

복습책 44~45쪽 실전유형 다지기

서술형 문제는 풀이를 꼭 확인하세요.

1 (1) 34 (2) 76
2 94, 65, 29 / 94, 29, 65
3 15, 27, 42 / 27, 15, 42
4 49
5 (1) 16 (2) 27
6 54
7 풀이 참조
8 44개
9 ㉢, ㉡, ㉠
10 예 $15+8=23$
/ 예 $23-15=8$, 예 $23-8=15$
11 예 $8+\square=14$ / 6
12 예 $\square-9=17$ / 26
13 28, 19, 12 또는 19, 28, 12 / 35

1 (1) $35+27-28=62-28=34$
(2) $71-24+29=47+29=76$

4 $68+24-43=92-43=49$

5 (1) $\square+19=35$
⇨ $35-19=\square$, $\square=16$
(2) $81-\square=54$
⇨ $81-54=\square$, $\square=27$

6 • ● $=24+19-16=27$
• ▲ $=24-16+19=27$
⇨ ● + ▲ $=27+27=54$

7 예 앞에서부터 순서대로 계산하지 않았고, 19를 빼야 하는데 더했습니다.」❶
$74-19+26=81$

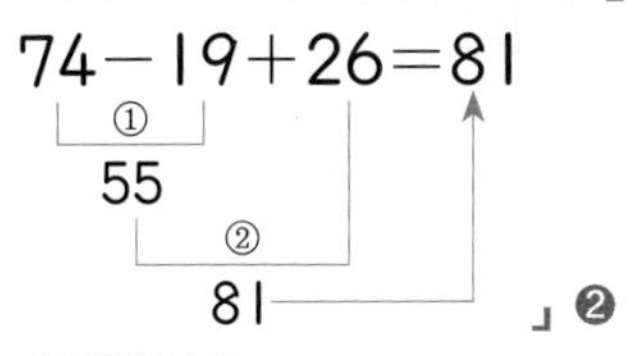

」❷

채점 기준

❶ 계산이 잘못된 이유 쓰기
❷ 바르게 계산하기

8 (노란 구슬의 수)
$=29+32-17=61-17=44$(개)

9 ㉠ $\square+9=21$
⇨ $21-9=\square$, $\square=12$
㉡ $14+\square=22$
⇨ $22-14=\square$, $\square=8$
㉢ $25-\square=18$
⇨ $25-18=\square$, $\square=7$

10 수 카드를 사용하여 만들 수 있는 덧셈식은 $7+8=15$, $8+7=15$, $8+15=23$, $15+8=23$입니다.

11 $8+\square=14$ ⇨ $14-8=\square$, $\square=6$

12 $\square-9=17$ ⇨ $17+9=\square$, $\square=26$

13 가장 큰 수 28과 두 번째로 큰 수 19를 더한 후 가장 작은 수 12를 뺍니다.
$28+19-12=47-12=35$

복습책 46쪽 응용유형 다잡기

1 73, 131
2 1, 2, 3
3 48
4

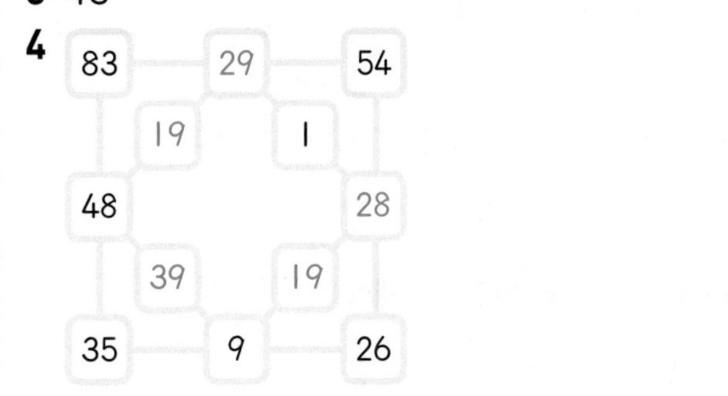

1 비법

계산 결과가 가장 큰 수가 되려면 가장 큰 수를 더해야 합니다.

$7>3>2$이므로 수 카드 2장을 뽑아 만들 수 있는 가장 큰 수는 73입니다.
⇨ $73+58=131$

2 $66+1=67$, $66+2=68$, $66+3=69$, $66+4=70$
따라서 ㉠에 들어갈 수 있는 수는 4보다 작은 1, 2, 3입니다.

3 어떤 수를 □라 하면 $\square+7=62$이므로 $62-7=\square$, $\square=55$입니다.
따라서 바르게 계산하면 $55-7=48$입니다.

4

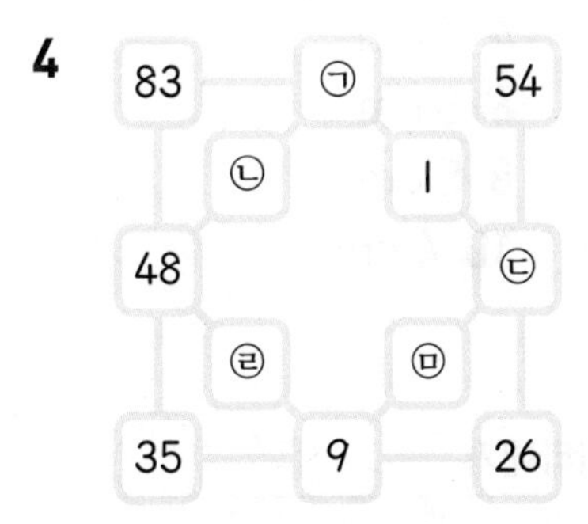

㉠ $83-54=29$ ㉡ $48-29=19$
㉢ $54-26=28$ ㉣ $48-9=39$
㉤ $28-9=19$

복습책 41~46쪽

4. 길이 재기

복습책 48~51쪽 기초력 기르기

① 길이를 비교하는 방법

1 나　　2 가
3 가　　4 나

② 여러 가지 단위로 길이 재기

1 3뼘　　2 5뼘
3 6번　　4 2번
5 4번

③ 1 cm

1 4 / 4 cm
2 6 / 6 cm
3 3 / 3 cm
4 5 / 5 cm
5 예
6 예
7 예
8

④ 자로 길이를 재는 방법

1 4 cm　　2 7 cm
3 5 cm　　4 3 cm
5 4 cm　　6 3 cm
7 7 cm　　8 5 cm
9 6 cm　　10 4 cm

⑤ 길이를 약 몇 cm로 나타내기

1 5　　2 4
3 6　　4 7
5 3

⑥ 길이 어림하기

1 예 약 2 cm / 2 cm　　2 예 약 3 cm / 3 cm
3 예 약 5 cm / 5 cm　　4 예 약 7 cm / 7 cm

복습책 52~53쪽 기본유형 익히기

1 (　　)
(○)　　2 가
3 다, 가, 나　　4 (　　)(○)
5 9뼘
6 4 / 7 / 깁니다 / 적습니다
7 ㉡
8 (1) 6 (2) 14
9 예
10 5 cm

1 직접 맞대어 길이를 비교할 수 없으므로 구체물을 이용하여 길이를 비교하면 ㉡의 길이가 더 짧습니다.
참고 길이를 비교할 수 있는 구체물로는 털실, 종이띠 등이 있습니다.

2 직접 맞대어 길이를 비교할 수 없으므로 종이띠를 이용하여 길이를 비교하면 가의 길이가 더 깁니다.

3 직접 맞대어 길이를 비교할 수 없으므로 종이띠를 이용하여 길이를 비교합니다.
따라서 길이가 긴 것부터 차례대로 쓰면 다, 가, 나입니다.

6 똑같은 길이를 잴 때 단위의 길이가 길수록 잰 횟수가 더 적습니다.

7 1 cm를 바르게 쓴 것을 찾으면 ㉡입니다.

10 ㉯의 길이는 ㉮의 길이가 5번입니다.
따라서 ㉯의 길이는 1 cm가 5번이므로 5 cm입니다.

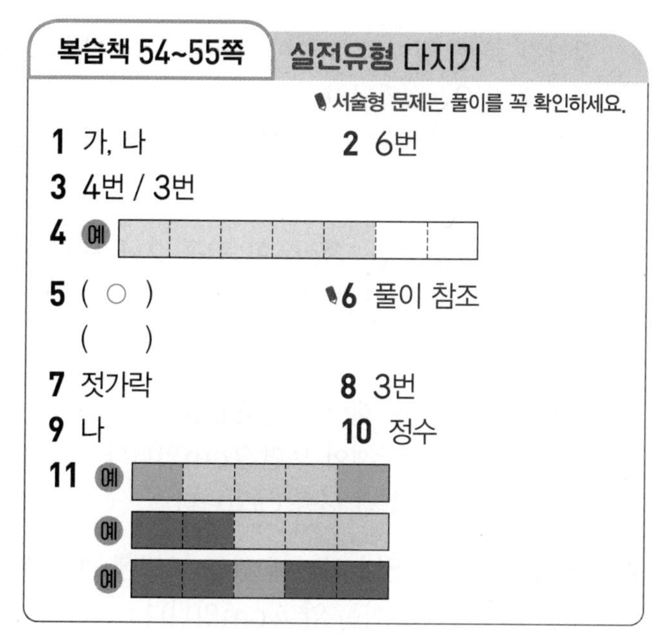

복습책 54~55쪽 실전유형 다지기
서술형 문제는 풀이를 꼭 확인하세요.
1 가, 나
2 6번
3 4번 / 3번
4 예
5 (○)
( )
6 풀이 참조
7 젓가락
8 3번
9 나
10 정수
11 예
예
예

4 5cm는 1cm로 5번이므로 5칸만큼 색칠합니다.

5 1cm로 8번은 8cm입니다.
따라서 6<8이므로 길이가 더 짧은 것은 6cm입니다.

6 예 사람마다 걸음의 길이가 다르기 때문입니다.」❶

채점 기준
❶ 두 사람이 잰 길이가 다른 이유 쓰기

7 잰 횟수가 많을수록 길이가 더 깁니다.
따라서 8>7이므로 길이가 더 긴 것은 젓가락입니다.

8 막대 사탕의 길이는 클립 6개의 길이와 같습니다. 따라서 클립 2개의 길이는 바늘 1개의 길이와 같으므로 막대 사탕의 길이는 바늘로 3번입니다.

9 직접 맞대어 길이를 비교할 수 없으므로 종이띠를 이용하여 길이를 비교합니다.
따라서 왼쪽 마이크보다 더 높은 마이크는 나입니다.

10 똑같은 길이를 잴 때 단위의 길이가 짧을수록 잰 횟수는 더 많습니다.
따라서 뼘, 풀, 클립 중 길이가 가장 짧은 단위는 클립이므로 잰 횟수가 가장 많은 사람은 정수입니다.

11 3cm 막대 1개, 1cm 막대 2개를 사용하여 5cm를 칠하기, 3cm 막대 1개, 2cm 막대 1개를 사용하여 5cm를 칠하기, 2cm 막대 2개, 1cm 막대 1개를 사용하여 5cm를 칠하기 등 여러 가지 방법으로 5cm를 색칠할 수 있습니다.

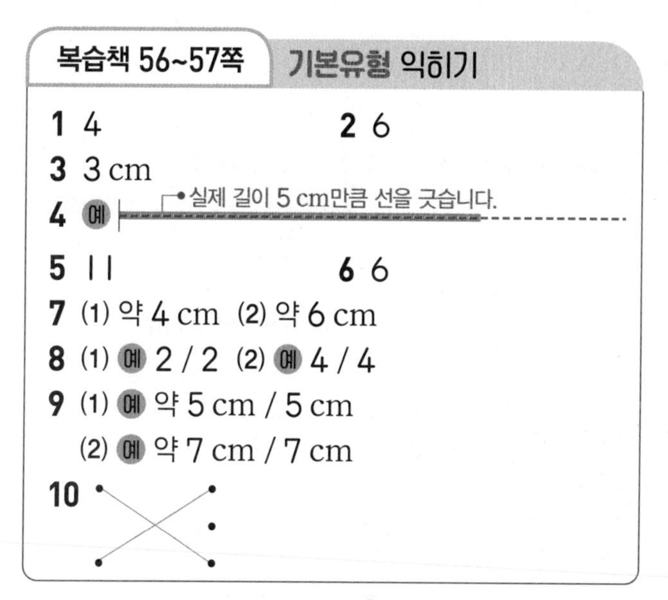

복습책 56~57쪽 기본유형 익히기
1 4
2 6
3 3 cm
4 예
실제 길이 5 cm만큼 선을 긋습니다.
5 11
6 6
7 (1) 약 4 cm (2) 약 6 cm
8 (1) 예 2 / 2 (2) 예 4 / 4
9 (1) 예 약 5 cm / 5 cm
(2) 예 약 7 cm / 7 cm
10

1 눈금 0에서 시작하여 4에 있으므로 건전지의 길이는 4cm입니다.

2 6부터 12까지 1cm가 6번 들어가므로 껌의 길이는 6cm입니다.

3 젤리의 길이를 자로 재면 눈금 0에서 시작하여 3에 있으므로 3cm입니다.

4 점선의 왼쪽 끝에 점을 찍고 그 점을 자의 눈금 0에 맞춘 후 5cm에 맞게 다른 점을 찍어 두 점을 잇습니다.

5 10cm와 11cm 사이에 있고, 11cm에 가깝기 때문에 칼의 길이는 약 11cm입니다.

6

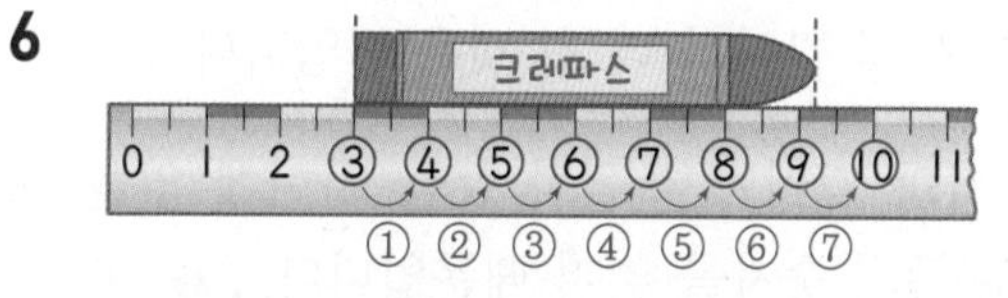

1cm가 6번과 7번 사이에 있고, 6번에 가깝기 때문에 크레파스의 길이는 약 6cm입니다.

7 (1) 4 cm에 가깝기 때문에 막대의 길이는 약 4 cm입니다.
(2) 6 cm에 가깝기 때문에 막대의 길이는 약 6 cm입니다.

8 어림한 길이를 말할 때는 숫자 앞에 '약'을 붙여서 말합니다.

10 엄지손톱의 실제 길이는 약 1 cm, 볼펜의 실제 길이는 약 13 cm입니다.

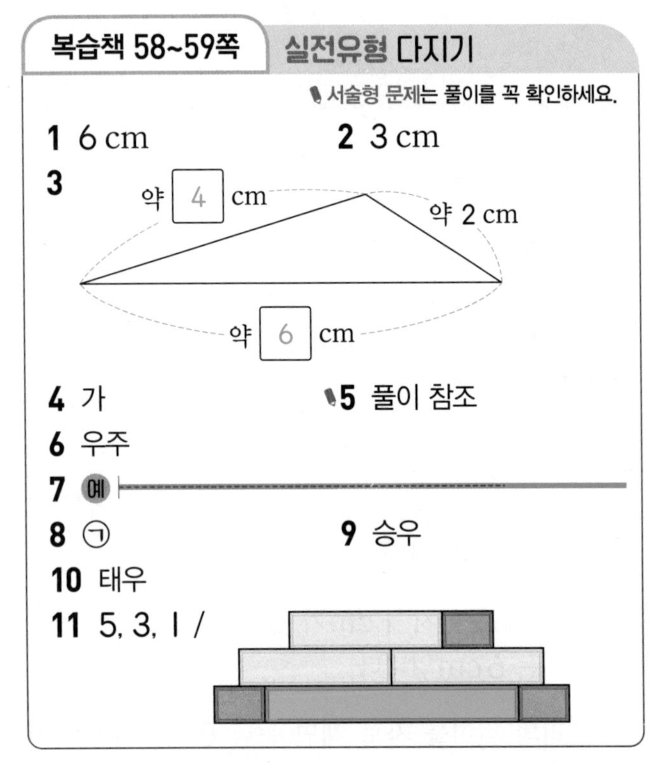

복습책 58~59쪽
실전유형 다지기
서술형 문제는 풀이를 꼭 확인하세요.
1 6 cm
2 3 cm
3
약 4 cm
약 2 cm
약 6 cm
4 가
5 풀이 참조
6 우주
7 예
8 ㉠
9 승우
10 태우
11 5, 3, 1 /

3 길이가 자의 눈금 사이에 있을 때는 눈금과 가까운 쪽에 있는 숫자를 읽으며, 숫자 앞에 '약'을 붙여 말합니다.

4 • 가: 0부터 5까지 1 cm가 5번 들어가므로 5 cm입니다.
• 나: 2부터 6까지 1 cm가 4번 들어가므로 4 cm입니다.
따라서 못의 길이가 더 긴 것은 가입니다.

5 예 물건의 길이가 눈금과 눈금 사이에 있을 때 가까운 쪽의 숫자를 읽기 때문입니다.」❶

채점 기준
❶ 색 테이프의 길이를 모두 약 5 cm라고 생각한 이유 쓰기

6 장난감 로봇 길이의 눈금이 9 cm에 더 가깝기 때문에 약 9 cm입니다.
따라서 장난감 로봇의 길이를 바르게 잰 사람은 우주입니다.

7 1 cm인 선을 1번, 3 cm인 선을 2번 사용하기, 1 cm인 선을 7번 사용하기 등 여러 가지 방법으로 7 cm에 가깝게 선을 그을 수 있습니다.

8 ㉠의 길이를 자로 재어 보면 4 cm이고, ㉡의 길이를 자로 재어 보면 3 cm입니다.
따라서 길이가 더 긴 선은 ㉠입니다.

9 1 cm가 4번과 5번 사이에 있고, 4번에 가깝기 때문에 막대의 길이는 약 4 cm입니다.

10 민주: 약 4 cm, 태우: 약 6 cm
6 cm와 어림한 길이의 차가 민주는 $6-4=2$(cm), 태우는 $6-6=0$(cm)입니다.
따라서 $0<2$이므로 6 cm에 더 가깝게 어림한 사람은 태우입니다.

11 초록색 블록의 길이는 5 cm, 노란색 블록의 길이는 3 cm, 빨간색 블록의 길이는 1 cm입니다.
따라서 길이가 5 cm인 블록에 초록색, 길이가 3 cm인 블록에 노란색, 길이가 1 cm인 블록에 빨간색으로 색칠합니다.

복습책 60쪽 응용유형 다잡기

1 찬미
2 ㉠
3 2번
4 11 cm

1 어림한 길이와 실제 길이의 차를 각각 구하면
준기: $17-15=2$(cm),
찬미: $15-14=1$(cm)입니다.
따라서 $1<2$이므로 실제 길이에 더 가깝게 어림한 사람은 찬미입니다.

2 잰 횟수가 모두 7번으로 같으므로 단위의 길이가 길수록 색 테이프의 길이가 깁니다.
따라서 뼘, 클립, 크레파스 중 길이가 가장 긴 단위는 뼘이므로 가장 긴 색 테이프는 ㉠입니다.

3 가위의 길이는 4 cm가 4번이므로
4+4+4+4=16(cm)입니다.
따라서 8+8=16이므로 가위의 길이는 길이가 8 cm인 분필로 2번 잰 것과 같습니다.

4

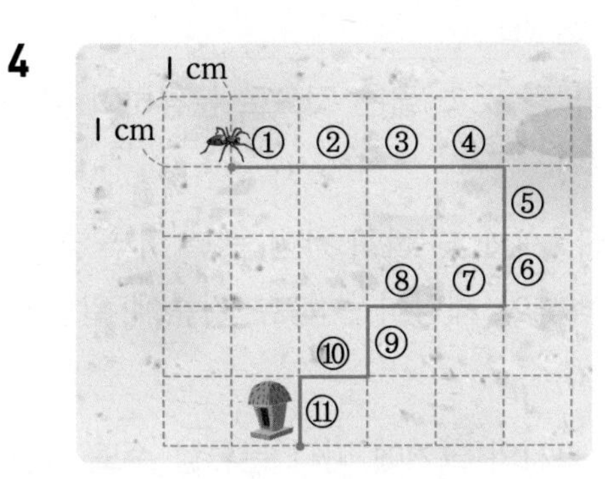

빨간색 선이 그려진 변의 수를 세어 보면 모두 11개입니다.
따라서 빨간색 선의 길이는 1 cm로 11번이므로 거미가 지나가는 길은 11 cm입니다.

5. 분류하기

기초력 기르기

❶ 분류하기

1 (○)(　)　　**2** (　)(○)

❷ 정해진 기준에 따라 분류하기

1 ①, ④, ⑥ / ②, ③, ⑤
2 ①, ⑥ / ②, ⑤ / ③, ④
3 ①, ③ / ④ / ②, ⑤, ⑥

❸ 자신이 정한 기준에 따라 분류하기

1 예 색깔 /

파란색	빨간색
①, ④, ⑥, ⑦, ⑧	②, ③, ⑤, ⑨

2 예 종류 /

바지	치마
①, ②, ④, ⑤	③, ⑥, ⑦, ⑧, ⑨

❹ 분류하고 세어 보기

1 4, 5　　**2** 3, 6
3 4, 5

❺ 분류한 결과 말하기

1 4, 7, 3, 2　　**2** 사과
3 배　　**4** 예 사과
5 4, 5, 7　　**6** 딸기 맛
7 사과 맛　　**8** 예 딸기 맛

복습책 65~67쪽 기본유형 익히기

1 ( )(○)
2 ( ) (○)
3 예 다리가 2개인 것과 4개인 것
4 ①, ③, ⑥ / ②, ④, ⑤
5
6 예 크기 / 예 무늬
7 예 색깔 /

빨간색	파란색	초록색
①, ④, ⑧	②, ⑤, ⑦	③, ⑥, ⑨

8

종류	미술	과학	수학
세면서 표시하기	𝍸 /	////	//
학생 수(명)	6	4	2

9 예

종류	사과	귤	바나나
세면서 표시하기	𝍸	𝍸 //	////
과일의 수(개)	5	7	4

10 7, 2, 3 / 빨간색
11 (1) 8, 5, 7 (2) 예 바나나주스

2 좋아하는 것과 좋아하지 않는 것은 분류 기준이 분명하지 않습니다.

6 참고 색깔에 따라 분류할 수도 있습니다.

7 조각의 모양에 따라 분류할 수도 있습니다.

11 (2) 오늘 바나나주스가 가장 많이 팔렸으므로 내일 바나나주스를 가장 많이 준비하면 좋습니다.

복습책 68~69쪽 실전유형 다지기

서술형 문제는 풀이를 꼭 확인하세요.

1 (○)( )
2 10, 3
3 4, 5, 4
4 예 맛 / 예 통의 모양
5 풀이 참조
6 ⑩, 구두
7 예 한글과 영어 /

한글	영어
가, 나, 다, 라	A, B, C, D, E

8 예 색깔 /

색깔	빨간색	노란색	파란색
색 도화지의 수(장)	3	7	5

9 빨간색
10 예 노란색

5 예 우산을 손잡이가 고리 모양인 것과 아닌 것으로 분류하여 담습니다.」 ❶

채점 기준
❶ 분류하여 담는 방법 쓰기

참고 길이가 긴 것과 짧은 것으로 분류하여 담을 수도 있습니다.

7 한글과 영어, 색깔 등 여러 가지 분류 기준 중 한 가지를 선택하여 해당하는 분류 기준에 알맞게 분류합니다.

8 참고 색 도화지의 크기에 따라 분류할 수도 있습니다.

9 색깔에 따라 분류할 때 빨간색 색 도화지가 3장으로 가장 적습니다.

10 지난주에 노란색 색 도화지가 가장 많이 팔렸으므로 이번 주에는 노란색 색 도화지를 가장 많이 준비하면 좋습니다.

복습책 70쪽 응용유형 다잡기

1 예 노란색입니다. / 예 5
2 1명
3 ④, ⑨
4 나래

1 단추의 색깔, 모양, 구멍의 수 등의 특징을 생각하여 분류 기준을 만든 후 기준에 따라 단추를 분류하고 그 수를 세어 봅니다.

2 스위스에 가고 싶은 사람은 4명, 이탈리아에 가고 싶은 사람은 3명이므로 스위스에 가고 싶은 사람은 이탈리아에 가고 싶은 학생보다 $4-3=1$(명) 더 많습니다.

3 파란색 윗옷은 ②, ④, ⑦, ⑨이고, 이 중에서 긴팔은 ④, ⑨입니다.

4 파란색이 17개, 흰색이 23개이고 $23>17$이므로 흰색 방석이 더 많습니다.
따라서 이긴 사람은 나래입니다.

6. 곱셈

복습책 72~74쪽 기초력 기르기

① 여러 가지 방법으로 세어 보기

1 7, 8

2 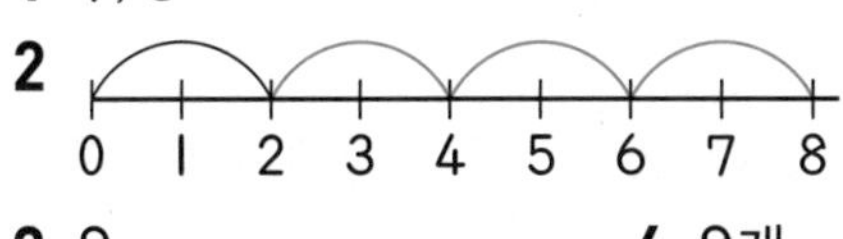

3 8

4 8개

② 묶어 세기

1 15, 18, 21, 24

2 18, 24

3 16, 24

4 24개

③ 몇의 몇 배 알아보기

1 3, 3

2 4, 4

3 7, 7

④ 몇의 몇 배로 나타내기

1 2배

2 3배

3 3배

4 2배

⑤ 곱셈 알아보기

1 3

2 5

3 4

⑥ 곱셈식으로 나타내기

1 5, 45

2 4, 16

3 7, 21

복습책 75~76쪽 기본유형 익히기

1 7개

2 (1) 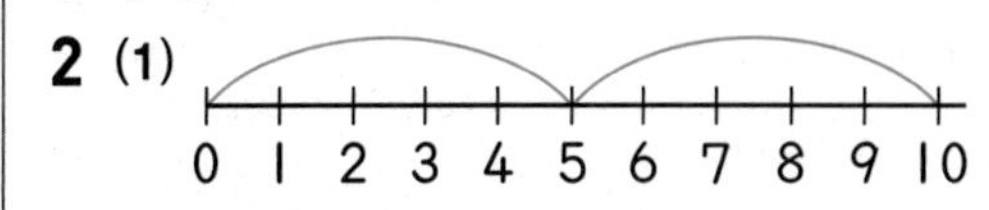

(2) 10개

3 (1) 8 (2) 24개

4 3, 12

5 예 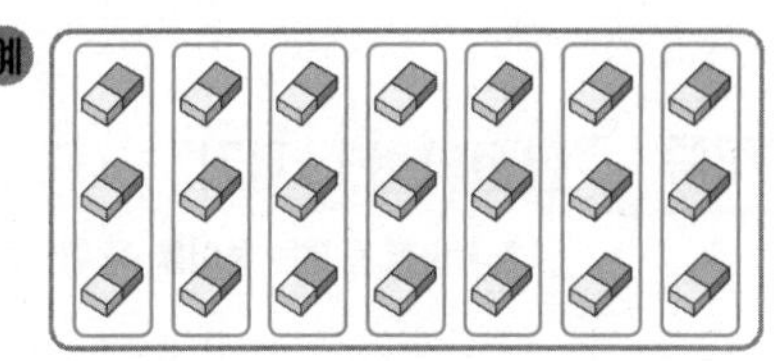

/ 7, 21

6 (1) 7묶음 (2) 2묶음 (3) 14개

7 8, 8

8 9, 3, 9, 3

9 2, 2 /

10 4배

11 2배

12 2

13 3 / 2

1 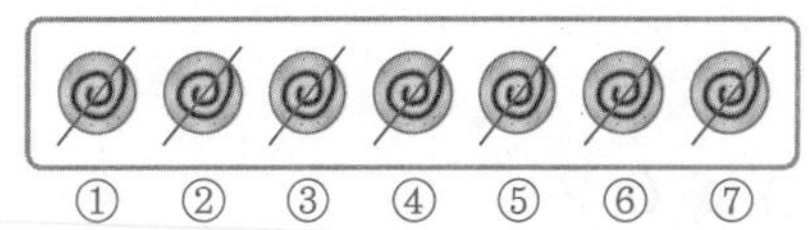

연필로 /으로 표시하며 하나씩 세어 보면 과자는 모두 7개입니다.

4 4씩 3묶음이므로 4－8－12입니다.
따라서 막대 사탕은 모두 12개입니다.

5 3씩 7묶음이므로
3－6－9－12－15－18－21입니다.
따라서 지우개는 모두 21개입니다.

6 (1) 2씩 묶으면 7묶음입니다.
⇨ 2－4－6－8－10－12－14
(2) 7씩 묶으면 2묶음입니다.
⇨ 7－14

9 • 바나나 4개 ⇨ 2씩 2묶음 ⇨ 2의 2배
• 잎 8개 ⇨ 4씩 2묶음 ⇨ 4의 2배

10 영희가 가진 사탕의 수는 2씩 1묶음이고, 선우가 가진 사탕의 수는 2씩 4묶음입니다.
따라서 선우가 가진 사탕의 수는 영희가 가진 사탕의 수의 4배입니다.

11 파란색 막대 길이는 노란색 막대 길이를 2번 이어 붙인 것과 같습니다.
따라서 파란색 막대 길이는 노란색 막대 길이의 2배입니다.

8 (1) • 3씩 묶으면 4묶음입니다.
⇨ 3−6−9−12
• 6씩 묶으면 2묶음입니다.
⇨ 6−12

9 동주가 쌓은 연결 모형의 수는 3개입니다.
• 혜지가 쌓은 연결 모형의 수는 6개이므로 3의 2배입니다.
• 영우가 쌓은 연결 모형의 수는 9개이므로 3의 3배입니다.

복습책 77~78쪽 실전유형 다지기

✎ 서술형 문제는 풀이를 꼭 확인하세요.

1 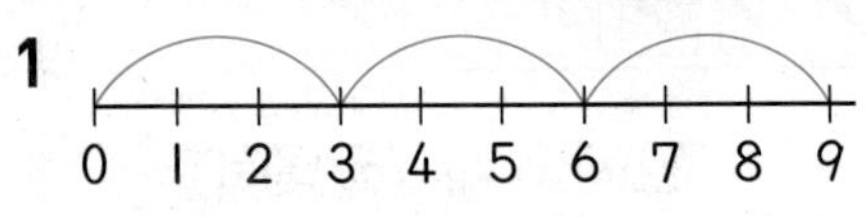

/ 9개
2 20마리
3 (선 잇기)
4 (1) 8 (2) 4 (3) 32개
5 9, 4 / 9, 4
6 혜리, 태주
✎**7** 4배
8 (1) 예 3, 4 / 예 6, 2
(2) 12개
9 2, 3

3 • 4씩 6묶음 ⇨ 4의 6배
• 3씩 5묶음 ⇨ 3의 5배

4 (1) 4씩 묶으면 8묶음입니다.
⇨ 4−8−12−16−20−24−28−32
(2) 8씩 묶으면 4묶음입니다.
⇨ 8−16−24−32

5 사과가 한 상자에 9개씩 4상자 있습니다.
⇨ 9씩 4묶음 ⇨ 9의 4배

6 준하: 사탕의 수는 9씩 2묶음입니다.

✎**7** 예 야구공은 16개이므로 4씩 4묶음입니다.」❶
따라서 4씩 4묶음은 4의 4배이므로 야구공의 수는 축구공의 수의 4배입니다.」❷

채점 기준
❶ 야구공의 수는 몇씩 몇 묶음인지 구하기
❷ 야구공의 수는 축구공의 수의 몇 배인지 구하기

복습책 79쪽 기본유형 익히기

1 (1) 2 / 2 (2) 2, 6, 2
2 4, 3
3 5, 5, 3, 5, 15
4 (1) 6 (2) 8, 6, 48
5 $5\times2=10$ / $5\times3=15$
6 8, 8, 16 / 2, 2, 16

2 $\underbrace{4+4+4}_{3번}=4\times3$

3 3씩 5묶음 ⇨ 3의 5배
⇨ $\underbrace{3+3+3+3+3}_{5번}=15$ ⇨ $3\times5=15$

5 • 5의 2배 ⇨ $5\times2=10$
• 5의 3배 ⇨ $5\times3=15$

복습책 80~81쪽 실전유형 다지기

✎ 서술형 문제는 풀이를 꼭 확인하세요.

1 9, 2 / 9, 2
2 $8+8+8+8=32$ / $8\times4=32$
3 ③
4 7, 3, 21 / 21장
✎**5** 10개
6 수호
7 송주
8 2, 2, 4
9 5
10 3, 8, 24 / 4, 6, 24 / 6, 4, 24 / 8, 3, 24

2 8씩 4묶음이므로 체리의 수는 8의 4배입니다.
⇨ $8+8+8+8=32$ ⇨ $8\times4=32$

3 9씩 3묶음 ⇨ 9의 3배 ⇨ $\underbrace{9+9+9}_{\text{9씩 3번 더한 수}}$ ⇨ 9×3

4 은진이가 가지고 있는 붙임딱지가 7장이므로 준영이가 가지고 있는 붙임딱지의 수는 7의 3배입니다. ⇨ $7\times3=21$

5 예 컵케이크는 2개씩 5묶음이므로 2의 5배입니다.」❶
따라서 상자에 들어 있는 컵케이크는 모두 $2\times5=10$(개)입니다.」❷

채점 기준
❶ 컵케이크의 수는 몇의 몇 배인지 구하기
❷ 상자에 들어 있는 컵케이크의 수 구하기

6 수호: $3+3+3+3+3+3+3+3$은 3×8과 같습니다.

7 • 송주: 3씩 3묶음 ⇨ 3의 3배 ⇨ $3\times3=9$
• 태일: 2와 4의 곱 ⇨ $2\times4=8$
따라서 $9>8$이므로 곱셈식으로 나타내 구한 곱이 더 큰 사람은 송주입니다.

8 월요일, 금요일에 동화책을 2권씩 읽었으므로 읽은 동화책의 수를 곱셈식으로 나타내면 $2\times2=4$입니다.

9 $6\times$■$=30$에서 6을 5번 더해야 30이 되므로 ■$=5$입니다.

10 • 3씩 8묶음 ⇨ $3\times8=24$
• 4씩 6묶음 ⇨ $4\times6=24$
• 6씩 4묶음 ⇨ $6\times4=24$
• 8씩 3묶음 ⇨ $8\times3=24$

복습책 82쪽 응용유형 다잡기

1 6묶음	**2** 12가지
3 51개	**4** 45개

1 9개씩 4묶음은 9의 4배이므로 초콜릿은 $9\times4=36$(개)입니다.
따라서 $6+6+6+6+6+6=36$이므로 6개씩 묶으면 6묶음입니다.

2

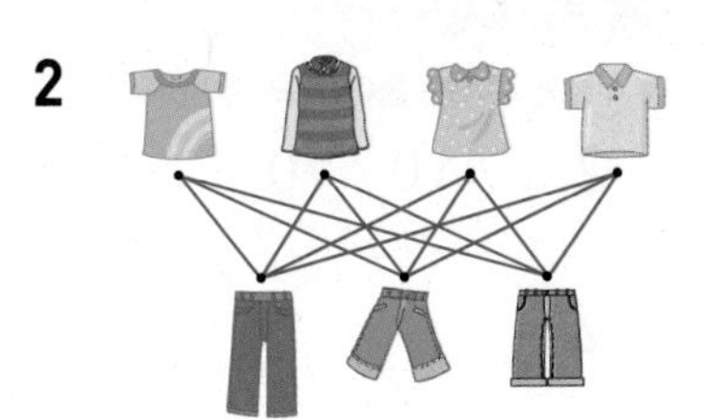

티셔츠 하나와 바지를 함께 입을 수 있는 방법은 3가지입니다.
따라서 티셔츠는 4개이므로 티셔츠와 바지를 모두 $3\times4=12$(가지) 방법으로 입을 수 있습니다.

3 2씩 8묶음은 2의 8배이므로 수진이가 산 과자는 $2\times8=16$(개)입니다.
5씩 7묶음은 5의 7배이므로 세현이가 산 과자는 $5\times7=35$(개)입니다.
따라서 수진이와 세현이가 산 과자는 모두 $16+35=51$(개)입니다.

4 성우가 배 모양 한 개를 만드는 데 사용한 성냥개비는 9개입니다.
따라서 배 모양 5개를 만드는 데 사용한 성냥개비는 9의 5배이므로 모두 $9\times5=45$(개)입니다.

1. 세 자리 수

평가책 2~4쪽 **단원 평가 1회**

✎ 서술형 문제는 풀이를 꼭 확인하세요.

1 100 **2** 1 / 10 / 70
3 (○)(   )
4 (위에서부터) 팔백오 / 741
5 7, 2, 9 / 700, 20, 9
6 600 **7** 100씩
8 $<$ **9** ②, ④
10 501 **11** 248자루
12 392 **13** 400개
14 감
15 210, 201, 120, 111
16 410, 400, 390 **17** 235
18 917 ✎**19** 30개
✎**20** ㉡

12 $386<392$ ($8<9$) $386>378$ ($8>7$)
따라서 386보다 더 큰 수는 392입니다.

13 10이 10개이면 100이므로 10이 40개이면 400입니다.
따라서 10개씩 40상자에 들어 있는 달걀은 모두 400개입니다.

14 $630>602>559$
(630: 감, 602: 사과, 559: 귤)

15 동전 3개만 사용하여 세 자리 수를 만들어야 합니다.

100원짜리 동전	2개	2개	1개	1개
10원짜리 동전	1개		2개	1개
1원짜리 동전		1개		1개
나타낼 수 있는 세 자리 수	210	201	120	111

16 420에서 출발해서 10씩 거꾸로 뛰어 세면 십의 자리 수가 1씩 작아집니다.

17 가장 작은 세 자리 수를 만들려면 백의 자리부터 작은 수를 놓아야 합니다. 따라서 $2<3<5$이므로 가장 작은 세 자리 수는 235입니다.

18 • 십의 자리 수는 10을 나타내므로 1입니다.
• 일의 자리 수는 6보다 크고 8보다 작은 수를 나타내므로 7입니다.
따라서 설명에서 나타내는 세 자리 수는 917입니다.

✎**19** 예 사탕이 100개가 되려면 한 봉지에 10개씩 들어 있는 사탕 10봉지가 있어야 합니다.」 ❶
따라서 10개씩 들어 있는 사탕이
$10-7=3$(봉지) 더 필요하므로 사탕 30개가 더 필요합니다.」 ❷

채점 기준

❶ 사탕 100개는 한 봉지에 10개씩 들어 있는 사탕 몇 봉지가 있어야 하는지 구하기	2점
❷ 더 필요한 사탕의 수 구하기	3점

✎**20** 예 ㉠ 사백구를 수로 쓰면 409입니다.」 ❶
㉡ 100이 4개, 10이 5개, 1이 7개이면 457입니다.」 ❷
따라서 409과 457은 백의 자리 수가 같고 십의 자리 수를 비교하면 $0<5$이므로 더 큰 수는 ㉡입니다.」 ❸

채점 기준

❶ 사백구를 수로 쓰기	1점
❷ 100이 4개, 10이 5개, 1이 7개인 수 구하기	2점
❸ 더 큰 수의 기호 쓰기	2점

평가책 5~7쪽 **단원 평가 2회**

✎ 서술형 문제는 풀이를 꼭 확인하세요.

1 400 **2** 465
3 1000 / 천 **4** 580
5 ③ **6** 3개
7 ③ **8** 402, 422, 432
9 준영 **10** 37
11 예 □□□□□, ○○○○○○○○, △△△
12 4개 **13** 359, 374, 438
14 235장
15 210, 201, 120, 111, 102
16 569 **17** 0, 1, 2, 3
18 986 / 689 ✎**19** 457
✎**20** 443

12 497, 498, 499, 500, 501, 502
497보다 크고 502보다 작은 수
따라서 497보다 크고 502보다 작은 세 자리 수는 모두 4개입니다.

13 359 < 374 < 438
(3<4, 5<7)

14 185에서 10씩 5번 뛰어 세면
185 − 195 − 205 − 215 − 225 − 235입니다.
따라서 색종이는 모두 235장이 됩니다.

15 수 모형 3개만 사용하여 세 자리 수를 만들어야 합니다.

백 모형	2개	2개	1개	1개	1개
십 모형	1개		2개	1개	
일 모형		1개		1개	2개
나타낼 수 있는 세 자리 수	210	201	120	111	102

16 100씩 4번 뛰어 센 수가 969이므로 어떤 수는 969에서 100씩 거꾸로 4번 뛰어 센 수입니다.
따라서 969 − 869 − 769 − 669 − 569이므로 어떤 수는 569입니다.

17 2□4 < 238에서 백의 자리 수가 같고 일의 자리 수를 비교하면 4 < 8이므로 □ 안에는 3과 같거나 3보다 작은 수가 들어갈 수 있습니다.
따라서 □ 안에 들어갈 수 있는 수를 모두 찾으면 0, 1, 2, 3입니다.

18 9 > 8 > 6이므로
가장 큰 세 자리 수는 986이고,
가장 작은 세 자리 수는 689입니다.

19 예 백의 자리 수는 400을 나타내므로 4이고, 십의 자리 수는 50을 나타내므로 5이고, 일의 자리 수는 7을 나타내므로 7입니다.」 ❶
따라서 나는 457입니다.」 ❷

채점 기준

❶ 백의 자리, 십의 자리, 일의 자리 수를 각각 구하기	3점
❷ 나는 어떤 수인지 구하기	2점

20 예 100이 4개, 10이 3개, 1이 8개이면 438입니다.」 ❶
따라서 438 − 439 − 440 − 441 − 442 − 443이므로 438에서 1씩 5번 뛰어 센 수는 443입니다.」 ❷

채점 기준

❶ 나타내는 수 구하기	3점
❷ 위 ❶에서 구한 수에서 1씩 5번 뛰어 센 수 구하기	2점

평가책 8~9쪽 서술형 평가

● 풀이를 꼭 확인하세요.

1 100씩 **2** 2개
3 500개 **4** 효리

1 ❶ 예 백의 자리 수가 1씩 커졌습니다.」 2점
❷ 예 100씩 뛰어 센 것입니다.」 3점

2 ❶ 예 각 수에서 십의 자리 숫자를 알아보면
435 ⇨ 3, 398 ⇨ 9, 903 ⇨ 0,
362 ⇨ 6, 537 ⇨ 3입니다.」 3점
❷ 예 십의 자리 숫자가 3인 수는 435, 537로 모두 2개입니다.」 2점

3 예 10이 10개이면 100이므로 10이 50개이면 500입니다.」 ❶
따라서 10개씩 50상자에 들어 있는 야구공은 모두 500개입니다.」 ❷

채점 기준

❶ 10이 50개인 수 구하기	3점
❷ 50상자에 들어 있는 야구공의 개수 구하기	2점

4 예 213과 241은 백의 자리 수가 같고 십의 자리 수를 비교하면 1 < 4이므로 213 < 241입니다.」 ❶
따라서 칭찬 붙임딱지를 더 많이 모은 사람은 효리입니다.」 ❷

채점 기준

❶ 두 수의 크기 비교하기	3점
❷ 칭찬 붙임딱지를 더 많이 모은 사람 구하기	2점

2. 여러 가지 도형

평가책 10~12쪽 단원 평가 1회

서술형 문제는 풀이를 꼭 확인하세요.

1 원
2 나, 라
3 마
4 나
5 

6 (○)( )( )
7 2개
8 ㉡
9 5개
10 ( )(○)
11 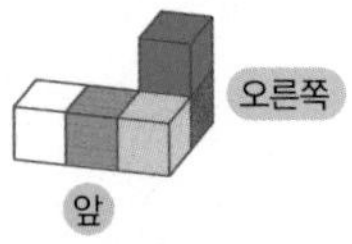

12 3개
13 쌓기나무 2개가 1층에 옆으로 나란히 있고, 왼쪽 쌓기나무 위에 쌓기나무 2개가 있습니다.
오른쪽 / 1개
14 2개 / 4개
15 ㉡
16 예 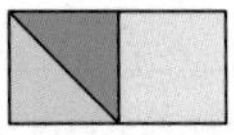
17 예 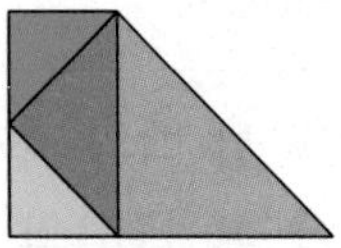
18 5개
19 풀이 참조
20 8개

4 • 가: 1층에 4개, 2층에 1개 ⇨ $4+1=5$(개)
• 나: 1층에 3개, 2층에 1개 ⇨ $3+1=4$(개)
• 다: 1층에 4개, 2층에 1개 ⇨ $4+1=5$(개)

8 원은 곧은 선이 없고, 꼭짓점과 변이 없습니다.

10 왼쪽 모양은 쌓기나무 3개가 옆으로 나란히 있고, 맨 오른쪽 쌓기나무 앞과 뒤에 쌓기나무가 각각 1개씩 있는 모양입니다.

12 삼각형은 꼭짓점이 3개이고, 원은 꼭짓점이 없습니다.
⇨ $3+0=3$(개)

15 변의 수와 꼭짓점의 수의 합이 8개인 도형은 변이 4개, 꼭짓점이 4개인 사각형입니다.

18 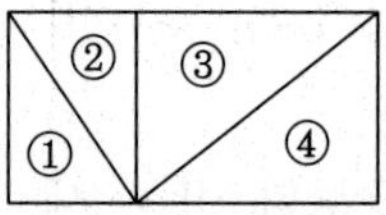

• 작은 삼각형 1개짜리: ①, ②, ③, ④ ⇨ 4개
• 작은 삼각형 2개짜리: ②+③ ⇨ 1개
따라서 그림에서 찾을 수 있는 크고 작은 삼각형은 모두 $4+1=5$(개)입니다.

19 예 사각형은 곧은 선 4개로 둘러싸여 있어야 하는데 끊어져 있으므로 사각형이 아닙니다.」 ❶

채점 기준

❶ 사각형이 아닌 이유 쓰기	5점

20 예 삼각형은 8개, 사각형은 4개, 원은 7개를 사용했습니다.」 ❶
따라서 $8>7>4$이므로 가장 많이 사용한 도형은 삼각형이고 8개를 사용했습니다.」 ❷

채점 기준

❶ 그림에서 사용한 각 도형의 개수 구하기	3점
❷ 가장 많이 사용한 도형의 개수 구하기	2점

평가책 13~15쪽 단원 평가 2회

서술형 문제는 풀이를 꼭 확인하세요.

1 (위에서부터) 꼭짓점, 변
2 ④
3 다
4 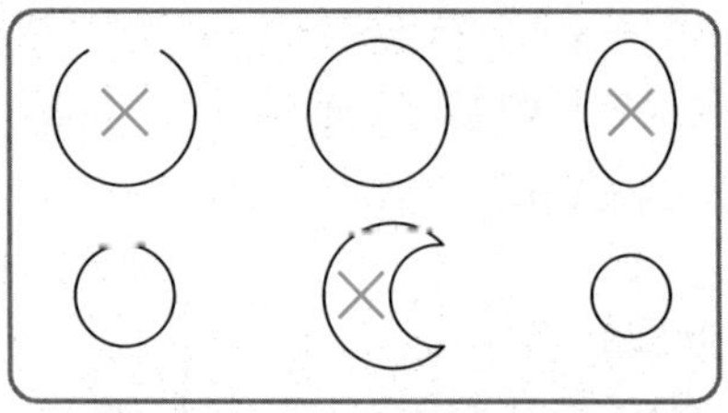
5 

6 (위에서부터) 3, 4 / 3, 4
7 4개
8 1, 2
9 (○)( )
10 ㉢
11 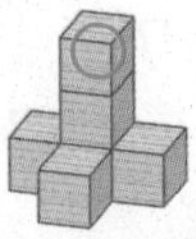
12 11
13 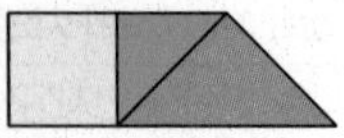

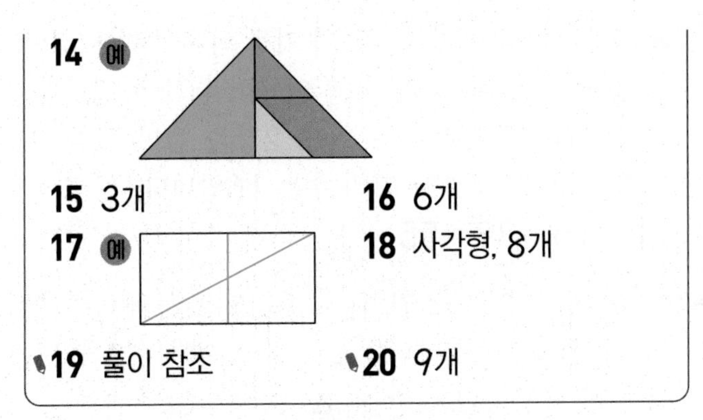

14 예

15 3개　　**16** 6개

17 예　　**18** 사각형, 8개

19 풀이 참조　　**20** 9개

3 • 가: 1층에 4개 ⇨ 4개
• 나: 1층에 5개, 2층에 1개 ⇨ $5+1=6$(개)
• 다: 1층에 4개, 2층에 1개 ⇨ $4+1=5$(개)

10 ㉢은 원의 특징입니다.

11

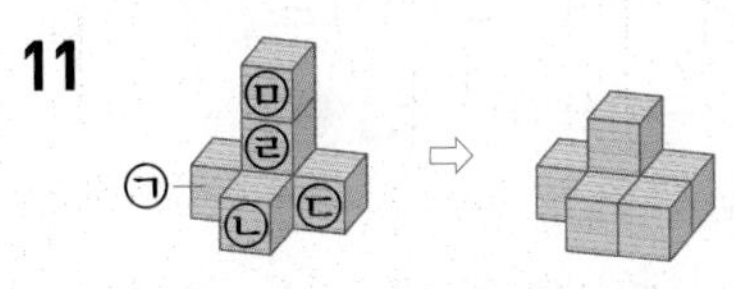

㉤을 ㉢의 앞으로 옮겨야 합니다.

12 곧은 선 3개로 둘러싸인 도형을 모두 찾습니다.
따라서 삼각형 안에 있는 수는 6과 5이므로 합은 $6+5=11$입니다.

15 삼각형: 4개, 사각형: 5개, 원: 7개
따라서 $7>5>4$이므로 가장 많이 사용한 도형은 가장 적게 사용한 도형보다 $7-4=3$(개) 더 많습니다.

16 (사용한 쌓기나무의 수)$=5+1=6$(개)
⇨ (남은 쌓기나무의 수)$=12-6=6$(개)

18

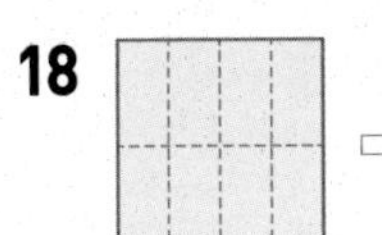

⇨ 사각형이 8개 만들어집니다.

19 예 어느 곳에서 보아도 같은 모양이어야 하는데 같지 않으므로 원이 아닙니다.」 ❶

채점 기준

❶ 원이 아닌 이유 쓰기	5점

20 예 작은 사각형 1개짜리 사각형은 4개, 2개짜리 사각형은 4개, 4개짜리 사각형은 1개입니다.」 ❶
따라서 그림에서 찾을 수 있는 크고 작은 사각형은 모두 $4+4+1=9$(개)입니다.」 ❷

채점 기준

❶ 작은 사각형 1개짜리, 2개짜리, 4개짜리 사각형의 수 각각 구하기	3점
❷ 그림에서 찾을 수 있는 크고 작은 사각형은 모두 몇 개인지 구하기	2점

평가책 16~17쪽 서술형 평가

● 풀이를 꼭 확인하세요.

1 7개　　**2** 2개
3 7개　　**4** 풀이 참조

1 ❶ 예 각 도형에서 변을 세어 보면 삼각형은 3개, 원은 0개, 사각형은 4개입니다.」 3점
❷ 예 세 도형에서 변은 모두 $3+0+4=7$(개)입니다.」 2점

2 ❶ 예 그림에서 사용한 삼각형은 7개이고, 사각형은 5개입니다.」 3점
❷ 예 그림에서 사용한 삼각형은 사각형보다 $7-5=2$(개) 더 많습니다.」 2점

3 예 도형을 점선을 따라 자르면 삼각형과 사각형이 만들어집니다.」 ❶
따라서 삼각형은 변이 3개, 사각형은 변이 4개이므로 두 도형의 변은 모두 $3+4=7$(개)입니다.」 ❷

채점 기준

❶ 도형을 점선을 따라 잘랐을 때 생기는 두 도형 말하기	2점
❷ 두 도형의 변의 수의 합 구하기	3점

4 예 쌓기나무 4개가 1층에 옆으로 나란히 있고, 맨 왼쪽과 맨 오른쪽 쌓기나무 위에 쌓기나무가 각각 1개씩 있습니다.」 ❶

채점 기준

❶ 쌓은 모양 설명하기	5점

3. 덧셈과 뺄셈

평가책 18~20쪽 단원 평가 1회

서술형 문제는 풀이를 꼭 확인하세요.

1 25 2 64
3 124 4 80
5 44 6 <
7 63, 18 / 63, 18, 45
8 7, 56, 7, 63 9 51
10 ㉢, ㉣ 11 18
12 22쪽 13 55개
14 (위에서부터) 3, 8
15 예 26+□=51 / 25
16 8, 9 17 105쪽
18 16, 55 19 풀이 참조
20 29

6 $37+28=65$, $92-24=68$
⇨ $65<68$

10 ㉠ $38-19=19$ ㉡ $52-36=16$
㉢ $61-48=13$ ㉣ $82-68=14$
따라서 계산 결과가 15보다 작은 뺄셈식은 ㉢, ㉣입니다.

13 (우재가 가지고 있는 초콜릿의 수)
$=54-5=49$(개)
⇨ (경희가 가지고 있는 초콜릿의 수)
$=49+6=55$(개)

14 • 일의 자리 계산: $7+□=15$, $□=8$
• 십의 자리 계산: $1+□+9=13$, $□=3$

16 $26+9=35$, $26+8=34$, $26+7=33$
따라서 ㉠에 들어갈 수 있는 수는 7보다 큰 8, 9입니다.

17 • (둘째 날 읽은 동화책의 쪽수)
$=27+8=35$(쪽)
• (셋째 날 읽은 동화책의 쪽수)
$=35+8=43$(쪽)
⇨ (3일 동안 읽은 동화책의 쪽수)
$=27+35+43$
$=62+43=105$(쪽)

18 39와 더하여 계산 결과가 가장 작은 수가 되려면 가장 작은 두 자리 수를 만들어 더해야 합니다.
$1<6<7$이므로 수 카드 2장을 뽑아 만들 수 있는 가장 작은 두 자리 수는 16입니다.
⇨ $16+39=55$

19 예 $71-24=47$인데 받아내림을 하지 않고 일의 자리 수 중 큰 수인 4에서 1을 빼어 53이라고 잘못 계산하였습니다.」 ❶

$$\begin{array}{r} 7\ 1 \\ -\ 2\ 4 \\ \hline 4\ 7 \end{array}$$
」 ❷

채점 기준

❶ 계산이 잘못된 이유 쓰기	3점
❷ 바르게 계산하기	2점

20 예 어떤 수를 □라 하면 $□+17=63$이므로 $63-17=□$, $□=46$입니다.」 ❶
따라서 바르게 계산하면
$46-17=29$입니다.」 ❷

채점 기준

❶ 어떤 수 구하기	3점
❷ 바르게 계산한 값 구하기	2점

평가책 21~23쪽 단원 평가 2회

서술형 문제는 풀이를 꼭 확인하세요.

1 73 2 34
3 (계산 순서대로) 38, 67, 67
4 (위에서부터) 121, 25
5 20, 36, 28 6 37, 16
7 44 8 (위에서부터) 26, 62
9 134명
10 $16+8=24$ 또는 $8+16=24$ / $24-16=8$, $24-8=16$
11 ㉠, ㉣, ㉢, ㉡ 12 44
13 예 $53-□=28$ / 25
14 63, 9 15 (위에서부터) 6, 1
16 47, 37, 9 또는 37, 47, 9 / 75
17 116 18 우진, 9개
19 61장 20 90개

7 가장 큰 수는 60, 가장 작은 수는 11
⇨ $60+11-27=71-27=44$

10 16, 8, 24를 한 번씩만 사용하여 만들 수 있는 덧셈식은 $16+8=24$, $8+16=24$입니다.

12 • $18+18-9=27$이므로 ▲$=27$
• ★$-17=$▲에서 ★$-17=27$
⇨ $17+27=$★, ★$=44$

14 두 수의 합이 72이므로 일의 자리 수끼리의 합이 12가 되는 수를 찾습니다.
$57+5=62$, $63+9=72$
따라서 맞힌 두 수는 63과 9입니다.

15 • 일의 자리 계산: $10+\square-8=8$, $\square=6$
• 십의 자리 계산: $5-1-\square=3$, $\square=1$

16 가장 큰 수 47과 두 번째로 큰 수 37을 더한 후 가장 작은 수 9를 뺍니다.
$47+37-9=84-9=75$

17 어떤 수를 □라 하면 $\square-25=66$이므로 $25+66=\square$, $\square=91$입니다.
따라서 바르게 계산하면 $91+25=116$입니다.

18 • (성재가 가진 구슬의 수)$=25+17=42$(개)
• (우진이가 가진 구슬의 수)$=32+19=51$(개)
따라서 $51>42$이므로 우진이가 구슬을 $51-42=9$(개) 더 많이 가지고 있습니다.

19 예 준하가 가지고 있는 색종이는 $18+25=43$(장)입니다.」 ❶
따라서 재현이와 준하가 가지고 있는 색종이는 모두 $18+43=61$(장)입니다.」 ❷

채점 기준

❶ 준하가 가지고 있는 색종이의 수 구하기	2점
❷ 재현이와 준하가 가지고 있는 색종이의 수 구하기	3점

20 예 처음에 가지고 있던 도토리의 수에서 먹은 도토리의 수를 빼고 주운 도토리의 수를 더하면 되므로 $80-16+26$을 계산합니다.」 ❶
따라서 지금 다람쥐가 가지고 있는 도토리는 $80-16+26=64+26=90$(개)입니다.」 ❷

채점 기준

❶ 문제에 알맞은 식 만들기	2점
❷ 지금 다람쥐가 가지고 있는 도토리의 수 구하기	3점

평가책 24~25쪽 서술형 평가

●풀이를 꼭 확인하세요.

1 48자루 **2** 100
3 63마리 **4** 13명

1 ❶ 예 처음에 가지고 있던 연필의 수에서 친구에게 준 연필의 수를 빼면 되므로 $56-8$을 계산합니다.」 2점
❷ 예 혜수에게 남은 연필은 $56-8=48$(자루)입니다.」 3점

2 ❶ 예 $87>58>24>13$이므로 가장 큰 수는 87이고, 가장 작은 수는 13입니다.」 2점
❷ 예 가장 큰 수와 가장 작은 수의 합은 $87+13=100$입니다.」 3점

3 예 목장에 있는 암퇘지는 $28+7=35$(마리)입니다.」 ❶
따라서 목장에 있는 돼지는 모두 $28+35=63$(마리)입니다.」 ❷

채점 기준

❶ 목장에 있는 암퇘지의 수 구하기	2점
❷ 목장에 있는 돼지의 수 구하기	3점

4 예 다음 정류장에서 탄 사람 수를 □라 하면 $19+\square=32$입니다.」 ❶
$19+\square=32$ ⇨ $32-19=\square$, $\square=13$
따라서 다음 정류장에서 탄 사람은 13명입니다.」 ❷

채점 기준

❶ 다음 정류장에서 탄 사람 수를 □라 하고 문제에 알맞은 식 만들기	2점
❷ 다음 정류장에서 탄 사람 수 구하기	3점

4. 길이 재기

평가책 26~28쪽 단원 평가 1회

✎ 서술형 문제는 풀이를 꼭 확인하세요.

1 ⑤
2 6뼘
3 (　)(○)
(　)(　)
4 7
5 6 cm
6 3
7 (○)
(　)
8 예 약 5 cm / 5 cm
9 12 cm
10 약 6 cm
11 현우, 8
12 예 •5 cm 길이만큼 어림하여 선을 긋습니다.
13 약 5 cm
14 65 cm
15 (○)
(　)
(○)
16 6 cm
17 동우
18 재희
✎19 6 cm
✎20 풀이 참조

11 팔찌 길이의 눈금이 8 cm와 9 cm 중에서 8 cm에 가깝기 때문에 현우가 더 가깝게 어림했습니다.

12 자를 이용하지 않고 선을 그은 다음 선의 길이를 자로 확인해 봅니다.

13 삼각형에서 가장 긴 변의 길이는 5 cm에 가깝기 때문에 약 5 cm입니다.

14 식탁의 짧은 쪽의 길이는 길이가 13 cm인 뼘으로 5번입니다.
따라서 식탁의 짧은 쪽의 길이는
$13+13+13+13+13=65$(cm)입니다.

15 끈의 길이를 자로 재어 보면 위에서부터 차례로 2 cm, 3 cm, 2 cm입니다.

16 선 ㉠의 길이는 2부터 4까지 1 cm가 2번 들어가므로 2 cm이고, 선 ㉡의 길이는 2부터 6까지 1 cm가 4번 들어가므로 4 cm입니다.
따라서 선 ㉠의 길이와 선 ㉡의 길이의 합은 $2+4=6$(cm)입니다.

17 어림한 길이와 실제 길이의 차를 각각 구하면
민지: $19-16=3$(cm),
동우: $16-15=1$(cm)입니다.
따라서 $1<3$이므로 실제 길이에 더 가깝게 어림한 사람은 동우입니다.

18 잰 횟수가 모두 7번으로 같으므로 단위의 길이가 길수록 끈의 길이가 깁니다.
따라서 뼘, 수학책의 긴 쪽, 클립 중 길이가 가장 긴 단위는 수학책의 긴 쪽이므로 가장 긴 끈을 가지고 있는 사람은 재희입니다.

✎19 예 면봉의 길이는 3부터 9까지 1 cm가 6번 들어갑니다.」❶
따라서 면봉의 길이는 6 cm입니다.」❷

채점 기준	
❶ 면봉의 길이는 1 cm가 몇 번 들어가는지 구하기	2점
❷ 면봉의 길이 구하기	3점

✎20 예 물건의 길이가 눈금과 눈금 사이에 있을 때 가까운 쪽의 숫자를 읽기 때문입니다.」❶

채점 기준	
❶ 수수깡의 길이를 모두 약 5 cm라고 생각한 이유 쓰기	5점

평가책 29~31쪽 단원 평가 2회

✎ 서술형 문제는 풀이를 꼭 확인하세요.

1 3번 / 6번
2 4 cm
3 예 공깃돌, 구슬
4 예 약 6 cm / 6 cm
5 예 •실제 길이 6 cm만큼 선을 긋습니다.
6 5 cm
7 (○)(　)
8 텔레비전
9 약 6 cm
10 20 cm
11 예 약 5 cm
12 약 7 cm
13 (위에서부터) 5, 3, 4
14 가희
15 정희
16 칫솔
17 은지, 정우, 태균
18 6번
✎19 44 cm
✎20 1 cm

12 7 cm에 가깝기 때문에 숟가락의 길이는 약 7 cm입니다.

13 변의 한쪽 끝을 자의 눈금 0에 맞춘 뒤 변의 다른 쪽 끝에 있는 자의 눈금을 읽습니다.

14 모형의 수가 적을수록 길이가 더 짧습니다.
원중: 7개, 가희: 3개, 채우: 5개
따라서 모형을 가장 짧게 연결한 사람은 가희입니다.

15 지도에서의 길이가 짧을수록 실제 거리가 더 가깝습니다.
(은정이의 집～학교)$=3$ cm,
(정희의 집～학교)$=2$ cm,
(혜원이의 집～학교)$=3$ cm
따라서 정희의 집이 학교에서 가장 가깝습니다.

16 단위의 길이가 길수록 단위로 잰 횟수는 더 적습니다.
따라서 모형, 머리핀, 칫솔 중 길이가 가장 긴 단위는 칫솔이므로 칫솔로 잰 횟수가 가장 적습니다.

17 은지: 약 6 cm, 태균: 약 4 cm, 정우: 약 5 cm
6 cm와 어림한 길이의 차가 은지는
$6-6=0$(cm), 태균이는 $6-4=2$(cm),
정우는 $6-5=1$(cm)입니다.
따라서 $0<1<2$이므로 6 cm에 가깝게 어림한 사람부터 차례대로 이름을 쓰면 은지, 정우, 태균입니다.

18 볼펜의 길이는 6 cm가 3번이므로
$6+6+6=18$(cm)입니다.
따라서 $3+3+3+3+3+3=18$이므로 볼펜의 길이는 길이가 3 cm인 옷핀으로 6번 잰 것과 같습니다.

19 예 화분의 높이는 길이가 11 cm인 뼘으로 4번입니다.」 ❶
따라서 화분의 높이는
$11+11+11+11=44$(cm)입니다.」 ❷

채점 기준

❶ 화분의 높이는 뼘으로 몇 번인지 구하기	2점
❷ 화분의 높이 구하기	3점

20 예 색 테이프 ㉮의 길이는 9부터 12까지 1 cm가 3번 들어가므로 3 cm입니다.」 ❶
색 테이프 ㉯의 길이는 13부터 15까지 1 cm가 2번 들어가므로 2 cm입니다.」 ❷
따라서 색 테이프 ㉮의 길이와 ㉯의 길이의 차는 $3-2=1$(cm)입니다.」 ❸

채점 기준

❶ 색 테이프 ㉮의 길이 구하기	2점
❷ 색 테이프 ㉯의 길이 구하기	2점
❸ 색 테이프 ㉮의 길이와 ㉯의 길이의 차 구하기	1점

평가책 32~33쪽 서술형 평가

●풀이를 꼭 확인하세요.

1 ㉯　**2** 20 cm
3 영우　**4** 예지

1 ❶ 예 색 테이프의 길이가 짧을수록 색 테이프로 잰 횟수가 더 많습니다.」 2점
❷ 예 색 테이프 ㉯의 길이가 더 짧으므로 ㉯로 잰 횟수가 더 많습니다.」 3점

2 ❶ 예 필통의 긴 쪽의 길이는 길이가 5 cm인 지우개로 4번입니다.」 2점
❷ 예 필통의 긴 쪽의 길이는
$5+5+5+5=20$(cm)입니다.」 3점

3 예 한 걸음의 길이가 길수록 걸음으로 잰 횟수가 더 적습니다.」 ❶
따라서 $19<24$이므로 한 걸음의 길이가 더 긴 사람은 영우입니다.」 ❷

채점 기준

❶ 한 걸음의 길이와 잰 횟수의 관계 알기	2점
❷ 한 걸음의 길이가 더 긴 사람 구하기	3점

4 예 머리핀의 길이를 자로 재어 보면 6 cm입니다.」 ❶
따라서 6 cm와 어림한 길이의 차가 태주는 2 cm, 예지는 1 cm이고 $1<2$이므로 머리핀의 실제 길이에 더 가깝게 어림한 사람은 예지입니다.」 ❷

채점 기준

❶ 머리핀의 길이를 자로 재어 보기	2점
❷ 실제 길이에 더 가깝게 어림한 사람 구하기	3점

5. 분류하기

평가책 34~36쪽 단원 평가 1회

서술형 문제는 풀이를 꼭 확인하세요.

1 ( )(○)
2 (선 잇기)
3 ①, ③, ⑤ / ②, ④, ⑥
4

장소	고궁	박물관	놀이공원	산
세면서 표시하기	卌	卌	卌	卌
학생 수(명)	3	3	5	1

5 놀이공원
6 산
7 5, 3, 4
8 ♡ 모양
9 4, 5, 1, 2
10 빨간색, 노란색, 초록색, 보라색
11 예 무늬가 있는 것과 없는 것
12 5, 1, 4, 2
13 사과
14 2명
15 예 남학생과 여학생
16 3, 5
17 4, 4
18 2명
19 2가지
20 파란색

1 왼쪽은 색깔이 모두 같으므로 색깔을 기준으로 분류할 수 없습니다.

2 왼쪽은 무늬가 있는 것과 없는 것으로, 오른쪽은 크기가 크고 작은 것으로 분류할 수 있습니다.

5 놀이공원에 가고 싶어 하는 학생이 5명으로 가장 많습니다.

8 수가 가장 많은 모양을 찾습니다.

10 $5>4>2>1$이므로 많은 학생들이 좋아하는 머리핀의 색깔부터 차례대로 쓰면 빨간색, 노란색, 초록색, 보라색입니다.

13 사과를 좋아하는 학생이 5명으로 가장 많습니다.

14 • 감을 좋아하는 학생 수: 4명
• 귤을 좋아하는 학생 수: 2명
⇨ $4-2=2$(명)

18 안경을 쓰지 않은 학생 중 남학생의 수를 세어 보면 2명입니다.

19 예 색종이 조각은 변이 3개인 것과 변이 4개인 것으로 분류할 수 있습니다.」 ❶
따라서 색종이 조각을 2가지로 분류할 수 있습니다.」 ❷

채점 기준

❶ 색종이 조각을 변의 수에 따라 분류하기	3점
❷ 색종이 조각을 변의 수에 따라 분류한 가짓수 구하기	2점

20 예 빨간색을 좋아하는 학생이 3명, 파란색을 좋아하는 학생이 2명, 초록색을 좋아하는 학생이 5명입니다.」 ❶
따라서 $2<3<5$이므로 가장 적은 학생들이 좋아하는 색깔은 파란색입니다.」 ❷

채점 기준

❶ 각 색깔을 좋아하는 학생 수 구하기	3점
❷ 가장 적은 학생들이 좋아하는 색깔 구하기	2점

평가책 37~39쪽 단원 평가 2회

서술형 문제는 풀이를 꼭 확인하세요.

1 ( )( )(○)
2 예 신발의 색깔
3 ( )
(○)
(○)
4 ①, ④, ⑦ / ②, ⑥, ⑧ / ③, ⑤
5 예 색깔 / 예 자릿수
6 예

자릿수	수 카드에 적힌 수
한 자리 수	3, 8, 9, 2
두 자리 수	42, 16, 87, 25
세 자리 수	100, 123

7 5, 3
8 4, 4
9 예 색깔
10 예

색깔	파란색	노란색
옷의 수(개)	3	5

11 4, 8, 6
12 초콜릿 맛
13 예 초콜릿 맛
14 (위에서부터) ②, ④ / ①, ③
15 예 변이 있는 것과 없는 것
16 2, 4, 3
17 사각형
18 예 파란 / 예 4개
19 3개
20 5개

1 단추의 색깔과 모양은 모두 같고 크기는 다르므로 단추의 크기에 따라 분류할 수 있습니다.

2 흰색 신발과 검은색 신발로 분류했습니다.

3 키가 큰 학생과 작은 학생은 분류 기준이 분명하지 않습니다.

6 색깔을 분류 기준으로 하여 분류할 수도 있습니다.

12 초콜릿 맛 아이스크림을 좋아하는 학생이 8명으로 가장 많습니다.

13 초콜릿 맛 아이스크림을 좋아하는 학생이 가장 많으므로 초콜릿 맛 아이스크림을 가장 많이 준비하면 좋습니다.

14 모양이고 딸기 맛인 것: ②
모양이고 포도 맛인 것: ④
모양이고 딸기 맛인 것: ①
모양이고 포도 맛인 것: ③

17 사각형이 4개로 가장 많습니다.

18 색종이 조각의 색깔로 기준을 만든 후 기준에 따라 색종이 조각을 분류하고 그 수를 세어 봅니다.

19 예 구멍이 2개인 단추는 , , , , 입니다.」❶
이 중에서 빨간색인 단추는 , , 입니다.
따라서 구멍이 2개이면서 빨간색인 단추는 모두 3개입니다.」❷

채점 기준

❶ 구멍이 2개인 단추 찾기	2점
❷ 구멍이 2개이면서 빨간색인 단추의 수 구하기	3점

20 예 모양에 따라 분류하고 그 수를 세어 보면 ♡ 모양 단추는 3개, ○ 모양 단추는 4개, ✿ 모양 단추는 5개입니다.」❶
따라서 5>4>3이므로 가장 많은 모양의 단추는 ✿ 모양으로 5개입니다.」❷

채점 기준

❶ 모양에 따라 분류하고 그 수를 세기	3점
❷ 가장 많은 모양의 단추의 수 구하기	2점

평가책 40~41쪽 서술형 평가

●풀이를 꼭 확인하세요.

1 3가지 2 사각형
3 풀이 참조 4 2개

1 ❶ 예 컵의 색깔은 파란색, 초록색, 빨간색이 있습니다.」 2점
❷ 예 색깔에 따라 파란색, 초록색, 빨간색 3가지로 분류할 수 있습니다.」 3점

2 ❶ 예 삼각형 모양인 단추는 1개, 사각형 모양인 단추는 4개, 원 모양인 단추는 2개입니다.」 3점
❷ 예 4>2>1이므로 가장 많은 단추 모양은 사각형입니다.」 2점

3 」❶
예 돈을 지폐와 동전으로 분류한 것인데 500원짜리 동전은 지폐로 분류되어 있기 때문입니다.」❷

채점 기준

❶ 잘못 분류된 것 찾기	2점
❷ 잘못 분류된 이유 쓰기	3점

4 예 비행기 모양은 4개, 배 모양은 6개입니다.」❶
따라서 배 모양은 비행기 모양보다 6−4=2(개) 더 많습니다.」❷

채점 기준

❶ 각 모양의 수 구하기	3점
❷ 배 모양은 비행기 모양보다 몇 개 더 많은지 구하기	2점

6. 곱셈

평가책 42~44쪽 단원 평가 1회

서술형 문제는 풀이를 꼭 확인하세요.

1 9통

2 (수직선 0~10) / 10개

3 16개

4 5 곱하기 9는 45와 같습니다.

5 3, 8, 3

6 ③

7 30 / 6, 30

8 (선 잇기)

9 4배

10 $3+3+3+3=12$ / $3\times4=12$

11 18개

12 9, 5, 45 / 45살

13 동휘

14 >

15 예 / 3, 5

예 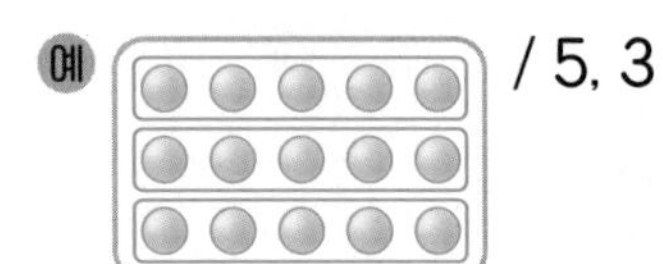 / 5, 3

16 9

17 2, 8, 16 / 4, 4, 16 / 8, 2, 16

18 49개

19 4배

20 28개

12 9의 5배는 $9\times5=45$입니다.
따라서 아버지의 나이는 45살입니다.

13 동휘: $7+7$은 7×2와 같습니다.

14 • $8+8+8=24$ • $7\times3=21$
⇨ $24>21$

15 15는 3씩 5줄, 5씩 3줄로 묶어서 나타낼 수 있습니다.

16 $2\times▲=18$에서 2를 9번 더해야 18이 되므로 ▲$=9$입니다.

17 • 2씩 8묶음 ⇨ $2\times8=16$
• 4씩 4묶음 ⇨ $4\times4=16$
• 8씩 2묶음 ⇨ $8\times2=16$

18 • 4개씩 6묶음은 4의 6배이므로 지수가 가지고 있는 사탕은 $4\times6=24$(개)입니다.
• 5개씩 5묶음은 5의 5배이므로 민재가 가지고 있는 사탕은 $5\times5=25$(개)입니다.
따라서 지수와 민재가 가지고 있는 사탕은 모두 $24+25=49$(개)입니다.

19 예 $2+2+2+2=8$이므로 8은 2의 4배입니다.」 ❶
따라서 세진이가 가진 모형의 수는 은지가 가진 모형의 수의 4배입니다.」 ❷

채점 기준

❶ 8은 2의 몇 배인지 구하기	3점
❷ 세진이가 가진 모형의 수는 은지가 가진 모형의 수의 몇 배인지 구하기	2점

20 예 구슬이 4개이므로 팔찌를 만드는 데 필요한 구슬의 수는 4의 7배입니다.」 ❶
따라서 필요한 구슬은 모두 $4\times7=28$(개)입니다.」 ❷

채점 기준

❶ 필요한 구슬의 수는 4의 몇 배인지 구하기	2점
❷ 필요한 구슬의 수 구하기	3점

평가책 45~47쪽 단원 평가 2회

서술형 문제는 풀이를 꼭 확인하세요.

1 12개

2 3

3 (선 잇기)

4 5 / 2, 5

5 $7\times9=63$

6 5 / 3, 5, 15

7 ③

8 2씩 묶기

9 $5\times2=10$ / $5\times3=15$

10 4, 2

11 $9+9+9+9+9+9=54$ / $9\times6=54$

12 7배

13 선예

14 예지

15 ㉢

16 예 $3\times9=27$, $9\times3=27$

17 2묶음

18 10가지

19 30개

20 56개

9 • 5의 2배 ⇨ $5\times2=10$
• 5의 3배 ⇨ $5\times3=15$

10 8은 2씩 4묶음이므로 2의 4배, 4씩 2묶음이므로 4의 2배로 나타낼 수 있습니다.

11 강당에 있는 학생이 9명씩 6줄이므로 강당에 있는 학생 수는 9의 6배입니다.
⇨ $9+9+9+9+9+9=54$ ⇨ $9\times6=54$

12 감자는 14개이므로 2씩 7묶음입니다.
따라서 2씩 7묶음은 2의 7배이므로 감자의 수는 옥수수의 수의 7배입니다.

13 선예: 밤을 4개씩 묶으면 3묶음이고 3개가 남습니다.

14 쌓은 연결 모형의 수가 소연이는 2개, 상현이는 3개, 예지는 6개, 창준이는 7개입니다.
따라서 2의 3배는 6이므로 쌓은 연결 모형의 수가 6개인 사람은 예지입니다.

15 ㉠ 6씩 3묶음 ⇨ 6의 3배 ⇨ $6\times3=18$
㉡ 5의 4배 ⇨ $5\times4=20$
㉢ $3\times7=21$
따라서 $18<20<21$이므로 나타내는 수가 가장 큰 것은 ㉢입니다.

16 • 3씩 9묶음 ⇨ $3\times9=27$
• 9씩 3묶음 ⇨ $9\times3=27$

17 4개씩 4묶음은 4의 4배이므로 토마토는 $4\times4=16$(개)입니다.
따라서 $8+8=16$이므로 8개씩 묶으면 2묶음입니다.

18

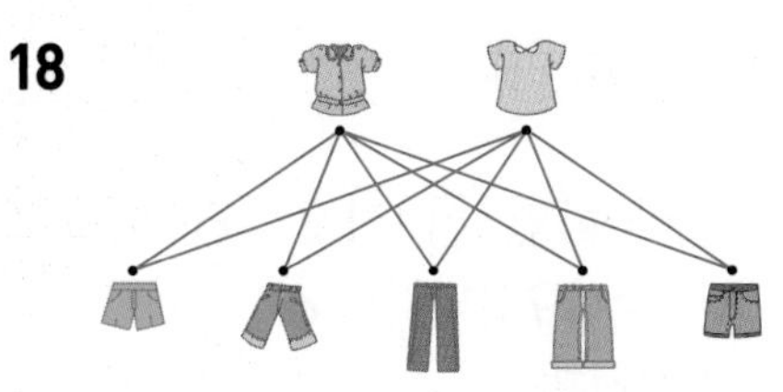

티셔츠 하나와 바지를 함께 입을 수 있는 방법은 5가지입니다.
따라서 티셔츠는 2개이므로 티셔츠와 바지를 모두 $2\times5=10$(가지) 방법으로 입을 수 있습니다.

19 예 도미노 1개에 있는 점은 $2+4=6$(개)입니다.」 ❶
따라서 도미노 5개에 있는 점은 6의 5배이므로 모두 $6\times5=30$(개)입니다.」 ❷

채점 기준

❶ 도미노 1개에 있는 점의 수 구하기	1점
❷ 도미노 5개에 있는 점의 수 구하기	4점

20 예 서 있는 학생은 $2\times4=8$(명)입니다.」 ❶
따라서 필요한 귤은 모두 $8\times7=56$(개)입니다.」 ❷

채점 기준

❶ 서 있는 학생 수 구하기	2점
❷ 필요한 귤의 수 구하기	3점

평가책 48~49쪽 서술형 평가

●풀이를 꼭 확인하세요.

1 18개 **2** 30개
3 $2\times5=10$, $5\times2=10$
4 3배

1 ❶ 예 귤을 3씩 묶어 세어 보면 6묶음이 되므로 3－6－9－12－15－18입니다.」 3점
❷ 예 귤은 모두 18개입니다.」 2점

2 ❶ 예 한 명이 보를 냈을 때 펼친 손가락은 5개입니다.」 1점
❷ 예 6명이 모두 보를 냈을 때 펼친 손가락은 모두 $5\times6=30$(개)입니다.」 4점

3 예 2개씩 묶으면 5묶음이므로 $2\times5=10$입니다.」 ❶
5개씩 묶으면 2묶음이므로 $5\times2=10$입니다.」 ❷

채점 기준

❶ 2개씩 묶었을 때 곱셈식 구하기	1개 2점, 2개 5점
❷ 5개씩 묶었을 때 곱셈식 구하기	

4 예 양파는 12개이므로 4씩 3묶음입니다.」 ❶
따라서 4씩 3묶음은 4의 3배이므로 양파의 수는 당근의 수의 3배입니다.」 ❷

채점 기준

❶ 양파의 수는 몇씩 몇 묶음인지 구하기	3점
❷ 양파의 수는 당근의 수의 몇 배인지 구하기	2점

평가책 50~52쪽 **학업 성취도 평가 1회**

서술형 문제는 풀이를 꼭 확인하세요.

1 300 **2** 24개
3 18 **4** 3
5 8, 3, 24 **6** 5, 4, 3
7 4, 5, 3 **8** 6개
9 316, 336, 346 **10** 사각형, 5개
11 진우 **12** (○)(   )
13 627원 **14** 45권
15 예 17+□=35 / 18
16 포도
17 2, 9, 18 / 3, 6, 18 / 6, 3, 18 / 9, 2, 18
18 혜수 **19** 48 cm
20 37

3
$$\begin{array}{r} \overset{2\ 10}{\cancel{3}\,6} \\ -\ 1\,8 \\ \hline 1\,8 \end{array}$$

4 4씩 3묶음 ⇨ 4의 3배

5 구슬이 8개씩 3묶음이므로 8의 3배입니다.
⇨ $8\times3=24$

6 모양에 따라 표시를 하면서 수를 세어 봅니다.

7 색깔에 따라 표시를 하면서 수를 세어 봅니다.

8 곧은 선 3개로 둘러싸인 도형은 삼각형이고, 삼각형은 변과 꼭짓점이 각각 3개입니다.
⇨ $3+3=6$(개)

9 296에서 306으로 십의 자리 수가 1만큼 더 커졌으므로 10씩 뛰어 센 것입니다.

10 색종이를 점선을 따라 자르면 곧은 선 4개로 둘러싸인 도형, 즉 사각형이 5개 생깁니다.

11 한 걸음의 길이가 길수록 잰 횟수는 더 적습니다. 따라서 $12<15$이므로 한 걸음의 길이가 더 긴 사람은 진우입니다.

12 오른쪽 모양: 쌓기나무 3개가 1층에 옆으로 나란히 있고, 가운데 쌓기나무 앞과 위에 쌓기나무가 각각 1개씩 있는 모양

13
100원짜리 동전 5개 → 500원
10원짜리 동전 12개 → 120원
1원짜리 동전 7개 → 7원
627원

14 (주오가 가지고 있는 공책의 수)
$=54+17=71$(권)
⇨ (현우가 가지고 있는 공책의 수)
$=71-26=45$(권)

15 $17+\square=35$ ⇨ $35-17=\square$, $\square=18$

16 과일을 종류에 따라 분류하고, 그 수를 세어 보면 사과는 5명, 포도는 6명, 배는 4명입니다.
따라서 $6>5>4$이므로 가장 많은 학생들이 좋아하는 과일은 포도입니다.

17
• 2씩 9묶음 ⇨ $2\times9=18$
• 3씩 6묶음 ⇨ $3\times6=18$
• 6씩 3묶음 ⇨ $6\times3=18$
• 9씩 2묶음 ⇨ $9\times2=18$

18 어림한 길이와 실제 길이의 차를 각각 구하면
민우: $25-23=2$(cm),
혜수: $23-22=1$(cm)입니다.
따라서 $1<2$이므로 실제 길이에 더 가깝게 어림한 사람은 혜수입니다.

19 예 텔레비전의 짧은 쪽의 길이는 길이가 12 cm인 뼘으로 4번입니다.」 ❶
따라서 텔레비전의 짧은 쪽의 길이는
$12+12+12+12=48$(cm)입니다.」 ❷

채점 기준

❶ 텔레비전의 짧은 쪽의 길이는 한 뼘으로 몇 번인지 구하기	2점
❷ 텔레비전의 짧은 쪽의 길이 구하기	3점

20 예 어떤 수를 □라 하면 $\square+12=61$이므로
$61-12=\square$, $\square=49$입니다.」 ❶
따라서 바르게 계산하면
$49-12=37$입니다.」 ❷

채점 기준

❶ 어떤 수 구하기	3점
❷ 바르게 계산한 값 구하기	2점

평가책 53~55쪽 **학업 성취도 평가 2회**

서술형 문제는 풀이를 꼭 확인하세요.

1 삼각형　　2 3 cm
3 9, 9　　4 42
5 1 / 10 / 80　　6 $>$
7 6배
8 (왼쪽에서부터) 3, 6, 4
9 4, 5, 3　　10 예 흰색
11 　　12 ㉡
13 

14 67개　　15 ㉣, ㉡, ㉢, ㉠
16 (위에서부터) 6, 9　　17 4개
18 4번　　19 626
20 32개

6 $482>479$
$[8>7]$

7 4씩 6묶음은 24입니다.
⇨ 24는 4의 6배입니다.

8 변의 한쪽 끝을 자의 눈금 0에 맞춘 뒤 변의 다른 쪽 끝에 있는 자의 눈금을 읽습니다.

11 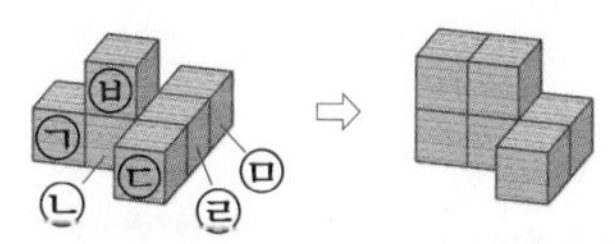

㉤을 ㉠의 위로 옮겨야 합니다.

12 ㉠ $53+9=62$
㉡ $75-18=57$
㉢ $50-14+28=36+28=64$
따라서 $57<62<64$이므로 계산 결과가 가장 작은 것은 ㉡입니다.

13 다리가 2개인 것과 4개인 것으로 분류한 것입니다. 오리는 다리가 2개인데 4개인 것으로 분류되었으므로 잘못 분류된 동물은 오리입니다.

14 (상자에 있는 귤의 수)
$=61-18+24=43+24=67$(개)

15 ㉠ $6+6+6+6=24$
㉡ $9\times3=27$
㉢ $5\times5=25$
㉣ $8\times4=32$
⇨ $\underset{㉣}{32}>\underset{㉡}{27}>\underset{㉢}{25}>\underset{㉠}{24}$

16 • 일의 자리 계산: $10-\square=1$, $\square=9$
• 십의 자리 계산: $\square-1-2=3$, $\square=6$

17 삼각형: 7개, 사각형: 3개, 원: 5개
따라서 가장 많이 사용한 도형은 가장 적게 사용한 도형보다 $7-3=4$(개) 더 많습니다.

18 머리핀의 길이는 4 cm가 2번이므로 $4+4=8$(cm)입니다.
따라서 $2+2+2+2=8$이므로 머리핀의 길이는 길이가 2 cm인 압정으로 4번 잰 것과 같습니다.

19 예 백의 자리 수는 5보다 크고 7보다 작은 수를 나타내므로 6입니다.」❶
십의 자리 수는 20을 나타내므로 2입니다.」❷
따라서 설명에서 나타내는 세 자리 수는 626입니다.」❸

채점 기준

❶ 백의 자리 수 구하기	2점
❷ 십의 자리 구하기	2점
❸ 설명에서 나타내는 세 자리 수 구하기	1점

20 예 두발자전거 7대의 바퀴는 $2\times7=14$(개)입니다.」❶
세발자전거 6대의 바퀴는 $3\times6=18$(개)입니다.」❷
따라서 자전거의 바퀴는 모두 $14+18=32$(개)입니다.」❸

채점 기준

❶ 두발자전거 7대의 바퀴 수 구하기	2점
❷ 세발자전거 6대의 바퀴 수 구하기	2점
❸ 자전거의 바퀴는 모두 몇 개인지 구하기	1점

메모

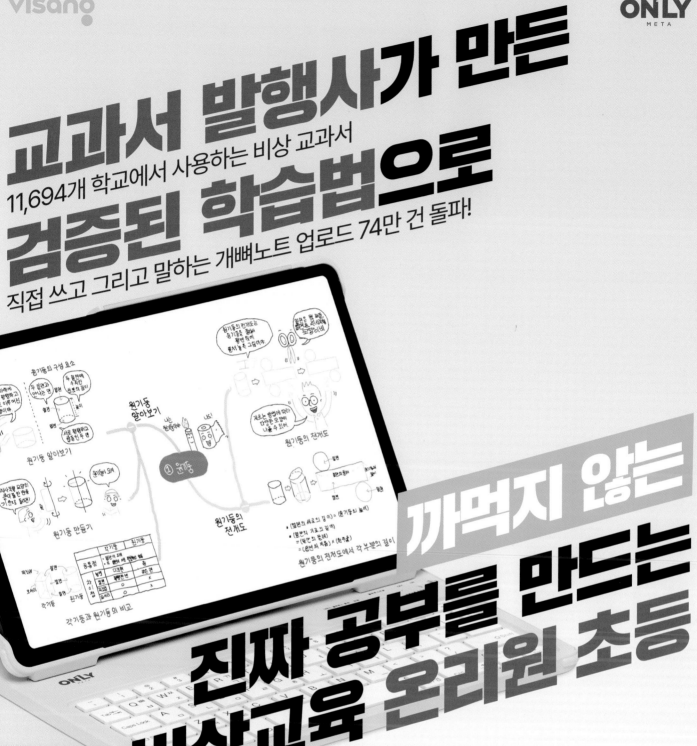

✣ 개념·플러스·유형·시리즈 개념과 유형이 하나로! 가장 효과적인 수학 공부 방법을 제시합니다.

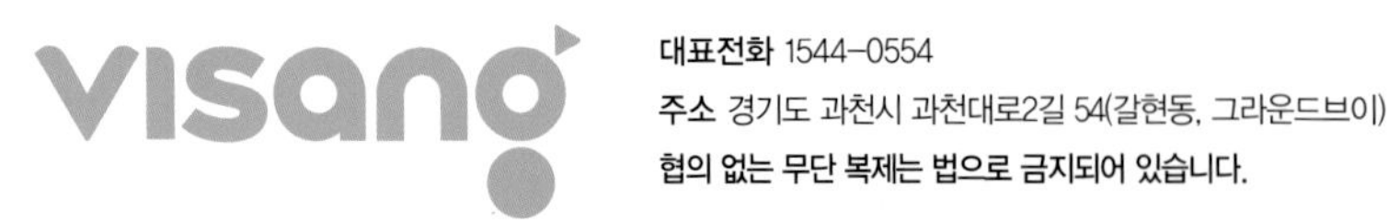
visang
대표전화 1544-0554
주소 경기도 과천시 과천대로2길 54(갈현동, 그라운드브이)
협의 없는 무단 복제는 법으로 금지되어 있습니다.

✣ 개념·플러스·유형·시리즈 개념과 유형이 하나로! 가장 효과적인 수학 공부 방법을 제시합니다.

비상교재 누리집에 방문해보세요

http://book.visang.com/

발간 이후에 발견되는 오류 비상교재 누리집 〉 학습자료실 〉 초등교재 〉 정오표

본 교재의 정답 비상교재 누리집 〉 학습자료실 〉 초등교재 〉 정답 • 해설

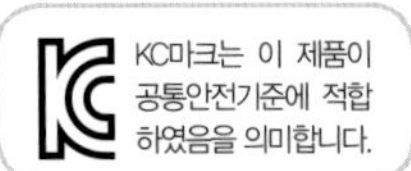

초등학교 반 번 이름

품질혁신코드 VS01QI25

2022 개정 교육과정
개념+유형
PLUS

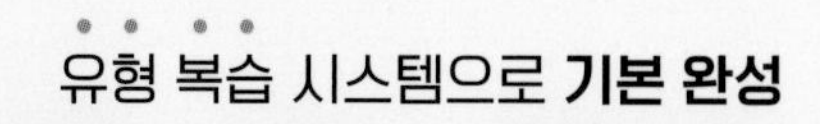
유형 복습 시스템으로 기본 완성

복습책

- 개념을 단단하게 다지는 **개념복습**
- 1 : 1 복습을 통해 기본을 완성하는 **유형복습**

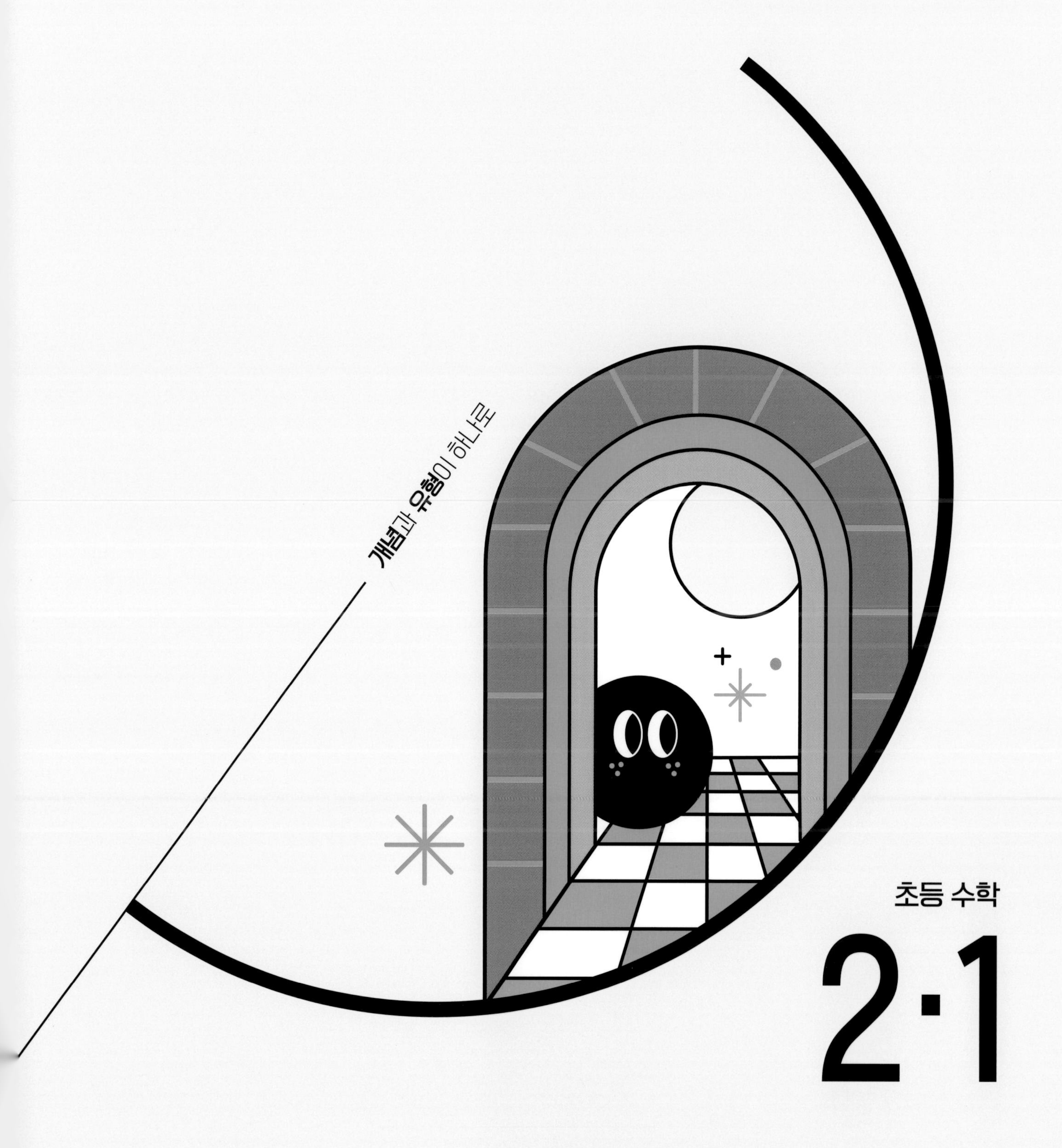
개념과 유형이 하나로

초등 수학

2·1

visang

ABOVE IMAGINATION

우리는 남다른 상상과 혁신으로
교육 문화의 새로운 전형을 만들어
모든 이의 행복한 경험과 성장에 기여한다

개념+PLUS 유형

복습책

초등 수학

2·1

복습책에서는

개념책의 문제를 1:1로 복습합니다.

1
세 자리 수

개념 복습 기초력 기르기

❶ 백

(1~8) □ 안에 알맞은 수를 써넣으세요.

1 99보다 1만큼 더 큰 수는 □입니다.

2 90보다 10만큼 더 큰 수는 □입니다.

3 100은 99보다 □만큼 더 큰 수입니다.

4 100은 90보다 □만큼 더 큰 수입니다.

5 10이 10개이면 □입니다.

6 □은 백이라고 읽습니다.

7 80보다 20만큼 더 큰 수는 □입니다.

8 70보다 30만큼 더 큰 수는 □입니다.

❷ 몇백

(1~4) □ 안에 알맞은 수를 써넣으세요.

1 100이 3개이면 □입니다.

2 100이 4개이면 □입니다.

3 100이 6개이면 □입니다.

4 100이 8개이면 □입니다.

(5~6) 수를 바르게 읽은 것에 ○표 하세요.

5 200 (이백 , 삼백)

6 900 (육백 , 구백)

(7~8) 수로 써 보세요.

7 오백 ⇨ (   )

8 칠백 ⇨ (   )

③ 세 자리 수

(1~3) □ 안에 알맞은 수를 써넣으세요.

1 100이 2개, 10이 9개, 1이 6개이면 □

2 100이 4개, 10이 5개, 1이 3개이면 □

3 100이 7개, 10이 8개, 1이 9개이면 □

(4~5) 수를 바르게 읽은 것에 ○표 하세요.

4 135 (백삼십오 , 백오십삼)

5 742 (칠백이십사 , 칠백사십이)

(6~7) 수로 써 보세요.

6 사백구십구
⇨ (   )

7 구백육십일
⇨ (   )

④ 각 자리의 숫자가 나타내는 값

(1~2) □ 안에 알맞은 수나 말을 써넣으세요.

1 316에서 3은 □의 자리 숫자이고, □을 나타냅니다.

2 735에서 5는 □의 자리 숫자이고, □를 나타냅니다.

(3~4) □ 안에 알맞은 수를 써넣으세요.

3 957은 100이 □개, 10이 □개, 1이 □개

⇨ 957
=□+□+□

4 865는 100이 □개, 10이 □개, 1이 □개

⇨ 865
=□+□+□

기초력 기르기

정답 31쪽

5 뛰어 세기

(1~3) 100씩 뛰어 세어 보세요.

1 210—310—[ ]—510—610

2 456—[ ]—656—756—856

3 505—605—705—[ ]—905

(4~6) 10씩 뛰어 세어 보세요.

4 630—640—[ ]—660—670

5 711—[ ]—731—741—751

6 274—284—294—[ ]—314

(7~9) 1씩 뛰어 세어 보세요.

7 541—542—[ ]—544—545

8 623—[ ]—625—626—627

9 818—819—[ ]—821—822

6 수의 크기 비교

(1~9) 두 수의 크기를 비교하여 ○ 안에 > 또는 <를 알맞게 써넣으세요.

1 573 ○ 156

2 783 ○ 358

3 635 ○ 857

4 547 ○ 512

5 924 ○ 978

6 354 ○ 367

7 829 ○ 824

8 667 ○ 668

9 472 ○ 477

기본유형 익히기

개념책 9~11쪽 | 정답 31쪽

① 백

1 구슬의 수를 □ 안에 써넣으세요.

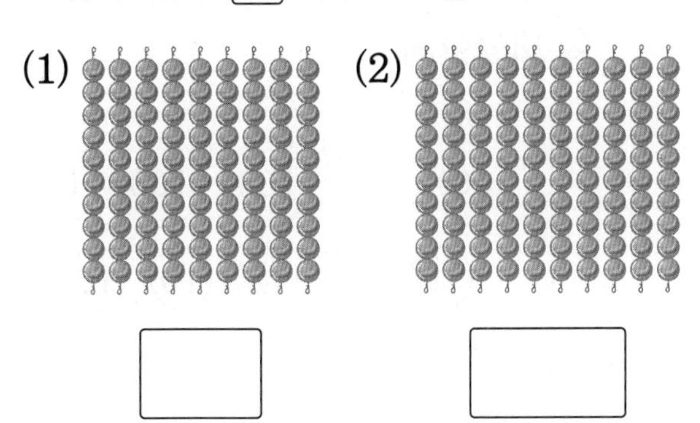

2 수 모형을 보고 □ 안에 알맞은 수를 써넣으세요.

백 모형이 □개, 십 모형이 □개,

일 모형이 □개이면 □입니다.

3 □ 안에 알맞은 수를 써넣으세요.

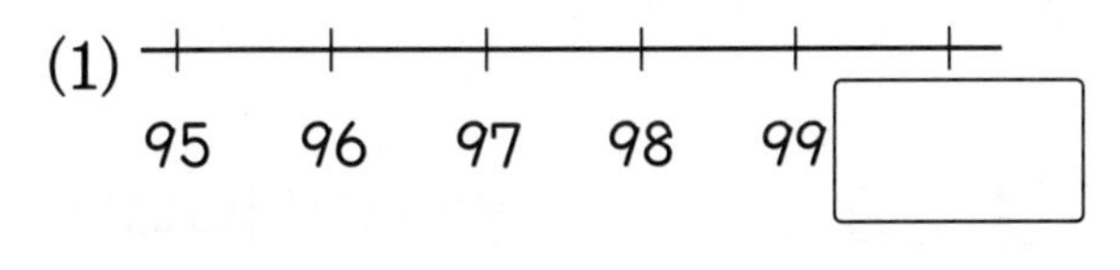

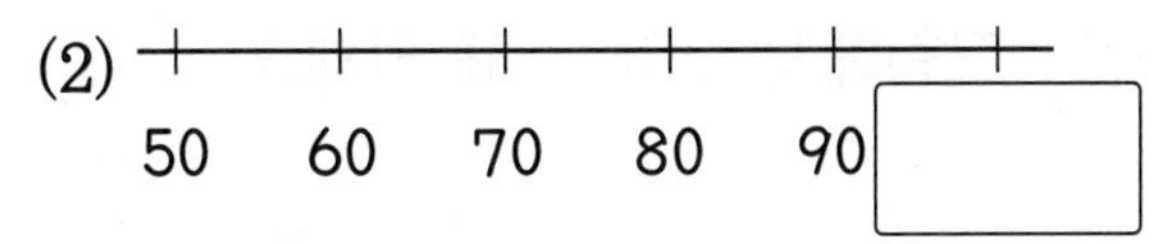

② 몇백

4 □ 안에 알맞은 수를 써넣으세요.

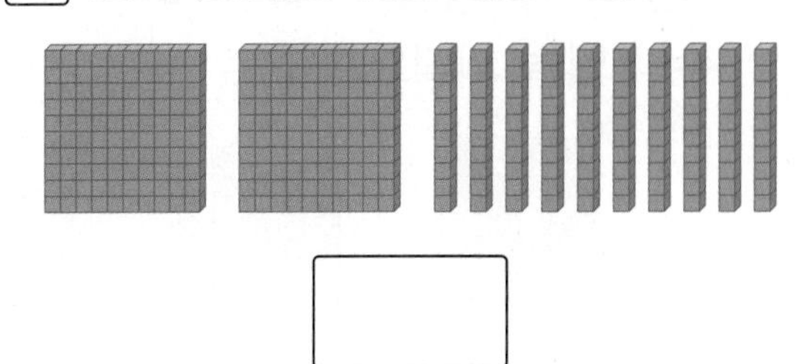

5 관계있는 것끼리 선으로 이어 보세요.

100이 2개인 수	200	육백
100이 6개인 수	700	이백
100이 7개인 수	600	칠백

6 〈보기〉에서 알맞은 수를 골라 □ 안에 써넣으세요.

〈보기〉
200　　400

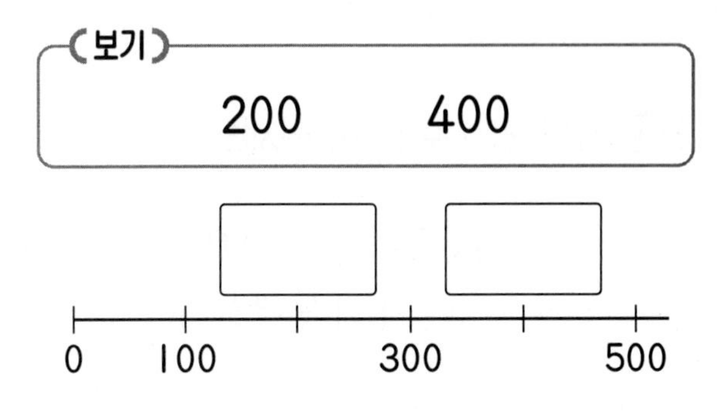

1 단원

③ 세 자리 수

7 □ 안에 알맞은 수를 써넣고 나타내는 수나 말을 써넣으세요.

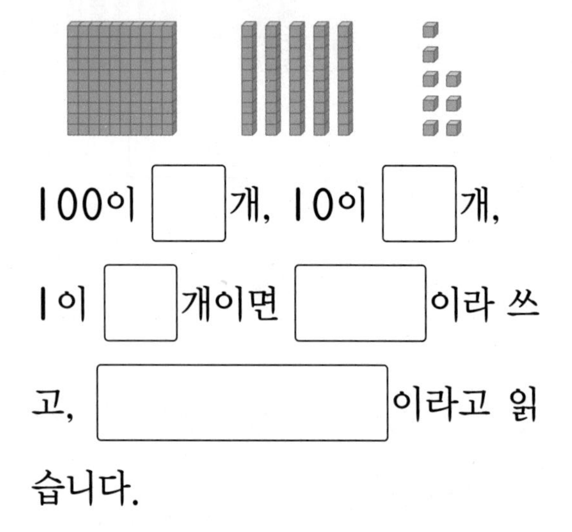

100이 □개, 10이 □개, 1이 □개이면 □이라 쓰고, □이라고 읽습니다.

8 수를 바르게 읽은 것을 찾아 선으로 이어 보세요.

254 ·	· 팔백구십육
896 ·	· 이백오십사
473 ·	· 사백칠십삼

9 □ 안에 알맞은 수를 써넣으세요.

100이 3개
10이 6개 ─ 이면 □
1이 2개

10 나타내는 수를 써 보세요.

100이 3개, 10이 6개,
1이 9개인 수

(　　　　　　　)

④ 각 자리의 숫자가 나타내는 값

11 512만큼 색칠하고, □ 안에 알맞은 수를 써넣으세요.

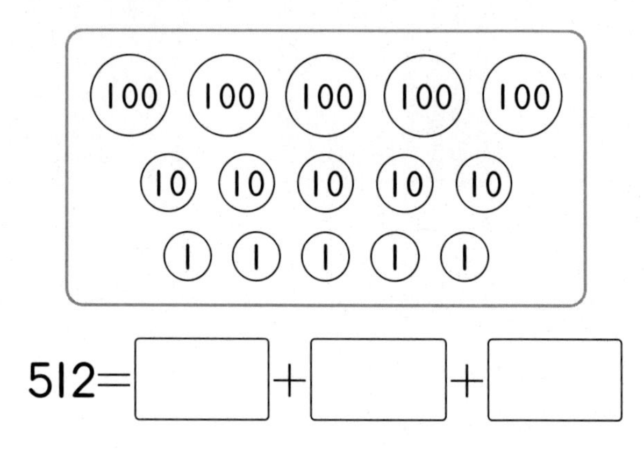

512=□+□+□

12 수를 보고 빈칸에 알맞은 수를 써넣으세요.

295

	백의 자리	십의 자리	일의 자리
숫자			
나타내는 값			

13 밑줄 친 숫자가 얼마를 나타내는지 수 모형에서 찾아 ○표 하세요.

1<u>1</u>2

실전유형 다지기

개념책 16쪽 | 정답 32쪽

1 □ 안에 알맞은 수를 써넣으세요.

100은 ┌ 80보다 □ 만큼 더 큰 수
　　　└ 98보다 □ 만큼 더 큰 수

2 옳은 것에 ○표, 틀린 것에 ×표 하세요.

(1) 100이 8개이면 80입니다.
( )

(2) 600은 100이 6개인 수입니다.
( )

(3) 10이 10개이면 100입니다.
( )

3 수 모형이 나타내는 수를 바르게 읽은 것에 ○표 하세요.

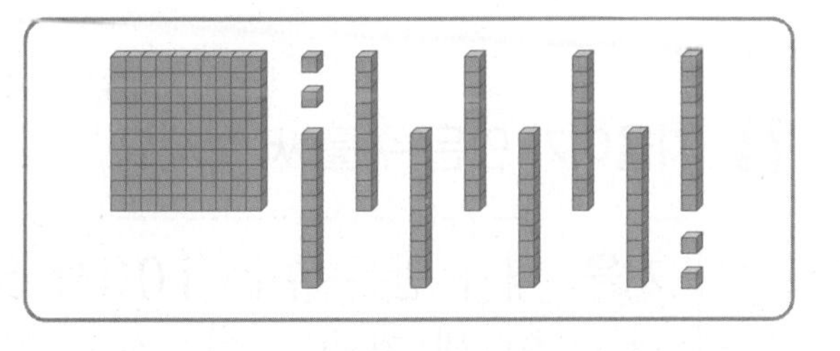

(백사십팔 , 백팔십사)

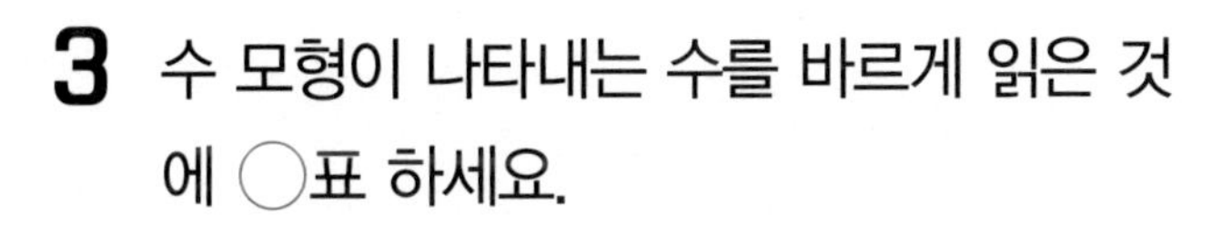

4 수를 각 자릿값의 합으로 나타내 보세요.

320=300+□+□

5 밑줄 친 숫자는 얼마를 나타내는지 써 보세요.

502

( )

서술형

6 민지는 구슬을 100개씩 6묶음, 10개씩 1묶음, 낱개로 7개 가지고 있습니다. 민지가 가지고 있는 구슬은 모두 몇 개인지 풀이 과정을 쓰고 답을 구해 보세요.

풀이

답

실전유형 다지기

7 색종이는 모두 몇 장일까요?

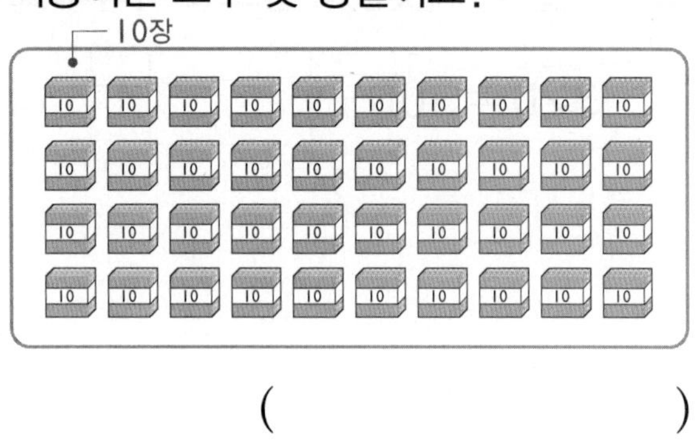

( )

8 수 배열표를 보고 물음에 답하세요.

821	822	823	824	825
831	832	833	834	835
841	842	843	844	845
851	852	853	854	855
861	862	863	864	865

(1) 십의 자리 숫자가 5인 수를 모두 찾아 분홍색으로 칠해 보세요.

(2) 일의 자리 숫자가 2인 수를 모두 찾아 파란색으로 칠해 보세요.

(3) 두 가지 색이 모두 칠해진 수를 찾아 써 보세요.

( )

《 수학 익힘 유형 》

9 색칠한 칸의 수와 더 가까운 수에 ○표 하세요.

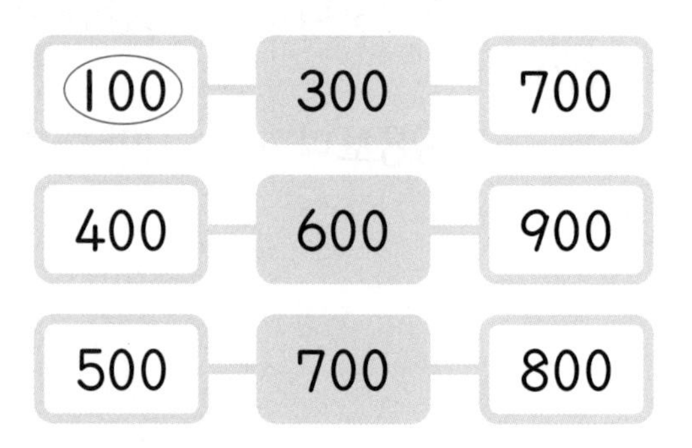

10 수 모형 4개 중 3개를 사용하여 나타낼 수 있는 세 자리 수를 모두 찾아 ○표 하세요.

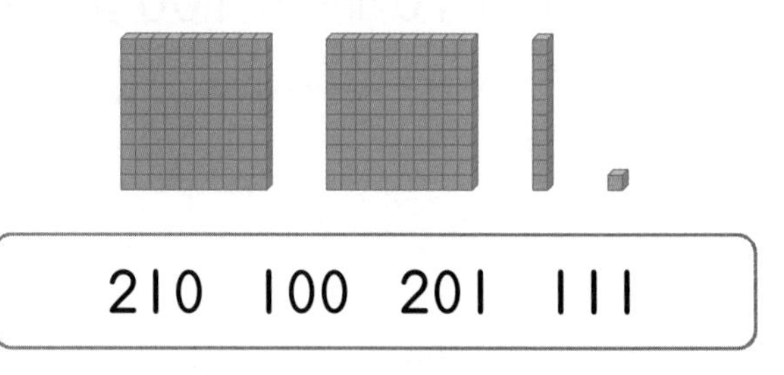

《 수학 익힘 유형 》

11 지율이가 만든 수를 써 보세요.

지율: 내가 만든 수는 100이 6개인 세 자리 수야. 십의 자리 숫자는 30을 나타내고, 975와 일의 자리 숫자는 똑같아.

( )

기본유형 익히기

개념책 19~21쪽 | 정답 32쪽

5 뛰어 세기

1 빈칸에 알맞은 수를 써넣으세요.

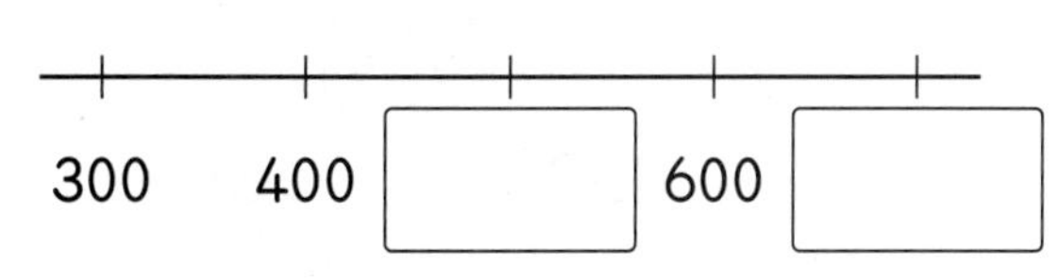

2 □ 안에 알맞은 수를 써넣으세요.

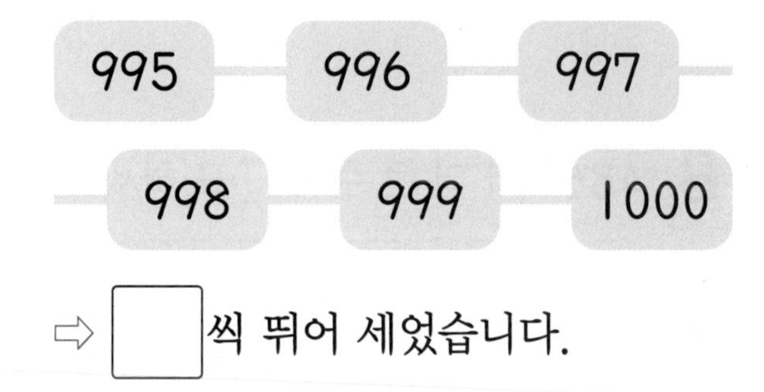

⇨ □씩 뛰어 세었습니다.

3 370부터 10씩 뛰어 세면서 선으로 이어 보세요.

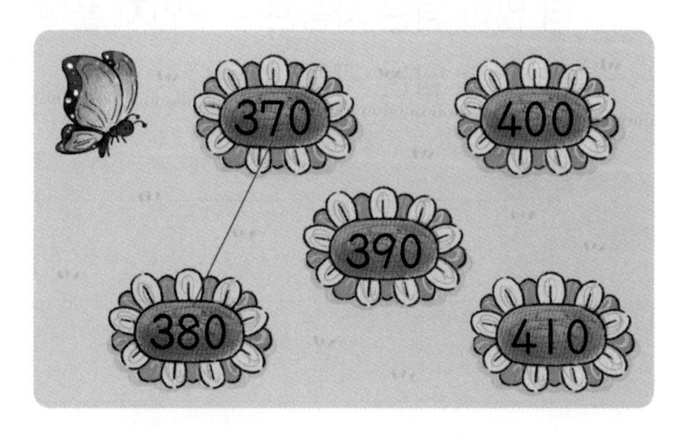

6 수의 크기 비교

4 두 수의 크기를 비교하여 ◯ 안에 > 또는 <를 알맞게 써넣으세요.

(1) 184 ◯ 282

(2) 836 ◯ 833

5 □ 안에 알맞은 수를 써넣고, 두 수의 크기를 비교하여 ◯ 안에 > 또는 <를 알맞게 써넣으세요.

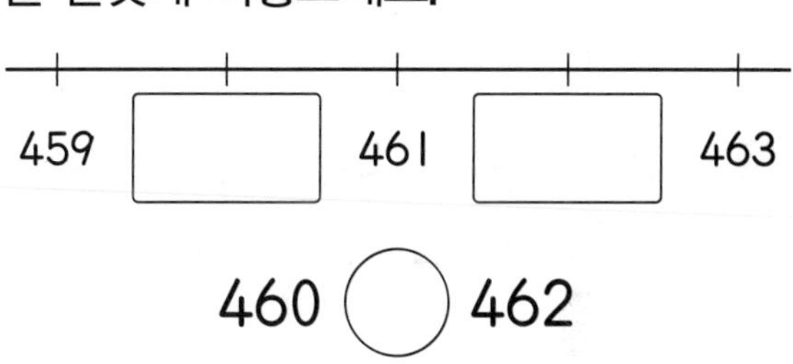

460 ◯ 462

6 수의 크기를 비교하여 가장 작은 수에는 빨간색, 가장 큰 수에는 파란색을 칠해 보세요.

1 10씩 뛰어 세어 보세요.

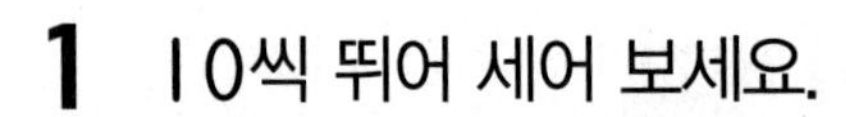

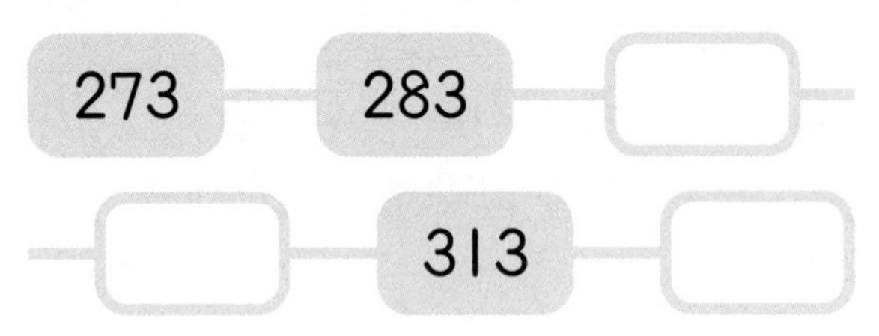

2 두 수의 크기를 비교하여 ◯ 안에 > 또는 <를 알맞게 써넣으세요.

(1) 109 ◯ 184

(2) 866 ◯ 862

3 100씩 거꾸로 뛰어 세어 보세요.

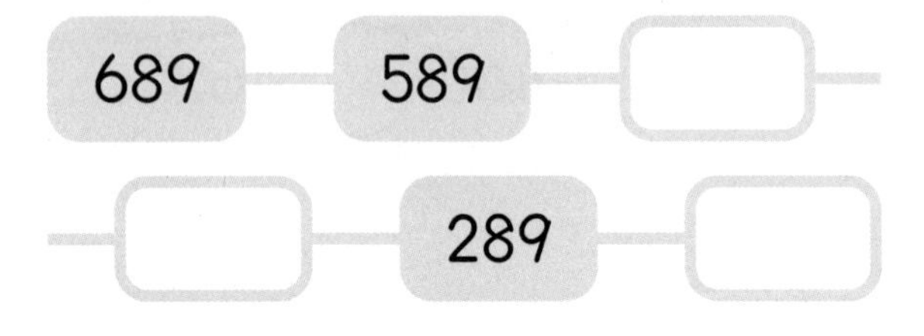

4 뛰어 세는 규칙을 찾아 빈칸에 알맞은 수를 써넣고, □ 안에 알맞은 수를 써넣으세요.

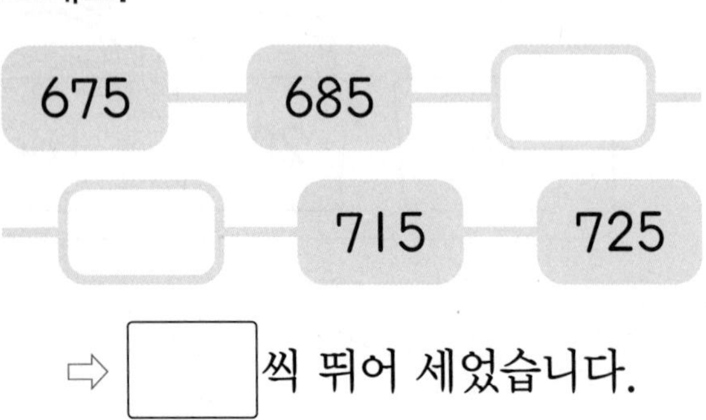

5 337부터 1씩 뛰어 센 수가 쓰여 있습니다. 빈 카드에 알맞은 수를 써넣으세요.

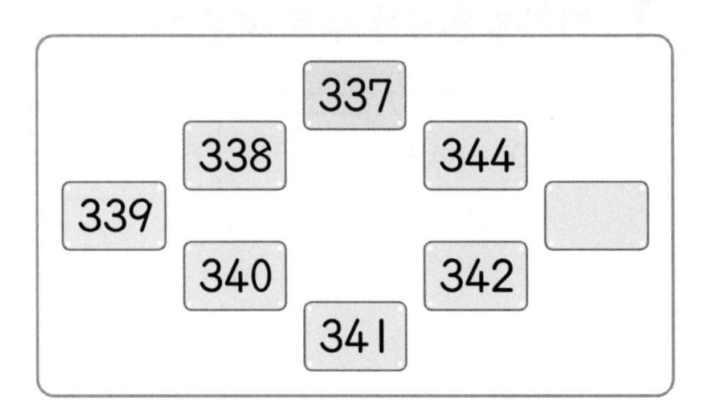

6 486보다 더 큰 수에 ◯표 하세요.

486	495	424

서술형

7 민규는 줄넘기를 253번 넘었고, 은비는 줄넘기를 228번 넘었습니다. 줄넘기를 더 많이 넘은 사람은 누구인지 풀이 과정을 쓰고 답을 구해 보세요.

풀이

답

8 은아와 재희가 나눈 대화를 읽고 물음에 답하세요.

- 은아: 나는 300에서 출발해서 100씩 뛰어 세었어.
- 재희: 나는 700에서 출발해서 10씩 거꾸로 뛰어 세었어.

(1) 은아의 방법으로 뛰어 세어 보세요.

300 - □ - □ - □ - □ - □

(2) 재희의 방법으로 뛰어 세어 보세요.

700 - □ - □ - □ - □ - □

9 예리와 동우가 보건소에서 번호표를 뽑고 기다리고 있습니다. 번호표를 더 먼저 뽑은 사람은 누구일까요?

107	171
예리	동우

( )

10 작은 수부터 차례대로 써 보세요.

368 417 435

( )

《 수학 익힘 유형 》

11 □ 안에 들어갈 수 있는 수를 모두 찾아 ○표 하세요.

96□ < 965

1 2 3 4 5 6 7 8 9

《 수학 익힘 유형 》

12 수 카드를 한 번씩만 사용하여 □ 안에 알맞은 수를 써넣으세요.

520 530 540

535 < □

525 < □

515 < □

개념책 24~25쪽 | 정답 33쪽

1 수 카드 7, 2, 8을 한 번씩만 사용하여 가장 큰 세 자리 수를 만들어 보세요.

(　　　　　　　　)

2 다음이 나타내는 수에서 10씩 4번 뛰어 센 수는 얼마인지 구해 보세요.

100이 2개, 10이 7개,
1이 3개인 수

(　　　　　　　　)

〈 수학 익힘 유형 〉

3 다음 설명에서 나타내는 세 자리 수는 얼마인지 구해 보세요.

- 백의 자리 수는 3보다 크고 5보다 작은 수를 나타냅니다.
- 십의 자리 수는 50을 나타냅니다.
- 일의 자리 수는 9입니다.

(　　　　　　　　)

놀이 수학

〈 수학 유형 〉

4 밑줄 친 숫자가 나타내는 수를 표에서 찾아 비밀 단어를 만들어 보세요.

<u>4</u>63 ⇨ ①　　98<u>1</u> ⇨ ②
2<u>4</u>7 ⇨ ③　　<u>1</u>65 ⇨ ④

수	10	400	100
글자	자	나	보
수	1	4	40
글자	무	연	늘

비밀 단어	①	②	③	④

실력 확인 [평가책] 단원 평가 2~7쪽 | 서술형 평가 8~9쪽

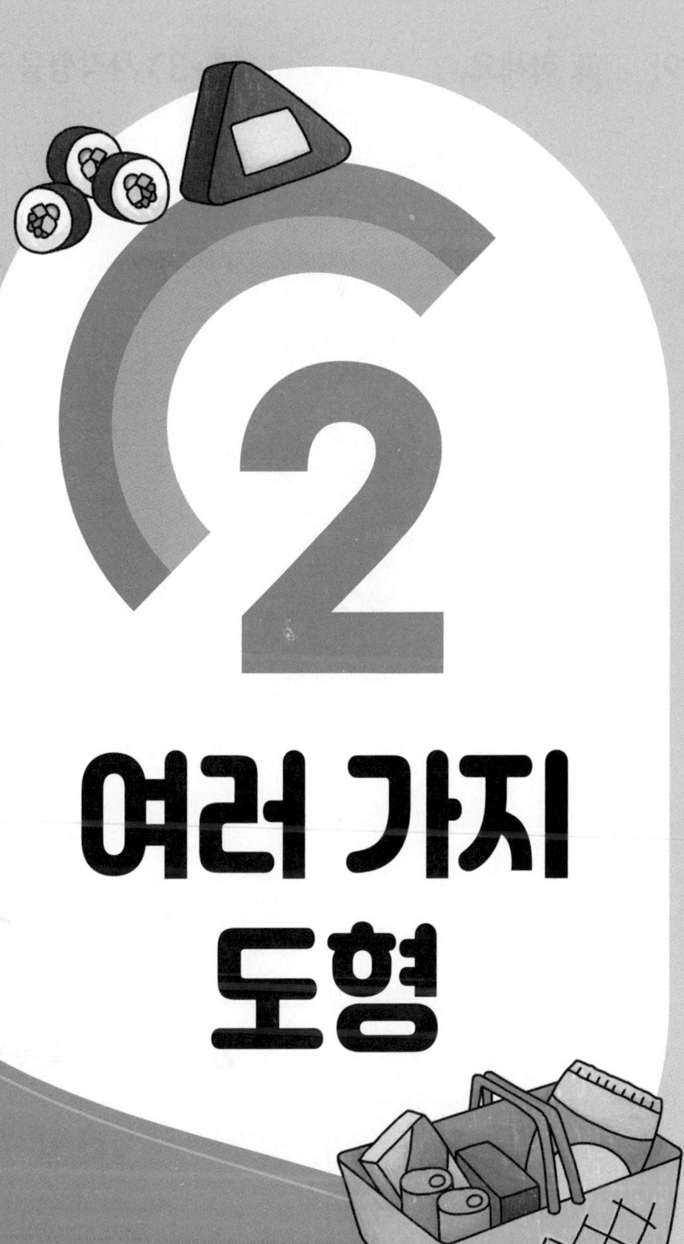

2 여러 가지 도형

기초력 기르기

❶ 삼각형

(1~3) 삼각형을 찾아 ○표 하세요.

1

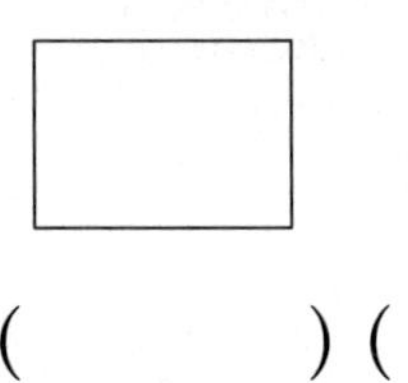 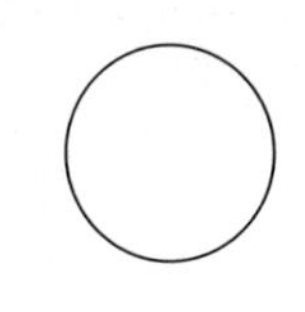 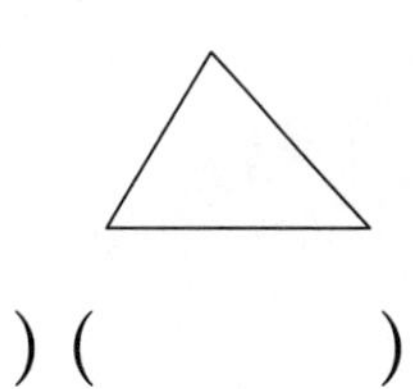

(　　　) (　　　) (　　　)

2

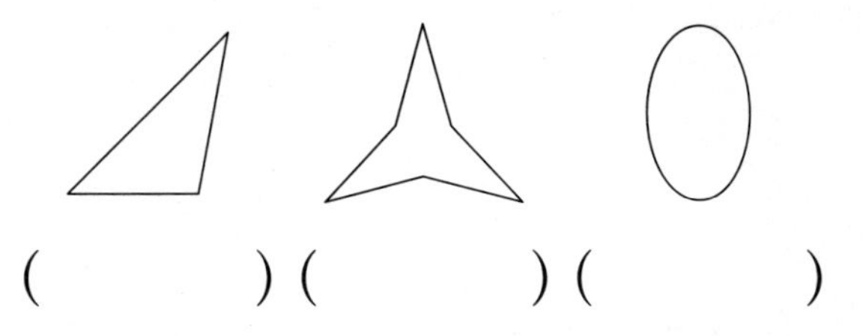

(　　　) (　　　) (　　　)

3

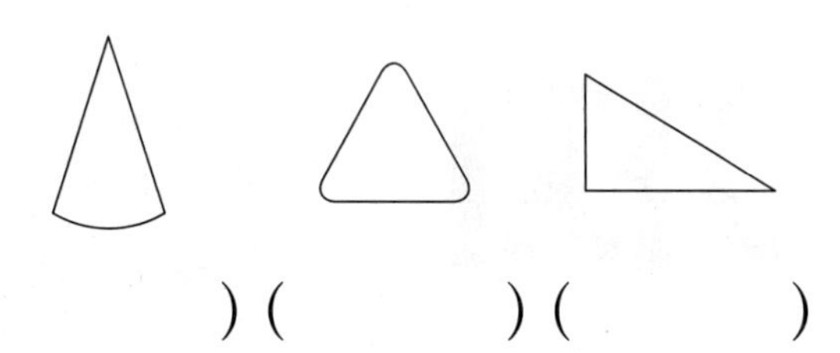

(　　　) (　　　) (　　　)

4 빈칸에 알맞은 수를 써넣으세요.

삼각형	변의 수(개)	꼭짓점의 수(개)

❷ 사각형

(1~3) 사각형을 찾아 ○표 하세요.

1

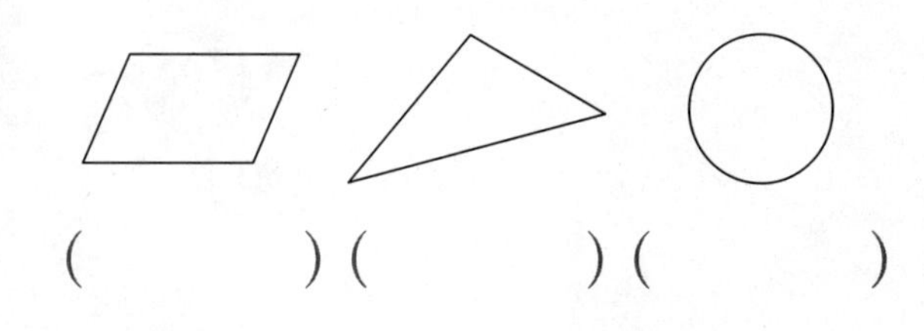

(　　　) (　　　) (　　　)

2

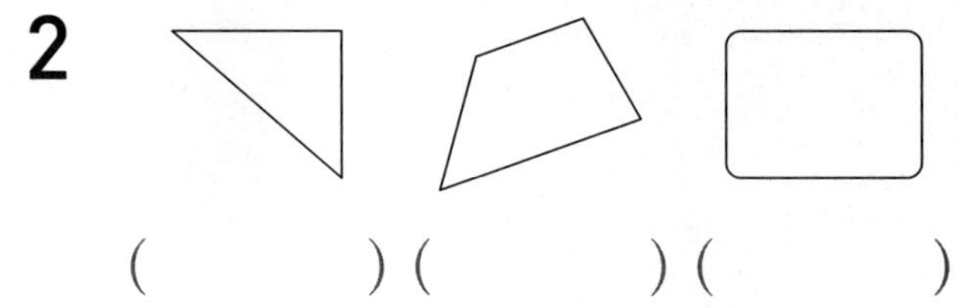

(　　　) (　　　) (　　　)

3

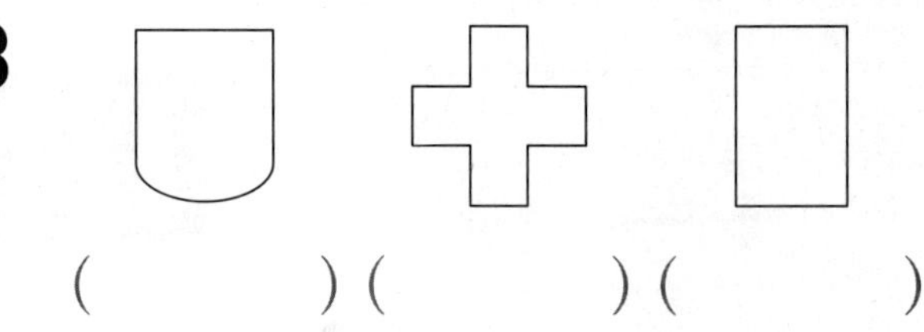

(　　　) (　　　) (　　　)

4 빈칸에 알맞은 수를 써넣으세요.

사각형	변의 수(개)	꼭짓점의 수(개)

③ 원

(1~3) 원을 찾아 ○표 하세요.

1

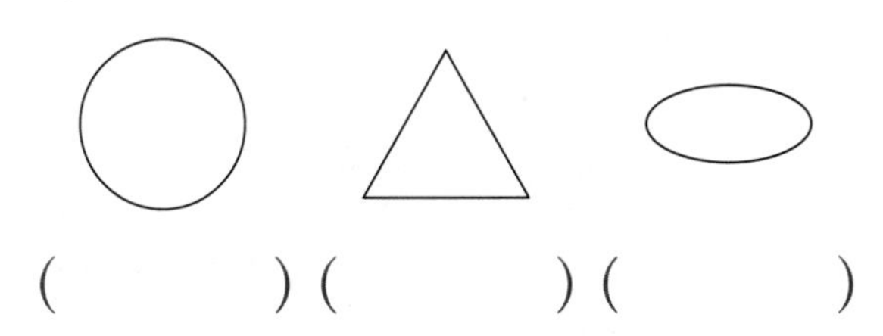

( ) ( ) ( )

2

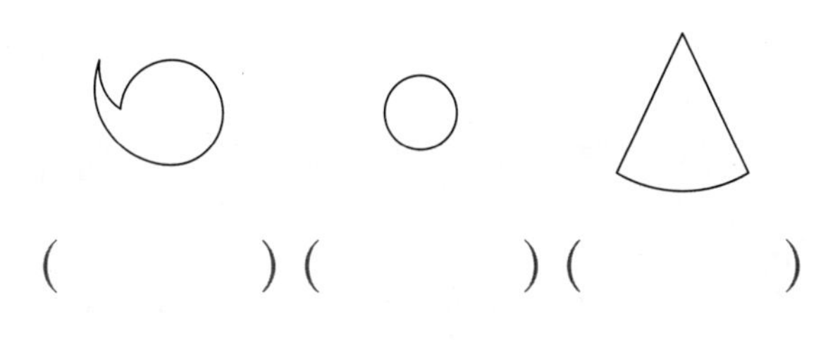

( ) ( ) ( )

3

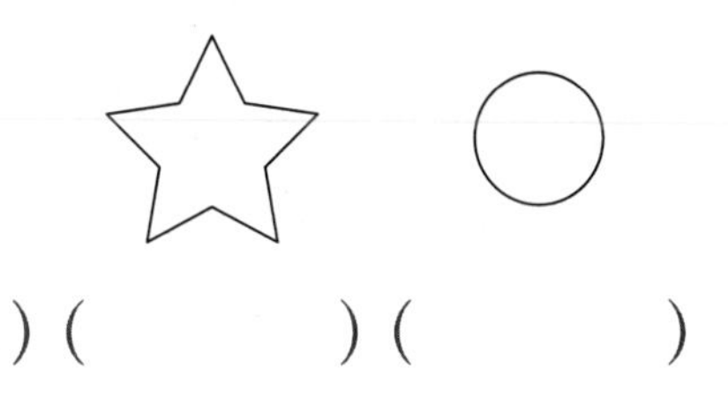

( ) ( ) ( )

(4~5) 여러 개의 원을 보고 알맞은 말에 ○표 하세요.

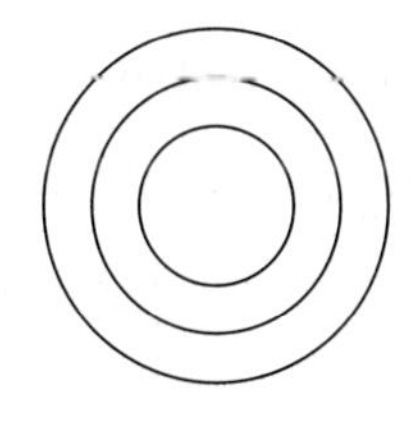

4 원의 크기는 (같습니다 , 다릅니다).

5 원의 모양은 (같습니다 , 다릅니다).

④ 칠교판으로 모양 만들기

1 두 조각을 모두 이용하여 다음 사각형을 만들어 보세요. 활동지

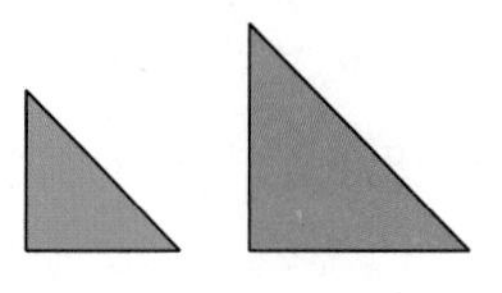

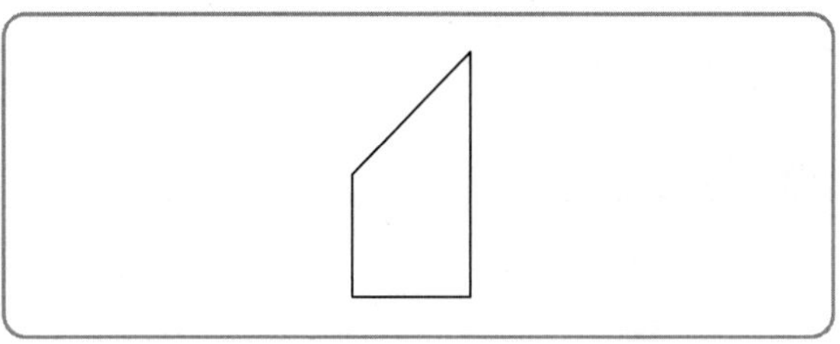

2 세 조각을 모두 이용하여 다음 삼각형을 만들어 보세요. 활동지

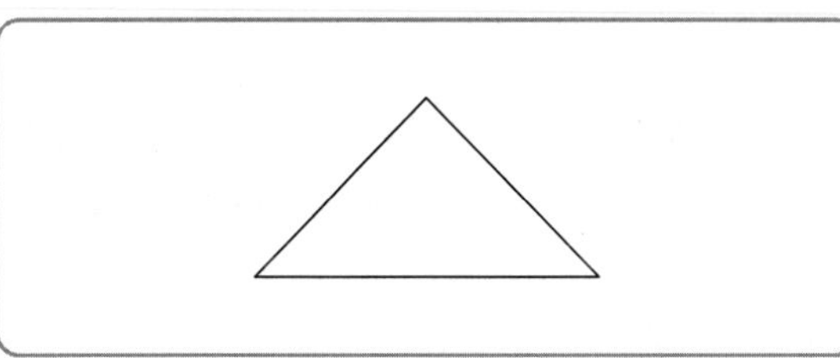

3 두 조각을 모두 이용하여 삼각형과 사각형을 1개씩 만들어 보세요. 활동지

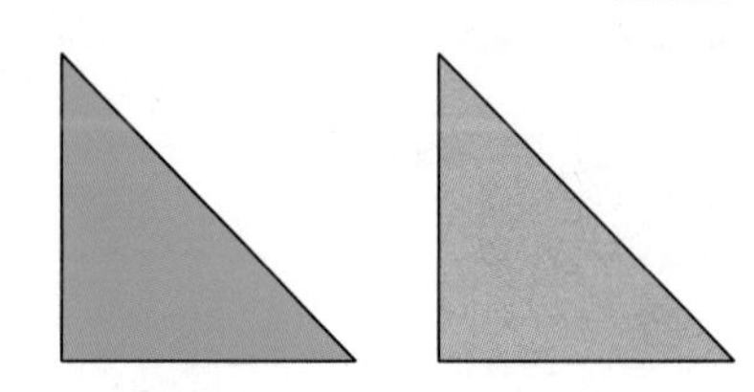

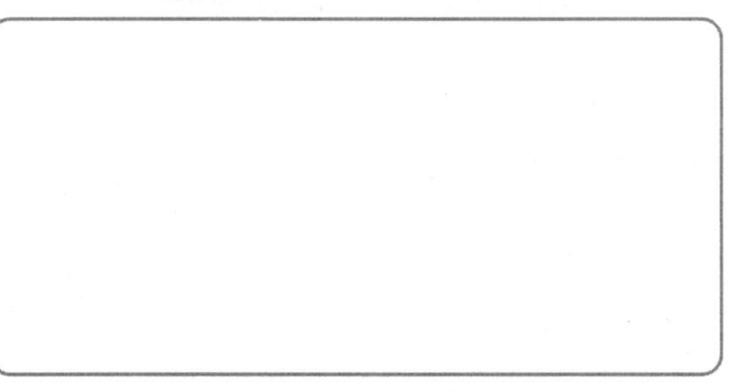

정답 34쪽

5 쌓은 모양 알아보기

(1~3) 쌓은 모양에서 빨간색 쌓기나무 앞에 있는 쌓기나무를 찾아 ◯표 하세요.

1

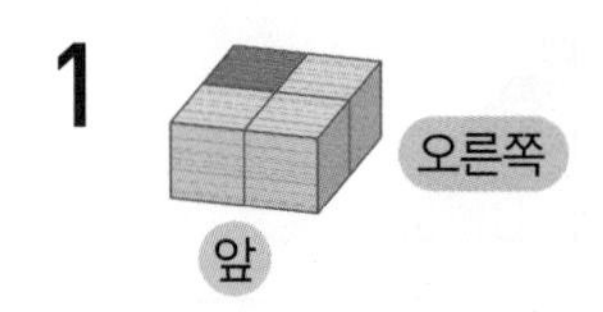

2

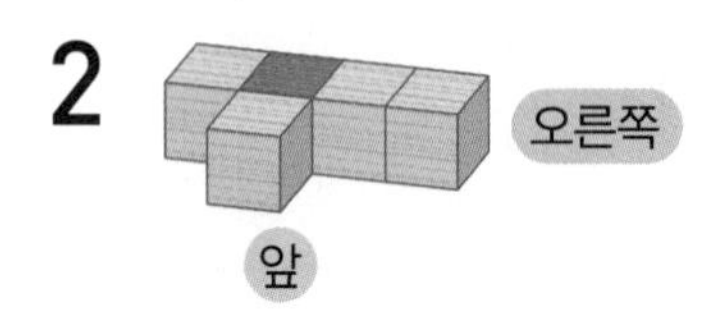

3

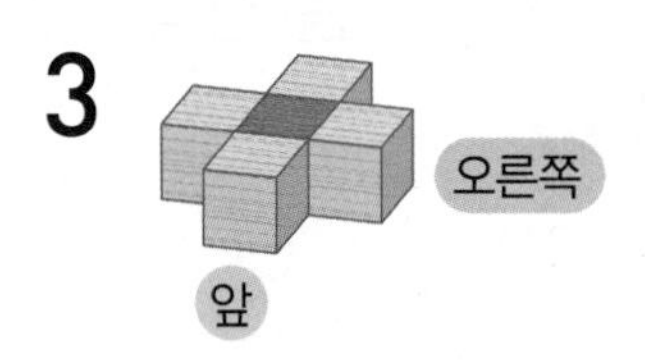

(4~6) 쌓은 모양에서 빨간색 쌓기나무 오른쪽에 있는 쌓기나무를 찾아 ◯표 하세요.

4

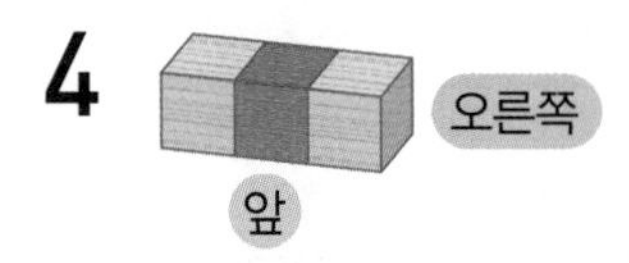

5

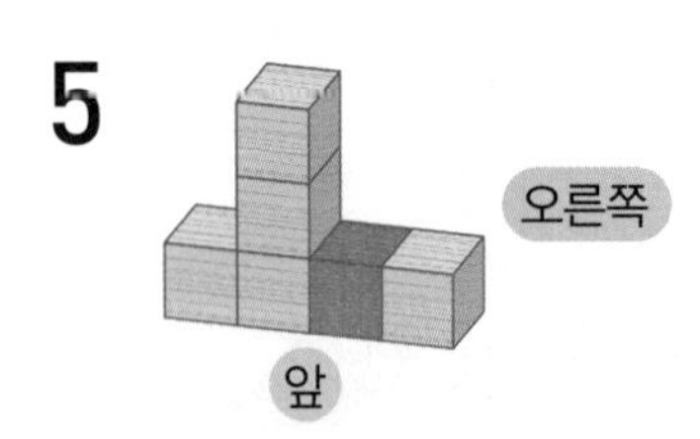

6

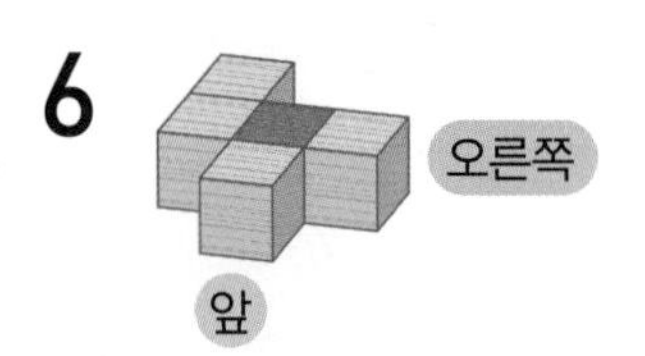

6 여러 가지 모양으로 쌓기

1 쌓기나무 4개로 만든 모양을 찾아 ◯표 하세요.

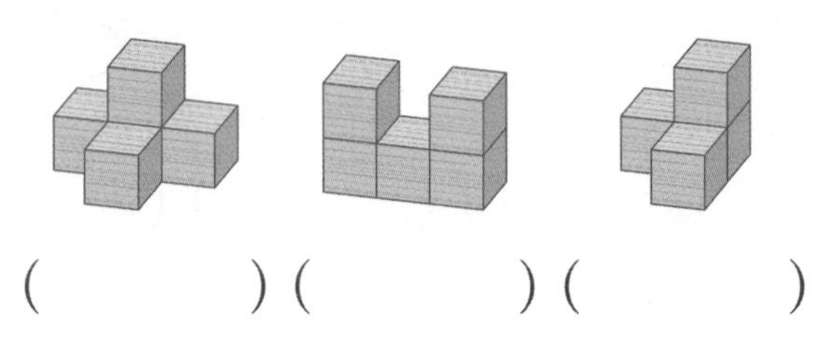

( ) ( ) ( )

(2~3) 설명대로 쌓은 모양에 ◯표 하세요.

2

쌓기나무 2개가 옆으로 나란히 있고, 왼쪽 쌓기나무 앞에 쌓기나무 1개가 있습니다.

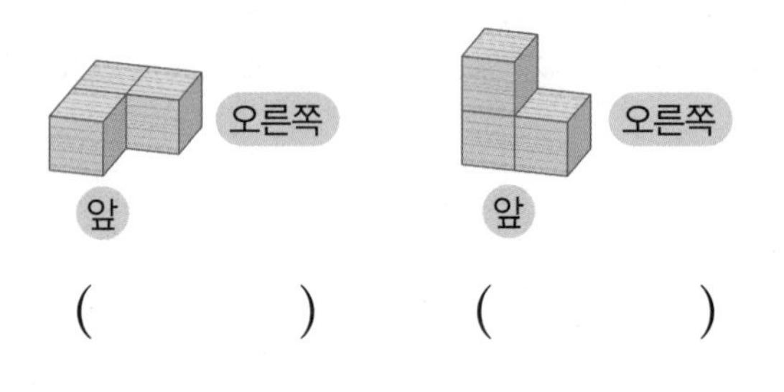

( ) ( )

3

쌓기나무 2개가 1층에 옆으로 나란히 있고, 왼쪽 쌓기나무 뒤에 쌓기나무 2개가 2층으로 있습니다.

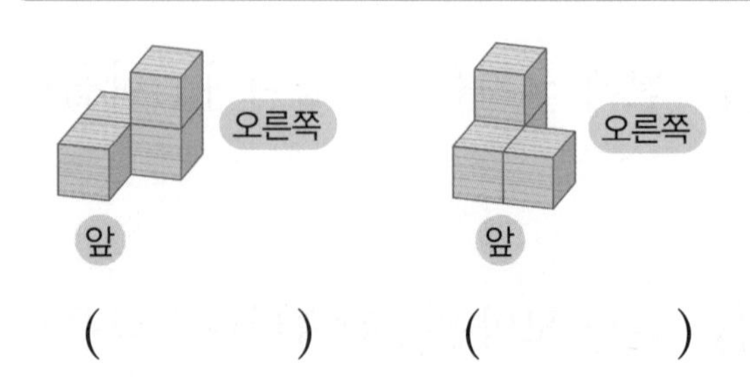

( ) ( )

기본유형 익히기

개념책 33~35쪽 | 정답 34쪽

① 삼각형

1 삼각형 모양이 있는 물건을 모두 찾아 ◯표 하세요.

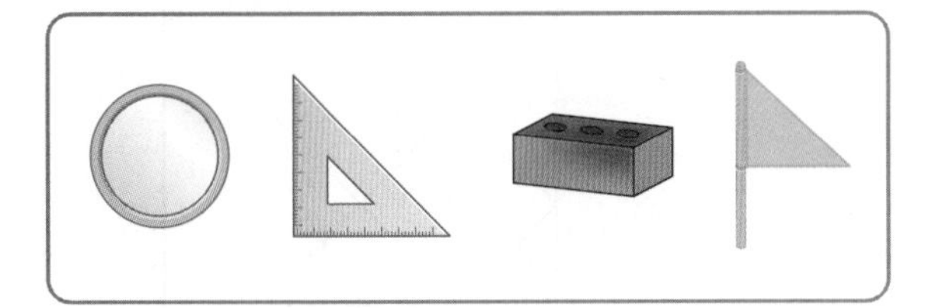

2 삼각형을 모두 찾아 선을 따라 그려 보세요.

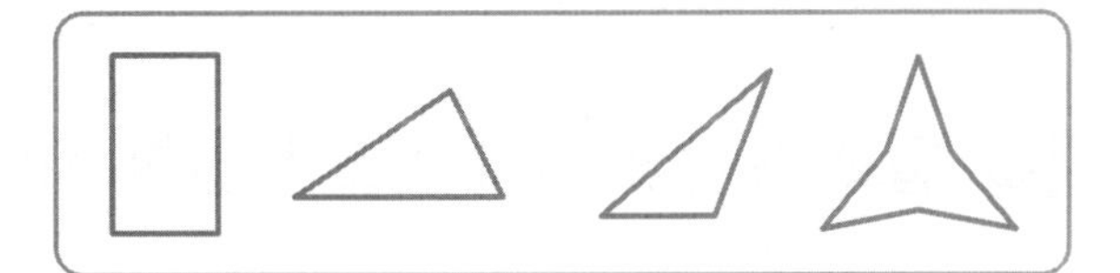

3 □ 안에 알맞은 수를 써넣으세요.

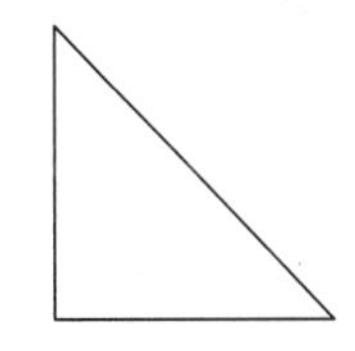

삼각형은 변이 □개,

꼭짓점이 □개입니다.

4 삼각형을 완성해 보세요.

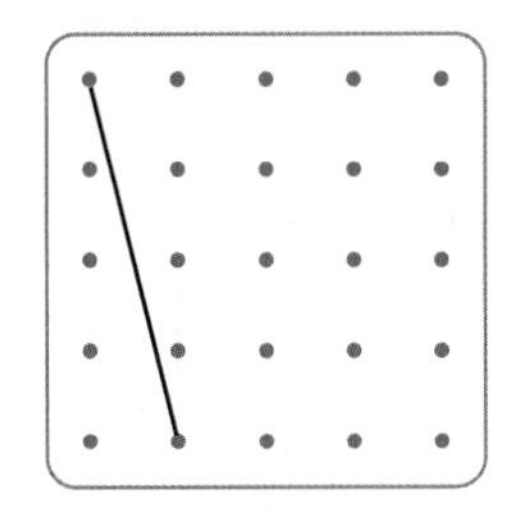

② 사각형

5 사각형 모양이 있는 물건을 모두 찾아 ◯표 하세요.

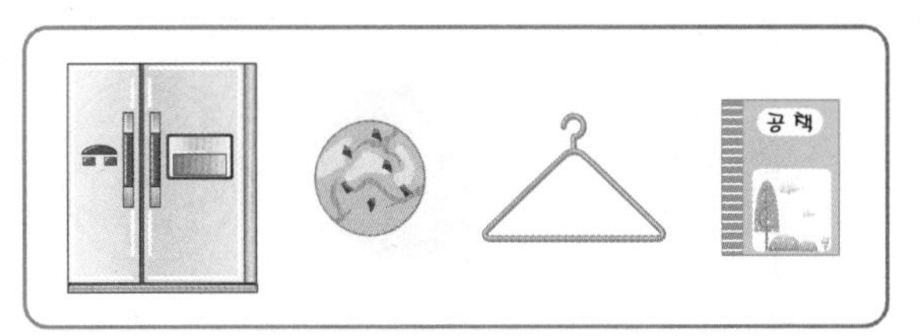

6 사각형을 모두 찾아 선을 따라 그려 보세요.

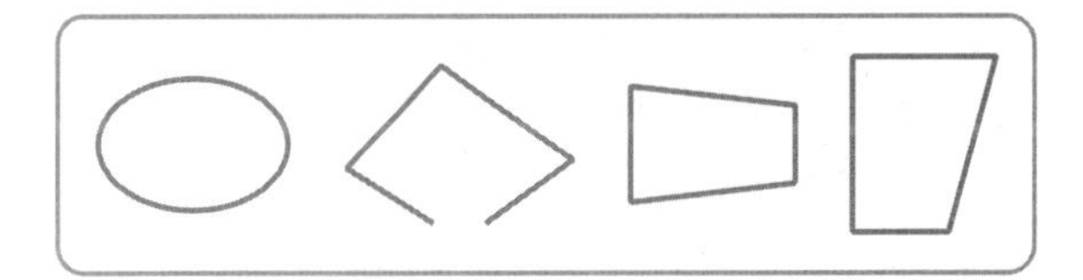

7 □ 안에 알맞은 수를 써넣으세요.

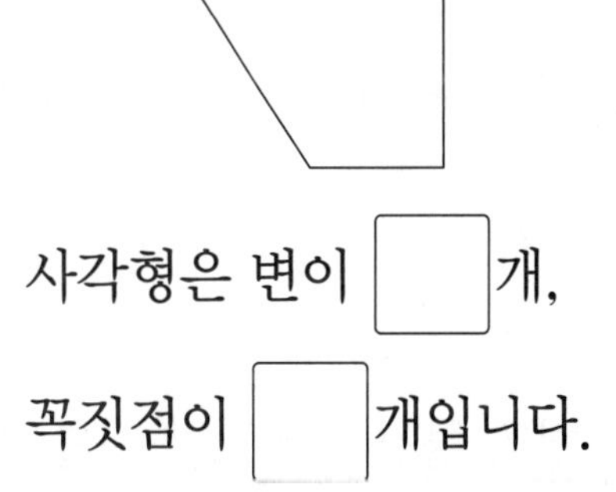

사각형은 변이 □개,

꼭짓점이 □개입니다.

8 사각형을 완성해 보세요.

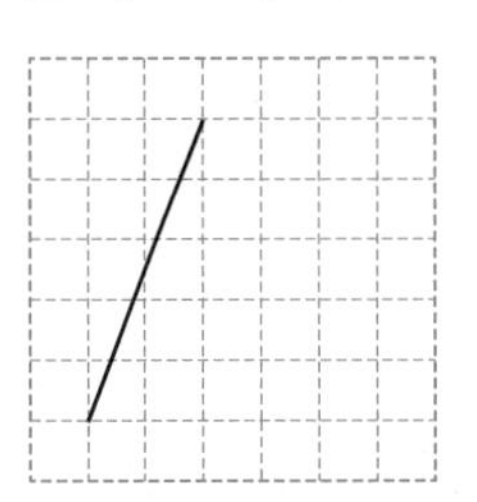

2 단원

③ 원

9 원 모양이 있는 물건을 모두 찾아 ◯표 하세요.

10 원을 모두 찾아 선을 따라 그려 보세요.

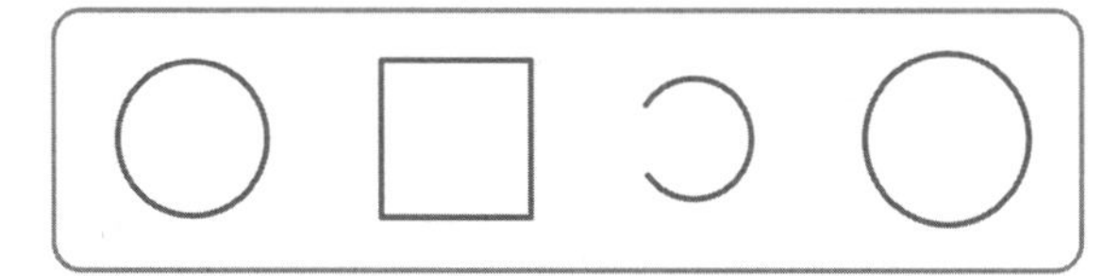

11 원에 대해 바르게 말한 사람에 ◯표 하세요.

원은 변이 3개야.
원은 굽은 선으로 이어져 있어.

( ) ( )

12 주변의 물건이나 모양 자를 이용하여 크기가 다른 원을 3개 그려 보세요.

④ 칠교판으로 모양 만들기

13 칠교 조각이 삼각형이면 초록색, 사각형이면 파란색으로 칠해 보세요.

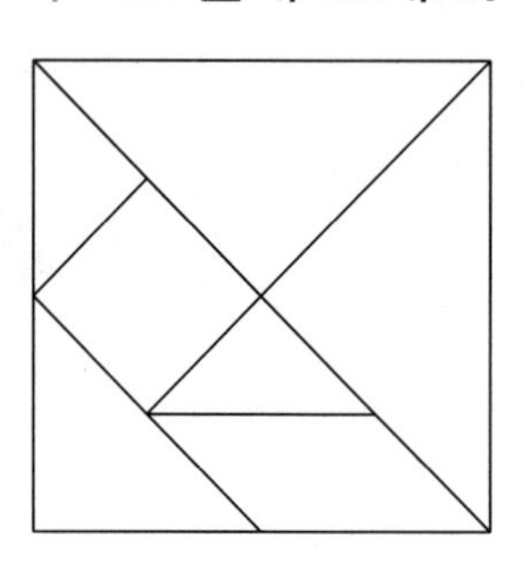

14 칠교 조각에 대해 바르게 말한 사람에 ◯표 하세요.

칠교 조각은 모두 7개야.
칠교 조각 중 사각형은 4개야.

( ) ( )

15 ◣, ◣ 조각을 모두 이용하여 주어진 칠교 조각을 만들어 보세요. 활동지

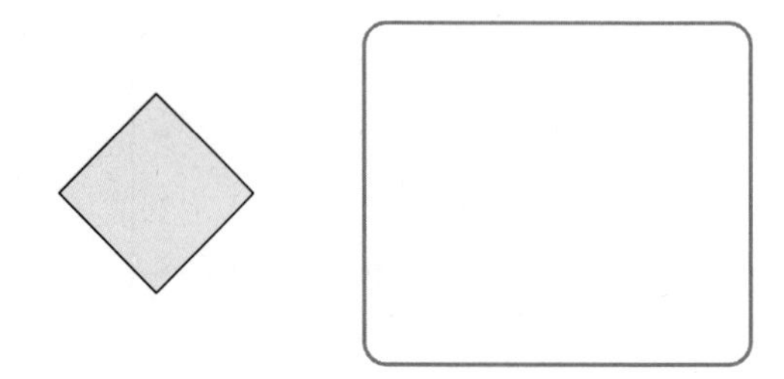

실전유형 다지기

개념책 40쪽 | 정답 35쪽

1 도형의 이름을 찾아 선으로 이어 보세요.

2 물건을 본떠 원을 그릴 수 있는 것을 모두 찾아 기호를 써 보세요.

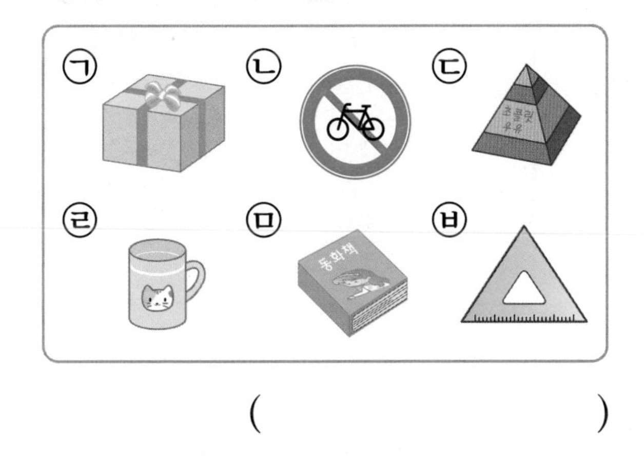

( )

3 삼각형을 모두 찾아 색칠해 보세요.

4 칠교 조각을 이용하여 만든 모양입니다. 이용한 삼각형 조각과 사각형 조각은 각각 몇 개일까요?

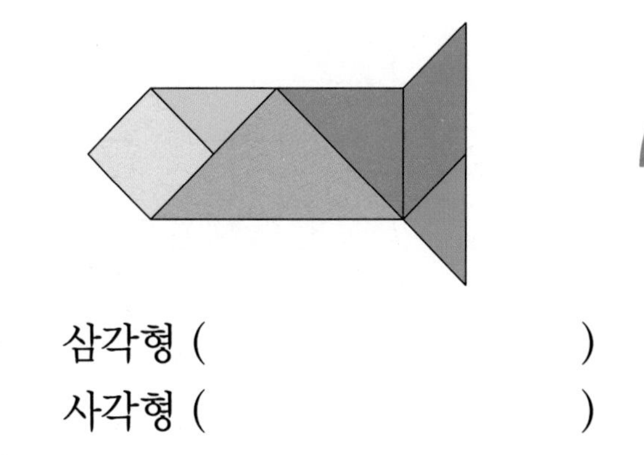

삼각형 ( )

사각형 ( )

5 삼각형과 사각형을 1개씩 그려 보세요.

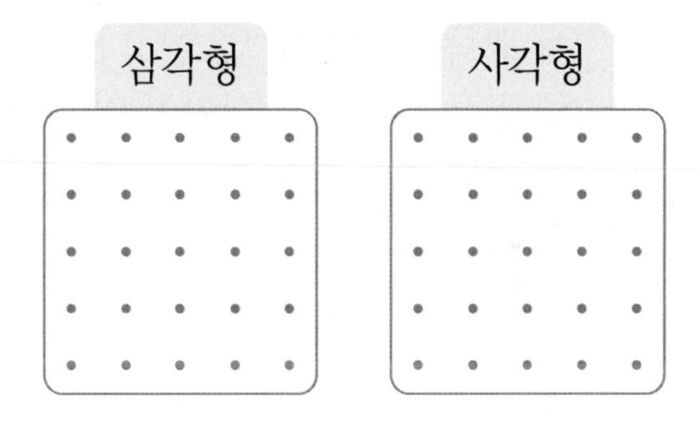

개념 확인 서술형

6 도형이 원이 아닌 이유를 써 보세요.

2 단원

《 수학 익힘 유형 》

7 삼각형, 사각형, 원을 이용하여 기차를 꾸며 보세요.

8 삼각형과 사각형의 공통점을 모두 찾아 기호를 써 보세요.

㉠ 뾰족한 부분이 없습니다.
㉡ 곧은 선들로 둘러싸여 있습니다.
㉢ 변과 꼭짓점이 있습니다.
㉣ 변이 4개, 꼭짓점이 4개입니다.

( )

9 색종이를 점선을 따라 자르면 어떤 도형이 몇 개 생기는지 써 보세요.

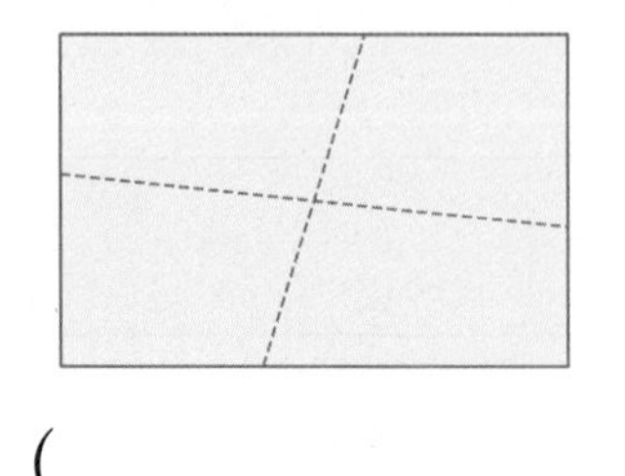

(,)

10 다음 도형의 변의 수와 꼭짓점의 수의 합은 몇 개일까요?

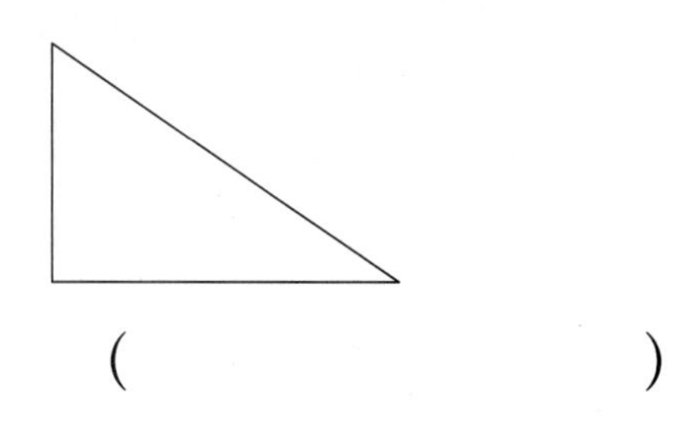

( )

11 세 조각을 모두 이용하여 삼각형을 만들어 보세요. 활동지

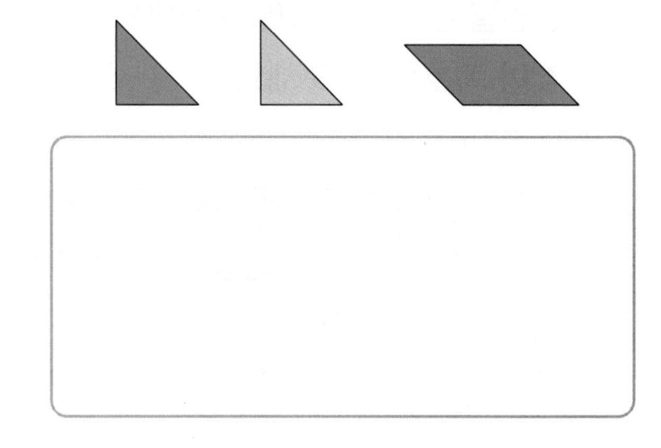

《 수학 유형 》

12 칠교 조각 3개를 이용하여 ①번 조각을 만들어 보세요.

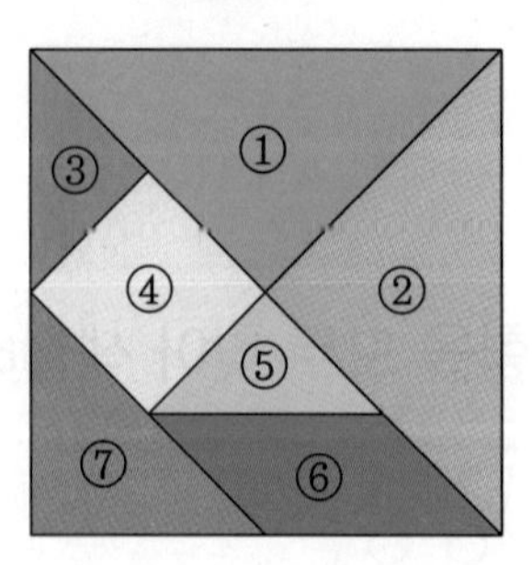

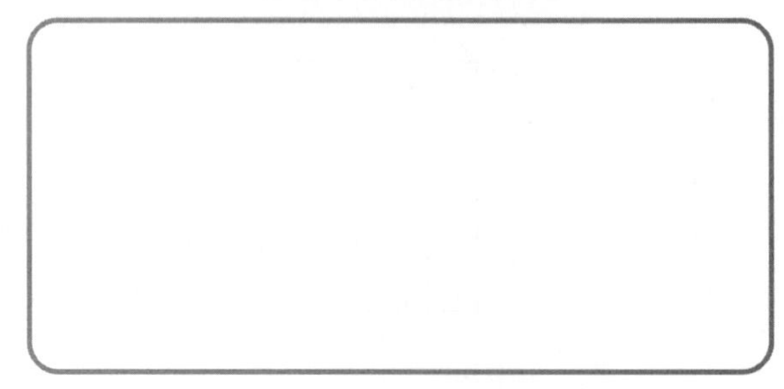

기본유형 익히기

개념책 43~45쪽 | 정답 36쪽

5 쌓은 모양 알아보기

1 민지와 은우가 쌓기나무로 높이 쌓기 놀이를 하고 있습니다. 더 높이 쌓을 수 있는 사람은 누구일까요?

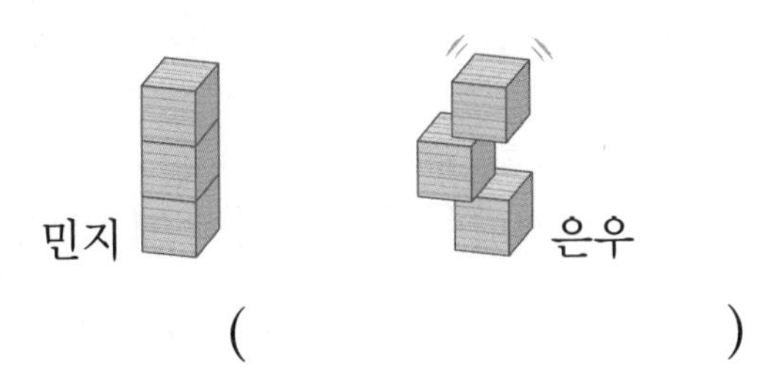

(　　　　　　　　)

2 설명하는 쌓기나무를 찾아 ◯표 하세요.

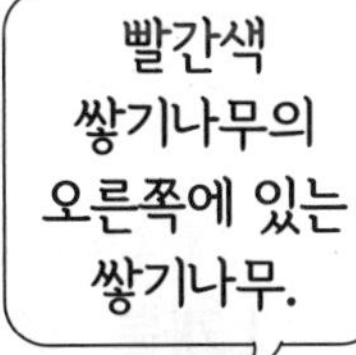

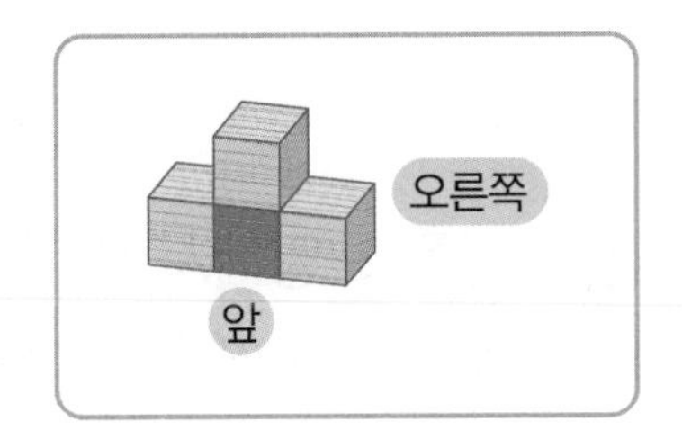

3 쌓기나무로 쌓은 모양에 대한 설명입니다. 알맞은 말에 ◯표 하세요.

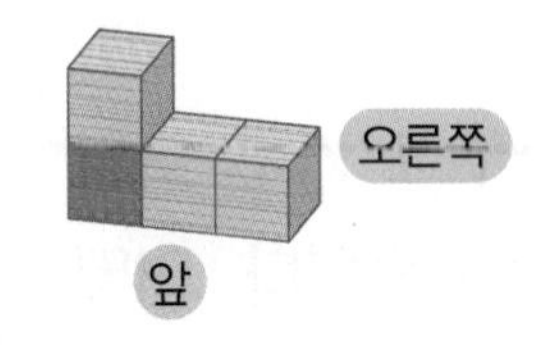

빨간색 쌓기나무가 1개 있고, 그 (위 , 아래)에 쌓기나무 1개가 있습니다. 그리고 빨간색 쌓기나무 (왼쪽 , 오른쪽)에 쌓기나무 2개가 있습니다.

6 여러 가지 모양으로 쌓기

4 쌓기나무 4개로 만든 모양을 모두 찾아 ◯표 하세요.

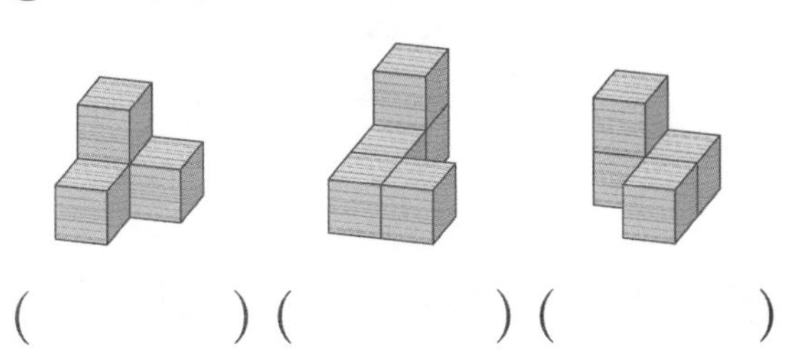

(　　　) (　　　) (　　　)

5 쌓기나무로 쌓은 모양에 대한 설명입니다. 알맞은 수와 말에 ◯표 하세요.

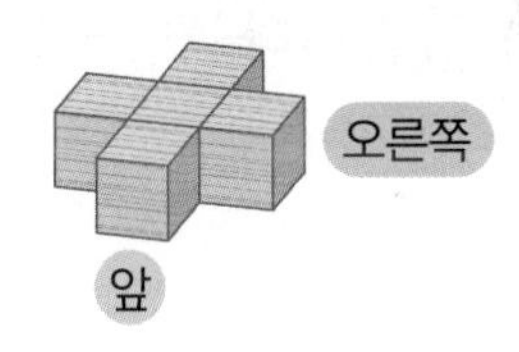

쌓기나무 (2 , 3)개가 옆으로 나란히 있고, 가운데 쌓기나무 앞과 (위 , 뒤)에 쌓기나무가 각각 1개씩 있습니다.

6 설명대로 쌓은 모양에 ◯표 하세요.

쌓기나무 3개가 1층에 옆으로 나란히 있고, 맨 왼쪽과 가운데 쌓기나무 위에 쌓기나무가 각각 1개씩 있습니다.

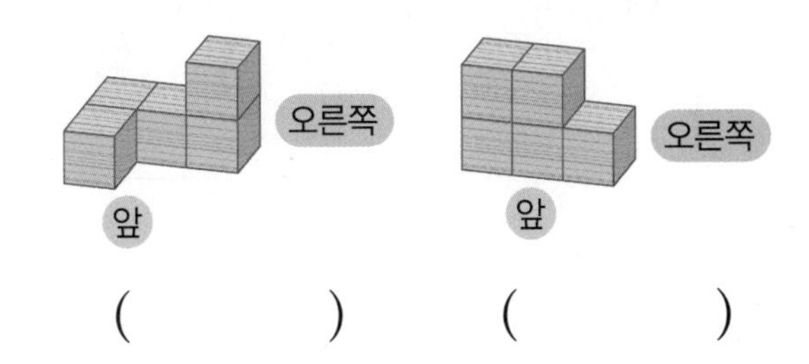

(　　　) (　　　)

2 단원

실전유형 다지기

1 빨간색 쌓기나무 오른쪽에 있는 쌓기나무를 찾아 ◯표 하세요.

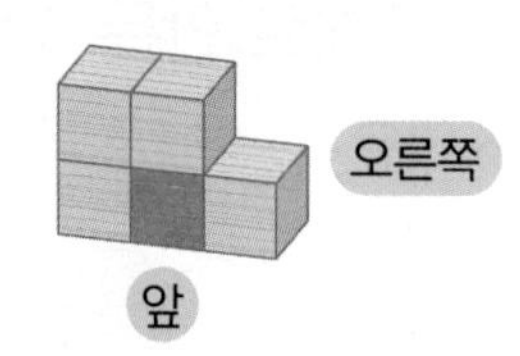

2 설명대로 쌓은 모양을 찾아 선으로 이어 보세요.

1층에 2개, 2층에 2개가 있습니다.	1층에 3개가 옆으로 나란히 있고, 맨 왼쪽 쌓기나무 위에 2개가 있습니다.

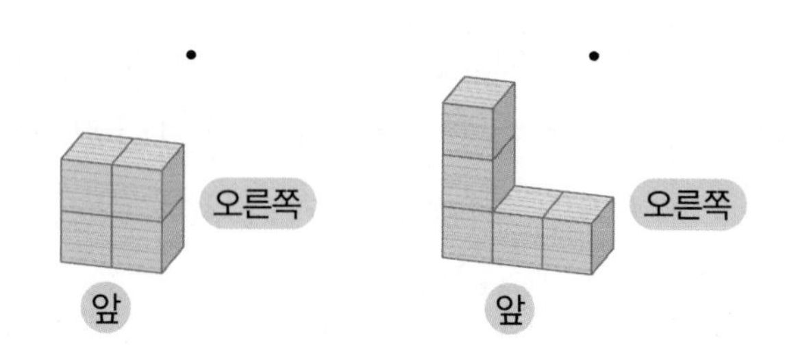

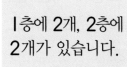

3 쌓기나무 4개로 만든 모양을 모두 찾아 써 보세요.

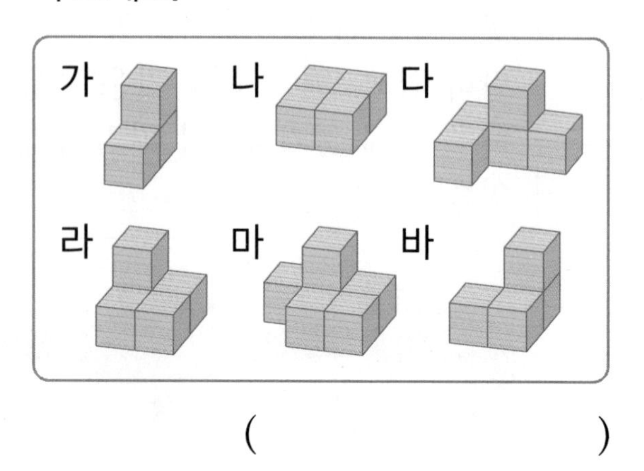

(　　　　　　　　)

4 쌓기나무로 쌓은 모양에 대한 설명입니다. 〈보기〉에서 알맞은 말을 골라 □ 안에 써넣으세요.

쌓기나무 3개가 1층에 옆으로 나란히 있고, 가운데 쌓기나무 □와 맨 오른쪽 쌓기나무 □에 쌓기나무가 각각 1개씩 있습니다.

〈 수학 익힘 유형 〉

5 왼쪽 모양에서 쌓기나무 1개를 옮겨 오른쪽과 똑같은 모양을 만들려고 합니다. 옮겨야 할 쌓기나무를 찾아 ◯표 하세요.

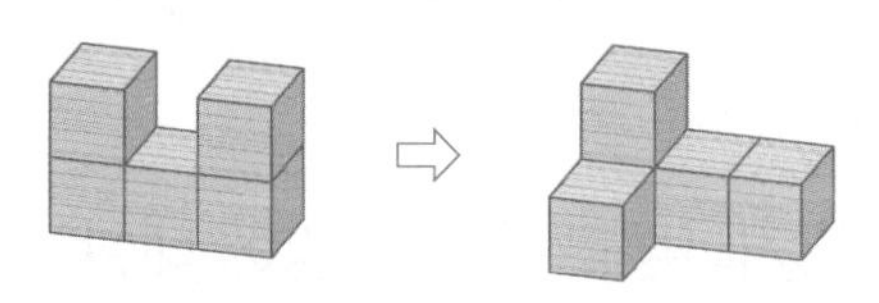

서술형

6 쌓기나무로 가구 모양을 만들었습니다. 어떻게 만들었는지 설명해 보세요.

답 ______________________

7 오른쪽과 같이 쌓기나무로 쌓은 모양을 보고 바르게 설명한 것의 기호를 써 보세요.

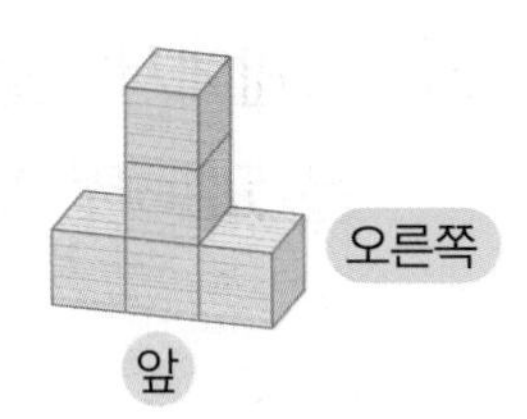

㉠ 쌓기나무가 1층에 3개, 2층에 2개, 3층에 1개 있습니다.
㉡ 쌓기나무 3개가 1층에 옆으로 나란히 있고, 가운데 쌓기나무 위에 2개가 있습니다.

( )

8 주어진 조건에 맞게 쌓기나무를 색칠해 보세요.

- 빨간색 쌓기나무 앞에 파란색 쌓기나무
- 노란색 쌓기나무 위에 초록색 쌓기나무

9 설명대로 쌓기나무를 쌓으려고 합니다. 모양을 완성해 보세요.

쌓기나무 3개가 1층에 옆으로 나란히 있고, 맨 오른쪽 쌓기나무 위와 앞에 쌓기나무가 각각 1개씩 있습니다.

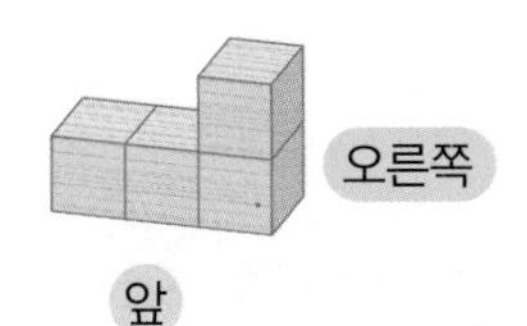

10 다음과 같이 명령어를 입력하여 오른쪽과 같은 모양으로 쌓으려고 합니다. 〈보기〉에서 필요한 명령어를 모두 찾아 기호를 써 보세요.

명령어

빨간색 쌓기나무 놓기
빨간색 쌓기나무 왼쪽에 쌓기나무 1개 놓기

〈보기〉
㉠ 빨간색 쌓기나무 앞에 쌓기나무 1개 놓기
㉡ 빨간색 쌓기나무 뒤에 쌓기나무 1개 놓기
㉢ 빨간색 쌓기나무 오른쪽에 쌓기나무 1개 놓기

( )

11 오른쪽과 같이 쌓기나무로 쌓은 모양에 대한 설명입니다. 틀린 부분을 모두 찾아 바르게 고쳐 보세요.

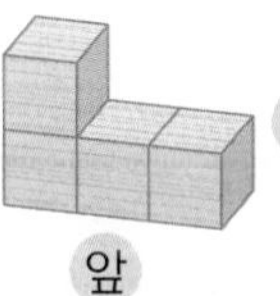

쌓기나무 3개가 1층에 옆으로 나란히 있고, 맨 오른쪽 쌓기나무 위에 쌓기나무 2개가 있습니다.

개념책 48~49쪽 | 정답 36쪽

1 삼각형을 모두 찾아 삼각형 안에 있는 수의 합을 구해 보세요.

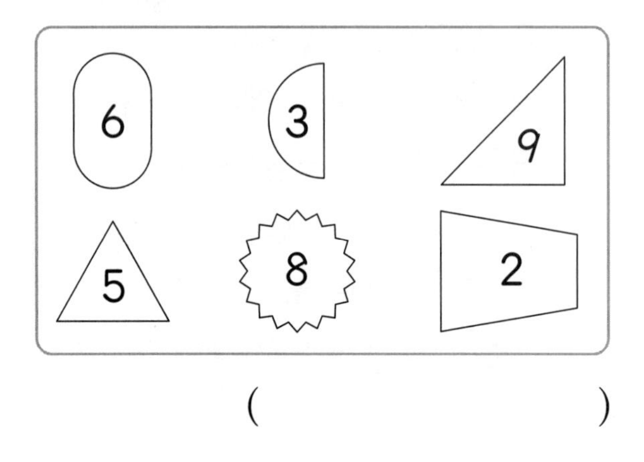

( )

2 쌓기나무로 아래와 같은 모양을 만들었습니다. 쌓기나무가 14개 있었다면 모양을 만들고 남은 쌓기나무는 몇 개인지 구해 보세요.

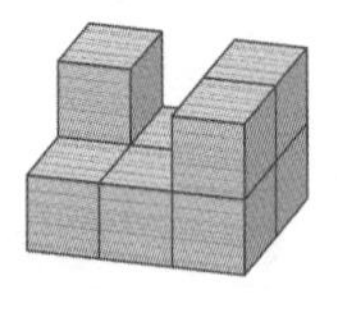

( )

3 그림에서 찾을 수 있는 크고 작은 사각형은 모두 몇 개인지 구해 보세요.

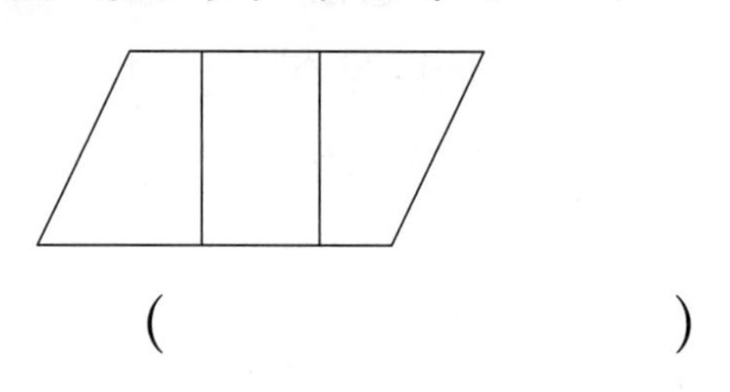

( )

놀이 수학 《 수학 유형 》

4 칠교판의 칠교 조각을 모두 이용하여 다음과 같은 모양을 완성해 보세요.

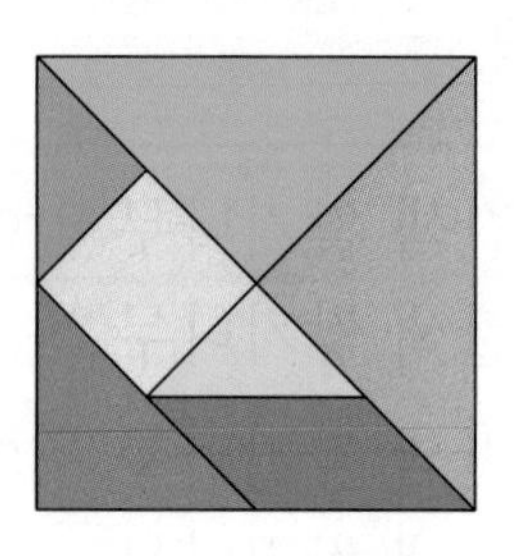

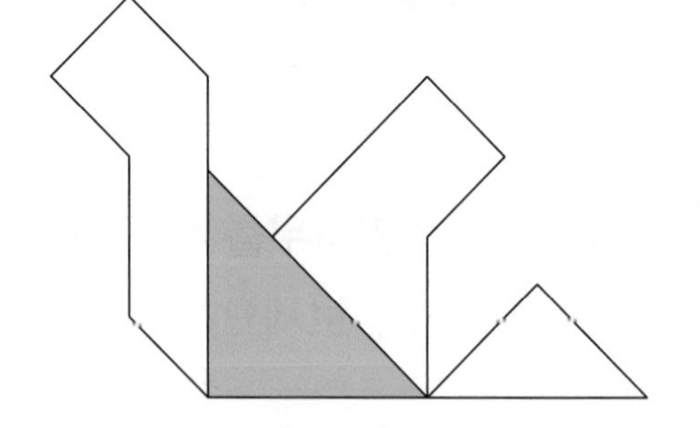

실력 확인 [평가책] 단원 평가 10~15쪽 | 서술형 평가 16~17쪽

3

덧셈과 뺄셈

개념 복습

기초력 기르기

❶ 일의 자리 수끼리의 합이 10이거나 10보다 큰 (두 자리 수)+(한 자리 수)의 여러 가지 계산 방법

(1~10) 계산해 보세요.

1 $53+8$

2 $27+6$

3 $45+7$

4 $38+9$

5 $76+5$

6 $64+8$

7 $32+9$

8 $28+5$

9 $86+8$

10 $49+7$

❷ 일의 자리에서 받아올림이 있는 (두 자리 수)+(두 자리 수)

(1~10) 계산해 보세요.

1 $\begin{array}{r} 45 \\ +16 \\ \hline \end{array}$

2 $\begin{array}{r} 53 \\ +29 \\ \hline \end{array}$

3 $\begin{array}{r} 27 \\ +63 \\ \hline \end{array}$

4 $\begin{array}{r} 34 \\ +37 \\ \hline \end{array}$

5 $\begin{array}{r} 19 \\ +14 \\ \hline \end{array}$

6 $\begin{array}{r} 38 \\ +27 \\ \hline \end{array}$

7 $64+16$

8 $49+37$

9 $27+28$

10 $55+19$

❸ 십의 자리에서 받아올림이 있는 (두 자리 수)+(두 자리 수)

(1~10) 계산해 보세요.

1 $\begin{array}{r} 75 \\ +82 \\ \hline \end{array}$

2 $\begin{array}{r} 47 \\ +91 \\ \hline \end{array}$

3 $\begin{array}{r} 36 \\ +73 \\ \hline \end{array}$

4 $\begin{array}{r} 65 \\ +56 \\ \hline \end{array}$

5 $\begin{array}{r} 25 \\ +78 \\ \hline \end{array}$

6 $\begin{array}{r} 49 \\ +52 \\ \hline \end{array}$

7 91+63

8 45+71

9 76+49

10 97+57

❹ 일의 자리 수끼리 뺄 수 없는 (두 자리 수)－(한 자리 수)의 여러 가지 계산 방법

(1~10) 계산해 보세요.

1 46－8

2 82－6

3 63－5

4 31－4

5 54－9

6 97－8

7 55－7

8 83－4

9 71－8

10 24－6

3 단원

개념 복습

기초력 기르기

5 받아내림이 있는 (몇십)－(몇십몇)

(1~10) 계산해 보세요.

1 $\begin{array}{r} 30 \\ -15 \\ \hline \end{array}$

2 $\begin{array}{r} 70 \\ -26 \\ \hline \end{array}$

3 $\begin{array}{r} 90 \\ -81 \\ \hline \end{array}$

4 $\begin{array}{r} 60 \\ -24 \\ \hline \end{array}$

5 $\begin{array}{r} 40 \\ -23 \\ \hline \end{array}$

6 $\begin{array}{r} 50 \\ -28 \\ \hline \end{array}$

7 $80-52$

8 $20-17$

9 $90-25$

10 $70-19$

6 받아내림이 있는 (두 자리 수)－(두 자리 수)

(1~10) 계산해 보세요.

1 $\begin{array}{r} 33 \\ -15 \\ \hline \end{array}$

2 $\begin{array}{r} 97 \\ -29 \\ \hline \end{array}$

3 $\begin{array}{r} 85 \\ -26 \\ \hline \end{array}$

4 $\begin{array}{r} 62 \\ -43 \\ \hline \end{array}$

5 $\begin{array}{r} 86 \\ -39 \\ \hline \end{array}$

6 $\begin{array}{r} 52 \\ -49 \\ \hline \end{array}$

7 $91-35$

8 $51-47$

9 $72-47$

10 $45-16$

❼ 세 수의 계산

(1~10) 계산해 보세요.

1 $47+19-24$

2 $26+38-17$

3 $75+7-9$

4 $64+18-48$

5 $39+25-17$

6 $71-27+15$

7 $82-17+26$

8 $43-8+16$

9 $90-15+19$

10 $52-24+47$

❽ 덧셈과 뺄셈의 관계를 식으로 나타내기

(1~2) 덧셈식을 뺄셈식으로 나타내 보세요.

1 $18+54=72$

$\square-18=\square$

$\square-54=\square$

2 $58+23=81$

$\square-58=\square$

$\square-23=\square$

(3~4) 뺄셈식을 덧셈식으로 나타내 보세요.

3 $84-19=65$

$\square+19=\square$

$\square+65=\square$

4 $54-16=38$

$\square+16=\square$

$\square+38=\square$

9 □를 사용하여 덧셈식을 만들고 □의 값 구하기

(1~4) □를 사용하여 그림에 알맞은 덧셈식을 만들고, □의 값을 구해 보세요.

1

7	□
11	

덧셈식 ____________

□의 값 ____________

2

5	□
13	

덧셈식 ____________

□의 값 ____________

3

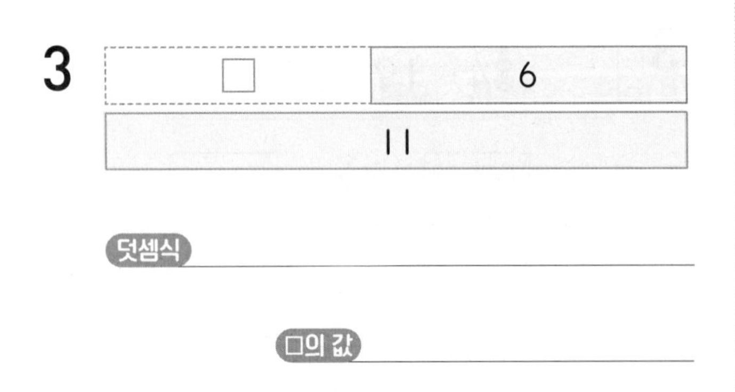

4

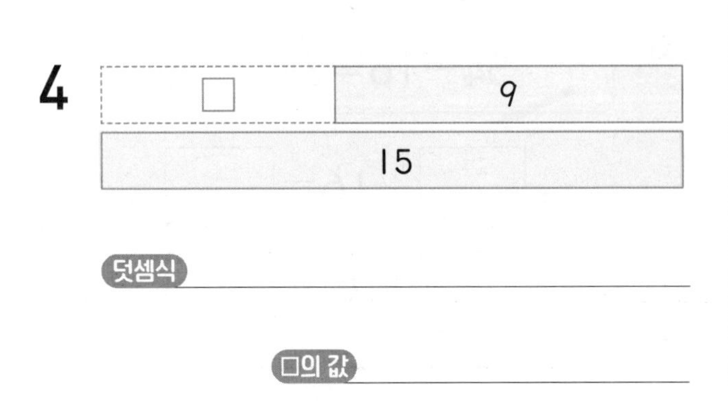

10 □를 사용하여 뺄셈식을 만들고 □의 값 구하기

(1~2) □를 사용하여 그림에 알맞은 뺄셈식을 만들고, □의 값을 구해 보세요.

1

16	
□	7

뺄셈식 ____________

□의 값 ____________

2

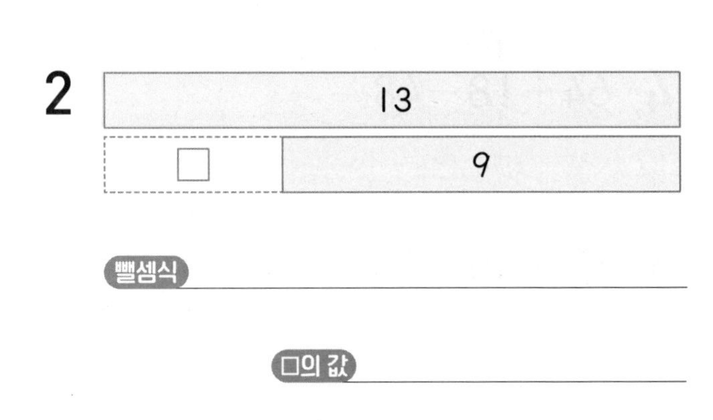

(3~4) □ 안에 알맞은 수를 써넣으세요.

3

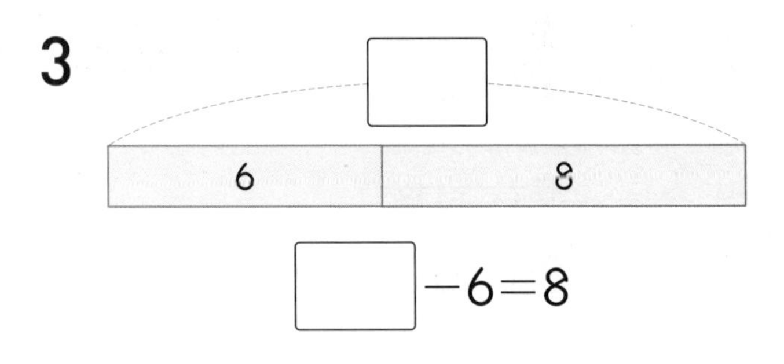

4

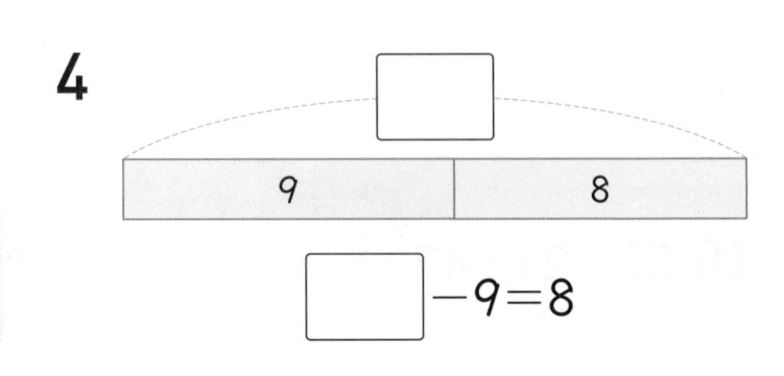

기본유형 익히기

개념책 57~59쪽 | 정답 38쪽

❶ 일의 자리 수끼리의 합이 10이거나 10보다 큰 (두 자리 수)+(한 자리 수)의 여러 가지 계산 방법

1 그림을 보고 덧셈을 해 보세요.

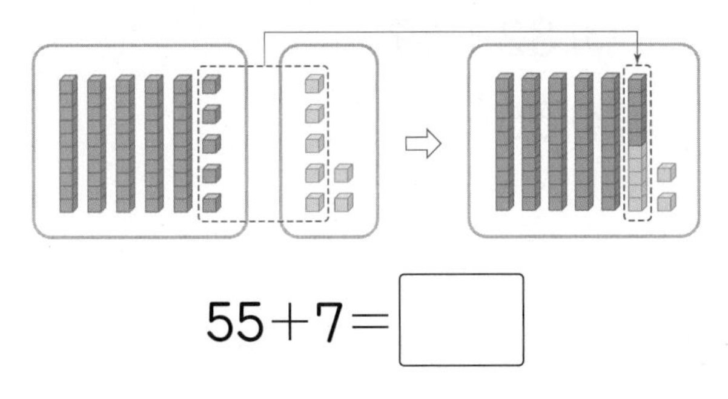

$55+7=\square$

2 계산해 보세요.

(1) $48+5$

(2) $73+9$

3 빈칸에 알맞은 수를 써넣으세요.

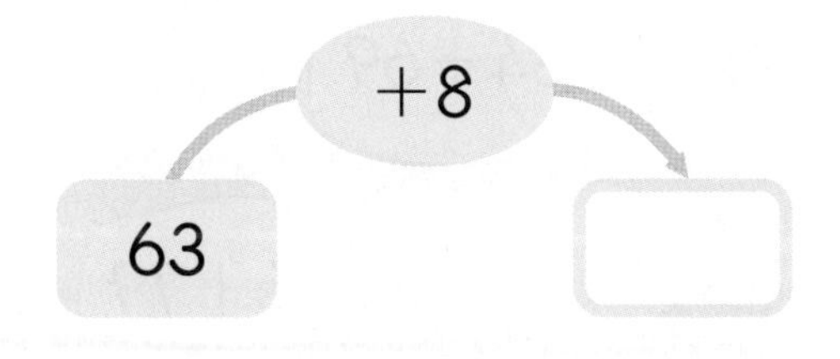

4 야구공이 27개, 농구공이 6개 있습니다. 공은 모두 몇 개일까요?

식

답

❷ 일의 자리에서 받아올림이 있는 (두 자리 수)+(두 자리 수)

5 36+25를 여러 가지 방법으로 계산해 보세요.

(1) 25를 가르기하여 구해 보세요.

$36+25$ (25 → 20, 5)

$=36+20+\square$

$=56+\square=\square$

(2) 36을 40으로 만들어 구해 보세요.

$36+25$ (25 → 4, 21)

$=36+4+\square$

$=40+\square=\square$

(3) 36과 25를 가르기하여 구해 보세요.

$36+25$ (36 → 30, 6; 25 → 20, 5)

$=30+20+\square+\square$

$=50+\square=\square$

3 단원

6 계산해 보세요.

(1) $\begin{array}{r} 24 \\ +49 \\ \hline \end{array}$　(2) $\begin{array}{r} 19 \\ +65 \\ \hline \end{array}$

(3) 44+17

(4) 38+37

7 사과나무가 37그루, 배나무가 54그루 있습니다. 사과나무와 배나무는 모두 몇 그루일까요?

식 ____________________

답 ____________________

③ 십의 자리에서 받아올림이 있는 (두 자리 수)+(두 자리 수)

8 그림을 보고 덧셈을 해 보세요.

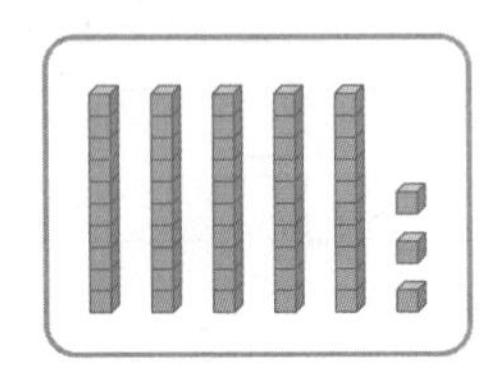

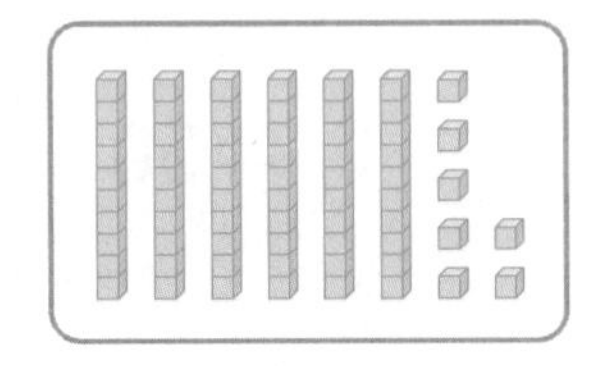

53+67= ☐

9 계산해 보세요.

(1) $\begin{array}{r} 72 \\ +65 \\ \hline \end{array}$　(2) $\begin{array}{r} 23 \\ +94 \\ \hline \end{array}$

(3) 82+69

(4) 56+46

10 두 수의 합이 같은 것을 모두 찾아 색칠해 보세요.

1 계산해 보세요.

(1) $2+49$

(2) $75+35$

2 □ 안에 알맞은 수를 써넣으세요.

$59+16$

1 □

$=59+1+\square$

$=60+\square$

$=\square$

3 계산 결과가 같은 것끼리 선으로 이어 보세요.

$25+27$ ·	· $17+26$
$35+8$ ·	· $9+43$
	· $38+16$

4 계산에서 잘못된 곳을 찾아 바르게 계산해 보세요.

$$\begin{array}{r} 56 \\ +47 \\ \hline 93 \end{array} \Rightarrow \begin{array}{r} 56 \\ +47 \\ \hline \end{array}$$

5 계산 결과의 크기를 비교하여 ○ 안에 >, =, <를 알맞게 써넣으세요.

$68+45$ ○ $26+94$

서술형

6 연못에 개구리가 15마리 있었는데 개구리 8마리가 더 왔습니다. 연못에 있는 개구리는 모두 몇 마리인지 풀이 과정을 쓰고 답을 구해 보세요.

풀이 ____________________

답 ____________________

3 단원

7 가장 큰 수와 가장 작은 수의 합은 얼마일까요?

34	26	16	45

(　　　　　)

8 계산 결과가 96보다 큰 덧셈식을 찾아 기호를 써 보세요.

㉠ $65+18$	㉡ $54+37$
㉢ $38+55$	㉣ $53+49$

(　　　　　)

9 은수와 미호는 $58+27$을 서로 다른 방법으로 계산하였습니다. 잘못 계산한 사람은 누구일까요?

• 은수: $58+27$ (27 → 2, 25)
$=58+2+25$
$=60+25=85$

• 미호: $58+27$ (27 → 20, 7)
$=58-20-7$
$=38-7=31$

(　　　　　)

10 □ 안에 알맞은 수를 써넣으세요.

$$\begin{array}{r} \square\ 7 \\ +\ 3\ 4 \\ \hline 8\ 1 \end{array}$$

11 두 수를 이용하여 덧셈 문제를 만들고, 답을 구해 보세요.

65　47

문제 ______________________

____

____

답 ______________

《 수학 익힘 유형 》

12 화살 두 개를 던져 맞힌 두 수의 합이 63입니다. 맞힌 두 수를 찾아 ○표 하세요.

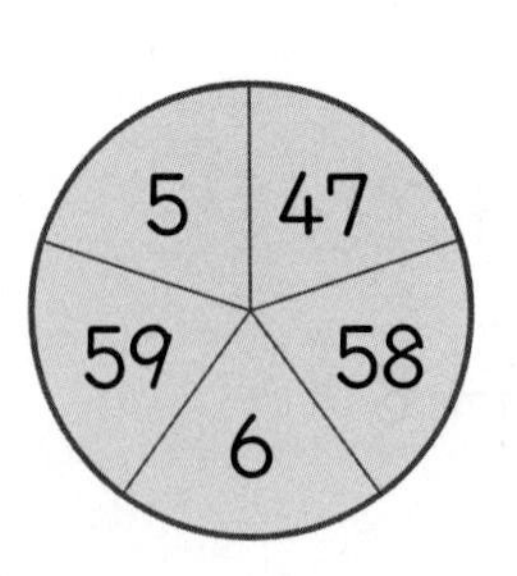

기본유형 익히기

개념책 67~69쪽 | 정답 39쪽

❹ 일의 자리 수끼리 뺄 수 없는 (두 자리 수)−(한 자리 수)의 여러 가지 계산 방법

1 그림을 보고 뺄셈을 해 보세요.

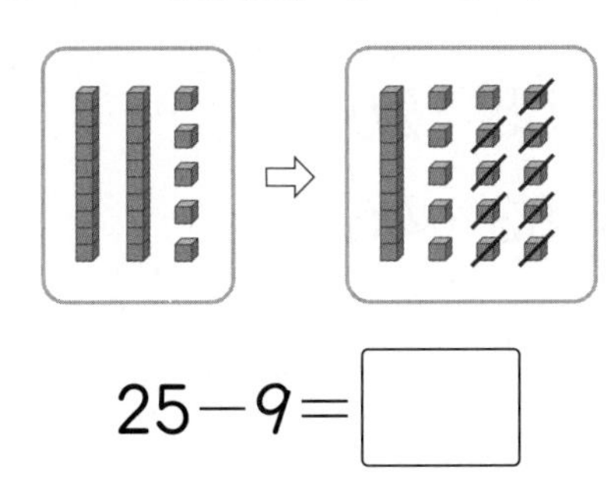

25−9=□

2 계산해 보세요.

(1) 52−7

(2) 83−6

3 빈칸에 알맞은 수를 써넣으세요.

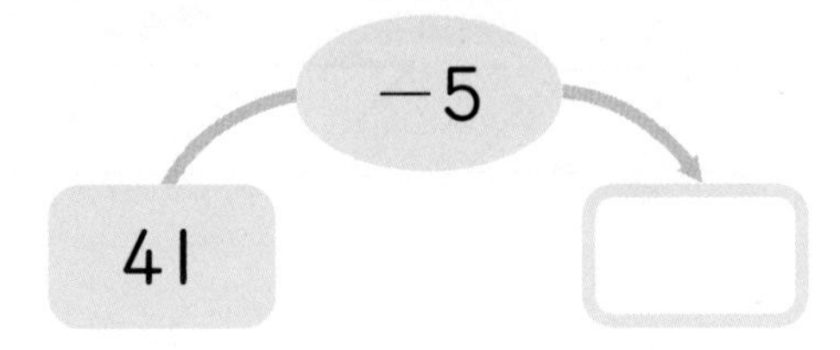

4 노랑나비는 24마리 있고, 호랑나비는 7마리 있습니다. 노랑나비는 호랑나비보다 몇 마리 더 많을까요?

식 ______________

답 ______________

❺ 받아내림이 있는 (몇십)−(몇십몇)

5 90−24를 두 가지 방법으로 계산해 보세요.

(1) 24를 가르기하여 구해 보세요.

90−24 (24 → 20, 4)

=90−20−□

=70−□=□

(2) 24를 30으로 만들어 구해 보세요.

90 − 24 (+6, +6)

=□−□

=□

3 단원

6 계산해 보세요.

(1) $\begin{array}{r} 50 \\ -14 \\ \hline \end{array}$ (2) $\begin{array}{r} 80 \\ -45 \\ \hline \end{array}$

(3) 70−32

(4) 40−22

7 윤아는 색종이를 70장 가지고 있습니다. 친구에게 28장을 주면 윤아에게 남는 색종이는 몇 장일까요?

식 ______

답 ______

⑥ 받아내림이 있는 (두 자리 수)−(두 자리 수)

8 그림을 보고 뺄셈을 해 보세요.

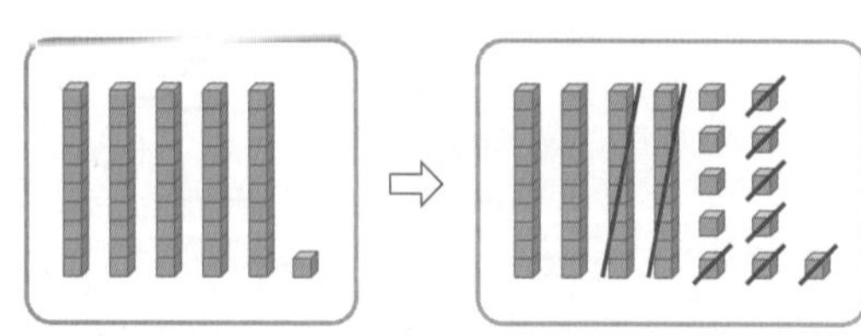

51−27= ☐

9 계산해 보세요.

(1) $\begin{array}{r} 43 \\ -18 \\ \hline \end{array}$ (2) $\begin{array}{r} 72 \\ -33 \\ \hline \end{array}$

(3) 55−26

(4) 83−46

10 두 수의 차가 같은 것끼리 같은 색으로 칠해 보세요.

72−25

63−18

73−35

실전유형 다지기

개념책 74쪽 | 정답 39쪽

1 계산해 보세요.

(1) $27-9$

(2) $75-28$

2 □ 안에 알맞은 수를 써넣으세요.

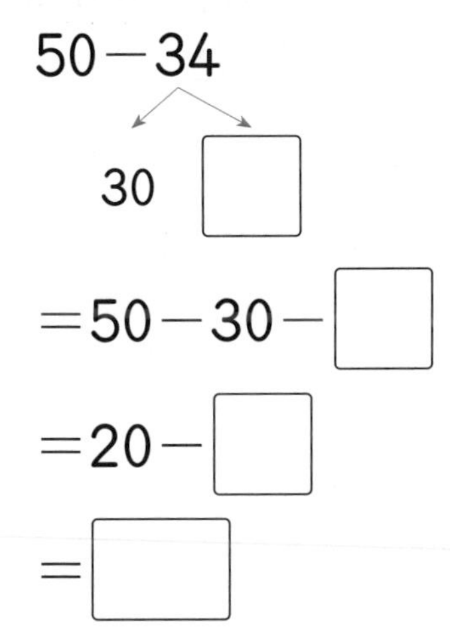

3 계산 결과가 같은 것끼리 선으로 이어 보세요.

$50-13$ •	• $72-38$
$90-56$ •	• $70-25$
	• $42-5$

4 계산에서 잘못된 곳을 찾아 바르게 계산해 보세요.

$$\begin{array}{r} 6\ 5 \\ -\ \ \ 8 \\ \hline 6\ 7 \end{array} \Rightarrow \begin{array}{r} 6\ 5 \\ -\ \ \ 8 \\ \hline \end{array}$$

5 계산 결과의 크기를 비교하여 ○ 안에 >, =, <를 알맞게 써넣으세요.

$87-39$ ○ $64-18$

서술형

6 윤영이는 줄넘기를 96번 넘으려고 합니다. 지금까지 58번 넘었다면 앞으로 몇 번을 더 넘으면 되는지 풀이 과정을 쓰고 답을 구해 보세요.

풀이 ______________________

답 ______________________

3 단원

7 가장 큰 수와 가장 작은 수의 차는 얼마일까요?

77 29 38 57

( )

8 계산 결과가 44보다 큰 뺄셈식을 찾아 기호를 써 보세요.

㉠ 62－26 ㉡ 85－47
㉢ 52－6 ㉣ 71－28

( )

9 지하와 선주는 90－58을 서로 다른 방법으로 계산하려고 합니다. 잘못 계산한 사람은 누구일까요?

• 지하: 90－58 (+2↓ ↓+2)
=92－60=32

• 선주: 90－58 (90 → 80, 10)
=80－10－58
=70－58=12

( )

10 □ 안에 알맞은 수를 써넣으세요.

$$\begin{array}{r} \square\,0 \\ -\;2\,7 \\ \hline 5\,3 \end{array}$$

11 두 수를 이용하여 뺄셈 문제를 만들고, 답을 구해 보세요.

8 25

문제

답

수학 익힘 유형

12 화살 두 개를 던져 맞힌 두 수의 차가 58입니다. 맞힌 두 수를 찾아 ○표 하세요.

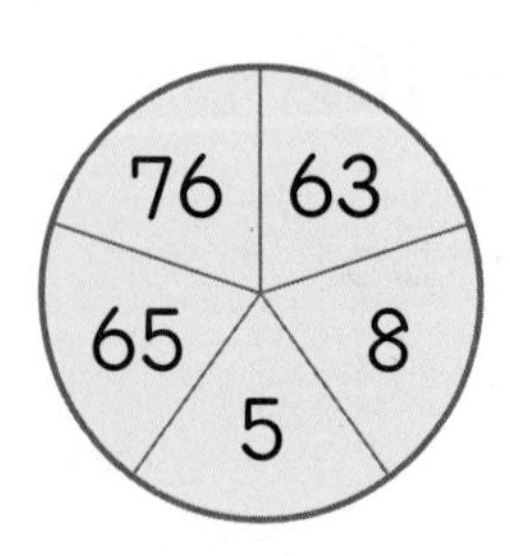

기본유형 익히기

개념책 77~79쪽 | 정답 40쪽

⑦ 세 수의 계산

1 계산해 보세요.

(1) $53+28-37$

(2) $83-39+28$

2 관계있는 것끼리 선으로 이어 보세요.

$26+68-36$ ·　　　· 58

$53-16+29$ ·　　　· 62

· 66

3 다음 식을 계산하여 □ 안에 알맞은 수를 써넣고, 계산 결과에 맞는 각각의 글자를 빈칸에 알맞게 써넣으세요.

· $40-24+9=25$ — 태

· $18+43-7=$ □ — 기

· $83-45+7=$ □ — 극

25	45	54
태		

4 버스 터미널에 버스가 52대 있었습니다. 버스 24대가 빠져나가고 19대가 들어왔습니다. 버스 터미널에 있는 버스는 몇 대일까요?

식 ______

답 ______

⑧ 덧셈과 뺄셈의 관계를 식으로 나타내기

5 그림을 보고 덧셈식과 뺄셈식으로 나타내 보세요.

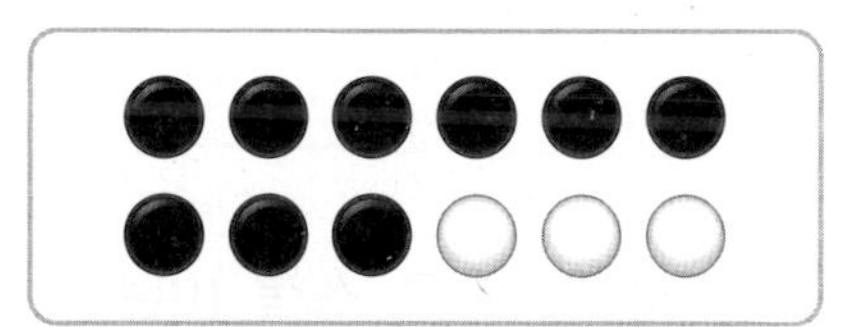

$9+3=$ □

$12-$ □ $=3$

□ $-3=9$

6 덧셈식을 뺄셈식으로 나타내 보세요.

$27+46=73$

$73-\square=46$

$\square-\square=\square$

7 뺄셈식을 덧셈식으로 나타내 보세요.

$74-39=35$

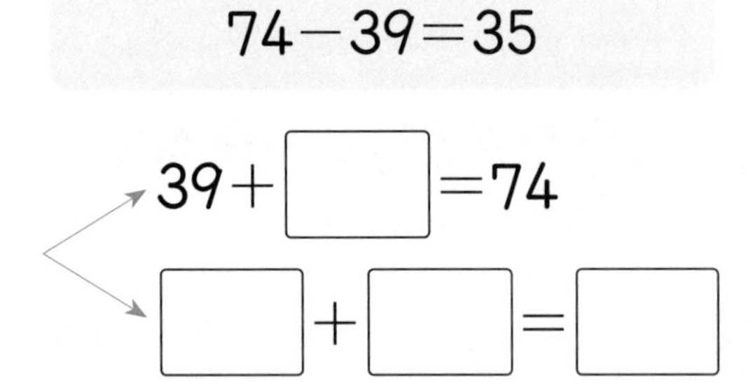

8 □ 안에 알맞은 수를 써넣으세요.

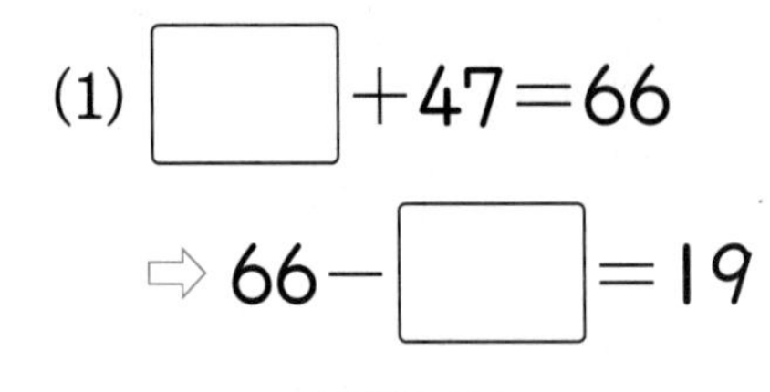

(2) $31-\square=14$

⇨ $14+17=\square$

⑨ □를 사용하여 덧셈식을 만들고 □의 값 구하기

9 양 5마리가 있었는데 몇 마리가 더 와서 14마리가 되었습니다. 더 온 양의 수를 □로 하여 덧셈식을 만들고, □의 값을 구해 보세요.

덧셈식 ______

□의 값 ______

10 소 몇 마리가 있었는데 7마리가 더 와서 12마리가 되었습니다. 처음에 있던 소의 수를 □로 하여 덧셈식을 만들고, □의 값을 구해 보세요.

덧셈식 ______

□의 값 ______

11 □를 사용하여 그림에 알맞은 덧셈식을 만들고, □의 값을 구해 보세요.

8	□
12	

덧셈식

□의 값

12 □를 사용하여 그림에 알맞은 덧셈식을 만들고, □의 값을 구해 보세요.

□	7
13	

덧셈식

□의 값

⑩ □를 사용하여 뺄셈식을 만들고 □의 값 구하기

13 배 15개가 있었는데 몇 개를 먹었더니 7개가 남았습니다. 먹은 배의 수를 □로 하여 뺄셈식을 만들고, □의 값을 구해 보세요.

뺄셈식

□의 값

14 버스에 몇 명이 타고 있었는데 9명이 내려서 8명이 남았습니다. 처음 버스에 타고 있던 사람의 수를 □로 하여 뺄셈식을 만들고, □의 값을 구해 보세요.

뺄셈식

□의 값

3 단원

15 □를 사용하여 그림에 알맞은 뺄셈식을 만들고, □의 값을 구해 보세요.

11	
□	6

뺄셈식

□의 값

16 □ 안에 알맞은 수를 써넣으세요.

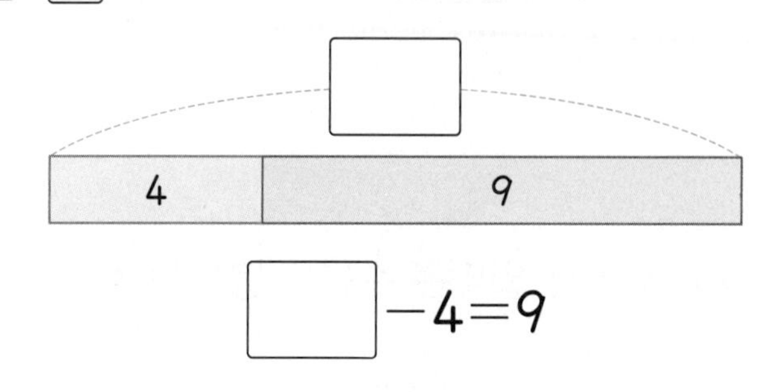

실전유형 다지기

1 계산해 보세요.

(1) $35+27-28$

(2) $71-24+29$

(2~3) 덧셈식은 뺄셈식으로, 뺄셈식은 덧셈식으로 나타내 보세요.

2

$65+29=94$

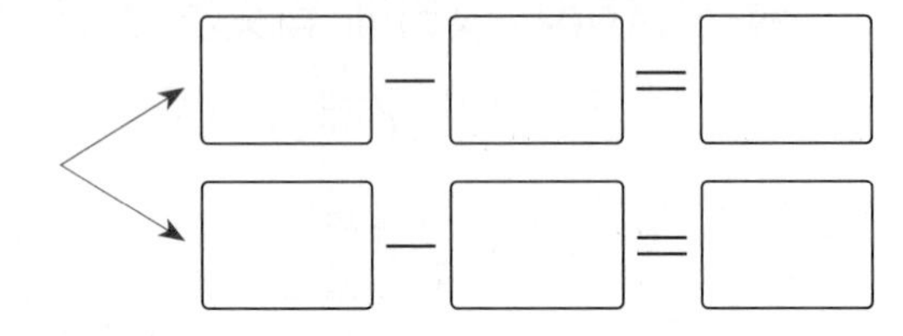

3

$42-15=27$

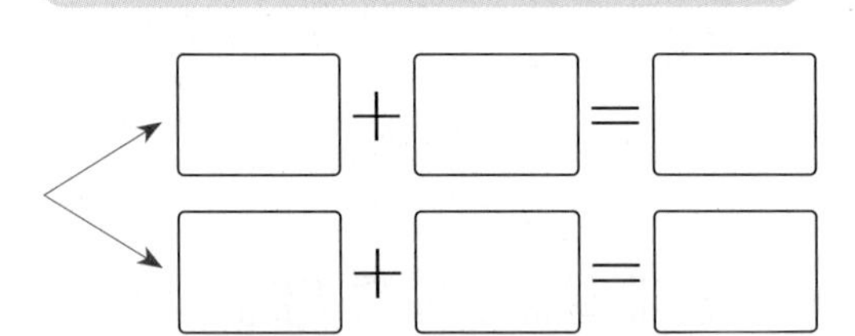

4 빈칸에 알맞은 수를 써넣으세요.

68 → +24 → −43 → □

5 □ 안에 알맞은 수를 써넣으세요.

(1) $\square+19=35$

(2) $81-\square=54$

6 ●+▲를 구해 보세요.

$24+19-16=●$

$24-16+19=▲$

(　　　　　　　　)

개념 확인 서술형

7 계산에서 잘못된 곳을 찾아 이유를 쓰고, 바르게 계산해 보세요.

$74-19+26=29$

① 45

② 29

⇩

$74-19+26$

이유

8 빨간 구슬이 29개, 파란 구슬이 32개 있습니다. 노란 구슬은 빨간 구슬과 파란 구슬을 합한 것보다 17개 더 적습니다. 노란 구슬은 몇 개일까요?

( )

9 □의 값이 작은 것부터 차례대로 기호를 써 보세요.

㉠ □+9=21
㉡ 14+□=22
㉢ 25−□=18

( )

《 수학 익힘 유형 》

10 수 카드 4장 중에서 3장을 한 번씩만 사용하여 덧셈식을 만들고, 만든 덧셈식을 뺄셈식으로 나타내 보세요.

   15

덧셈식 ______

뺄셈식 ______

뺄셈식 ______

11 진우의 나이는 8살이고, 진우와 초희의 나이의 합은 14살입니다. 초희의 나이를 □로 하여 덧셈식을 만들고, □의 값을 구해 보세요.

덧셈식 ______

□의 값 ______

12 민지는 가지고 있던 귤 중에서 9개를 먹었더니 17개가 남았습니다. 민지가 처음에 가지고 있던 귤의 수를 □로 하여 뺄셈식을 만들고, □의 값을 구해 보세요.

뺄셈식 ______

□의 값 ______

《 수학 익힘 유형 》

13 세 수를 이용하여 계산 결과가 가장 큰 세 수의 계산식을 만들려고 합니다. □ 안에 알맞은 수를 써넣고 답을 구해 보세요.

28 12 19 16

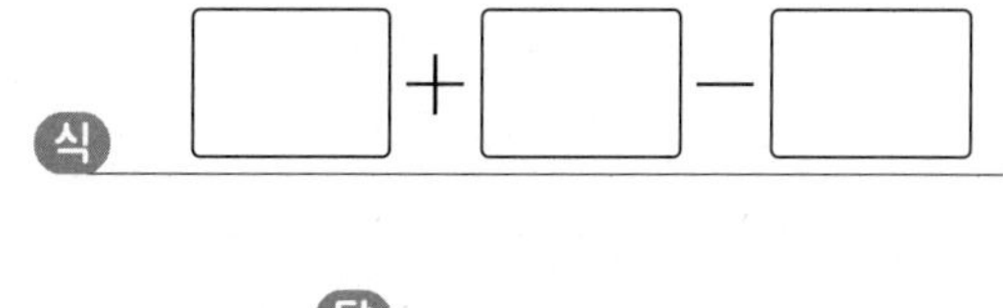

식 □+□−□

답 ______

개념책 88~89쪽 | 정답 41쪽

1 수 카드 3장 중에서 2장을 뽑아 두 자리 수를 만들어 58과 더하려고 합니다. 계산 결과가 가장 큰 수가 되도록 덧셈식을 만들고, 계산해 보세요.

3　2　7

덧셈식 □+58=□

2 1부터 9까지의 수 중에서 ㉠에 들어갈 수 있는 수를 모두 구해 보세요.

66+㉠<70

(　　　　　　　　)

3 어떤 수에서 7을 빼야 할 것을 잘못하여 더했더니 62가 되었습니다. 바르게 계산하면 얼마인지 구해 보세요.

(　　　　　　　　)

놀이 수학

4 같은 선 위의 양쪽 끝에 있는 두 수의 차를 가운데에 쓴 것입니다. 빈칸에 알맞은 수를 써넣으세요.

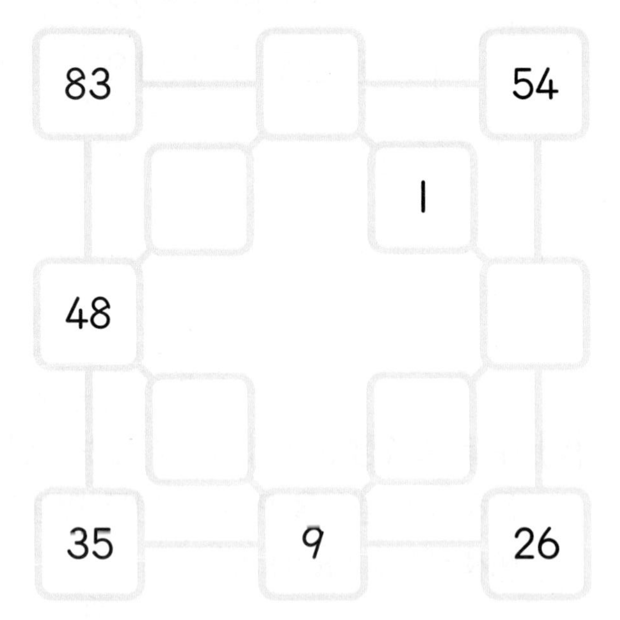

실력 확인 [평가책] 단원 평가 18~23쪽 | 서술형 평가 24~25쪽

4

길이 재기

개념 복습 기초력 기르기

① 길이를 비교하는 방법

(1~4) 길이를 비교하여 더 긴 쪽은 어느 것인지 써 보세요. 활동지

1

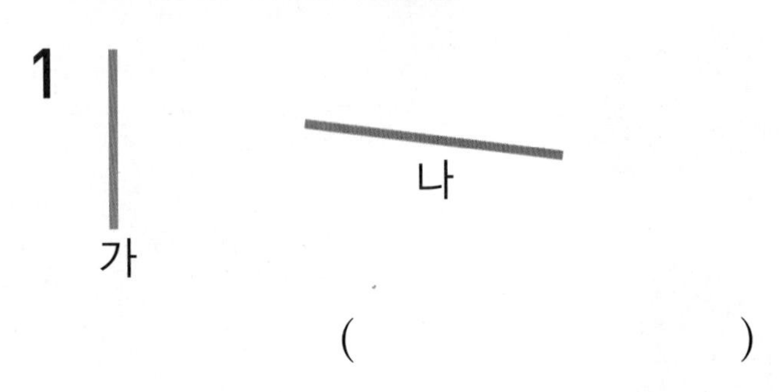

(　　　　　　　　)

2

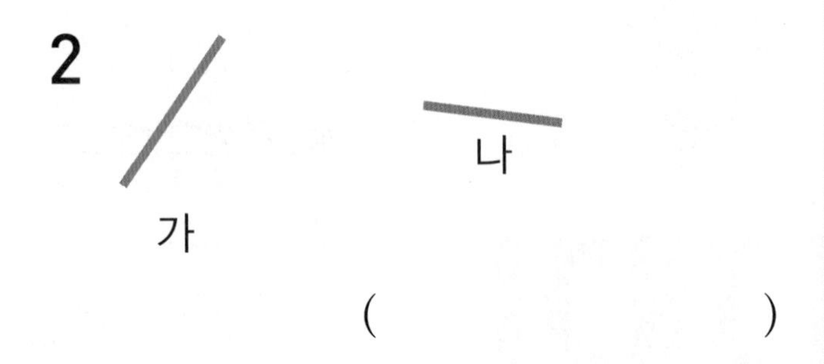

(　　　　　　　　)

3

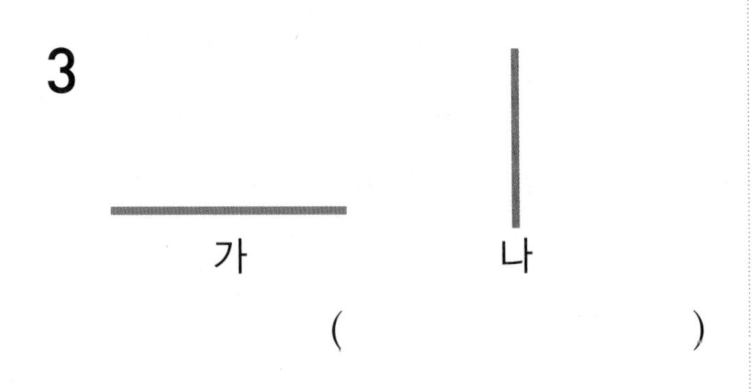

(　　　　　　　　)

4

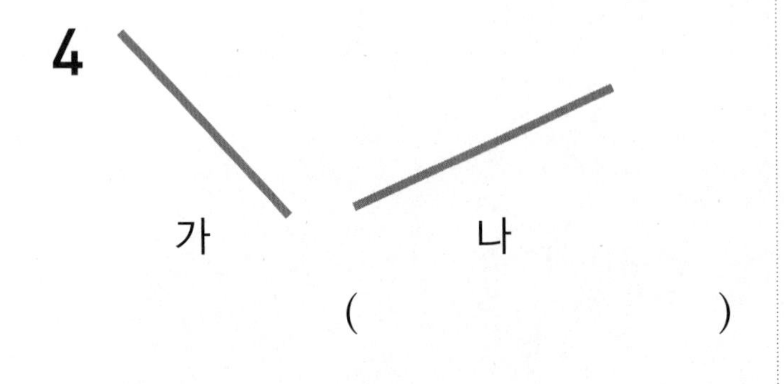

(　　　　　　　　)

② 여러 가지 단위로 길이 재기

(1~2) 몇 뼘인지 구해 보세요.

1

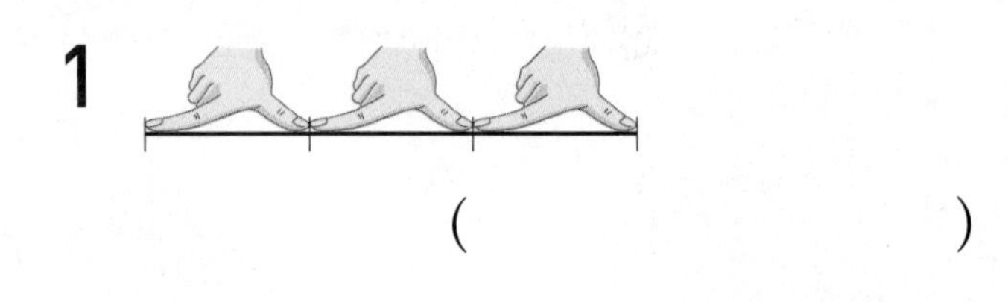

(　　　　　　　　)

2

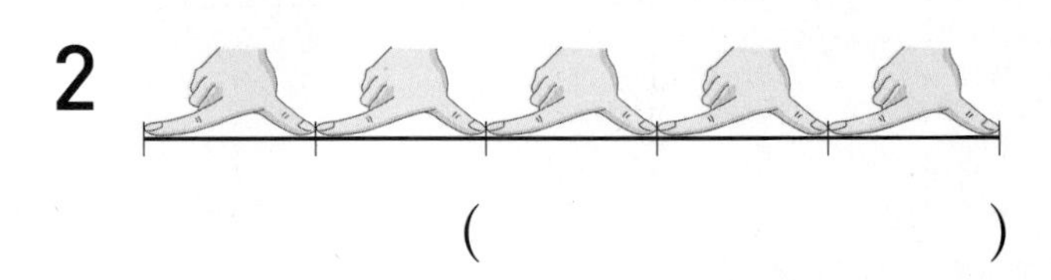

(　　　　　　　　)

(3~5) 물건을 단위로 몇 번인지 구해 보세요.

3

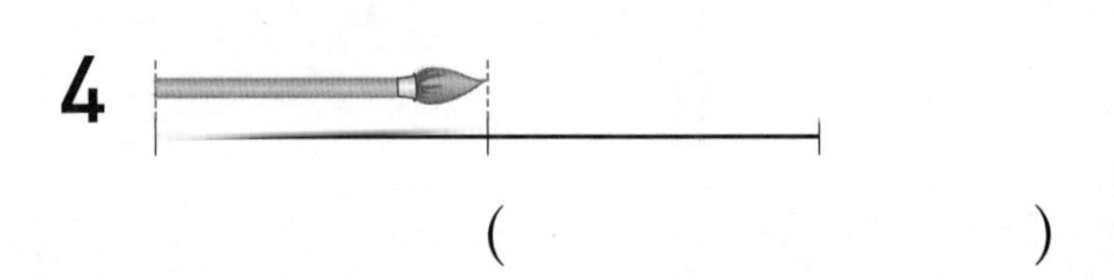

(　　　　　　　　)

4

(　　　　　　　　)

5

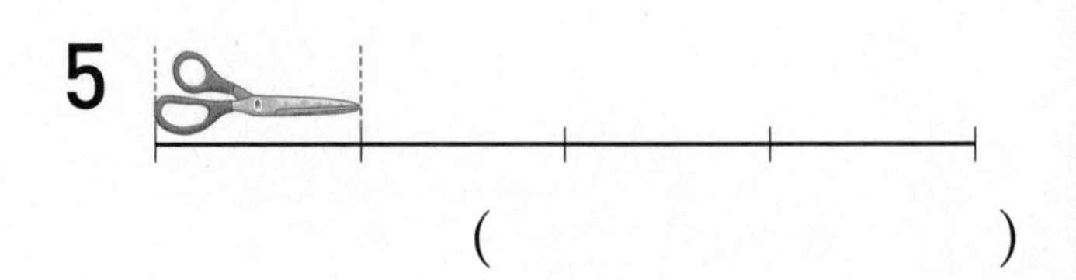

(　　　　　　　　)

③ 1 cm

(1~4) 한 칸의 길이가 1 cm일 때, 1 cm가 몇 번인지 세고 길이를 써 보세요.

1

1 cm □번

2

1 cm □번

3

1 cm □번

4

1 cm □번

(5~8) 한 칸의 길이가 1 cm일 때, 주어진 길이만큼 점선을 따라 선을 그어 보세요.

5

2 cm

6

4 cm

7

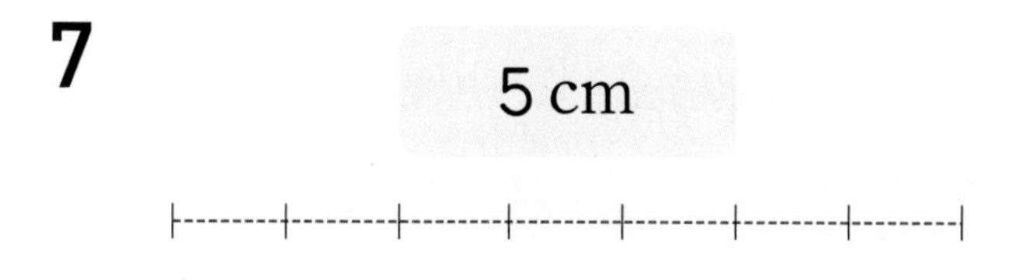

8

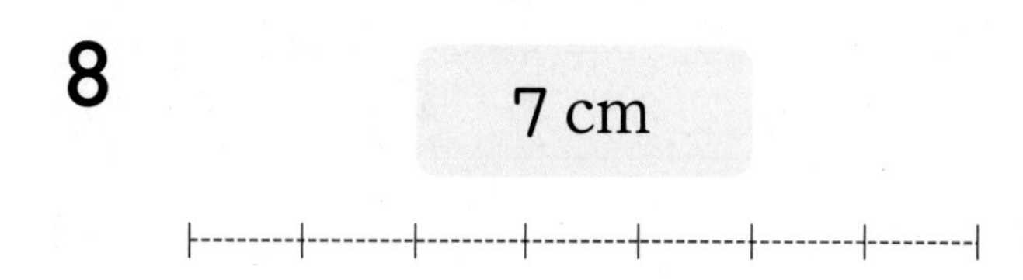

④ 자로 길이를 재는 방법

(1~5) 물건의 길이는 몇 cm인지 구해 보세요.

1

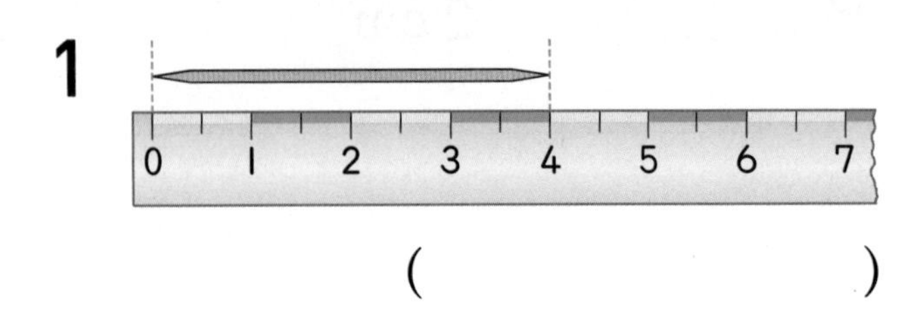

(　　　　　　　　)

2

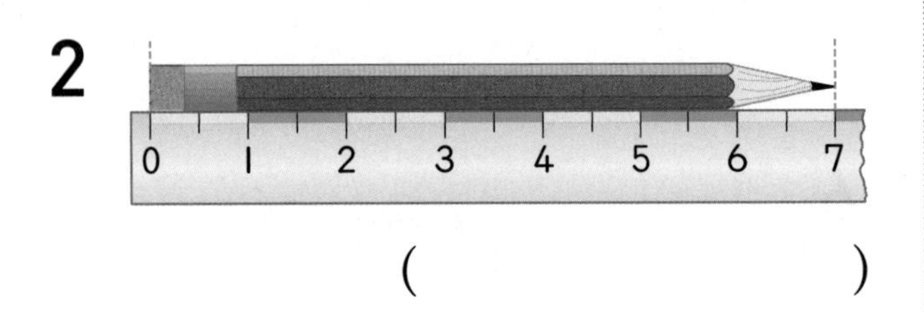

(　　　　　　　　)

3

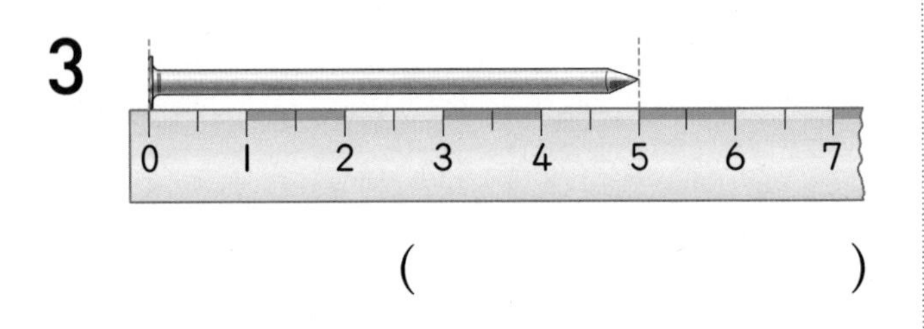

(　　　　　　　　)

4

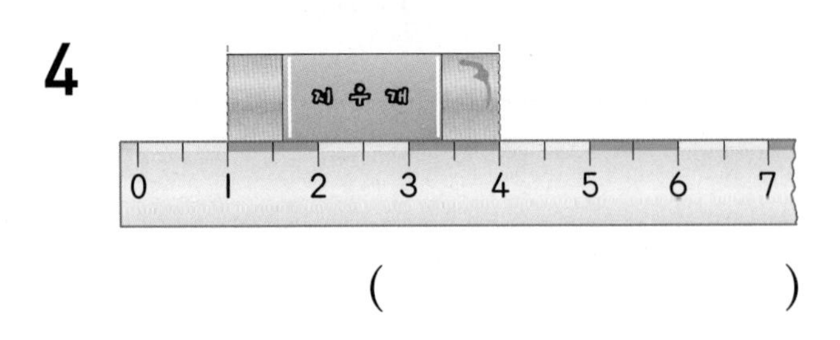

(　　　　　　　　)

5

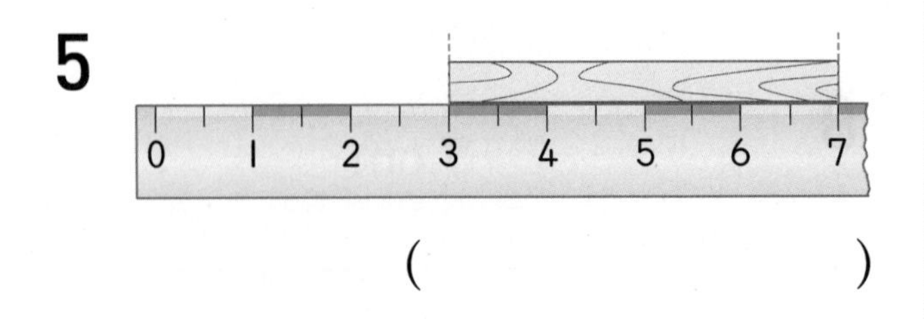

(　　　　　　　　)

(6~10) 선의 길이는 몇 cm인지 자로 재어 보세요.

6

(　　　　　　　　)

7

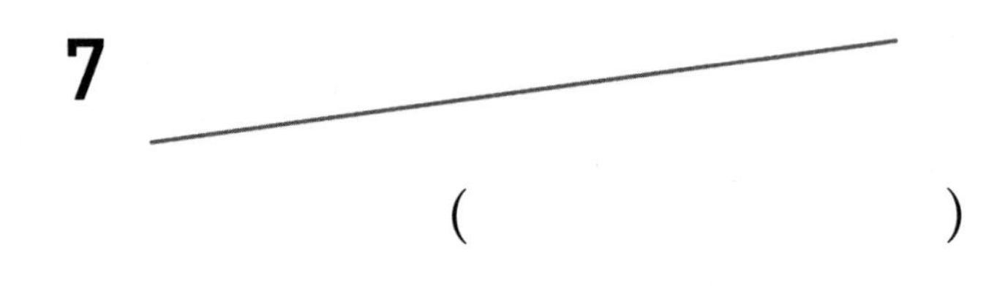

(　　　　　　　　)

8

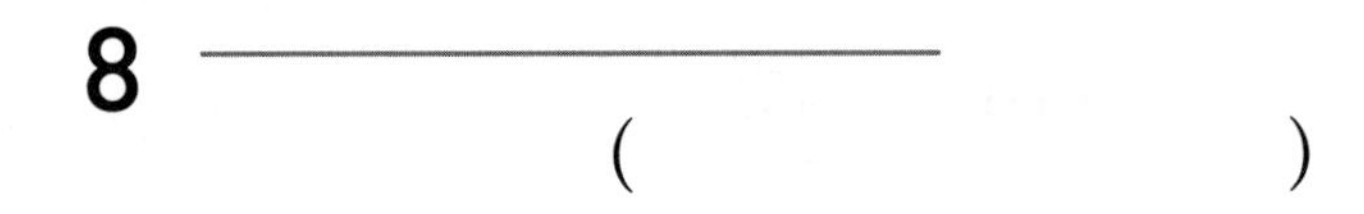

(　　　　　　　　)

9

(　　　　　　　　)

10

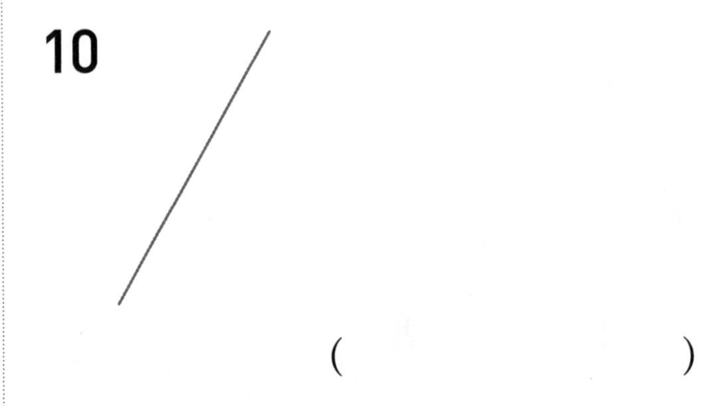

(　　　　　　　　)

⑤ 길이를 약 몇 cm로 나타내기

(1~5) 색 테이프의 길이를 자로 재어 □ 안에 알맞은 수를 써넣으세요.

1

약 □ cm

2

약 □ cm

3

약 □ cm

4

약 □ cm

5

약 □ cm

⑥ 길이 어림하기

(1~4) 물건의 길이를 어림하고 자로 재어 확인해 보세요.

1

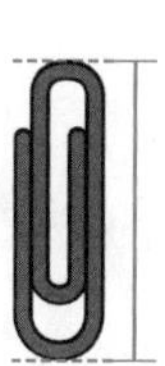

어림한 길이 (　　　　　　)
자로 잰 길이 (　　　　　　)

2

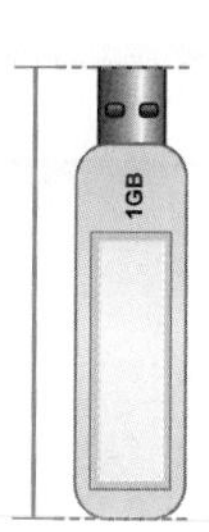

어림한 길이 (　　　　　　)
자로 잰 길이 (　　　　　　)

3

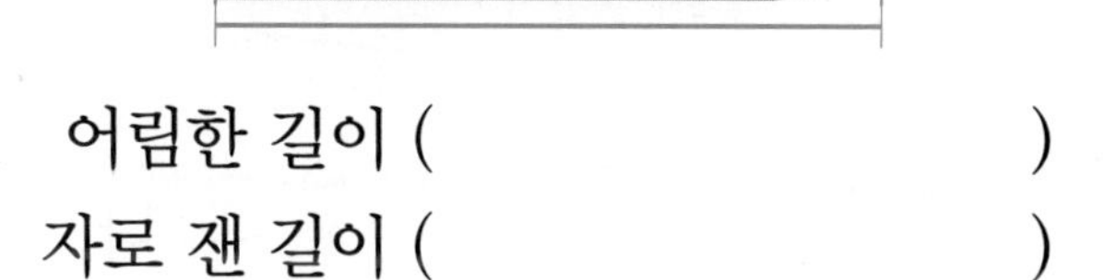

어림한 길이 (　　　　　　)
자로 잰 길이 (　　　　　　)

4

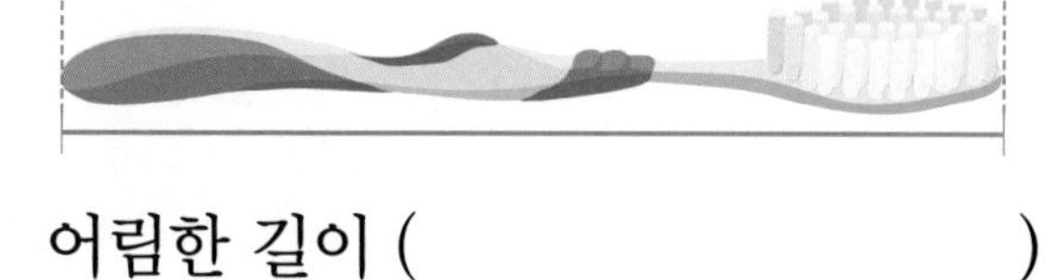

어림한 길이 (　　　　　　)
자로 잰 길이 (　　　　　　)

기본유형 익히기

❶ 길이를 비교하는 방법

1 길이를 비교하여 더 짧은 쪽에 ○표 하세요.

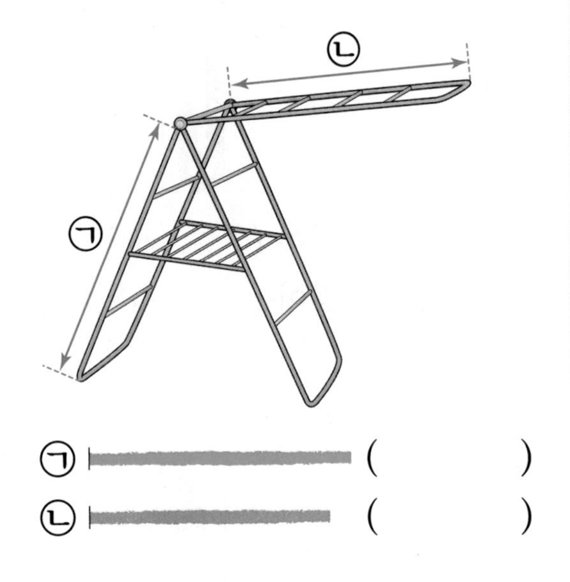

㉠ ( )
㉡ ( )

2 길이를 비교하여 □ 안에 알맞게 써넣으세요. 활동지

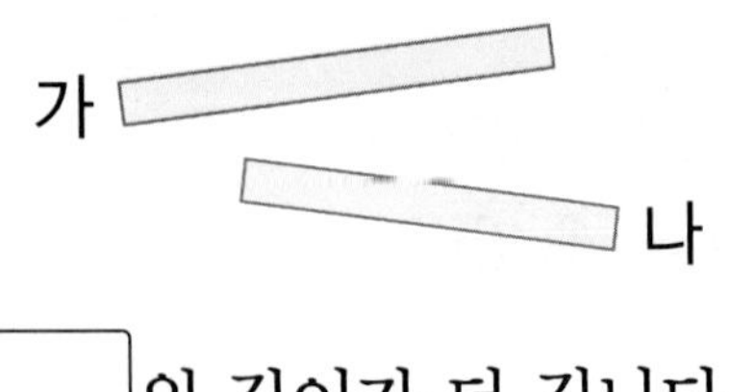

□의 길이가 더 깁니다.

3 길이가 긴 것부터 차례대로 써 보세요.

활동지

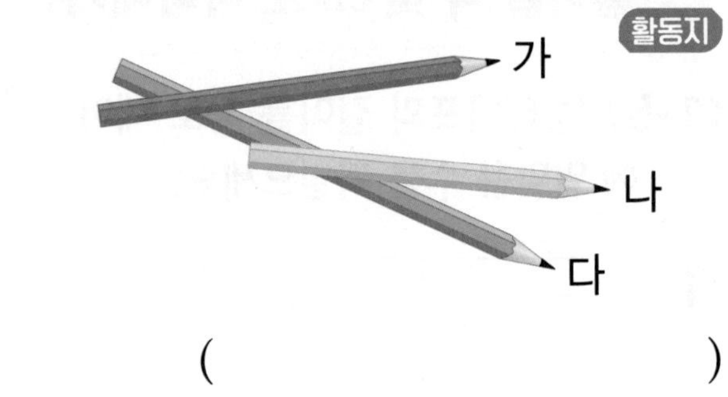

( )

❷ 여러 가지 단위로 길이 재기

4 길이를 잴 때 사용되는 단위 중에서 더 긴 것에 ○표 하세요.

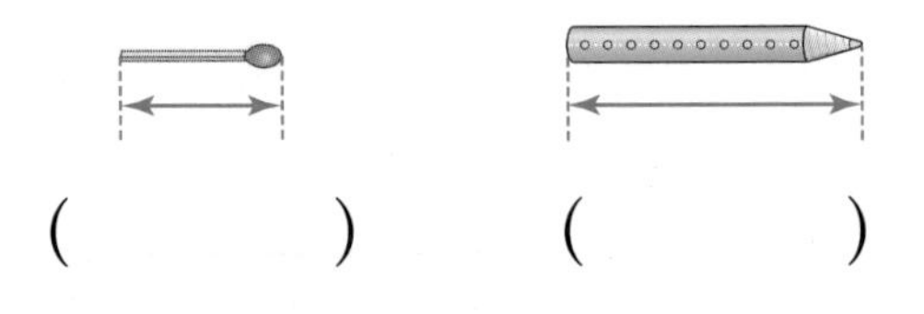

( ) ( )

5 소파의 긴 쪽의 길이는 몇 뼘인가요?

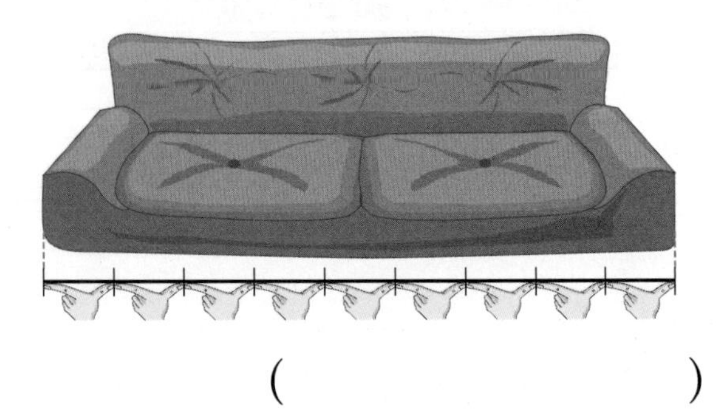

( )

6 연필과 머리핀으로 허리띠의 길이를 재었습니다. ☐ 안에 알맞은 수를 써넣고, 알맞은 말에 ○표 하세요.

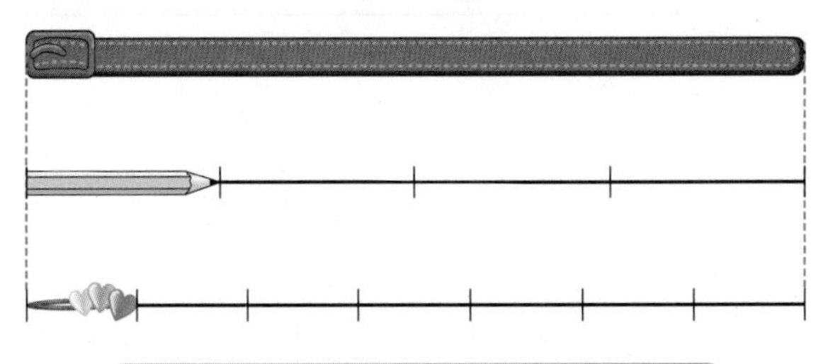

단위	잰 횟수
연필	☐번
머리핀	☐번

연필의 길이가 머리핀의 길이보다 더 (짧습니다 , 깁니다).

⇨ 연필로 잰 횟수가 머리핀으로 잰 횟수보다 더 (적습니다 , 많습니다).

③ 1 cm

7 오른쪽 그림은 엄지손가락 너비를 자로 잰 것입니다. 엄지손가락 너비를 바르게 쓴 것을 찾아 기호를 써 보세요.

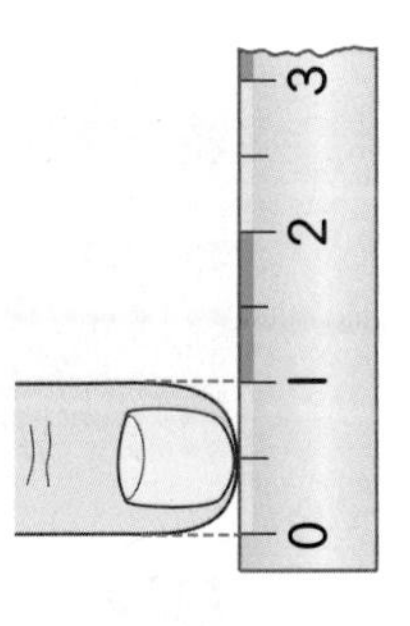

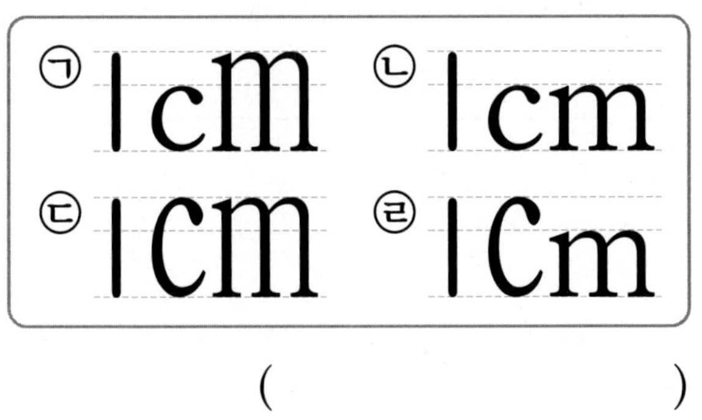

(   )

8 ☐ 안에 알맞은 수를 써넣으세요.

(1) 6 cm는 1 cm가 ☐번입니다.

(2) 1 cm로 ☐번이면 14 cm입니다

9 주어진 길이만큼 점선을 따라 선을 그어 보세요.

6 cm

1 cm

10 ㉮의 길이는 1 cm입니다. ㉯의 길이는 몇 cm인가요?

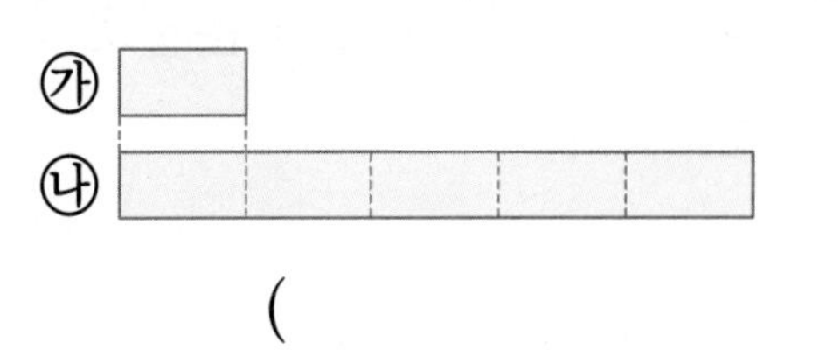

(   )

실전유형 다지기

1 길이를 비교하여 □ 안에 알맞은 말을 써넣으세요. 활동지

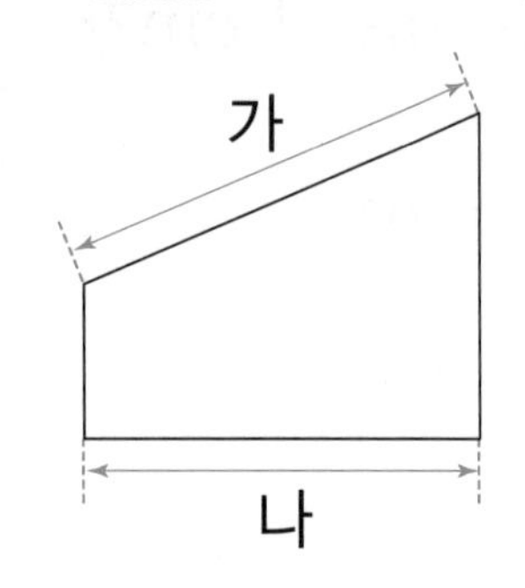

□가 □보다 길이가 더 깁니다.

2 색 테이프의 길이는 지우개로 몇 번인가요?

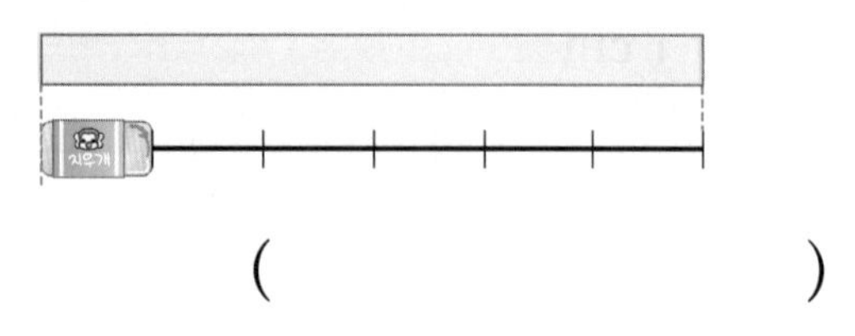

(　　　　　)

3 빨대의 길이는 못과 분필로 각각 몇 번인가요?

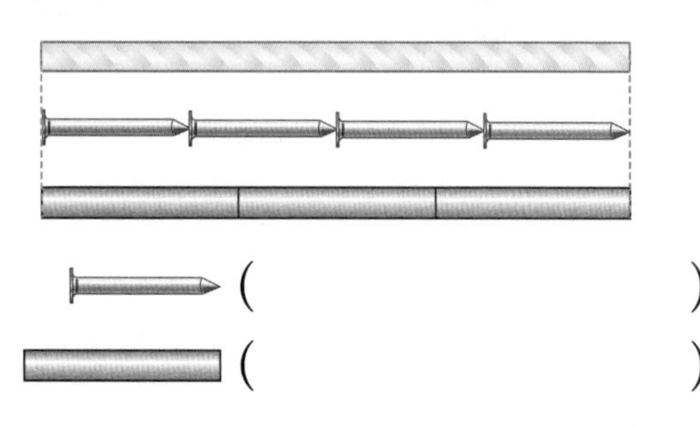

못 (　　　　　)

분필 (　　　　　)

4 한 칸의 길이가 1 cm일 때, 5 cm만큼 색칠해 보세요.

5 길이가 더 짧은 것에 ○표 하세요.

6 cm (　　　)

1 cm로 8번 (　　　)

개념 확인 서술형

6 철우와 은혜가 각자의 걸음으로 칠판의 긴 쪽의 길이를 재었습니다. 두 사람이 잰 길이가 다른 이유는 무엇인지 써 보세요.

철우의 걸음	은혜의 걸음
7번	5번

이유

7 쌓기나무로 젓가락과 숟가락의 길이를 잰 횟수입니다. 젓가락과 숟가락 중에서 길이가 더 긴 것은 무엇인가요?

젓가락	숟가락
8번	7번

( )

8 막대 사탕의 길이는 바늘로 몇 번인가요?

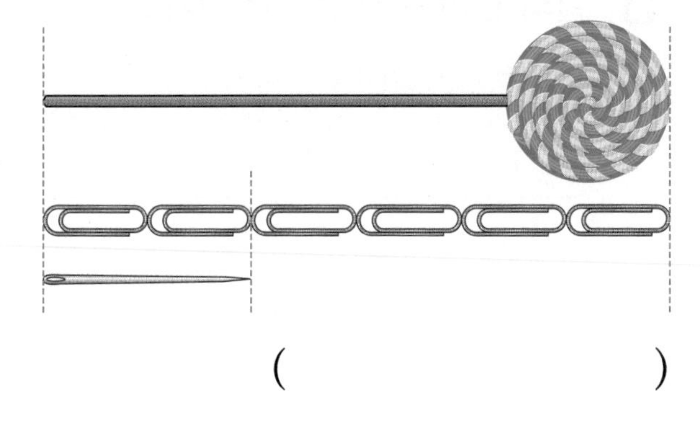

( )

9 왼쪽 마이크보다 더 높은 마이크는 어느 것인가요? 활동지

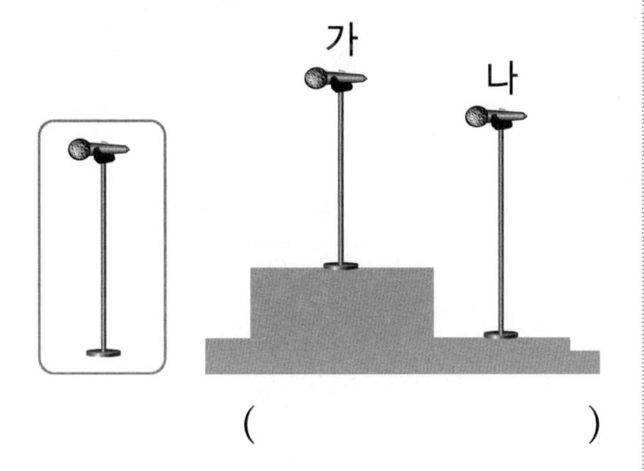

( )

수학 익힘 유형

10 연주, 준하, 정수가 공책의 긴 쪽의 길이를 재었습니다. 잰 횟수가 가장 많은 사람을 찾아 이름을 써 보세요.

- 연주: 난 뼘으로 재었어.
- 준하: 난 풀로 재었어.
- 정수: 난 클립으로 재었어.

( )

수학 익힘 유형

11 1 cm, 2 cm, 3 cm 막대가 있습니다. 이 막대들을 여러 번 사용하여 세 가지 방법으로 5 cm를 색칠해 보세요.

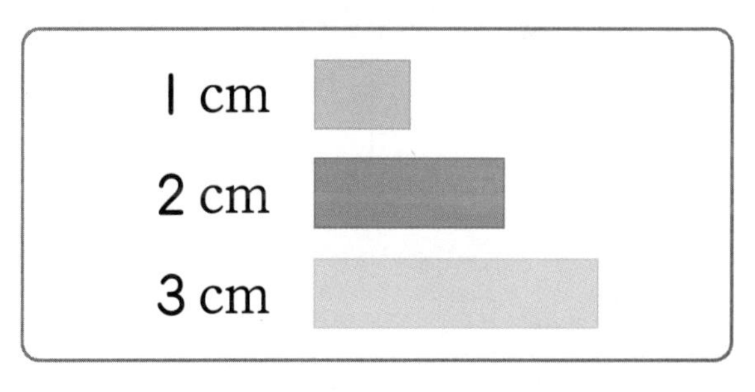

5 cm
5 cm
5 cm

4 단원

기본유형 익히기

④ 자로 길이를 재는 방법

1 건전지의 길이는 몇 cm인가요?

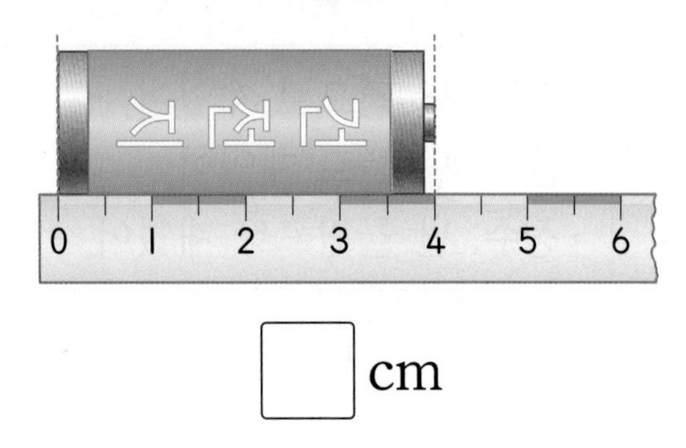

□ cm

2 껌의 길이는 몇 cm인가요?

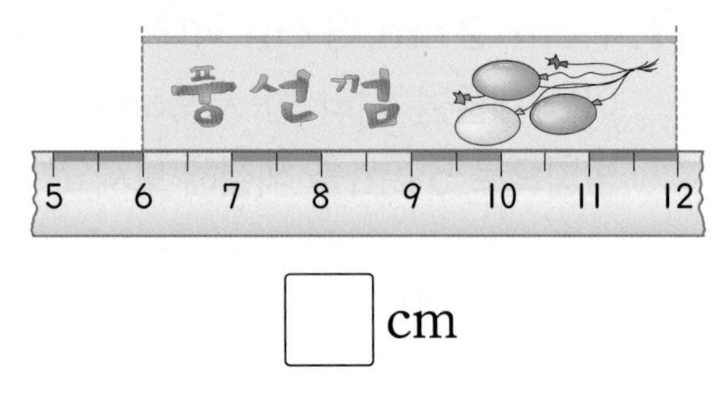

□ cm

3 젤리의 길이는 몇 cm인지 자로 재어 보세요.

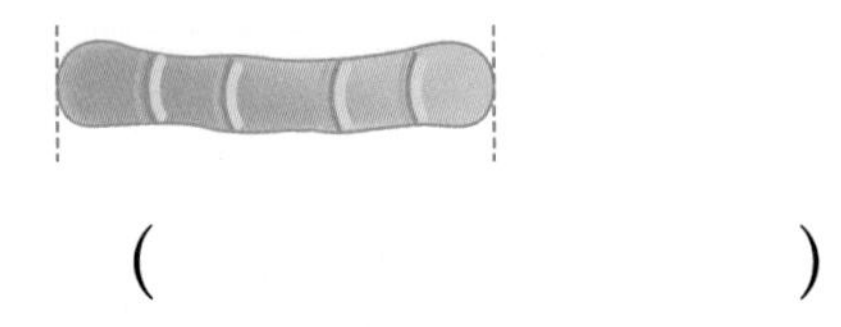

( )

4 주어진 길이만큼 점선을 따라 선을 그어 보세요.

5 cm

⑤ 길이를 약 몇 cm로 나타내기

5 칼의 길이는 약 몇 cm인가요?

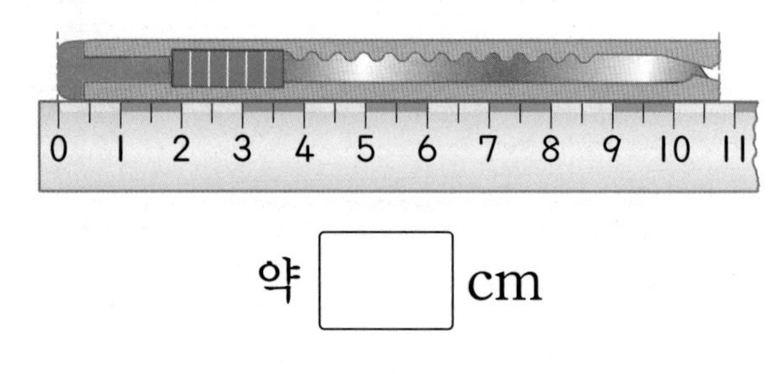

약 □ cm

6 크레파스의 길이는 약 몇 cm인가요?

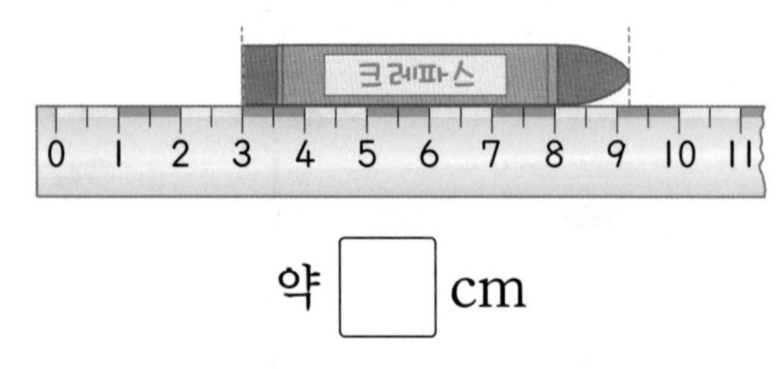

약 □ cm

7 막대의 길이는 약 몇 cm인지 자로 재어 보세요.

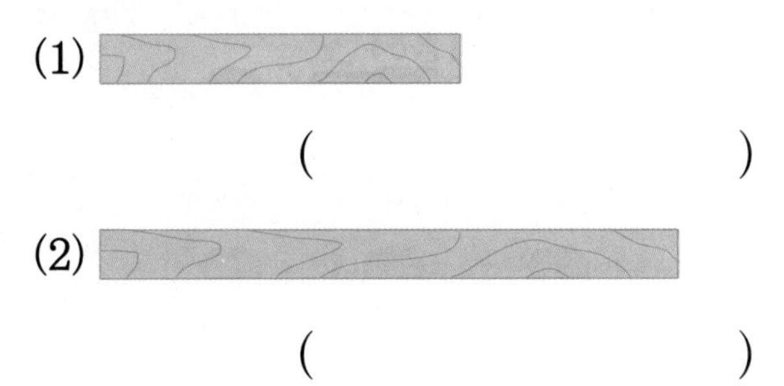

(1) (　　　　　　)

(2) (　　　　　　)

6 길이 어림하기

8 선의 길이를 어림하고 자로 재어 확인해 보세요.

(1)

어림한 길이	약 □ cm
자로 잰 길이	□ cm

(2)

어림한 길이	약 □ cm
자로 잰 길이	□ cm

9 물건의 길이를 어림하고 자로 재어 확인해 보세요.

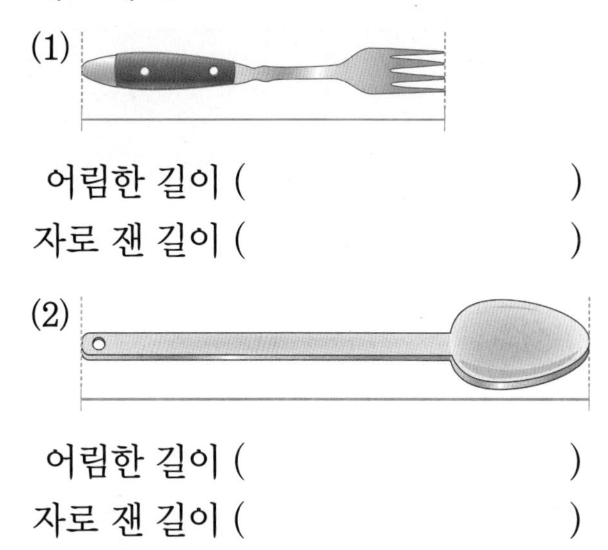

(1)

어림한 길이 (　　　　　　)

자로 잰 길이 (　　　　　　)

(2)

어림한 길이 (　　　　　　)

자로 잰 길이 (　　　　　　)

10 실제 길이에 가장 가까운 것을 찾아 선으로 이어 보세요.

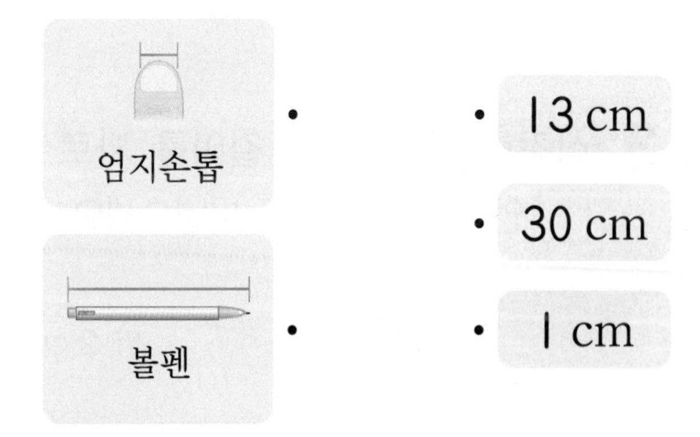

실전유형 다지기

1 비스킷의 긴 쪽의 길이는 몇 cm인지 자로 재어 보세요.

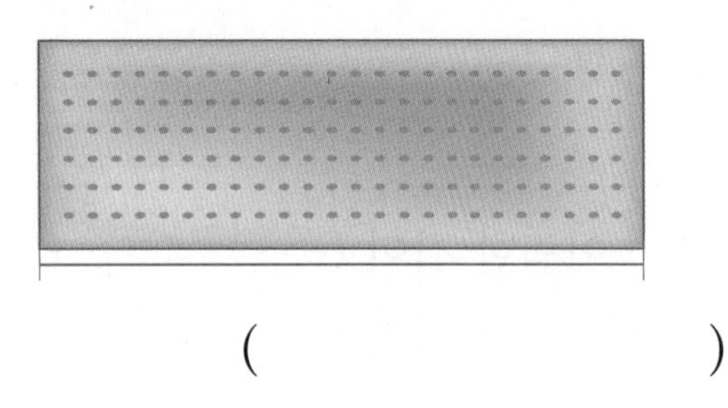

( )

2 〈보기〉에서 알맞은 길이를 골라 문장을 완성해 보세요.

〈보기〉

3 cm   21 cm   40 cm

클립의 길이는 약 ☐ 입니다.

3 삼각형의 각 변의 길이를 자로 재어 ☐ 안에 알맞은 수를 써넣으세요.

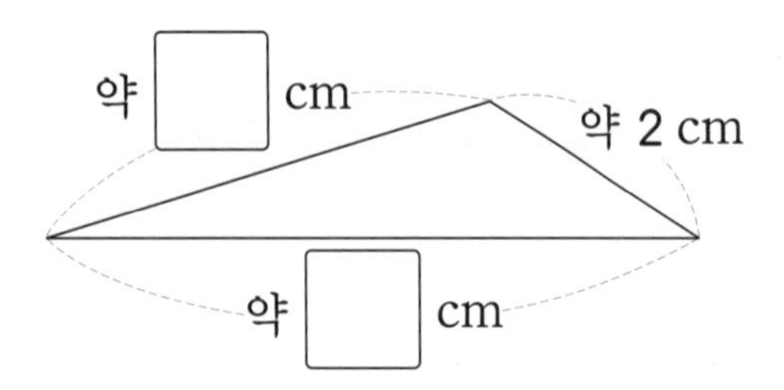

4 못의 길이가 더 긴 것은 어느 것인가요?

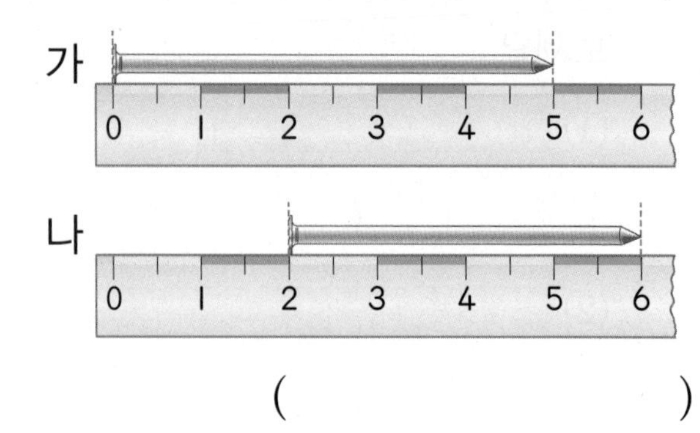

( )

개념 확인 서술형

5 실제 길이가 조금씩 다른 색 테이프가 있습니다. 연희는 색 테이프의 길이를 모두 약 5 cm라고 생각했습니다. 그렇게 생각한 이유를 써 보세요.

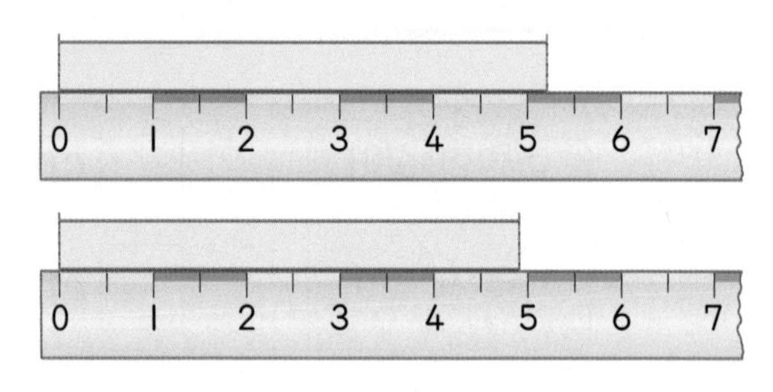

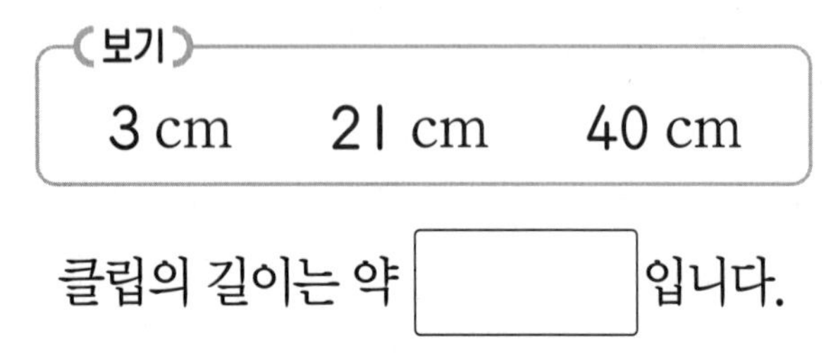

이유

6 장난감 로봇의 길이를 재어 보고 우주는 약 9 cm, 세희는 약 10 cm라고 하였습니다. 장난감 로봇의 길이를 바르게 잰 사람은 누구인가요?

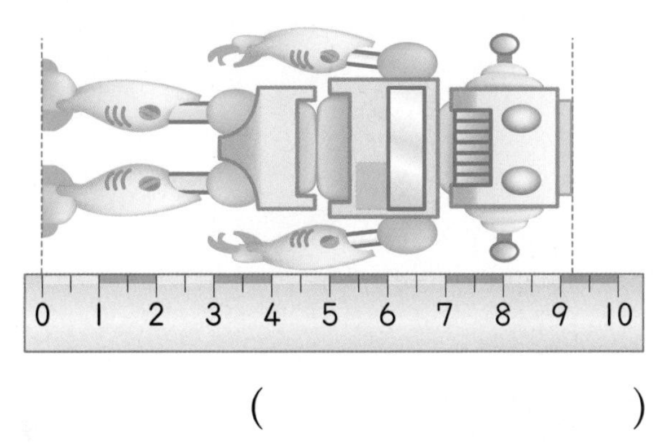

(　　　　　　　　)

〈 수학 익힘 유형 〉

7 길이가 1 cm, 3 cm인 선이 있습니다. 자를 사용하지 않고 7 cm에 가깝게 점선을 따라 선을 그어 보세요.

1 cm

3 cm

8 선의 길이를 자로 재어 길이가 더 긴 선의 기호를 써 보세요.

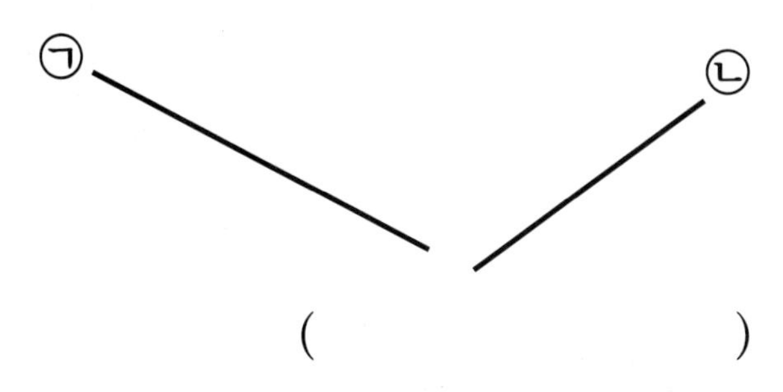

(　　　　　　　　)

〈 수학 익힘 유형 〉

9 막대의 길이를 잘못 말한 사람은 누구인가요?

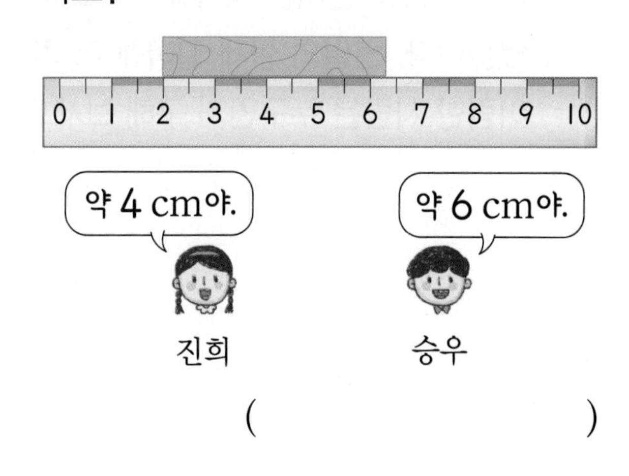

(　　　　　　　　)

10 민주와 태우는 약 6 cm를 어림하여 아래와 같이 고무줄을 늘였습니다. 6 cm에 더 가깝게 어림한 사람은 누구인가요?

민주

태우

(　　　　　　　　)

11 블록의 길이를 자로 재어 보고 같은 길이의 블록을 같은 색으로 색칠해 보세요.

☐ cm

☐ cm

☐ cm

응용유형 다잡기

개념책 112~113쪽 | 정답 44쪽

1 길이가 15 cm인 연필의 길이를 준기는 약 17 cm, 찬미는 약 14 cm로 어림하였습니다. 연필의 실제 길이에 더 가깝게 어림한 사람은 누구인지 구해 보세요.

( )

2 ㉠, ㉡, ㉢ 중 길이가 가장 긴 색 테이프를 찾아 기호를 써 보세요.

㉠	㉡	㉢
뼘으로 7번	클립으로 7번	크레파스로 7번

( )

3 가위의 길이는 길이가 4 cm인 성냥으로 4번 잰 것과 같습니다. 이 가위의 길이는 길이가 8 cm인 분필로 몇 번 잰 것과 같은지 구해 보세요.

( )

놀이 수학

《 수학 익힘 유형 》

4 거미가 빨간색 선을 따라 집에 가려고 합니다. 가장 작은 사각형의 변의 길이가 모두 1 cm라고 할 때 거미가 지나가는 길은 모두 몇 cm인지 구해 보세요.

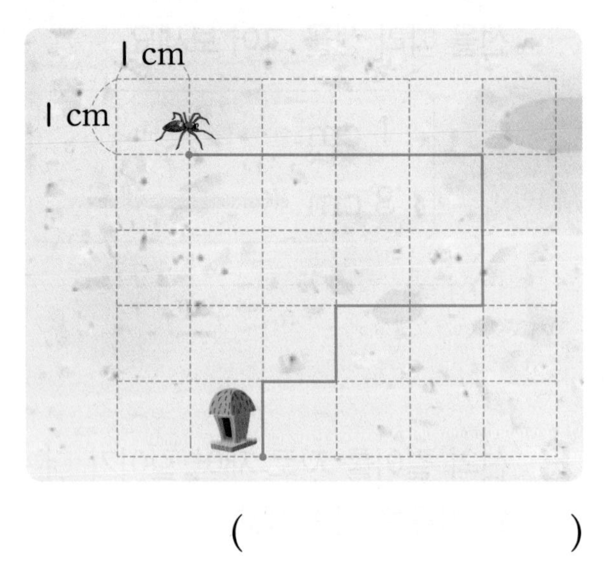

( )

실력 확인 [평가책] 단원 평가 26~31쪽 | 서술형 평가 32~33쪽

5

분류하기

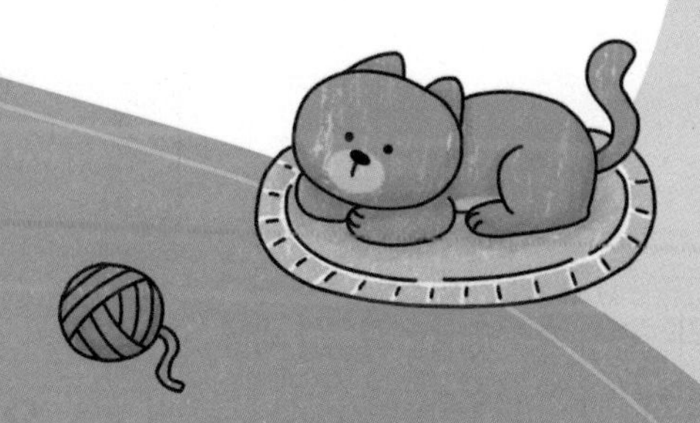

개념 복습

기초력 기르기

❶ 분류하기

(1~2) 분류 기준으로 알맞은 것에 ○표 하세요.

1

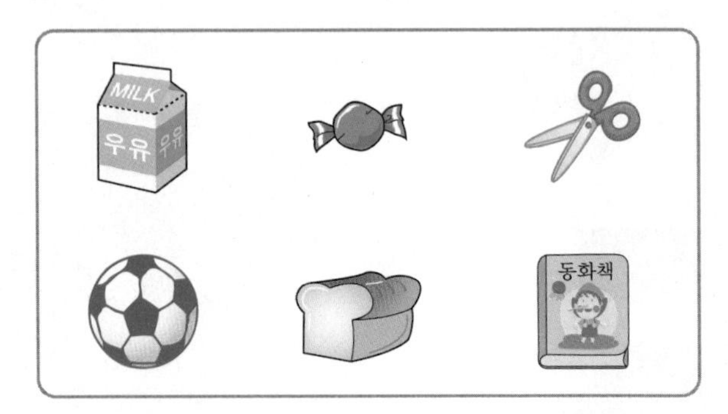

먹을 수 있는 것과 없는 것	가벼운 것과 무거운 것
(　　　)	(　　　)

2

귀여운 것과 귀엽지 않은 것	동물인 것과 식물인 것
(　　　)	(　　　)

❷ 정해진 기준에 따라 분류하기

(1~3) 조각을 기준에 따라 분류하여 번호를 써 보세요.

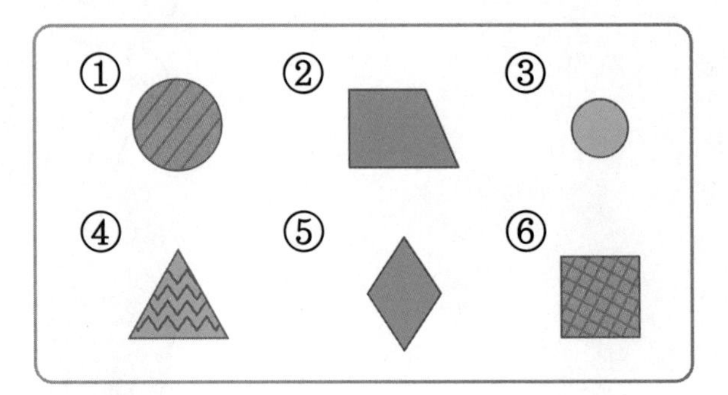

1

무늬	있는 것	없는 것
조각 번호		

2

색깔	빨간색	파란색	초록색
조각 번호			

3

모양	원	삼각형	사각형
조각 번호			

③ 자신이 정한 기준에 따라 분류하기

(1~2) 기준을 정하여 옷을 분류하고 번호를 써 보세요.

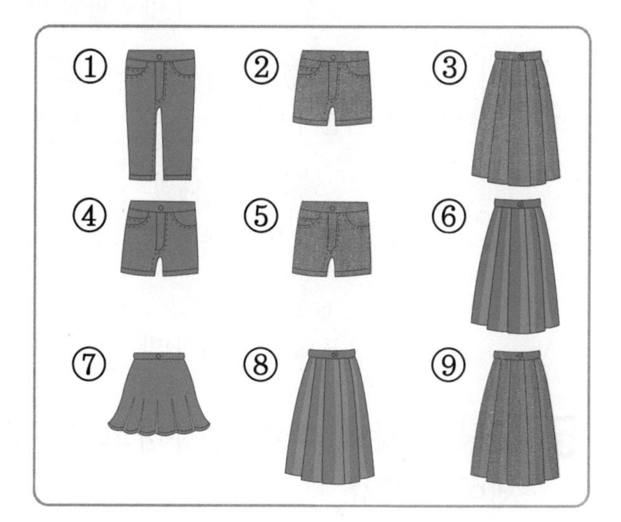

1 분류 기준

2 분류 기준

④ 분류하고 세어 보기

(1~3) 원을 기준에 따라 분류하고 그 수를 세어 보세요.

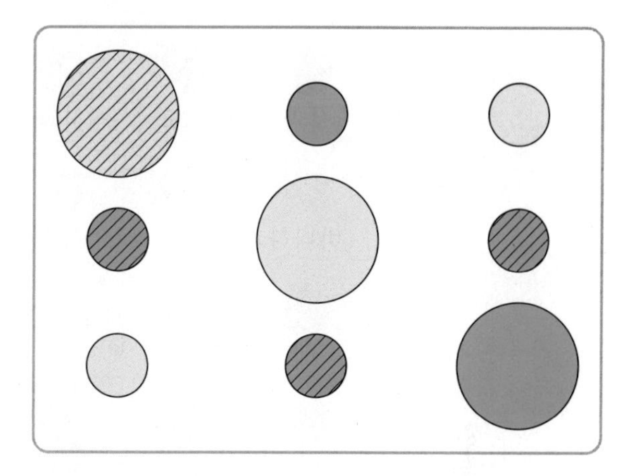

1

색깔	노란색	초록색
원의 수(개)		

2

크기	큰 것	작은 것
원의 수(개)		

3

무늬	있는 것	없는 것
원의 수(개)		

5 분류한 결과 말하기

(1~4) 과일 가게에서 어제 팔린 과일을 조사하였습니다. 물음에 답하세요.

바나나	사과	포도	사과
포도	바나나	배	사과
사과	배	사과	바나나
바나나	사과	사과	포도

1 과일을 종류에 따라 분류하고 그 수를 세어 보세요.

종류	바나나	사과	포도	배
과일의 수(개)				

2 어제 가장 많이 팔린 과일은 무엇인가요?

( )

3 어제 가장 적게 팔린 과일은 무엇인가요?

( )

4 오늘 어떤 과일을 가장 많이 준비하면 좋을까요?

( )

(5~8) 사탕 가게에서 어제 팔린 사탕을 조사하였습니다. 물음에 답하세요.

사과 맛	포도 맛	딸기 맛	딸기 맛
사과 맛	딸기 맛	딸기 맛	포도 맛
사과 맛	딸기 맛	포도 맛	딸기 맛
포도 맛	포도 맛	사과 맛	딸기 맛

5 사탕을 맛에 따라 분류하고 그 수를 세어 보세요.

맛	사과 맛	포도 맛	딸기 맛
사탕의 수(개)			

6 어제 가장 많이 팔린 사탕은 무슨 맛인가요?

( )

7 어제 가장 적게 팔린 사탕은 무슨 맛인가요?

( )

8 오늘 어떤 맛 사탕을 가장 많이 준비하면 좋을까요?

( )

기본유형 익히기

개념책 121~123쪽 | 정답 46쪽

① 분류하기

1 분류 기준으로 알맞은 것에 ○표 하세요.

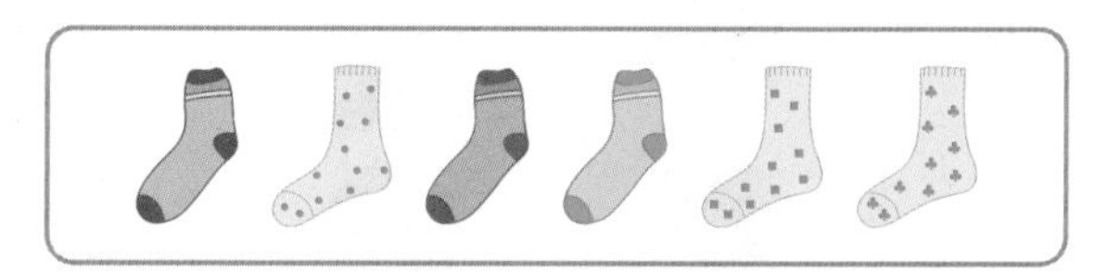

예쁜 양말과 예쁘지 않은 양말	무늬가 있는 것과 없는 것
(　　　)	(　　　)

(2~3) 동물을 보고 물음에 답하세요.

2 분류 기준으로 알맞지 않은 것에 ○표 하세요.

- 하늘을 날 수 있는 것과 날 수 없는 것 ······ (　　　)
- 좋아하는 것과 좋아하지 않는 것 ······ (　　　)

3 다음과 같이 분류하였습니다. 분류 기준을 써 보세요.

(　　　　　　　　　　　　)

② 정해진 기준에 따라 분류하기

4 탈것을 이용하는 장소에 따라 분류하여 번호를 써 보세요.

땅에서 이용하는 것	하늘에서 이용하는 것

5 단원

기본유형 익히기

5 기준에 따라 물건을 알맞게 분류하여 가게를 만들려고 합니다. 각 가게에 알맞은 물건을 찾아 선으로 이어 보세요.

사탕 가게   꽃 가게

③ 자신이 정한 기준에 따라 분류하기

6 그릇을 분류할 수 있는 기준을 써 보세요.

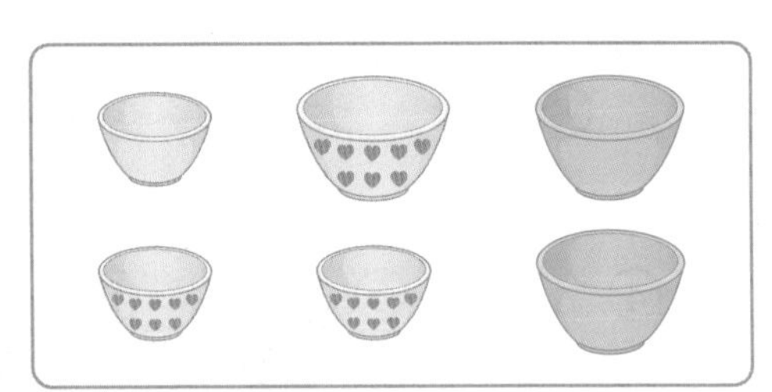

분류 기준 1

분류 기준 2

7 기준을 정하여 조각을 분류하고 번호를 써 보세요.

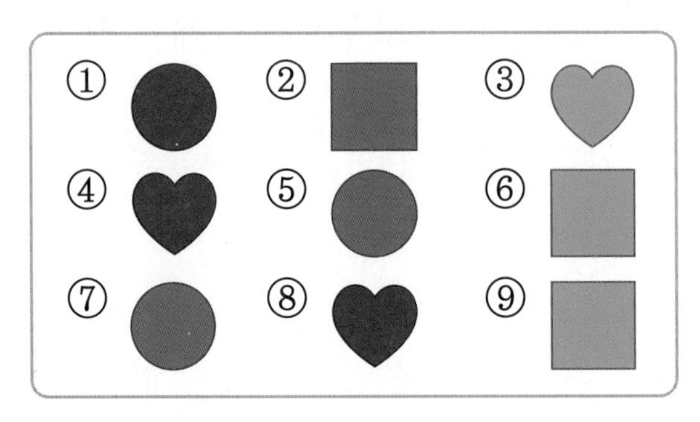

분류 기준

④ 분류하고 세어 보기

8 학생들이 좋아하는 과목을 조사하였습니다. 과목을 종류에 따라 분류하고 그 수를 세어 보세요.

미술 과학 수학

종류	미술	과학	수학
세면서 표시하기			
학생 수 (명)			

9 책상 위의 과일을 기준을 정하여 분류하고 그 수를 세어 보세요.

☐			
세면서 표시하기			
과일의 수 (개)			

⑤ 분류한 결과 말하기

10 자전거를 기준에 따라 분류하고 분류한 결과를 알아보세요.

색깔	빨간색	노란색	초록색
자전거의 수 (대)			

가장 많은 자전거 색깔은 ☐ 입니다.

11 어느 가게에서 오늘 팔린 주스를 조사하였습니다. 물음에 답하세요.

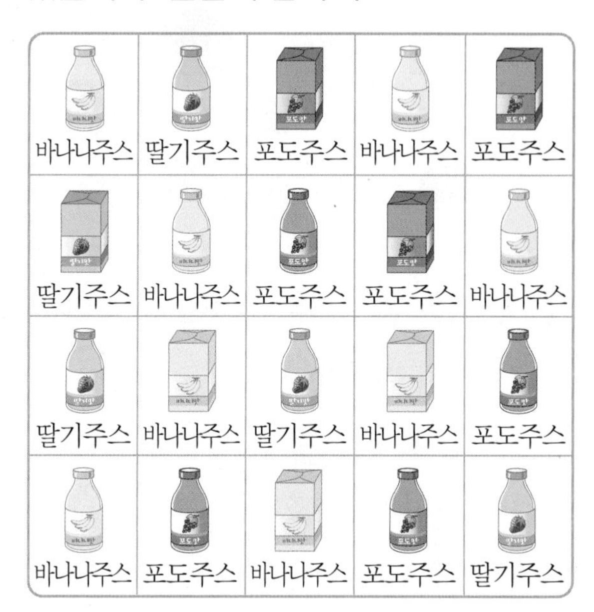

(1) 주스 종류에 따라 분류하고 그 수를 세어 보세요.

종류	바나나 주스	딸기 주스	포도 주스
주스의 수(개)			

(2) 내일 어떤 주스를 가장 많이 준비하면 좋을까요?

( )

실전유형 다지기

(1~3) 여러 가지 조각입니다. 물음에 답하세요.

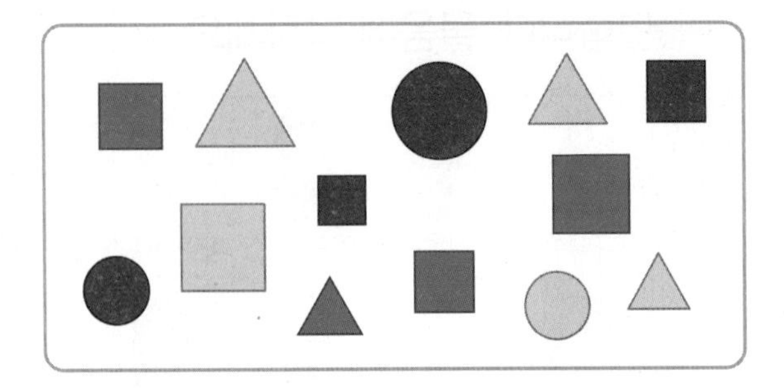

1 조각을 분류하는 기준으로 알맞지 않은 것에 ◯표 하세요.

예쁜 조각과 예쁘지 않은 조각	조각의 색깔
(　　　)	(　　　)

2 꼭짓점이 있는 것과 없는 것으로 분류하고 그 수를 세어 보세요.

꼭짓점	있는 것	없는 것
조각의 수(개)		

3 색깔에 따라 분류하고 그 수를 세어 보세요.

색깔	파란색	노란색	빨간색
조각의 수(개)			

4 우유를 분류할 수 있는 기준을 써 보세요.

분류 기준 1 ______

분류 기준 2 ______

서술형

5 우산을 두 개의 통에 나누어 담으려고 합니다. 어떻게 분류하여 담으면 좋을지 써 보세요.

답 ______

《 수학 유형 》

6 신발장에서 잘못 분류된 것을 찾아 번호를 쓰고, 어느 칸으로 옮겨야 하는지 써 보세요.

(　　　　　　), (　　　　　　) 칸

7 여러 가지 카드가 있습니다. 기준을 정하여 카드를 분류해 보세요.

가　A　나　라　D
E　다　C　B

분류 기준	

정한 기준에 맞춰 칸을 나눕니다.

(8~10) 문구점에서 지난주에 팔린 색 도화지를 조사하였습니다. 물음에 답하세요.

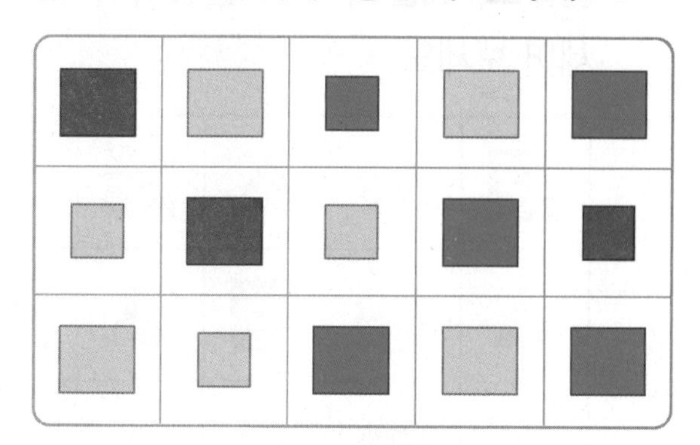

8 기준을 정하여 색 도화지를 분류하고 그 수를 세어 보세요.

분류 기준	

색 도화지의 수(장)	

《 수학 익힘 유형 》

9 지난주에 가장 적게 팔린 색 도화지의 색깔은 무엇일까요?

(　　　　　　)

10 이번 주에 어떤 색깔의 색 도화지를 가장 많이 준비하면 좋을까요?

(　　　　　　)

개념책 132~133쪽 | 정답 46쪽

1 〈보기〉와 같이 단추를 분류하는 기준을 만들고, 기준에 따라 분류하여 그 수를 세어 보세요.

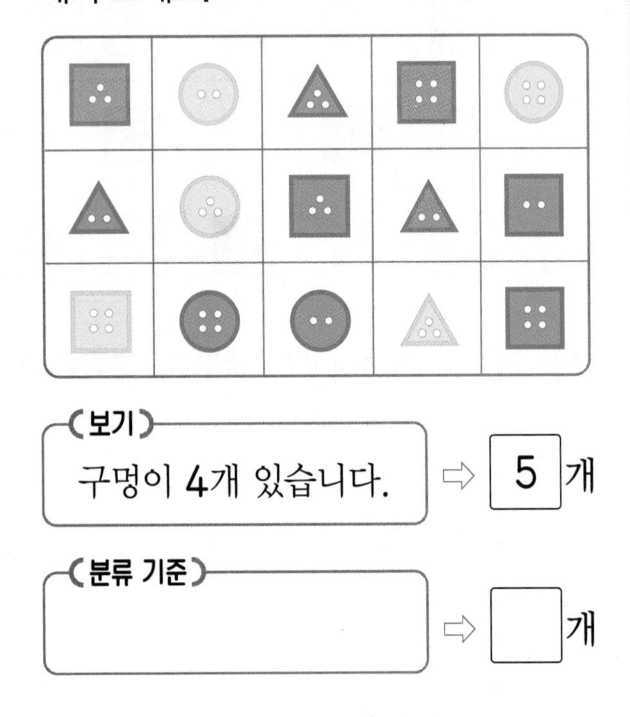

〈보기〉
구멍이 4개 있습니다.
5 개
〈분류 기준〉
개

2 세희와 친구들이 가고 싶은 나라를 조사한 것입니다. 스위스에 가고 싶은 사람은 이탈리아에 가고 싶은 사람보다 몇 명 더 많은지 구해 보세요.

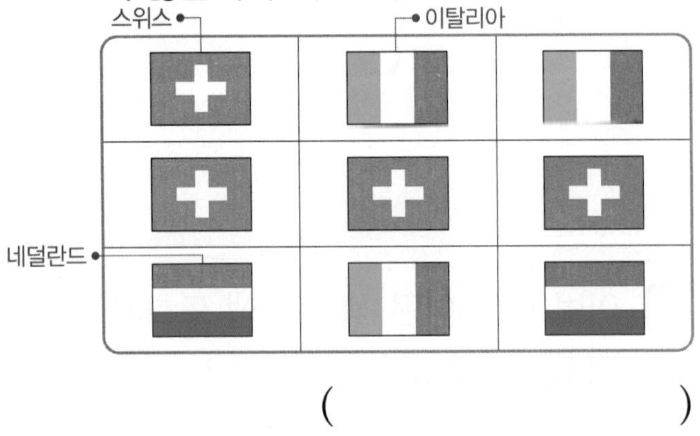

(　　　　　　　　)

〈 수학 유형 〉

3 옷장에 있는 윗옷입니다. 파란색이면서 긴팔인 윗옷을 모두 찾아 번호를 써 보세요.

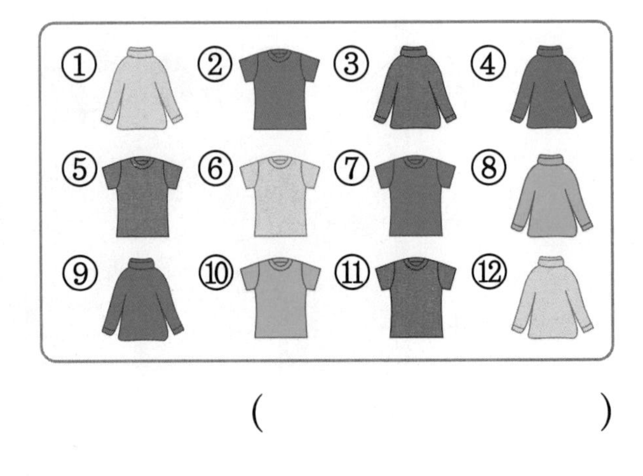

(　　　　　　　　)

놀이 수학

4 미소와 나래가 방석 뒤집기 놀이를 하였습니다. 색깔에 따라 분류하여 파란색이 많으면 미소가, 흰색이 많으면 나래가 이긴다면 이긴 사람은 누구인지 구해 보세요.

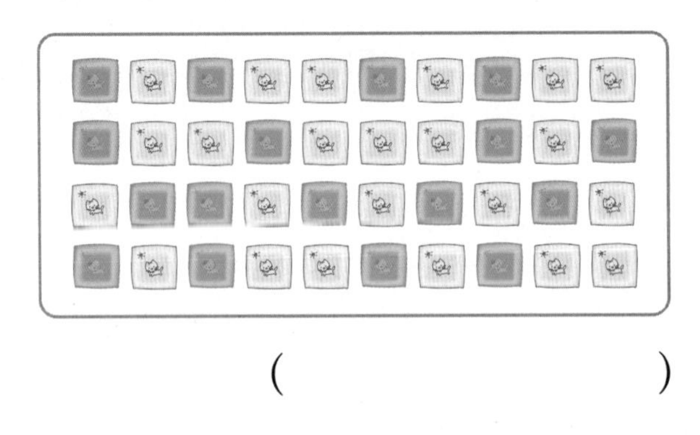

(　　　　　　　　)

실력 확인 [평가책] 단원 평가 34~39쪽 | 서술형 평가 40~41쪽

6

곱셈

기초력 기르기

① 여러 가지 방법으로 세어 보기

(1~4) 당근은 모두 몇 개인지 여러 가지 방법으로 세어 보세요.

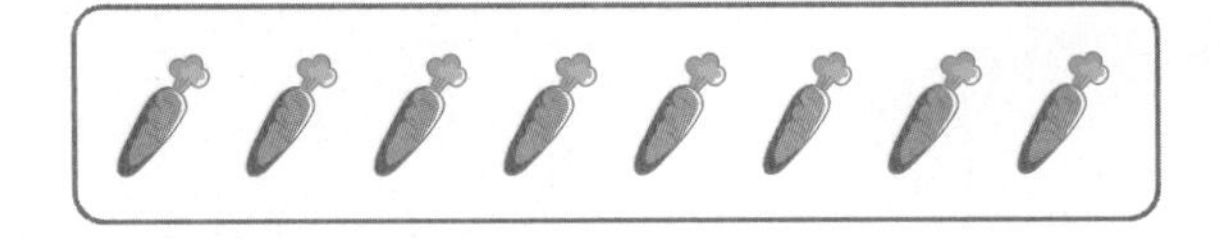

1 하나씩 세어 보세요.

1, 2, 3, 4, 5, 6, ☐, ☐

2 2씩 뛰어 세어 보세요.

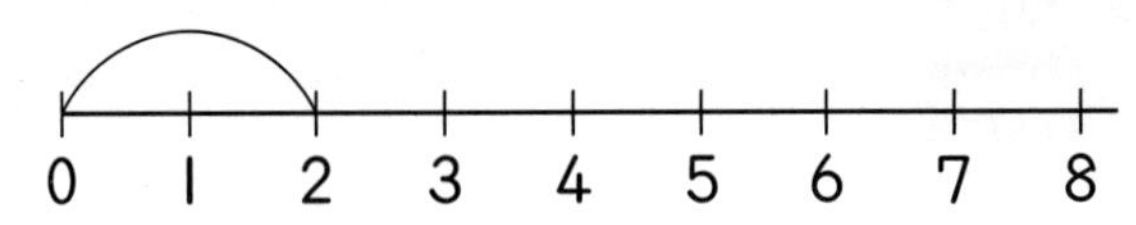

3 4씩 묶어 세어 보세요.

4 — ☐

4 당근은 모두 몇 개일까요?

(　　　　　　)

② 묶어 세기

(1~4) 귤은 모두 몇 개인지 묶어 세어 보세요.

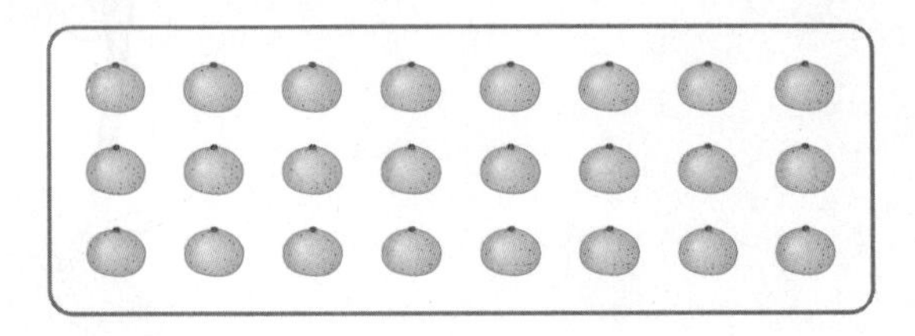

1 3씩 묶어 세어 보세요.

3 — 6 — 9 — 12

— ☐ — ☐ — ☐ — ☐

2 6씩 묶어 세어 보세요.

6 — 12 — ☐ — ☐

3 8씩 묶어 세어 보세요.

8 — ☐ — ☐

4 귤은 모두 몇 개일까요?

(　　　　　　)

③ 몇의 몇 배 알아보기

(1~3) 그림을 보고 ☐ 안에 알맞은 수를 써넣으세요.

1

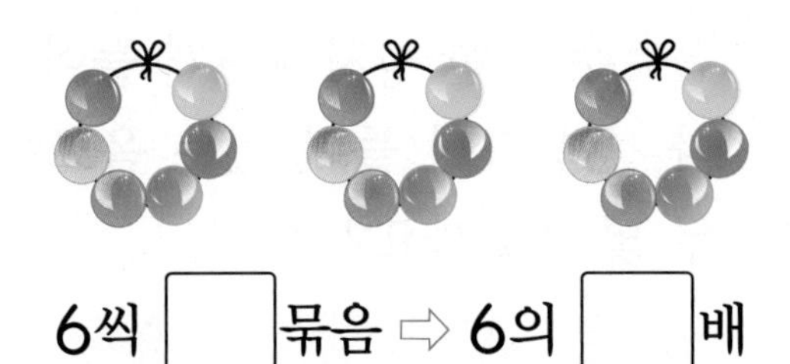

6씩 ☐ 묶음 ⇨ 6의 ☐ 배

2

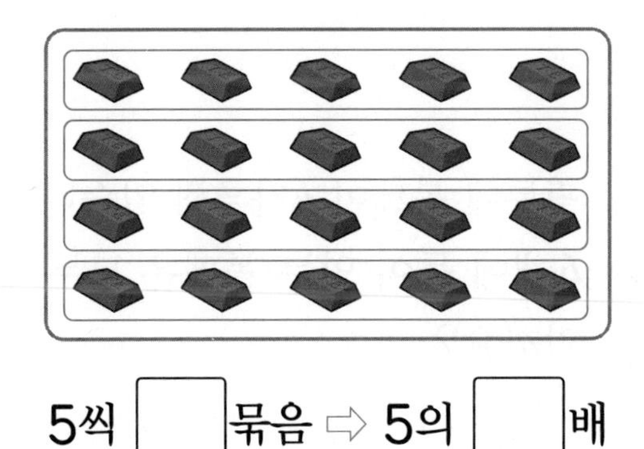

5씩 ☐ 묶음 ⇨ 5의 ☐ 배

3

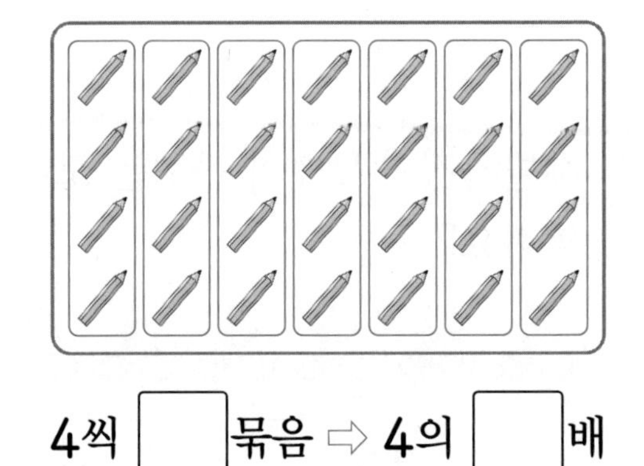

4씩 ☐ 묶음 ⇨ 4의 ☐ 배

④ 몇의 몇 배로 나타내기

(1~2) 오른쪽 단추의 수는 왼쪽 단추의 수의 몇 배인지 구해 보세요.

1

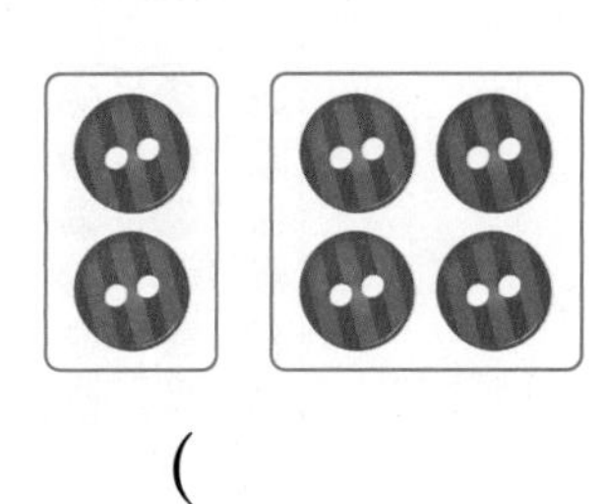

(　　　　　　)

2

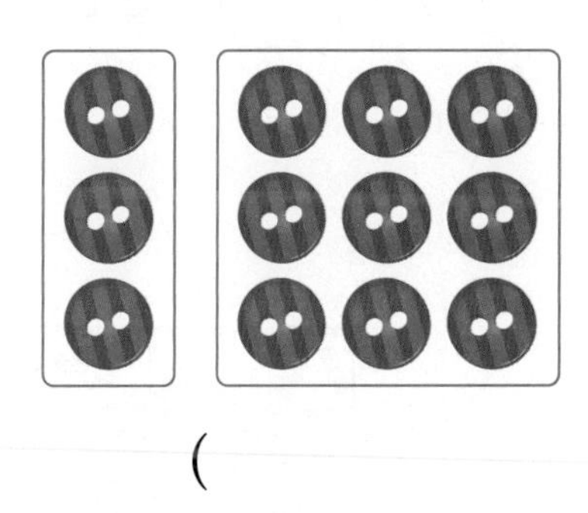

(　　　　　　)

(3~4) 파란색 막대 길이는 노란색 막대 길이의 몇 배인지 구해 보세요.

3

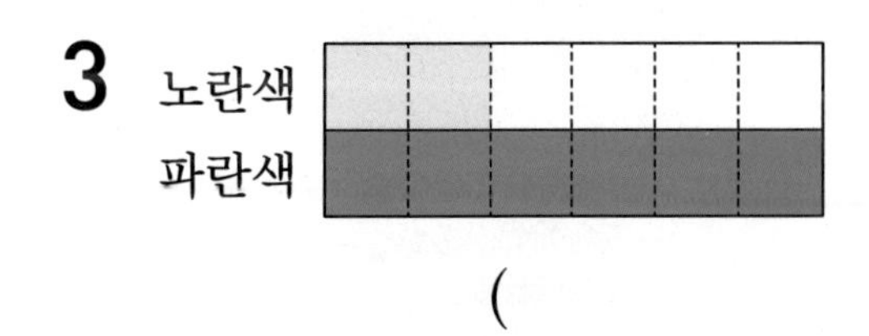

(　　　　　　)

4

노란색

파란색

(　　　　　　)

기초력 기르기

정답 47쪽

5 곱셈 알아보기

(1~3) 그림을 보고 □ 안에 알맞은 수를 써넣으세요.

1

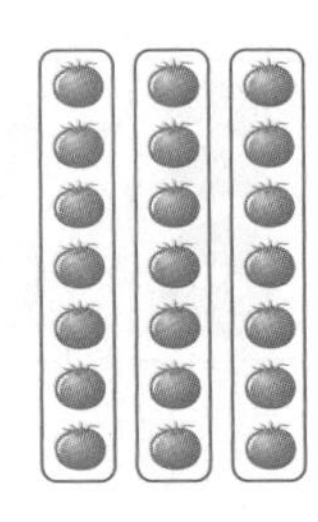

7+7+7은

7×□과 같습니다.

2

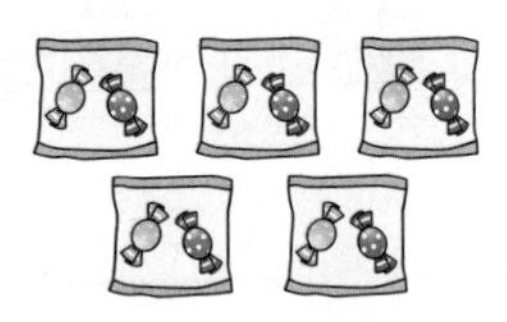

2+2+2+2+2는

2×□와 같습니다.

3

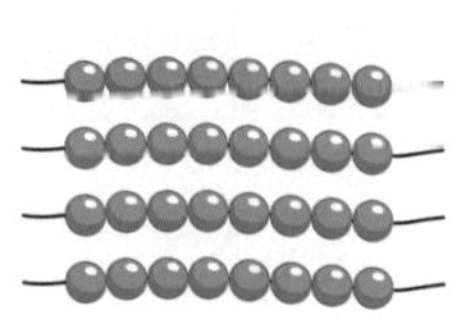

8+8+8+8은

8×□와 같습니다.

6 곱셈식으로 나타내기

(1~3) 문제를 읽고 알맞은 곱셈식으로 나타내 보세요.

1 음료수가 한 상자에 9개 들어 있습니다. 5상자에 들어 있는 음료수는 모두 몇 개일까요?

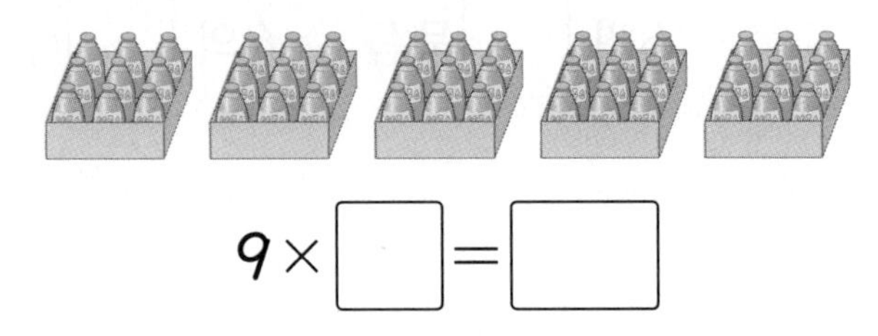

9×□=□

2 필통에 볼펜이 4자루씩 있습니다. 필통 4개에 들어 있는 볼펜은 모두 몇 자루일까요?

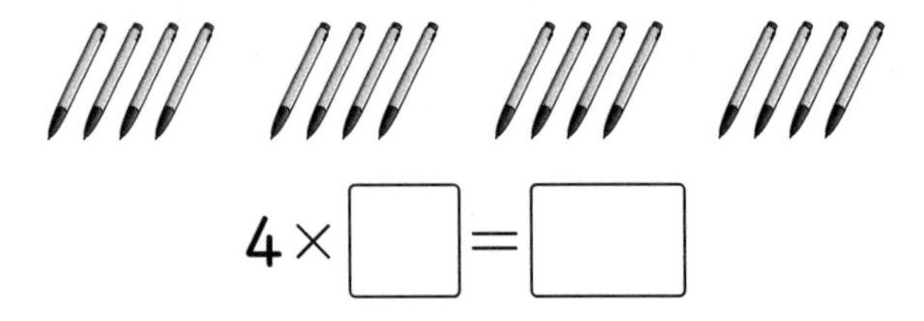

4×□=□

3 세발자전거 7대의 바퀴는 모두 몇 개일까요?

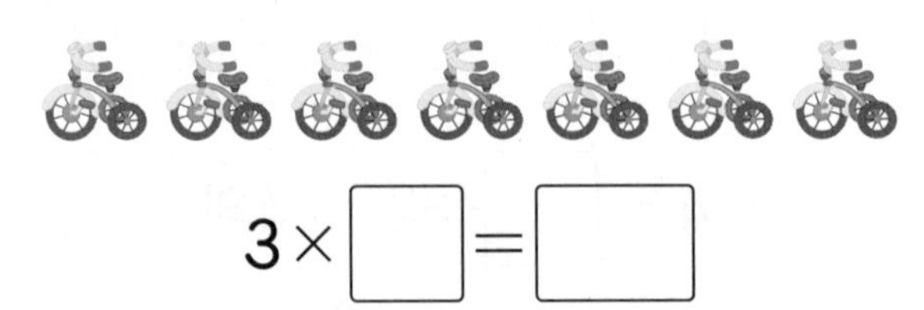

3×□=□

기본유형 익히기

개념책 141~143쪽 | 정답 47쪽

① 여러 가지 방법으로 세어 보기

1 과자는 모두 몇 개인지 하나씩 세어 보세요.

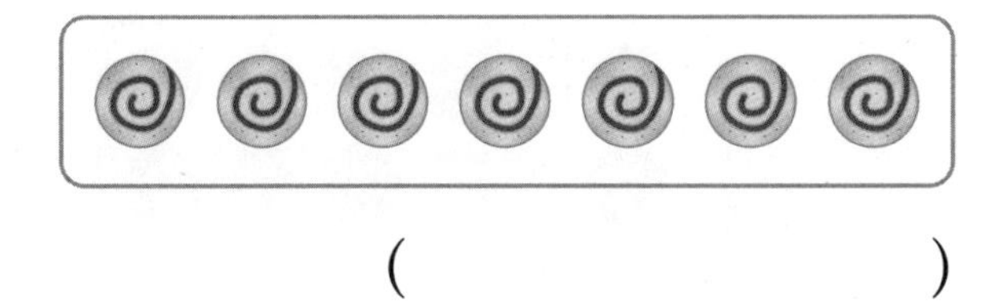

( )

2 축구공은 모두 몇 개인지 뛰어 세어 보세요.

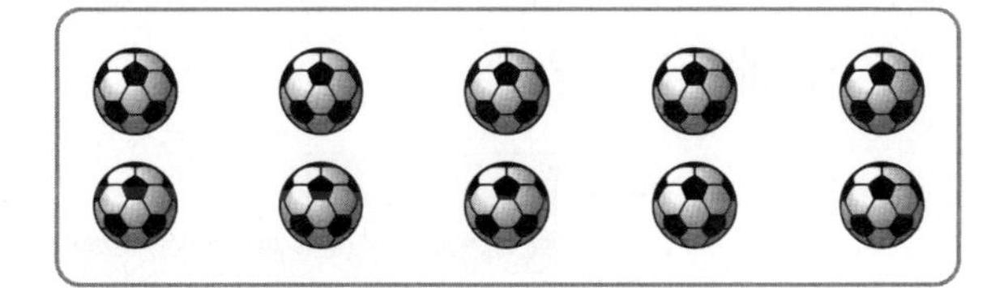

(1) 5씩 뛰어 세어 보세요.

0 1 2 3 4 5 6 7 8 9 10

(2) 축구공은 모두 몇 개일까요?

( )

3 피망은 모두 몇 개인지 묶어 세어 보세요.

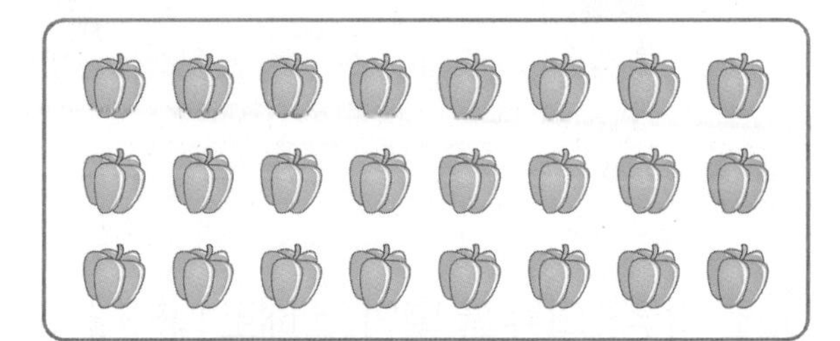

(1) 3씩 묶어 세어 보세요.

3씩 □ 묶음

(2) 피망은 모두 몇 개일까요?

( )

② 묶어 세기

4 막대 사탕은 모두 몇 개인지 4개씩 묶어 세어 보세요.

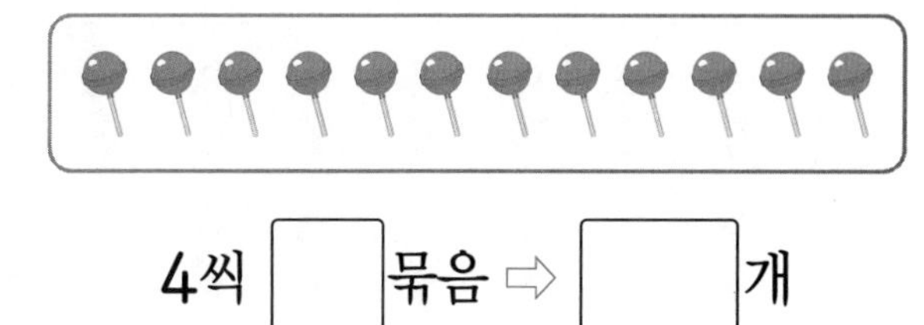

4씩 □ 묶음 ⇨ □ 개

5 지우개는 모두 몇 개인지 3개씩 묶어 보고, 세어 보세요.

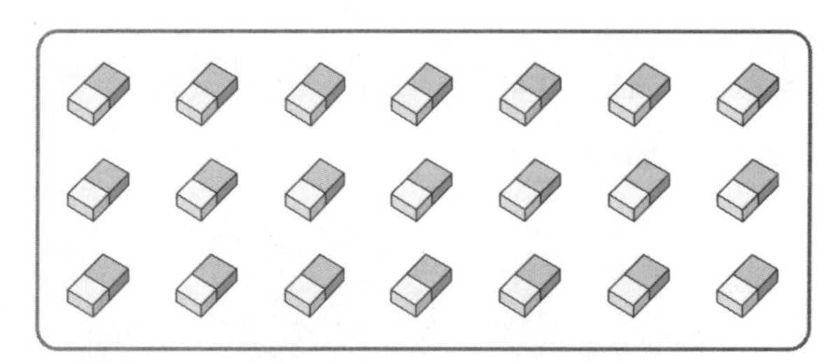

3씩 □ 묶음이므로 지우개는 모두 □ 개입니다.

6 감은 모두 몇 개인지 묶어 세어 보세요.

(1) 2씩 몇 묶음일까요?

( )

(2) 7씩 몇 묶음일까요?

( )

(3) 감은 모두 몇 개일까요?

( )

③ 몇의 몇 배 알아보기

7 그림을 보고 □ 안에 알맞은 수를 써넣으세요.

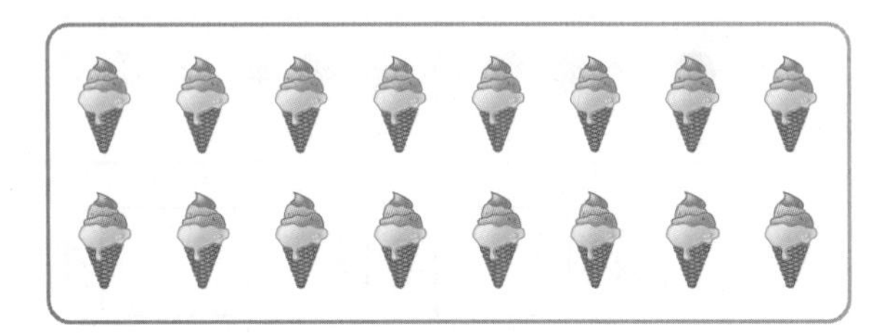

2씩 □ 묶음은 2의 □ 배입니다.

8 그림을 보고 □ 안에 알맞은 수를 써넣으세요.

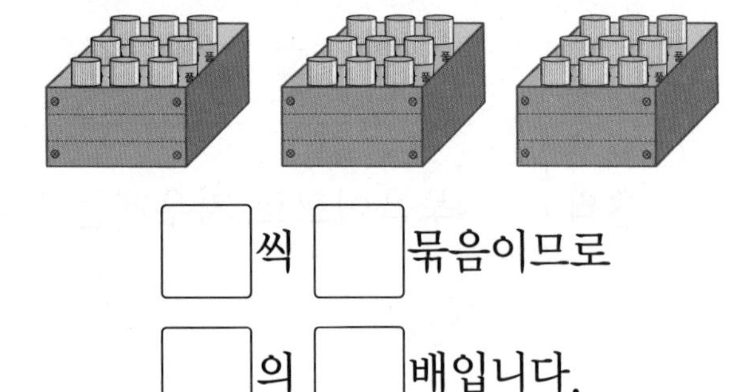

□ 씩 □ 묶음이므로

□ 의 □ 배입니다.

9 □ 안에 알맞은 수를 써넣고, 선으로 이어 보세요.

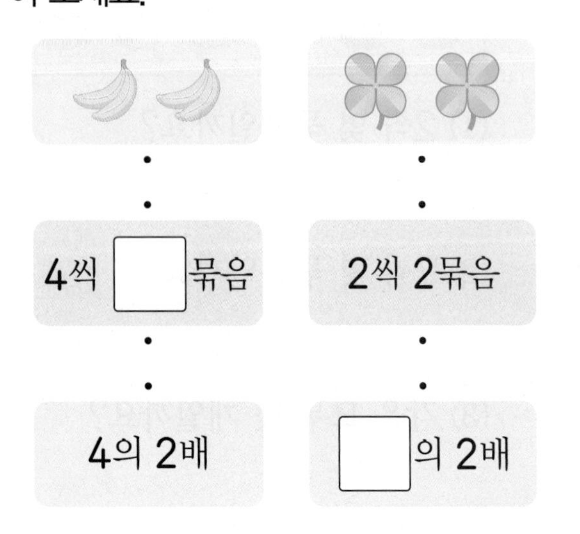

④ 몇의 몇 배로 나타내기

10 선우가 가진 사탕의 수는 영희가 가진 사탕의 수의 몇 배일까요?

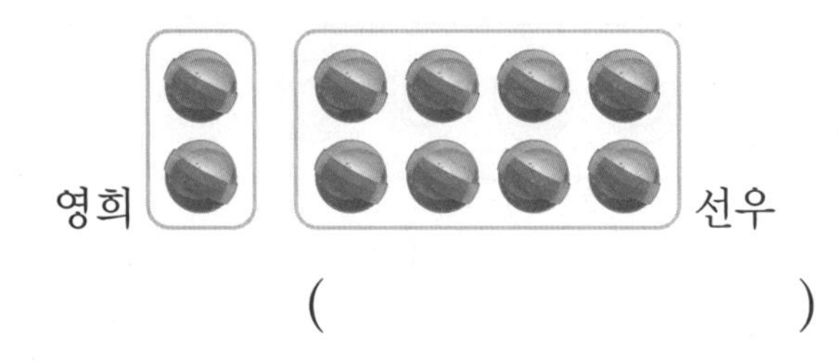

(　　　　　　　　)

11 파란색 막대 길이는 노란색 막대 길이의 몇 배일까요?

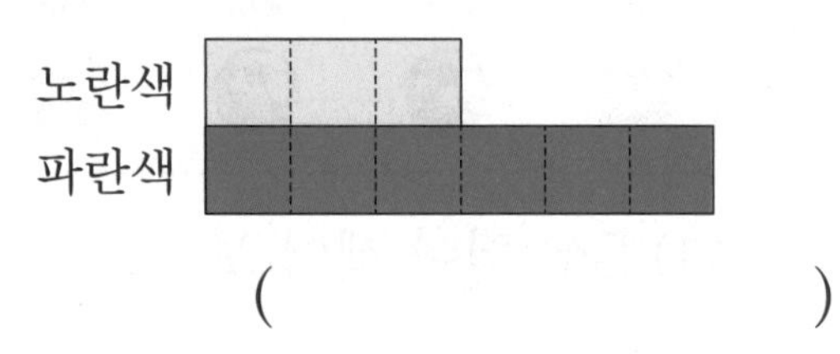

(　　　　　　　　)

12 □ 안에 알맞은 수를 써넣으세요.

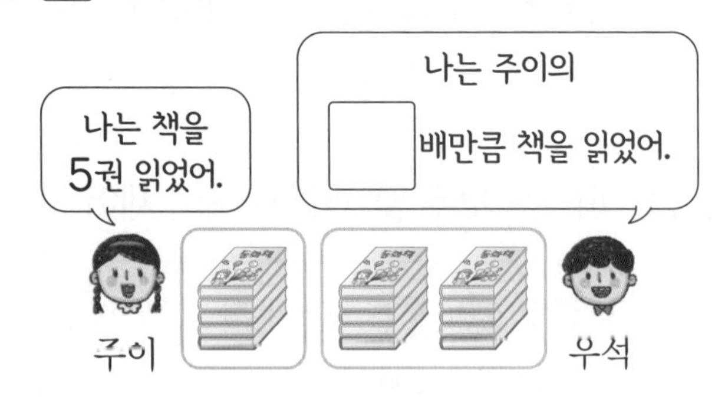

나는 책을 5권 읽었어.
나는 주이의 □ 배만큼 책을 읽었어.
주이
우석

13 지우개의 수를 몇의 몇 배로 나타내 보세요.

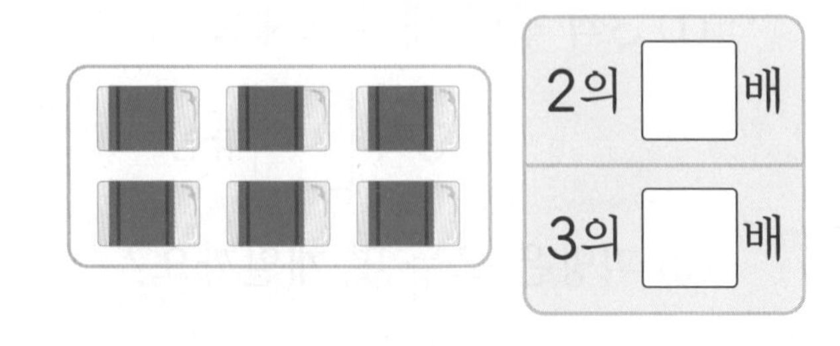

실전유형 다지기

개념책 148쪽 | 정답 48쪽

1 햄버거는 모두 몇 개인지 3씩 뛰어 세어 보세요.

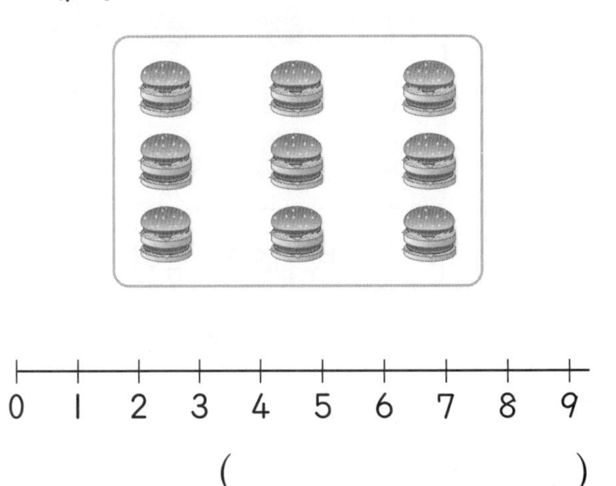

(　　　　　　　)

2 무당벌레는 모두 몇 마리인지 4마리씩 묶어 세어 보세요.

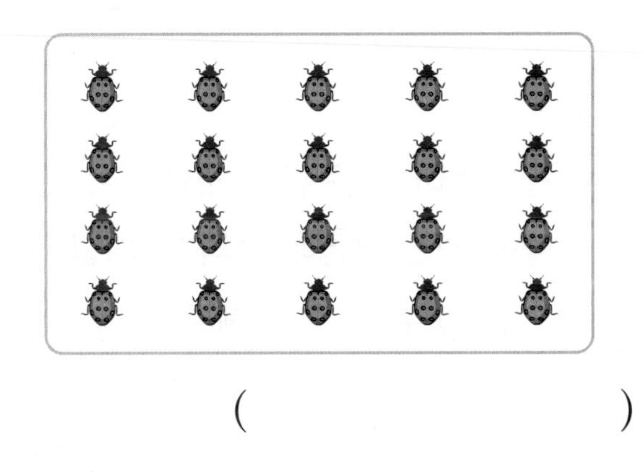

(　　　　　　　)

3 관계있는 것끼리 선으로 이어 보세요.

4씩 6묶음 ·	· 2의 8배
3씩 5묶음 ·	· 4의 6배
	· 3의 5배

4 밤은 모두 몇 개인지 묶어 세어 보세요.

(1) 4씩 몇 묶음일까요?

4씩 ☐ 묶음

(2) 8씩 몇 묶음일까요?

8씩 ☐ 묶음

(3) 밤은 모두 몇 개일까요?

(　　　　　　　)

5 그림을 보고 ☐ 안에 알맞은 수를 써넣으세요.

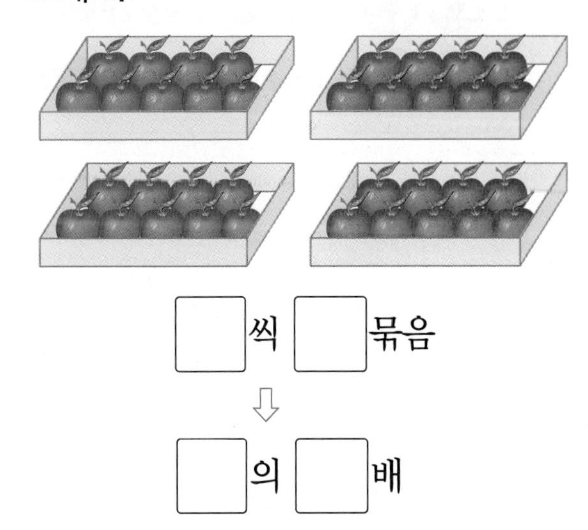

☐씩 ☐묶음

⇩

☐의 ☐배

6 단원

《 수학 익힘 유형 》

6 사탕이 18개 있습니다. 바르게 말한 사람을 모두 찾아 이름을 써 보세요.

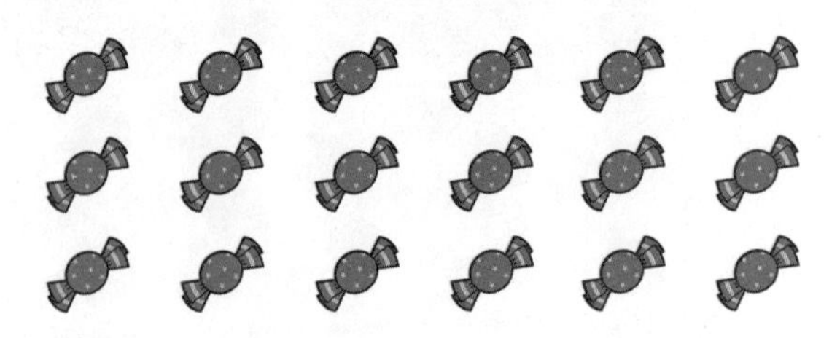

- 혜리: 사탕을 3개씩 묶으면 6묶음이 됩니다.
- 태주: 사탕의 수는 6, 12, 18로 세어 볼 수 있습니다.
- 준하: 사탕의 수는 9씩 3묶음입니다.

(　　　　　　　　)

서술형

7 야구공의 수는 축구공의 수의 몇 배인지 풀이 과정을 쓰고 답을 구해 보세요.

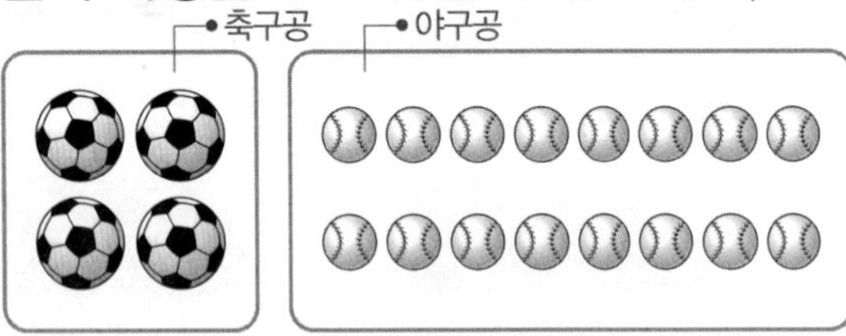

풀이

답

8 귤이 모두 몇 개인지 묶어 세어 보세요.

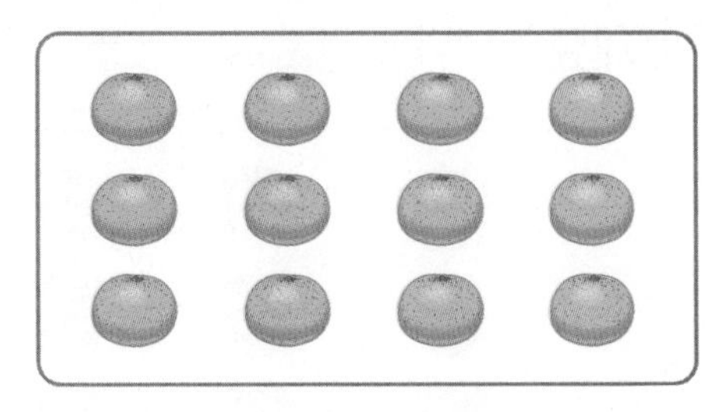

(1) 두 가지 방법으로 묶어 세어 보세요.

- □씩 □묶음
- □씩 □묶음

(2) 귤은 모두 몇 개일까요?

(　　　　　　　　)

《 수학 익힘 유형 》

9 친구들이 쌓은 연결 모형의 수는 동주가 쌓은 연결 모형의 수의 몇 배일까요?

동주　　혜지　　영우

□배　□배

기본유형 익히기

개념책 151~153쪽 | 정답 48쪽

5 곱셈 알아보기

1 빵의 수를 곱셈으로 알아보려고 합니다. 그림을 보고 □ 안에 알맞은 수를 써넣으세요.

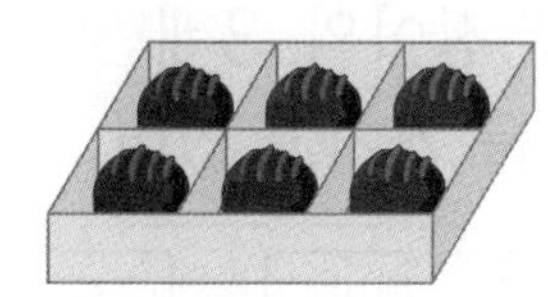
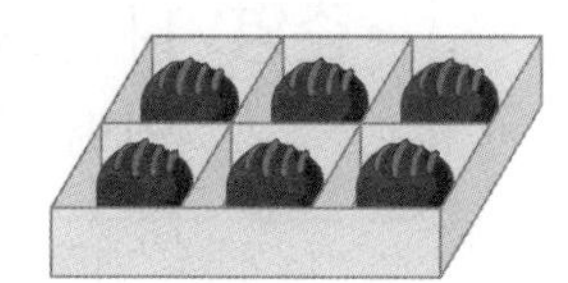

(1) 6씩 □묶음 ⇨ 6의 □배

(2) 6의 □배는 □×□(이)라고 씁니다.

2 딸기의 수를 곱셈으로 알아보려고 합니다. 그림을 보고 □ 안에 알맞은 수를 써넣으세요.

4+4+4는

□×□과 같습니다.

3 성냥개비의 수를 곱셈식으로 알아보려고 합니다. 그림을 보고 □ 안에 알맞은 수를 써넣으세요.

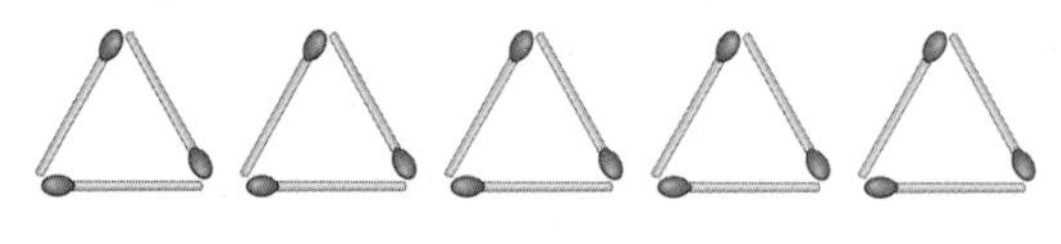

3씩 □묶음, 3의 □배를

곱셈식으로 알아보면

□×□=□입니다.

6 곱셈식으로 나타내기

4 문어의 다리는 8개입니다. 문어 다리의 수를 곱셈식으로 알아보세요.

(1) 문어 다리의 수는 8의 □배입니다.

(2) 문어 다리의 수를 곱셈식으로 나타내면 □×□=□입니다.

5 그림을 보고 알맞은 곱셈식으로 나타내 보세요.

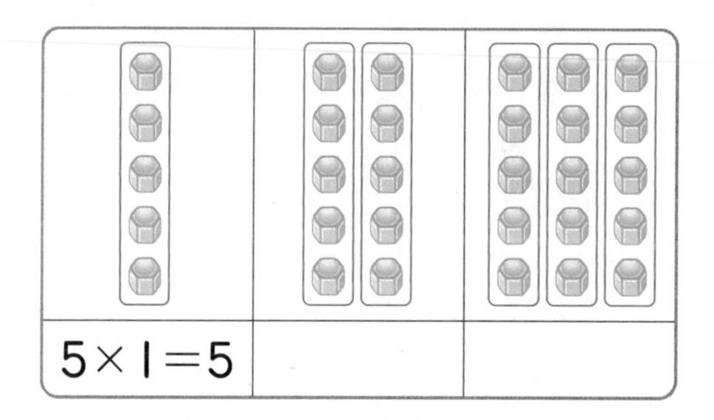

5×1=5		

6 곶감의 수를 두 가지 곱셈식으로 나타내 보세요.

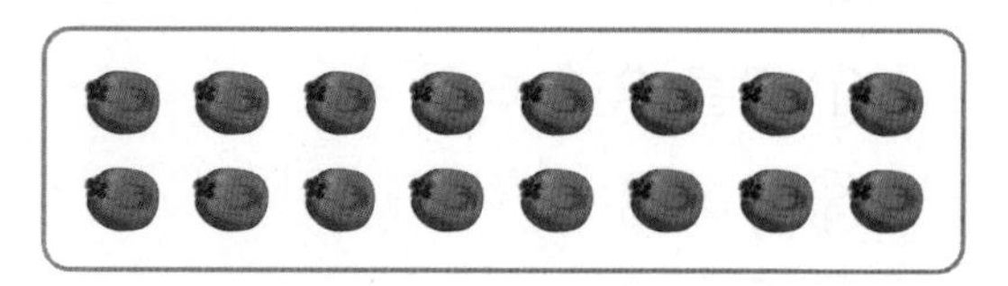

• 2의 □배 ⇨ 2×□=□

• 8의 □배 ⇨ 8×□=□

6 단원

실전유형 다지기

1 그림을 보고 □ 안에 알맞은 수를 써넣으세요.

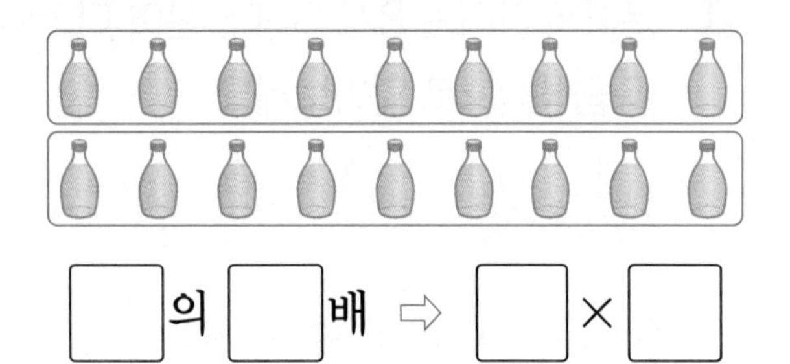

□의 □배 ⇨ □ × □

2 체리의 수를 덧셈식과 곱셈식으로 나타내 보세요.

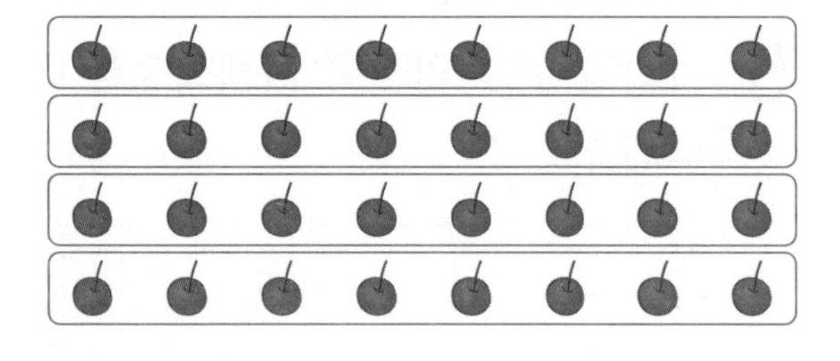

덧셈식 ____________________

곱셈식 ____________________

3 나타내는 수가 다른 것은 어느 것인가요? (　　　)

① 9를 3번 더한 수
② 9×3
③ $9+9$
④ 9씩 3묶음
⑤ 9의 3배

4 준영이가 가지고 있는 붙임딱지는 모두 몇 장일까요?

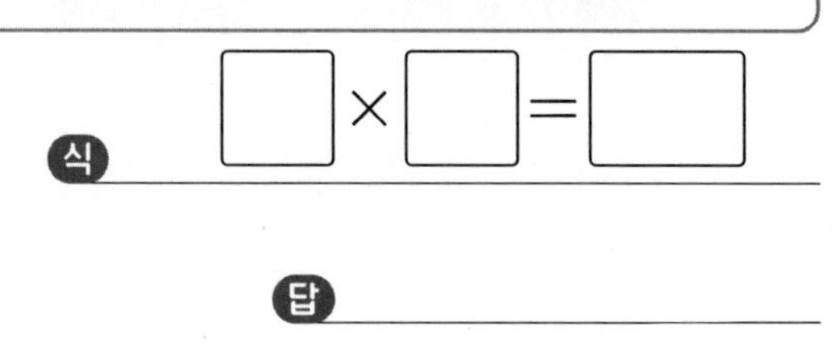

• 은진: 나는 붙임딱지를 7장 가지고 있어.
• 준영: 나는 은진이의 3배만큼 붙임딱지를 가지고 있어.

식 □ × □ = □

답 ____________________

서술형

5 상자에 들어 있는 컵케이크는 모두 몇 개인지 곱셈식으로 나타내 구하려고 합니다. 풀이 과정을 쓰고 답을 구해 보세요.

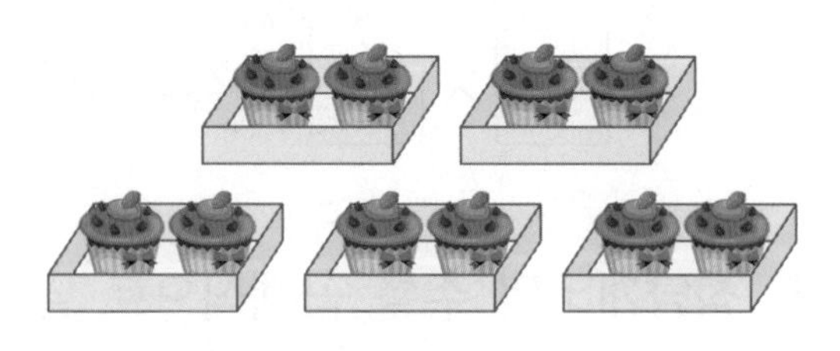

풀이 ____________________

답 ____________________

6 빵의 수를 곱셈식으로 잘못 설명한 사람을 찾아 이름을 써 보세요.

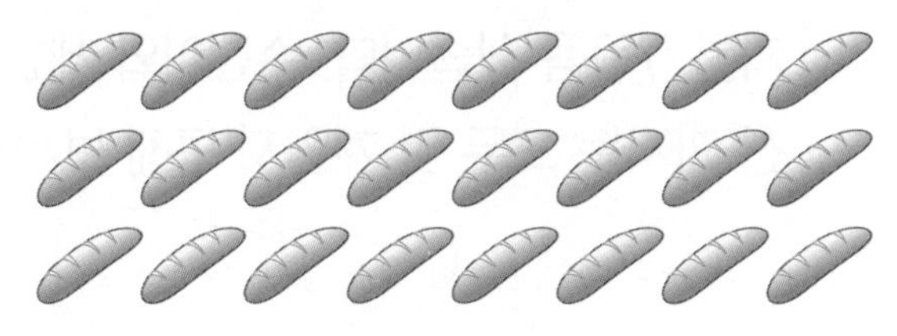

- 서희: $3\times8=24$입니다.
- 수호: $3+3+3+3+3+3+3+3$은 3×6과 같습니다.
- 현수: '$3\times8=24$는 3 곱하기 8은 24와 같습니다.'라고 읽습니다.

(　　　　　　　　)

7 송주와 태일이 중 곱셈식으로 나타내 구한 곱이 더 큰 사람은 누구일까요?

- 송주: 3씩 3묶음
- 태일: 2와 4의 곱

(　　　　　　　　)

〈 수학 익힘 유형 〉

8 지후가 읽은 동화책의 수를 곱셈식으로 나타내 보세요.

계획 \ 요일	월	화	수	목	금
하루에 동화책 2권 읽기	○	×	×	×	○

$\square\times\square=\square$

9 ■에 알맞은 수는 얼마일까요?

$6\times$■$=30$

(　　　　　　　　)

〈 수학 유형 〉

10 음료수가 모두 몇 개인지 여러 가지 곱셈식으로 나타내 보세요.

$\square\times\square=\square$

$\square\times\square=\square$

$\square\times\square=\square$

$\square\times\square=\square$

응용유형 다잡기

개념책 156~157쪽 | 정답 49쪽

(수학 익힘 유형)

1 초콜릿이 9개씩 4묶음 있습니다. 이 초콜릿을 6개씩 묶으면 몇 묶음이 되는지 구해 보세요.

( )

2 서우는 아래의 티셔츠와 바지를 모두 몇 가지 방법으로 입을 수 있을지 구해 보세요.

( )

3 수진이는 한 묶음에 2개인 과자를 8묶음 사고, 세현이는 한 묶음에 5개인 과자를 7묶음 샀습니다. 수진이와 세현이가 산 과자는 모두 몇 개인지 구해 보세요.

( )

놀이 수학

4 성우가 성냥개비로 모양 만들기 놀이를 하고 있습니다. 다음과 같은 배 모양을 5개 만들었다면 성우가 사용한 성냥개비는 모두 몇 개인지 구해 보세요.

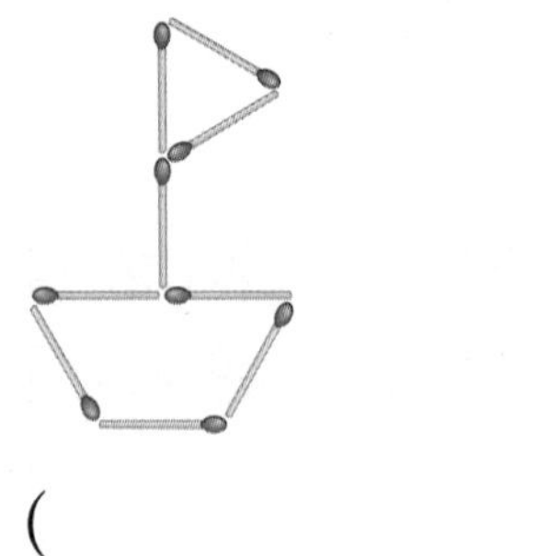

( )

실력 확인 [평가책] 단원 평가 42~47쪽 | 서술형 평가 48~49쪽

메모

메모

개념+유형 평가책

- 단원평가 2회
- 서술형평가
- 학업 성취도평가 2회

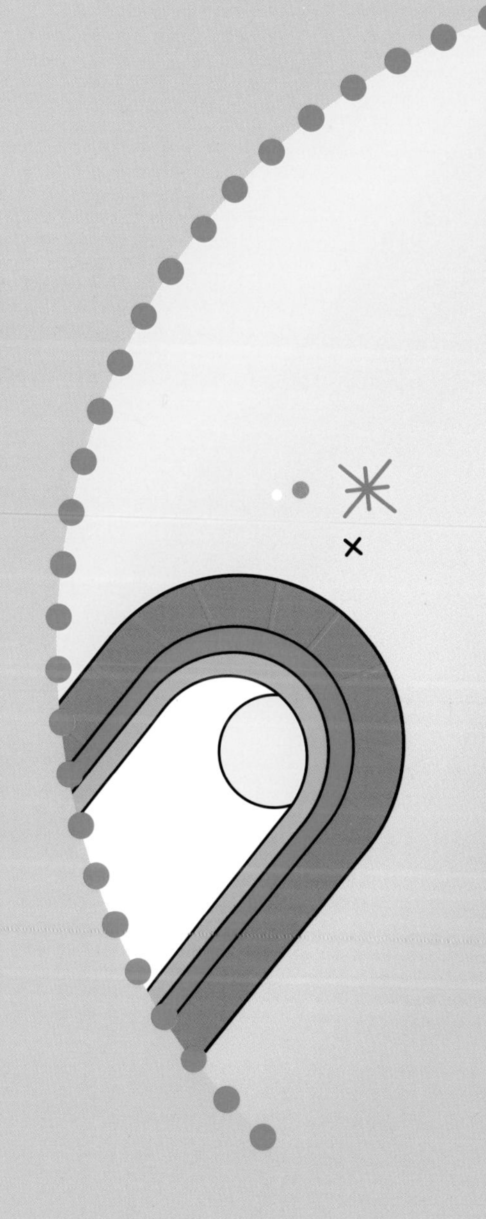

개념과 유형이 하나로

초등 수학

2-1

책 속의 가접 별책 (특허 제 0557442호)
'평가책'은 복습책에서 쉽게 분리할 수 있도록 제작되었으므로
유통 과정에서 분리될 수 있으나 파본이 아닌 정상 제품입니다.

visang

우리는 남다른 상상과 혁신으로
교육 문화의 새로운 전형을 만들어
모든 이의 행복한 경험과 성장에 기여한다

개념+유형

평가책

초등 수학

2·1

단원 평가 / 서술형 평가

학업 성취도 평가

단원 평가 1회

1. 세 자리 수

점수 | 확인

1 수 모형이 나타내는 수를 써 보세요.

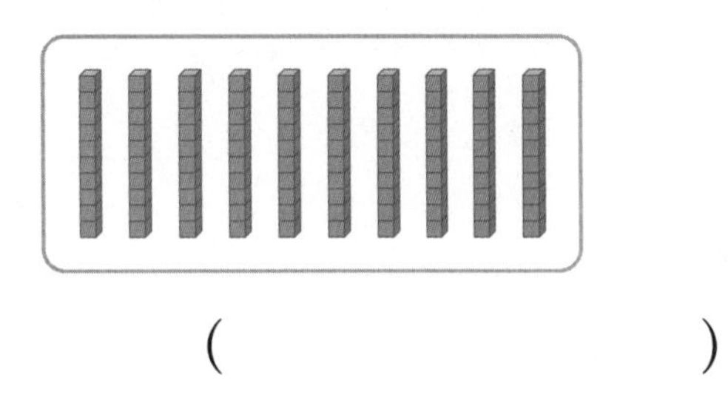

(　　　　　　　　　)

2 □ 안에 알맞은 수를 써넣으세요.

100은
- 99보다 □ 만큼 더 큰 수
- 90보다 □ 만큼 더 큰 수
- □ 보다 30만큼 더 큰 수

3 수를 바르게 읽은 것에 ○표 하세요.

100이 9개인 수 ⇨ 구백	100이 6개인 수 ⇨ 팔백
(　　)	(　　)

4 빈칸에 알맞은 말이나 수를 써넣으세요.

쓰기	읽기
805	
	칠백사십일

5 □ 안에 알맞은 수를 써넣으세요.

729는
- 100이 □ 개
- 10이 □ 개
- 1이 □ 개

⇨ 729
= □ + □ + □

6 밑줄 친 숫자는 얼마를 나타내는지 써 보세요.

<u>6</u>10

(　　　　　　　　　)

시험에 꼭 나오는 문제

7 몇씩 뛰어 센 것일까요?

354 — 454 — 554 — 654 — 754 — 854

(　　　　　　　　　)

8 두 수의 크기를 비교하여 ◯ 안에 > 또는 <를 알맞게 써넣으세요.

273 ◯ 279

9 숫자 4가 40을 나타내는 수를 모두 고르세요. (　　　　)

① 401　② 243　③ 924
④ 642　⑤ 164

10 493부터 1씩 뛰어 센 수가 쓰여 있습니다. 빈 카드에 알맞은 수를 써넣으세요.

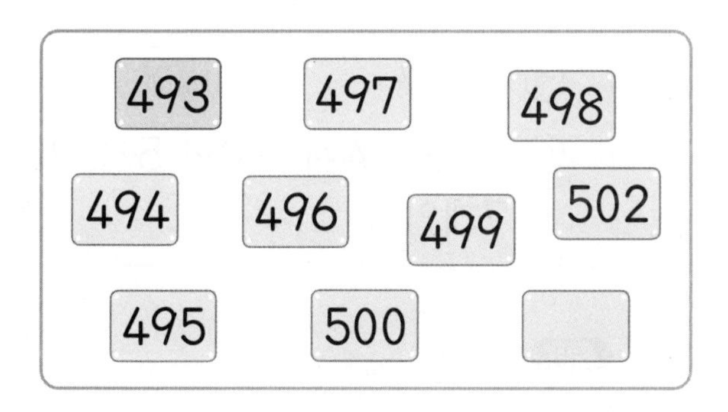

시험에 꼭 나오는 문제

11 연필이 100자루씩 2상자, 10자루씩 4상자, 낱개로 8자루가 있습니다. 연필은 모두 몇 자루일까요?

(　　　　)

12 386보다 더 큰 수에 ◯표 하세요.

386	392	378

13 달걀이 한 상자에 10개씩 들어 있습니다. 40상자에 들어 있는 달걀은 모두 몇 개일까요?

(　　　　)

14 사과가 602개, 귤이 559개, 감이 630개 있습니다. 가장 많이 있는 과일은 무엇일까요?

(　　　　)

잘 틀리는 문제

15 동전 5개 중 3개를 사용하여 나타낼 수 있는 세 자리 수를 모두 써 보세요.

(　　　　)

1단원

단원 평가 1회

16 이서는 다음과 같은 방법대로 뛰어 세었습니다. 빈칸에 알맞은 수를 써넣으세요.

> 420에서 출발해서 10씩 거꾸로 뛰어 세었어.

420			

● 잘 틀리는 문제

17 수 카드를 한 번씩만 사용하여 가장 작은 세 자리 수를 만들어 보세요.

5 2 3

(　　　　　　　　)

18 다음 설명에서 나타내는 세 자리 수는 얼마일까요?

> • 백의 자리 수는 9입니다.
> • 십의 자리 수는 10을 나타냅니다.
> • 일의 자리 수는 6보다 크고 8보다 작은 수를 나타냅니다.

(　　　　　　　　)

● 서술형 문제

19 한 봉지에 10개씩 들어 있는 사탕 7봉지가 있습니다. 사탕이 100개가 되려면 사탕 몇 개가 더 필요한지 풀이 과정을 쓰고 답을 구해 보세요.

풀이 ______________________

답 ______________________

20 더 큰 수의 기호를 쓰려고 합니다. 풀이 과정을 쓰고 답을 구해 보세요.

> ㉠ 사백구
> ㉡ 100이 4개, 10이 5개, 1이 7개인 수

풀이 ______________________

답 ______________________

단원 평가 2회

1. 세 자리 수

1 빨대의 수를 써 보세요.

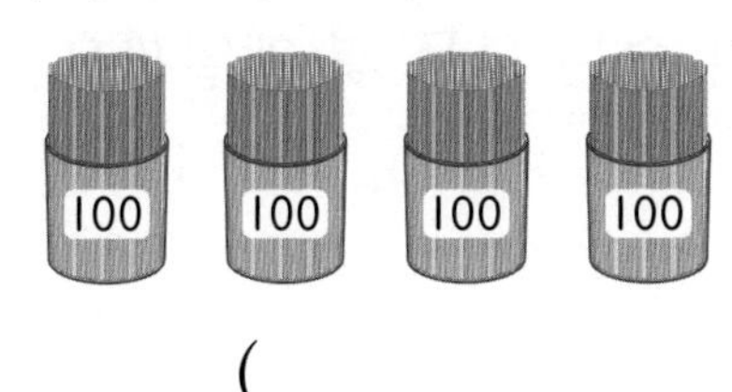

(　　　　　　)

2 □ 안에 알맞은 수를 써넣으세요.

100이 4개
10이 6개 이면 □
1이 5개

3 999보다 1만큼 더 큰 수를 쓰고 읽어 보세요.

쓰기 (　　　　　　)
읽기 (　　　　　　)

4 백의 자리 숫자가 5, 십의 자리 숫자가 8, 일의 자리 숫자가 0인 수를 써 보세요.

(　　　　　　)

5 100에 대한 설명으로 틀린 것은 어느 것인가요? (　　　)

① 10이 10개인 수입니다.
② 백이라고 읽습니다.
③ 90보다 1만큼 더 큰 수입니다.
④ 80보다 20만큼 더 큰 수입니다.
⑤ 세 자리 수 중 가장 작은 수입니다.

잘 틀리는 문제

6 다음을 수로 쓰면 0은 모두 몇 개일까요?

이백구	사백십일	팔백

(　　　　　　)

7 숫자 7이 나타내는 수가 가장 큰 것은 어느 것인가요? (　　　)

① 937　② 278　③ 714
④ 572　⑤ 647

시험에 꼭 나오는 문제

8 뛰어 세는 규칙을 찾아 빈칸에 알맞은 수를 써넣으세요.

382 — 392 — □
412 — □ — □

9 구슬을 민정이는 192개, 준영이는 215개 가지고 있습니다. 구슬을 더 많이 가지고 있는 사람은 누구일까요?

( )

10 ㉠과 ㉡에 알맞은 수의 합을 구해 보세요.

- 700은 100이 ㉠개입니다.
- 300은 10이 ㉡개입니다.

( )

11 사과 583개를 〈보기〉와 같은 방법으로 나타내 보세요.

〈보기〉
사과 100개-□, 사과 10개-○,
사과 1개-△

백의 자리 (□)	십의 자리 (○)	일의 자리 (△)

12 497보다 크고 502보다 작은 세 자리 수는 모두 몇 개일까요?

( )

시험에 꼭 나오는 문제

13 작은 수부터 차례대로 써 보세요.

374 359 438

( )

14 상자 안에 색종이가 185장 들어 있습니다. 이 상자 안에 색종이를 10장씩 5번 더 넣으면 색종이는 모두 몇 장이 될까요?

( )

15 수 모형 6개 중 3개를 사용하여 나타낼 수 있는 세 자리 수를 모두 써 보세요.

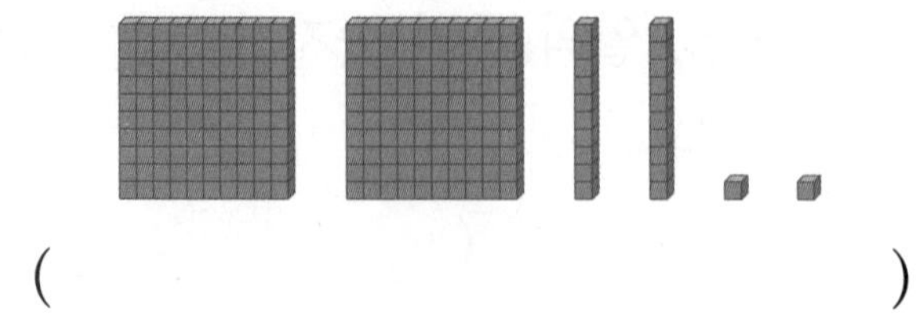

( )

정답 50쪽

잘 틀리는 문제

16 어떤 수에서 100씩 4번 뛰어 세었더니 969가 되었습니다. 어떤 수는 얼마일까요?

( )

17 □ 안에 들어갈 수 있는 수를 모두 찾아 ○표 하세요.

2□4 < 238

0 1 2 3 4 5 6 7 8 9

18 수 카드를 한 번씩만 사용하여 만들 수 있는 세 자리 수 중에서 가장 큰 수와 가장 작은 수를 각각 구해 보세요.

8  

가장 큰 수 ( )

가장 작은 수 ( )

서술형 문제

19 글을 읽고 나는 어떤 수인지 풀이 과정을 쓰고 답을 구해 보세요.

- 나는 세 자리 수입니다.
- 백의 자리 수는 400을 나타냅니다.
- 십의 자리 수는 50을 나타냅니다.
- 일의 자리 수는 7을 나타냅니다.

풀이

답

20 다음이 나타내는 수에서 1씩 5번 뛰어 센 수는 얼마인지 구하려고 합니다. 풀이 과정을 쓰고 답을 구해 보세요.

100이 4개, 10이 3개,
1이 8개인 수

풀이

답

1 단원

서술형 평가

1. 세 자리 수

점수 | 확인

연습 **1** 몇씩 뛰어 센 것인지 풀이 과정을 쓰고 답을 구해 보세요. | 5점 |

217－317－417－517－617

❶ 어느 자리 수가 몇씩 커졌는지 알아보기

풀이

❷ 몇씩 뛰어 센 것인지 구하기

풀이

답

연습 **2** 십의 자리 숫자가 3인 수는 모두 몇 개인지 풀이 과정을 쓰고 답을 구해 보세요. | 5점 |

435   398   903   362   537

❶ 각 수에서 십의 자리 숫자 알아보기

풀이

❷ 십의 자리 숫자가 3인 수는 모두 몇 개인지 구하기

풀이

답

실전 3 야구공이 한 상자에 10개씩 들어 있습니다. 50상자에 들어 있는 야구공은 모두 몇 개인지 풀이 과정을 쓰고 답을 구해 보세요. | 5점 |

풀이

답

실전 4 지태가 모은 칭찬 붙임딱지는 213장이고, 효리가 모은 칭찬 붙임딱지는 241장입니다. 칭찬 붙임딱지를 더 많이 모은 사람은 누구인지 풀이 과정을 쓰고 답을 구해 보세요. | 5점 |

풀이

답

단원 평가 1회

2. 여러 가지 도형

점수 | 확인

1 그림과 같은 모양의 도형을 무엇이라고 할까요?

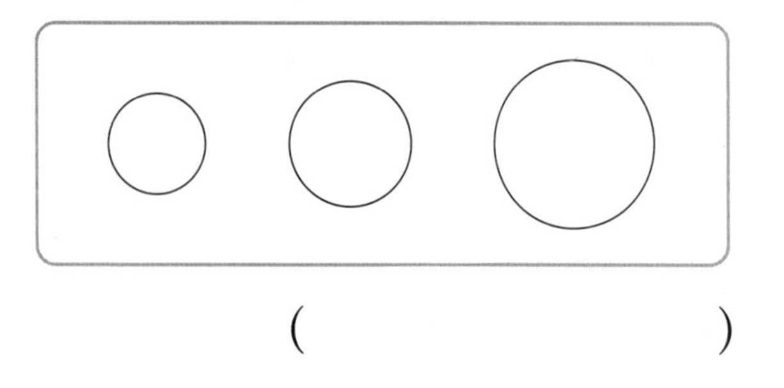

(　　　　　　　　)

(2~3) 도형을 보고 물음에 답하세요.

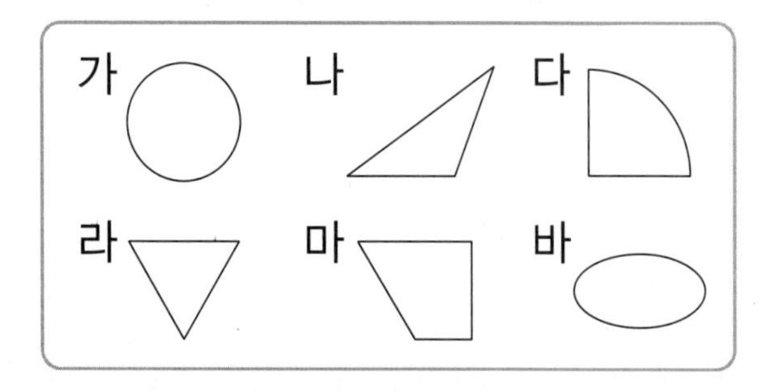

2 삼각형을 모두 찾아 써 보세요.

(　　　　　　　　)

3 변이 4개인 도형을 찾아 써 보세요.

(　　　　　　　　)

4 쌓기나무 4개로 만든 모양을 찾아 써 보세요.

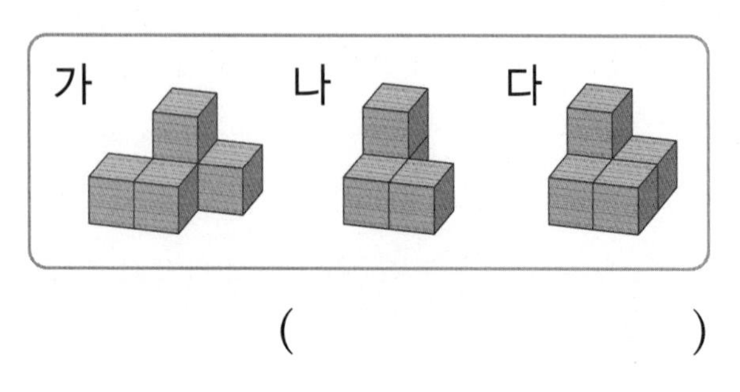

(　　　　　　　　)

5 빨간색 쌓기나무 앞에 있는 쌓기나무를 찾아 ◯표 하세요.

6 변과 꼭짓점이 모두 없는 도형을 찾아 ◯표 하세요.

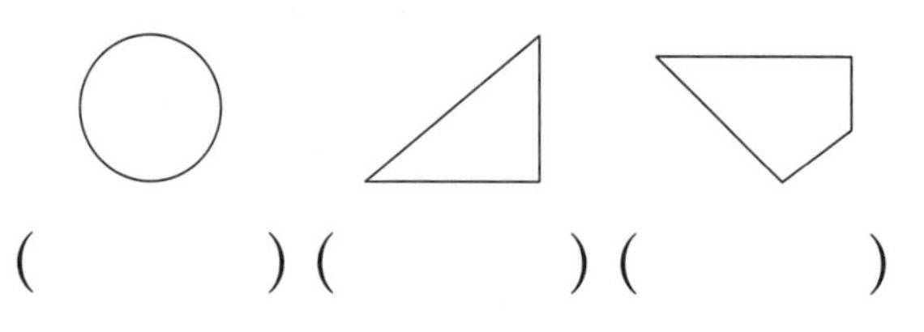

(　　　) (　　　) (　　　)

7 칠교 조각 중에서 사각형은 모두 몇 개일까요?

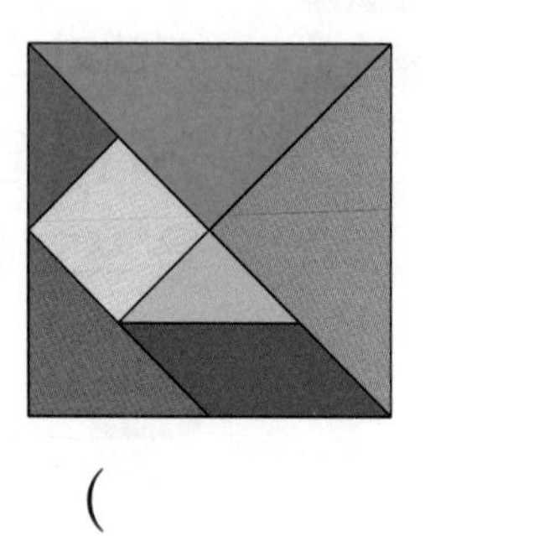

(　　　　　　　　)

시험에 꼭 나오는 문제

8 원에 대한 설명으로 옳은 것을 찾아 기호를 써 보세요.

㉠ 곧은 선으로 둘러싸여 있습니다.
㉡ 어느 곳에서 보아도 완전히 동그란 모양입니다.
㉢ 꼭짓점과 변이 있습니다.

(　　　　　　　　)

9 칠교 조각을 이용하여 만든 모양입니다. 이용한 삼각형 조각은 몇 개일까요?

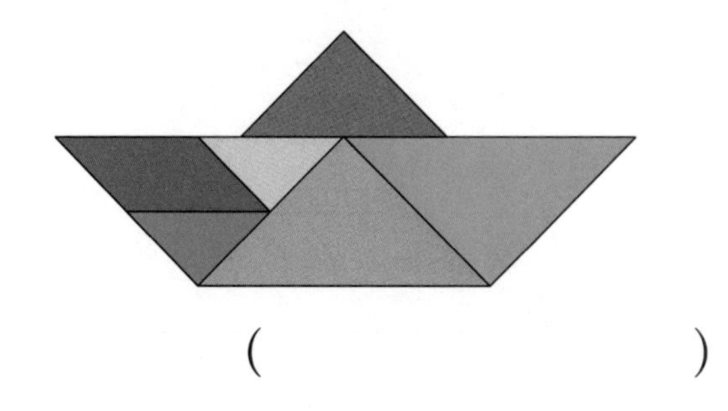

(　　　　　　　　)

10 설명대로 쌓은 모양에 ○표 하세요.

쌓기나무 3개가 1층에 옆으로 나란히 있고, 맨 왼쪽 쌓기나무 위와 앞에 쌓기나무가 각각 1개씩 있습니다.

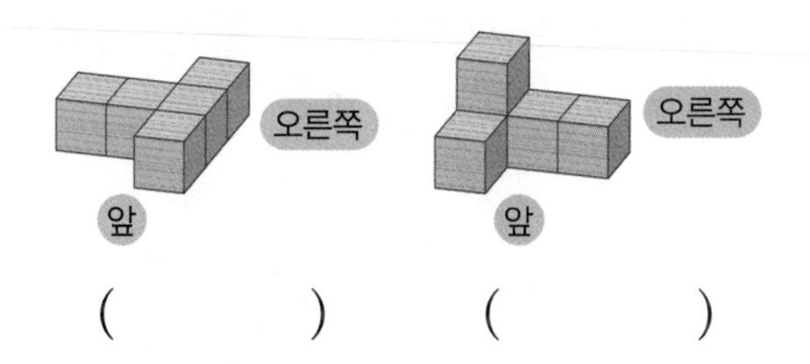

(　　　　)　(　　　　)

11 주어진 조건에 맞게 쌓기나무를 색칠해 보세요.

- 빨간색 쌓기나무 위에 파란색 쌓기나무
- 초록색 쌓기나무 오른쪽에 노란색 쌓기나무

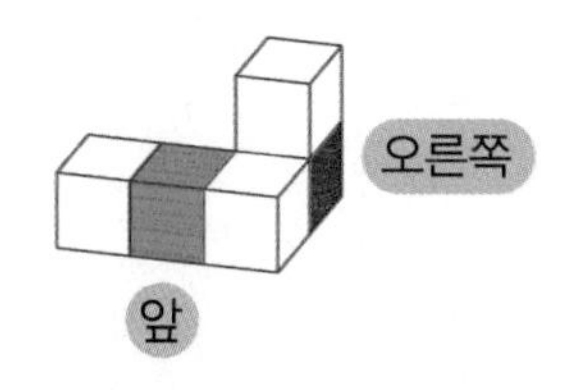

12 삼각형과 원의 꼭짓점의 수의 합은 몇 개일까요?

(　　　　　　　　)

시험에 꼭 나오는 문제

13 오른쪽과 같이 쌓기나무로 쌓은 모양에 대한 설명입니다. 틀린 부분을 모두 찾아 바르게 고쳐 보세요.

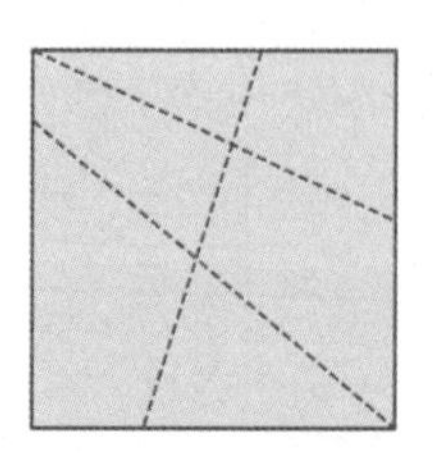

쌓기나무 2개가 1층에 옆으로 나란히 있고, 왼쪽 쌓기나무 위에 쌓기나무 2개가 있습니다.

14 오른쪽 색종이를 점선을 따라 자르면 삼각형과 사각형이 각각 몇 개 만들어질까요?

삼각형 (　　　　　　　　)

사각형 (　　　　　　　　)

잘 틀리는 문제

15 변의 수와 꼭짓점의 수의 합이 8개인 도형을 찾아 기호를 써 보세요.

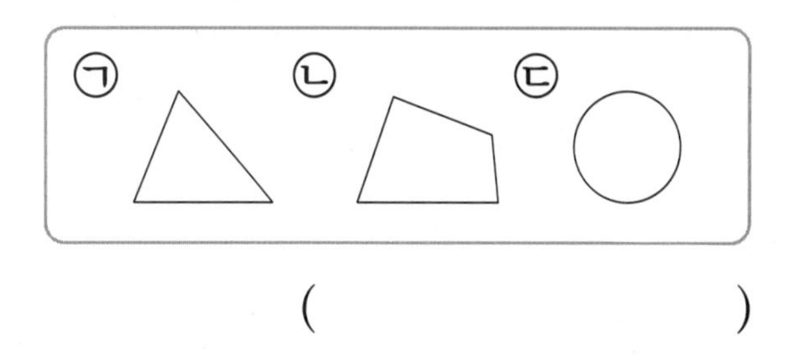

(　　　　　　　　)

16 세 조각을 모두 이용하여 다음 사각형을 만들어 보세요.

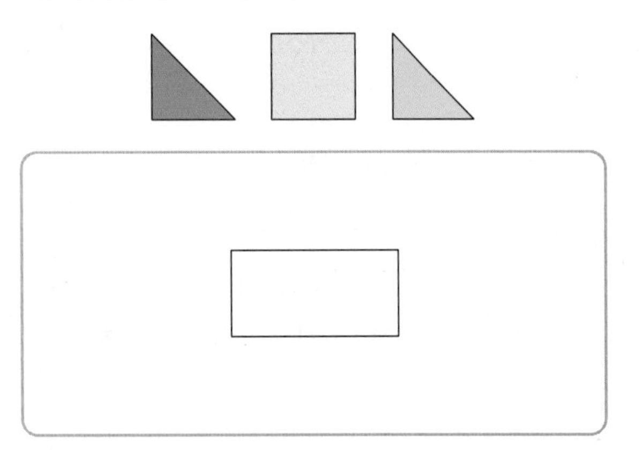

17 네 조각을 모두 이용하여 사각형을 만들어 보세요.

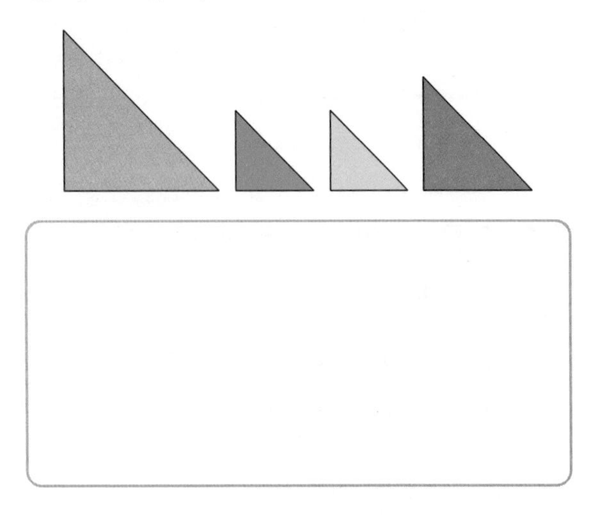

잘 틀리는 문제

18 그림에서 찾을 수 있는 크고 작은 삼각형은 모두 몇 개일까요?

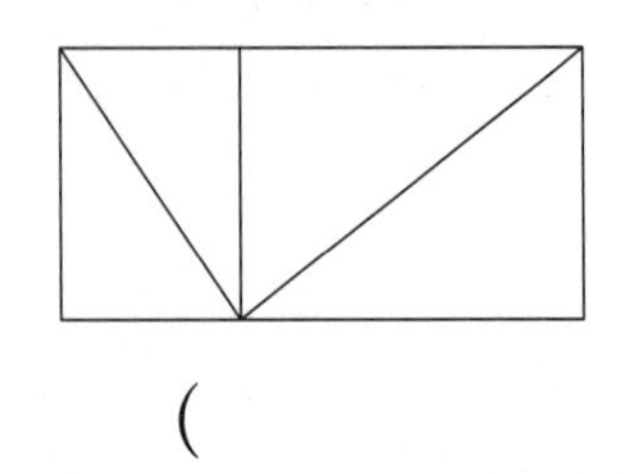

(　　　　　　　　　)

서술형 문제

19 도형이 사각형이 아닌 이유를 써 보세요.

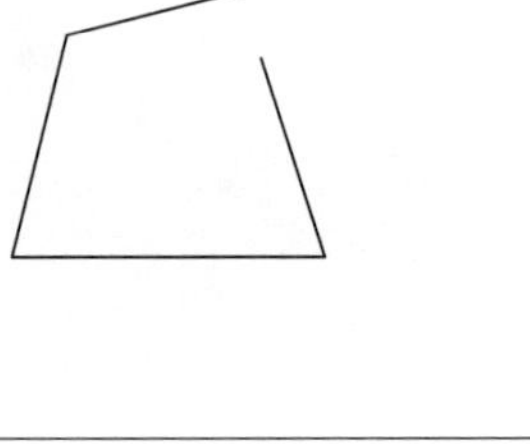

이유 ____________________

20 그림에서 가장 많이 사용한 도형은 몇 개를 사용했는지 풀이 과정을 쓰고 답을 구해 보세요.

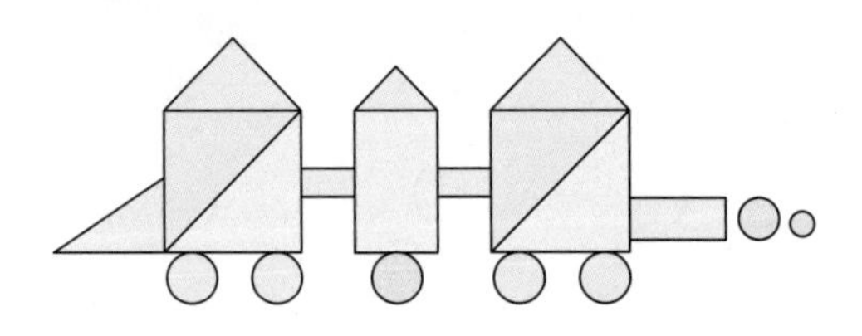

풀이 ____________________

답 ____________________

점수 확인

1 □ 안에 알맞은 말을 써넣으세요.

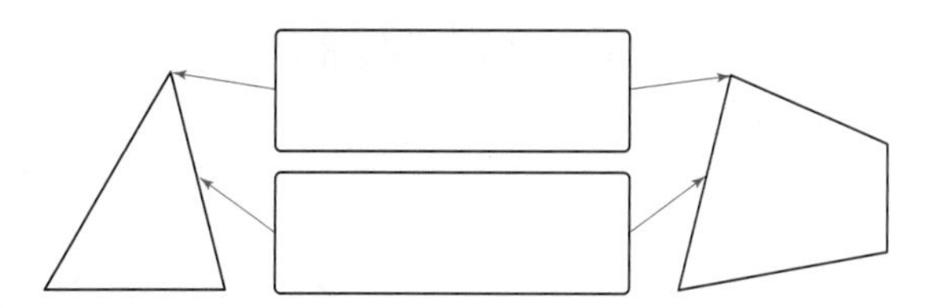

2 물건을 본떠 원을 그릴 수 없는 물건은 어느 것인가요? (　　　)

①  ② 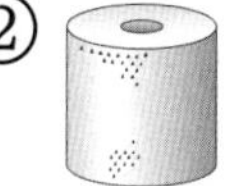 ③  

④  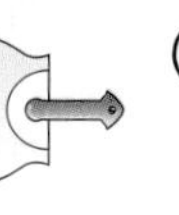 ⑤ 

시험에 꼭 나오는 문제

3 쌓기나무 5개로 만든 모양을 찾아 써 보세요.

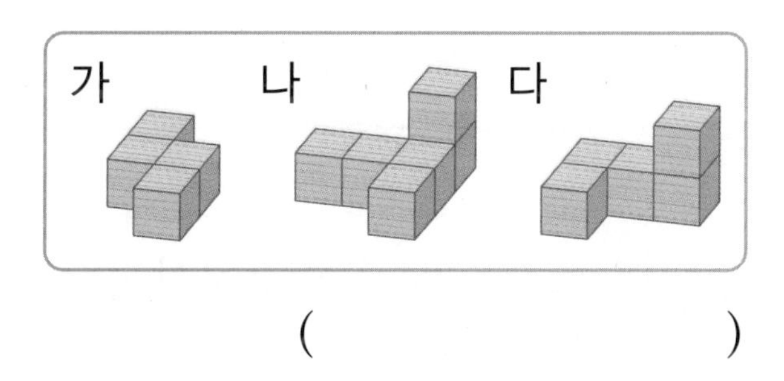

(　　　　　　　　)

4 원이 아닌 것을 모두 찾아 ×표 하세요.

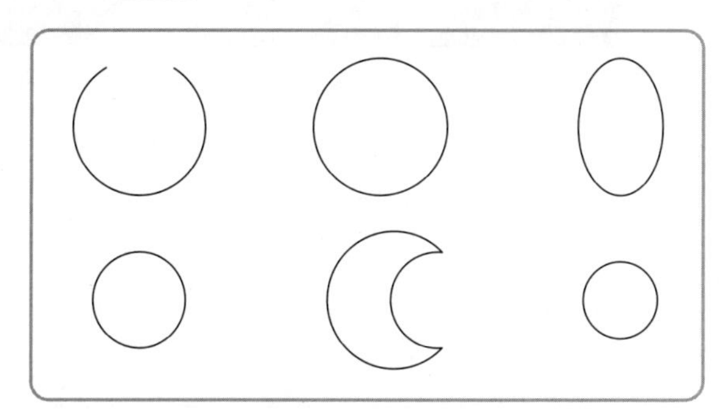

5 빨간색 쌓기나무 왼쪽에 있는 쌓기나무를 찾아 ○표 하세요.

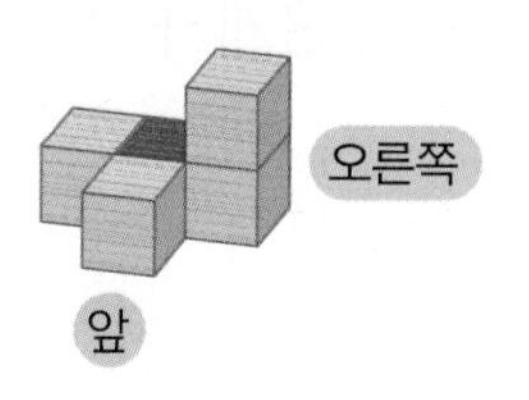

6 빈칸에 알맞은 수를 써넣으세요.

도형	삼각형	사각형
변의 수(개)		
꼭짓점의 수(개)		

7 삼각형은 모두 몇 개일까요?

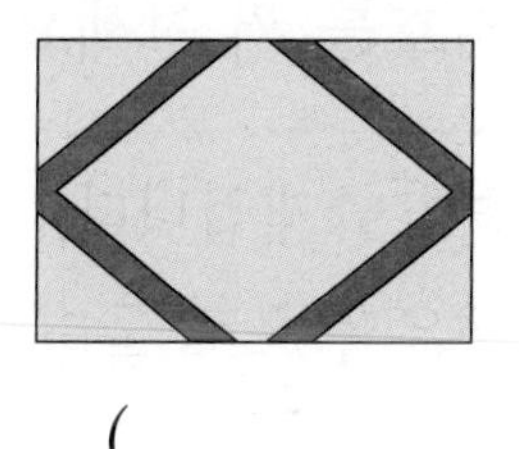

(　　　　　　　　)

8 오른쪽과 같이 쌓기나무로 쌓은 모양에 대한 설명입니다. □ 안에 알맞은 수를 써넣으세요.

쌓기나무 2개가 1층에 옆으로 나란히 있습니다. 오른쪽 쌓기나무 위에 쌓기나무 □개가 있고, 오른쪽 쌓기나무 앞에 쌓기나무 □개가 있습니다.

9 설명대로 쌓은 모양에 ○표 하세요.

쌓기나무 3개가 1층에 옆으로 나란히 있고, 맨 오른쪽 쌓기나무 위에 쌓기나무 1개가 있습니다.

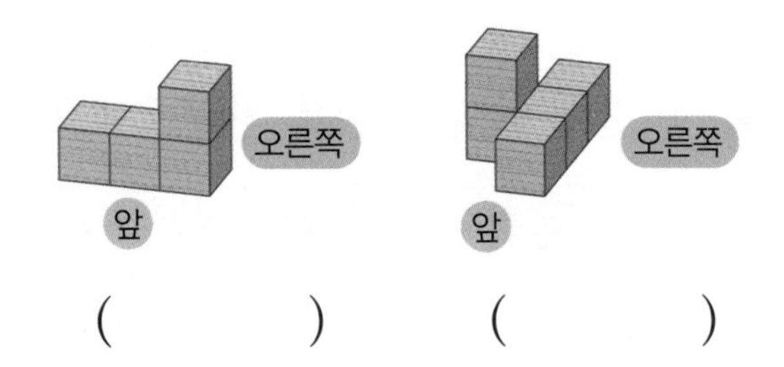

( ) ( )

10 사각형에 대한 설명으로 틀린 것을 찾아 기호를 써 보세요.

㉠ 변이 4개입니다.
㉡ 곧은 선으로 둘러싸여 있습니다.
㉢ 크기는 다를 수 있지만 모양은 서로 같습니다.

( )

시험에 꼭 나오는 문제

11 왼쪽 모양에서 쌓기나무 1개를 옮겨 오른쪽과 똑같은 모양을 만들려고 합니다. 옮겨야 할 쌓기나무를 찾아 ○표 하세요.

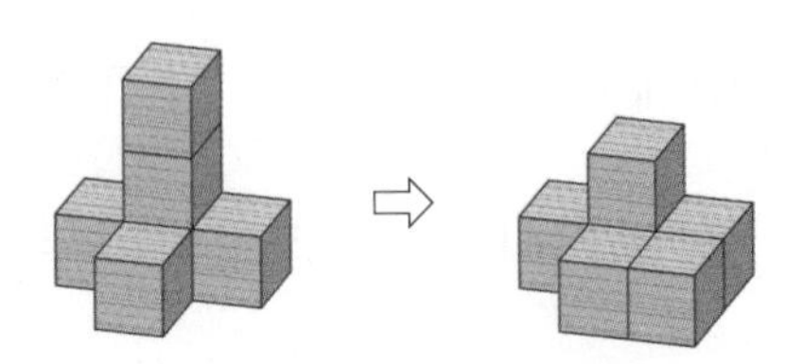

12 삼각형을 모두 찾아 삼각형 안에 있는 수의 합을 구해 보세요.

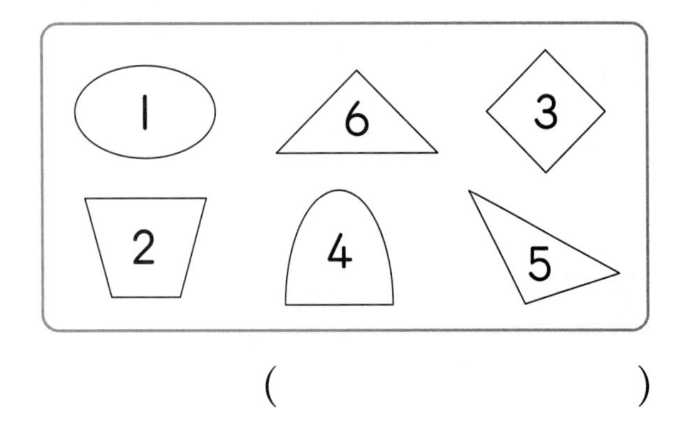

( )

13 세 조각을 모두 이용하여 다음 사각형을 만들어 보세요.

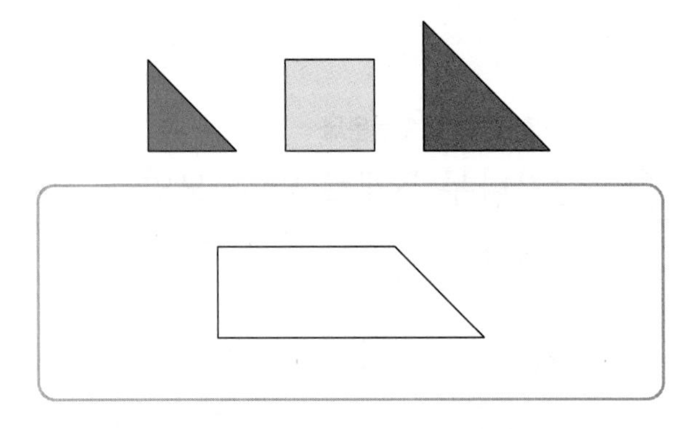

14 네 조각을 모두 이용하여 삼각형을 만들어 보세요.

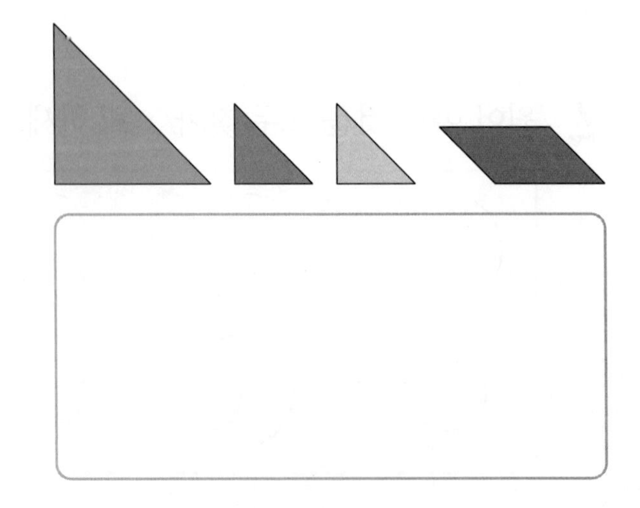

15 그림에서 가장 많이 사용한 도형은 가장 적게 사용한 도형보다 몇 개 더 많을까요?

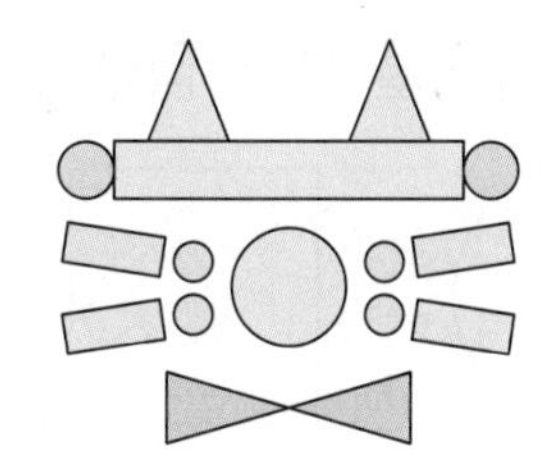

( )

● 잘 틀리는 문제

16 쌓기나무로 오른쪽과 같은 모양을 만들었습니다. 쌓기나무가 12개 있었다면 모양을 만들고 남은 쌓기나무는 몇 개일까요?

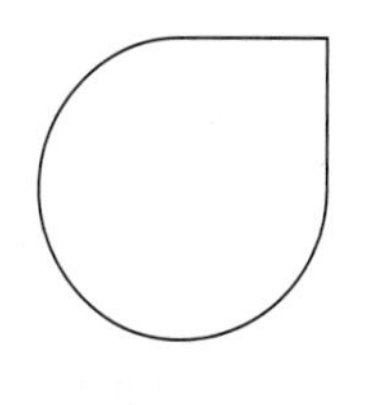

( )

17 그은 선을 따라 사각형을 잘랐을 때 삼각형 2개와 사각형 2개가 생기도록 곧은 선 2개를 그어 보세요.

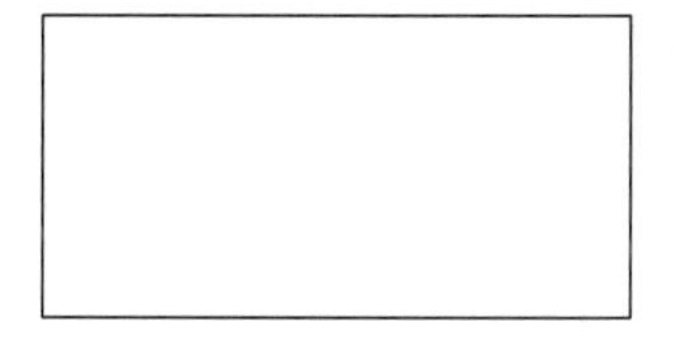

● 잘 틀리는 문제

18 색종이를 그림과 같이 접어서 펼친 다음 접은 선을 따라 잘랐습니다. 어떤 도형이 몇 개 만들어질까요?

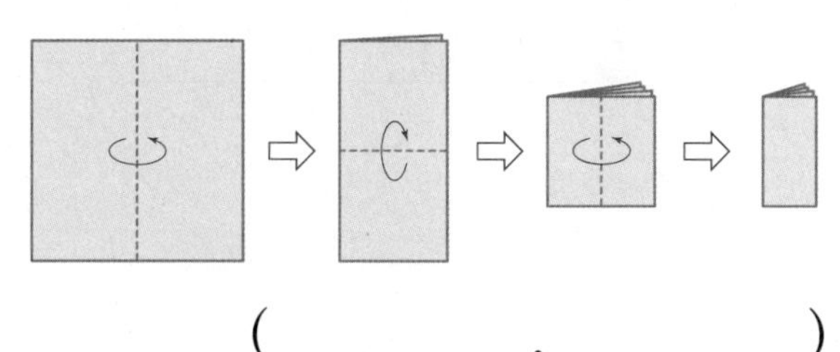

(,)

● 서술형 문제

19 도형이 원이 아닌 이유를 써 보세요.

이유

20 그림에서 찾을 수 있는 크고 작은 사각형은 모두 몇 개인지 풀이 과정을 쓰고 답을 구해 보세요.

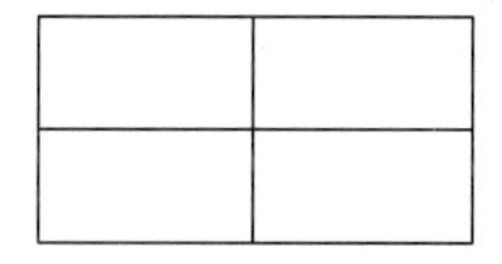

풀이

답

2 단원

점수 | 확인

서술형 평가

2. 여러 가지 도형

연습 **1** 세 도형에서 변은 모두 몇 개인지 풀이 과정을 쓰고 답을 구해 보세요. | 5점 |

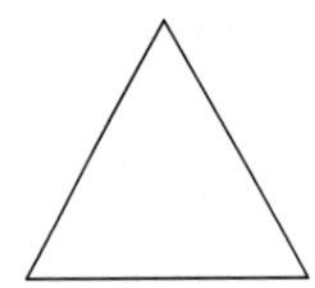 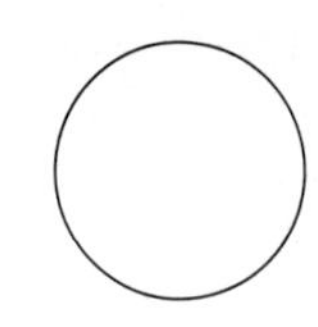 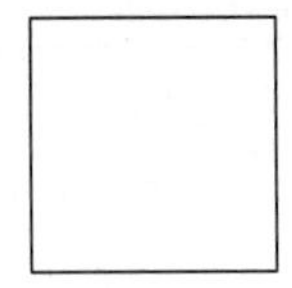

❶ 각 도형에서 변의 수 구하기

 ____________________

❷ 세 도형의 변의 수의 합 구하기

 ____________________

 ____________________

연습 **2** 그림에서 사용한 삼각형은 사각형보다 몇 개 더 많은지 풀이 과정을 쓰고 답을 구해 보세요. | 5점 |

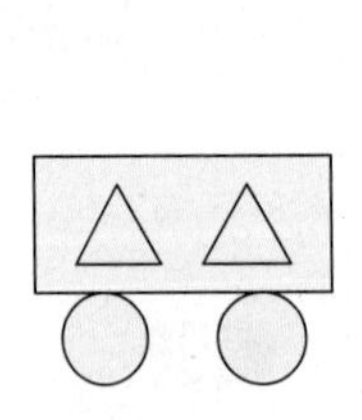 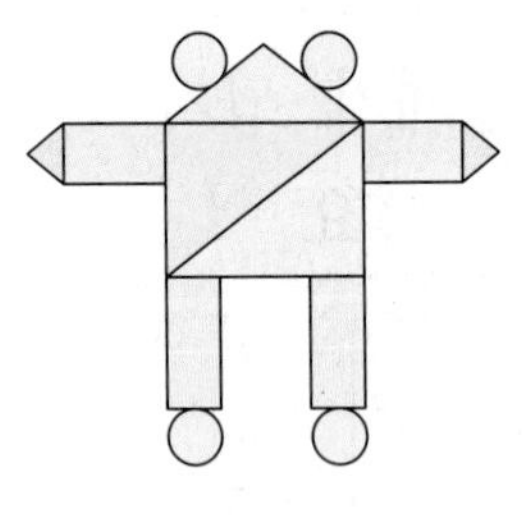

❶ 그림에서 사용한 삼각형과 사각형의 수 각각 구하기

풀이 ____________________

❷ 그림에서 사용한 삼각형은 사각형보다 몇 개 더 많은지 구하기

풀이 ____________________

 ____________________

실전 3 도형을 점선을 따라 잘랐을 때 생기는 두 도형의 변은 모두 몇 개인지 풀이 과정을 쓰고 답을 구해 보세요. | 5점 |

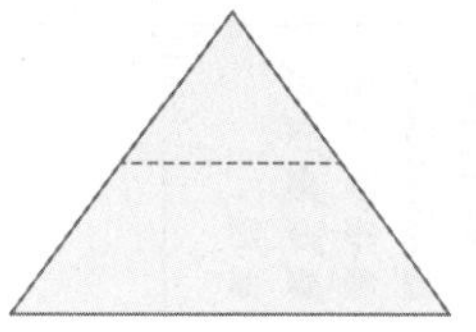

풀이 ____________________

____

____

답 ____________________

실전 4 쌓기나무 6개로 모양을 만들었습니다. 쌓은 모양을 설명해 보세요. | 5점 |

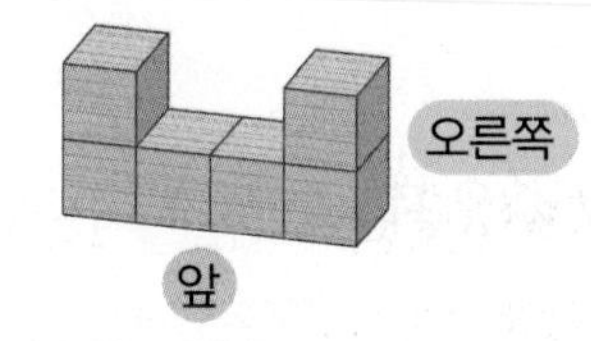

답 ____________________

____

____

단원 평가 1회

3. 덧셈과 뺄셈

점수 | 확인

1 그림을 보고 □ 안에 알맞은 수를 써넣으세요.

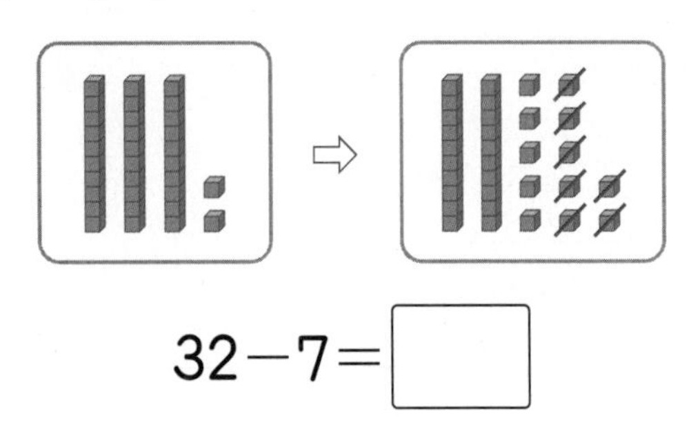

$32-7=\square$

2 계산해 보세요.

$$\begin{array}{r} 29 \\ +\ 35 \\ \hline \end{array}$$

3 두 수의 합을 빈칸에 써넣으세요.

68	56

4 오른쪽 뺄셈식에서 □ 안의 수 8이 실제로 나타내는 수는 얼마일까요?

$$\begin{array}{r} \boxed{8}\ 10 \\ \not{9}\ 3 \\ -\ 3\ 4 \\ \hline 5\ 9 \end{array}$$

(　　　　　　　)

5 빈칸에 알맞은 수를 써넣으세요.

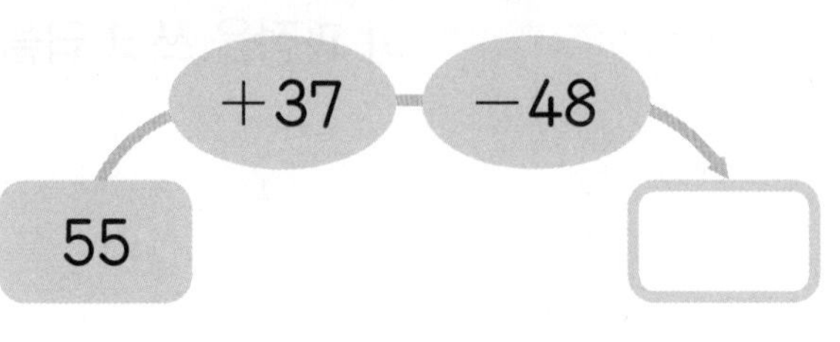

6 계산 결과의 크기를 비교하여 ○ 안에 >, =, <를 알맞게 써넣으세요.

$37+28 \bigcirc 92-24$

7 덧셈식을 뺄셈식으로 나타내 보세요.

$45+18=63$

$\square-45=\square$

$\square-\square=\square$

8 □ 안에 알맞은 수를 써넣으세요.

$46+17=46+10+\square$

$=\square+\square=\square$

9 가장 큰 수와 가장 작은 수의 차는 얼마일까요?

52	19	43	70

(　　　　　　　)

10 계산 결과가 15보다 작은 뺄셈식을 모두 찾아 기호를 써 보세요.

㉠ 38−19	㉡ 52−36
㉢ 61−48	㉣ 82−68

(　　　　　　　)

11 □ 안에 알맞은 수를 구해 보세요.

53−□=35

(　　　　　　　)

시험에 꼭 나오는 문제

12 진서는 문제집을 어제는 15쪽 풀었고, 오늘은 7쪽 풀었습니다. 진서가 어제와 오늘 푼 문제집은 모두 몇 쪽일까요?

(　　　　　　　)

잘 틀리는 문제

13 경희가 가지고 있는 초콜릿은 몇 개일까요?

- 우재: 난 초콜릿을 5개만 더 사면 54개가 돼.
- 경희: 난 우재보다 초콜릿이 6개 더 많아.

(　　　　　　　)

시험에 꼭 나오는 문제

14 □ 안에 알맞은 수를 써넣으세요.

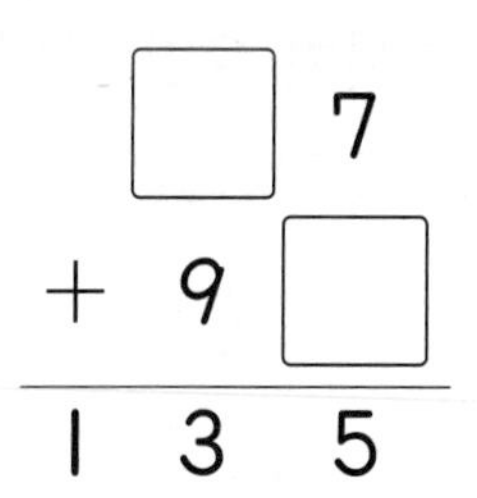

15 지원이는 붙임딱지 26장이 있었습니다. 몇 장을 더 모았더니 붙임딱지가 모두 51장이 되었습니다. 더 모은 붙임딱지의 수를 □로 하여 덧셈식을 만들고, □의 값을 구해 보세요.

덧셈식 ______________________

□의 값 ______________________

잘 틀리는 문제

16 1부터 9까지의 수 중에서 ㉠에 들어갈 수 있는 수를 모두 구해 보세요.

26+㉠>33

(   )

17 지영이는 3일 동안 동화책을 읽었습니다. 첫째 날에는 27쪽을 읽었고, 매일 전날보다 8쪽씩 더 많이 읽었습니다. 지영이가 3일 동안 읽은 동화책은 모두 몇 쪽일까요?

(   )

18 수 카드 3장 중에서 2장을 뽑아 두 자리 수를 만들어 39와 더하려고 합니다. 계산 결과가 가장 작은 수가 되도록 덧셈식을 만들고, 계산해 보세요.

6 1 7

덧셈식 □+39=□

서술형 문제

19 계산에서 잘못된 곳을 찾아 이유를 쓰고, 바르게 계산해 보세요.

$$\begin{array}{r} 71 \\ -\,24 \\ \hline 53 \end{array} \Rightarrow \begin{array}{r} 71 \\ -\,24 \\ \hline \end{array}$$

이유

20 어떤 수에서 17을 빼야 할 것을 잘못하여 더했더니 63이 되었습니다. 바르게 계산하면 얼마인지 풀이 과정을 쓰고 답을 구해 보세요.

풀이

답

단원 평가 2회

점수 | 확인

1 계산해 보세요.

$$\begin{array}{r} 48 \\ +25 \\ \hline \end{array}$$

2 두 수의 차를 빈칸에 써넣으세요.

36	70

3 □ 안에 알맞은 수를 써넣으세요.

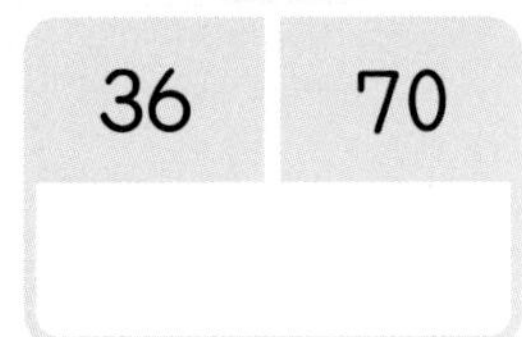

$84-46+29=\square$

① □

② □

4 빈칸에 알맞은 수를 써넣으세요.

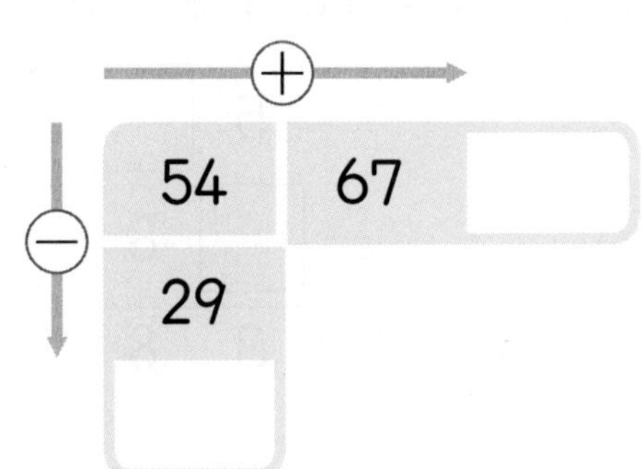

5 □ 안에 알맞은 수를 써넣으세요.

$56-28=56-\square-8$

$=\square-8=\square$

6 □ 안에 알맞은 수를 써넣으세요.

$\square+16=53$

⇨ $53-\square=37$

7 가장 큰 수와 가장 작은 수의 합에서 나머지 수를 뺀 값은 얼마일까요?

11	60	27

( )

8 빈칸에 알맞은 수를 써넣으세요.

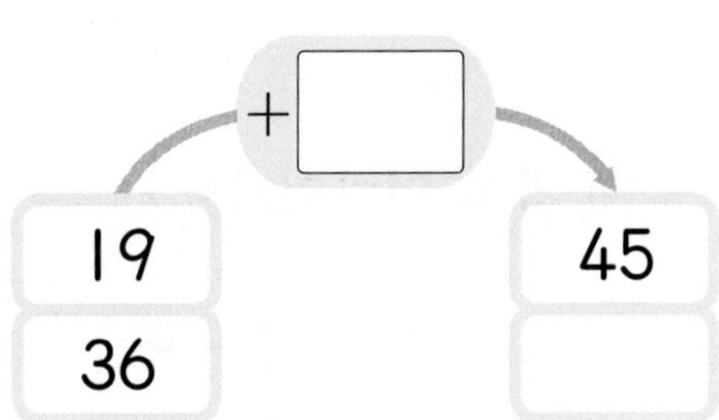

단원 평가 2회

시험에 꼭 나오는 문제

9 오늘 놀이공원에 입장한 남자 어린이는 79명이고, 여자 어린이는 55명입니다. 오늘 놀이공원에 입장한 어린이는 모두 몇 명일까요?

( )

10 세 수를 한 번씩만 사용하여 덧셈식을 만들고, 만든 덧셈식을 뺄셈식으로 나타내 보세요.

16 8 24

덧셈식 ______

뺄셈식 ______

뺄셈식 ______

11 계산 결과가 큰 것부터 차례대로 기호를 써 보세요.

㉠ $25+47$	㉡ $64-8$
㉢ $48+17$	㉣ $93-26$

( )

12 ★의 값은 얼마일까요?

- $18+18-9=$▲
- ★$-17=$▲

( )

13 사탕 53개 중에서 동생에게 몇 개를 주었더니 28개가 남았습니다. 동생에게 준 사탕의 수를 □로 하여 뺄셈식을 만들고, □의 값을 구해 보세요.

뺄셈식 ______

□의 값 ______

잘 틀리는 문제

14 화살 두 개를 던져 맞힌 두 수의 합이 72입니다. 맞힌 두 수를 찾아 ○표 하세요.

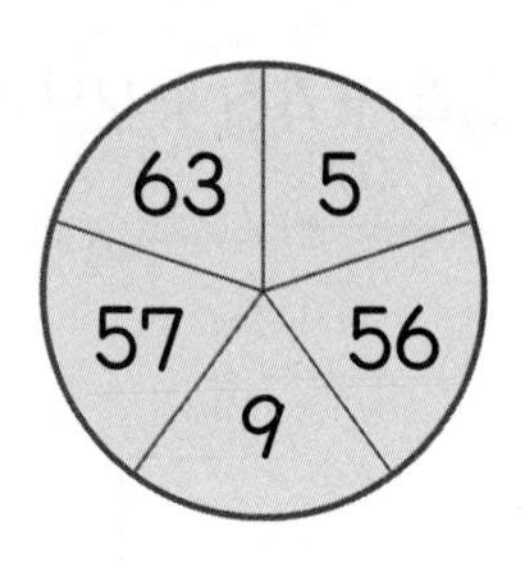

시험에 꼭 나오는 문제

15 □ 안에 알맞은 수를 써넣으세요.

$$\begin{array}{r} 5\ \square \\ -\ \square\ 8 \\ \hline 3\ 8 \end{array}$$

16 세 수를 이용하여 계산 결과가 가장 큰 세 수의 계산식을 만들려고 합니다. □ 안에 알맞은 수를 써넣고 답을 구해 보세요.

9　47　16　37

식 □ + □ − □

답 ________

17 어떤 수에 25를 더해야 할 것을 잘못하여 뺐더니 66이 되었습니다. 바르게 계산하면 얼마인지 구해 보세요.

(　　　　　　)

● 잘 틀리는 문제

18 성재는 노란색 구슬 25개와 파란색 구슬 17개를 가지고 있고, 우진이는 노란색 구슬 32개와 파란색 구슬 19개를 가지고 있습니다. 누가 구슬을 몇 개 더 많이 가지고 있을까요?

(　　　　　,　　　　　)

● 서술형 문제

19 재현이는 색종이를 18장 가지고 있고, 준하는 재현이보다 25장 더 가지고 있습니다. 재현이와 준하가 가지고 있는 색종이는 모두 몇 장인지 풀이 과정을 쓰고 답을 구해 보세요.

풀이 ________

답 ________

20 다람쥐가 도토리 80개를 가지고 있었습니다. 오늘 16개를 먹고 26개를 다시 주웠습니다. 지금 다람쥐가 가지고 있는 도토리는 몇 개인지 풀이 과정을 쓰고 답을 구해 보세요.

풀이 ________

답 ________

3 단원

서술형 평가

3. 덧셈과 뺄셈

점수 | 확인

연습 1 혜수는 연필 56자루 중에서 8자루를 친구에게 주었습니다. 혜수에게 남은 연필은 몇 자루인지 풀이 과정을 쓰고 답을 구해 보세요. |5점|

❶ 문제에 알맞은 식 만들기

풀이

❷ 혜수에게 남은 연필의 수 구하기

풀이

답

연습 2 가장 큰 수와 가장 작은 수의 합은 얼마인지 풀이 과정을 쓰고 답을 구해 보세요. |5점|

24 13 58 87

❶ 가장 큰 수와 가장 작은 수 각각 구하기

풀이

❷ 가장 큰 수와 가장 작은 수의 합 구하기

풀이

답

실전 3 목장에 수퇘지가 28마리 있고, 암퇘지는 수퇘지보다 7마리 더 많습니다. 목장에 있는 돼지는 모두 몇 마리인지 풀이 과정을 쓰고 답을 구해 보세요. | 5점 |

풀이

답

실전 4 버스에 19명이 타고 있었습니다. 다음 정류장에서 몇 명이 탔더니 32명이 되었습니다. 다음 정류장에서 탄 사람은 몇 명인지 풀이 과정을 쓰고 답을 구해 보세요. | 5점 |

풀이

답

점수 | 확인

1 수학책의 긴 쪽의 길이를 잴 때, 단위로 적당하지 않은 것은 어느 것인가요? ( )

① 클립 ② 지우개
③ 머리핀 ④ 누름 못
⑤ 야구 방망이

2 책상 긴 쪽의 길이는 몇 뼘인가요?

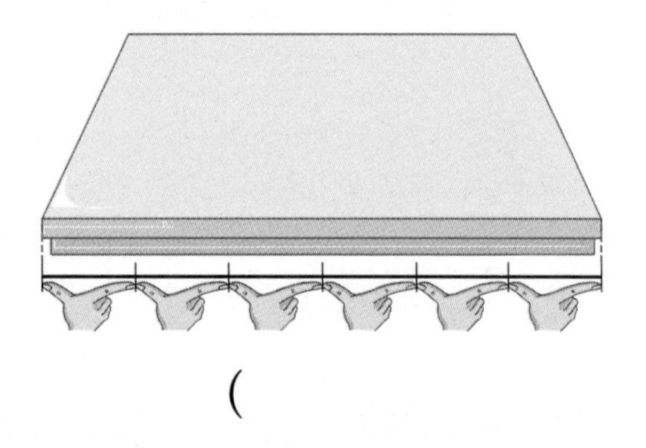

( )

3 1 센티미터를 바르게 쓴 것을 찾아 ○표 하세요.

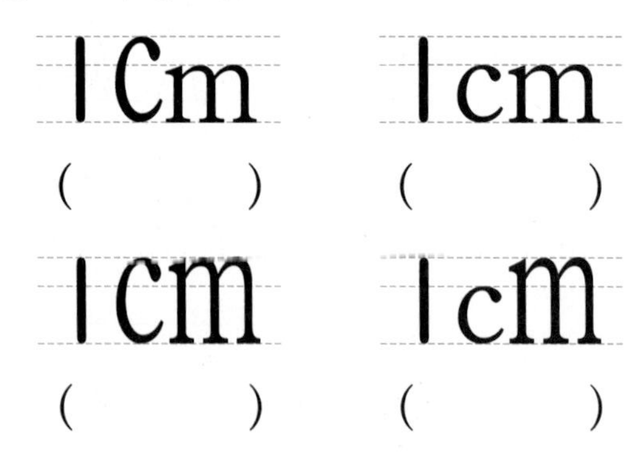

( ) ( )
( ) ( )

4 □ 안에 알맞은 수를 써넣으세요.

7 cm는 1 cm로 □번입니다.

5 색연필의 길이는 몇 cm인가요?

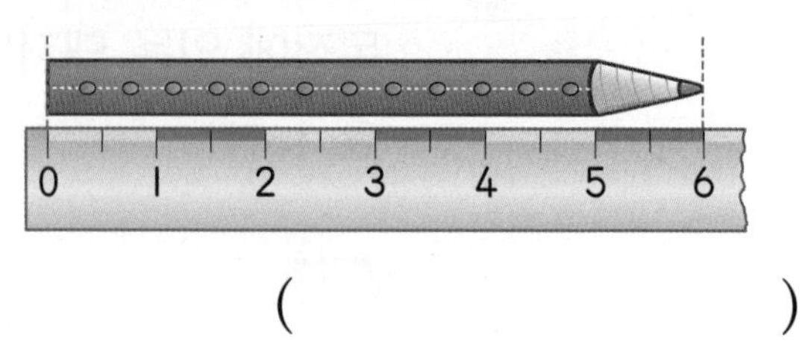

( )

6 □ 안에 알맞은 수를 써넣으세요.

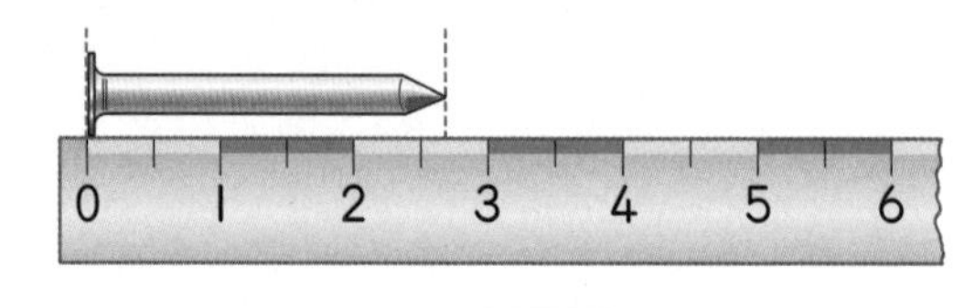

못의 길이는 약 □ cm입니다.

잘 틀리는 문제

7 어떤 물건의 길이를 지우개와 못으로 잴 때, 잰 횟수가 더 적은 것에 ○표 하세요.

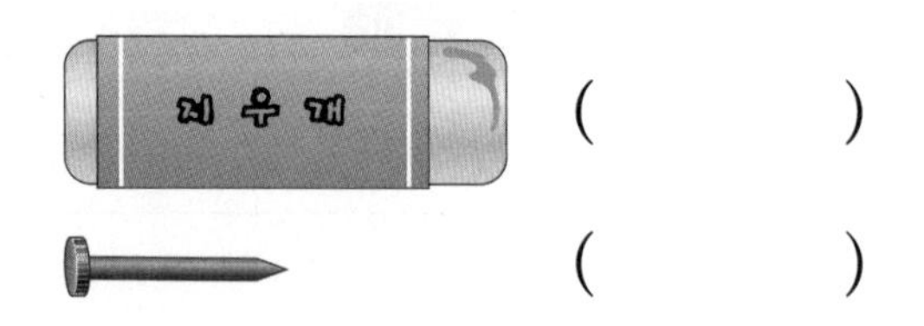

( )
( )

8 성냥개비의 길이를 어림하고 자로 재어 확인해 보세요.

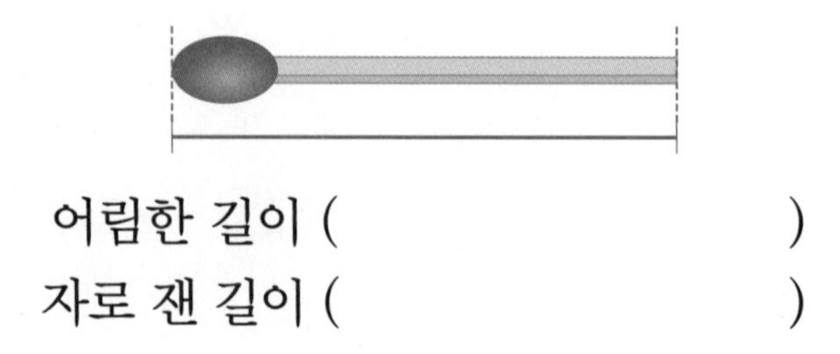

어림한 길이 ( )
자로 잰 길이 ( )

9 숟가락의 길이는 길이가 1 cm인 공깃돌로 12번입니다. 숟가락의 길이는 몇 cm인가요?

( )

시험에 꼭 나오는 문제

10 붓의 길이는 약 몇 cm인가요?

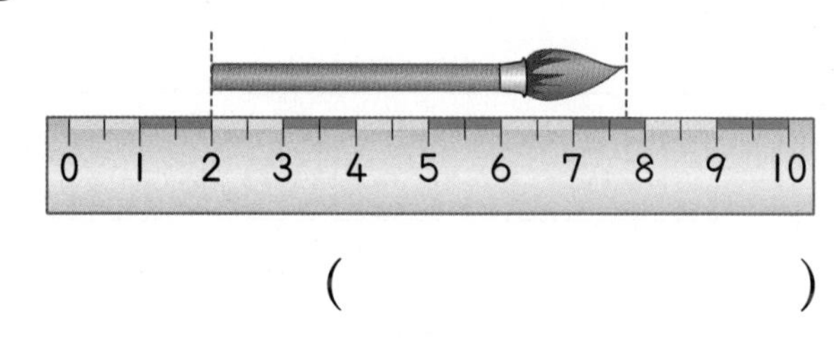

( )

11 팔찌의 길이를 현우는 약 8 cm로, 진서는 약 9 cm로 어림하였습니다. □ 안에 알맞은 수나 말을 써넣으세요.

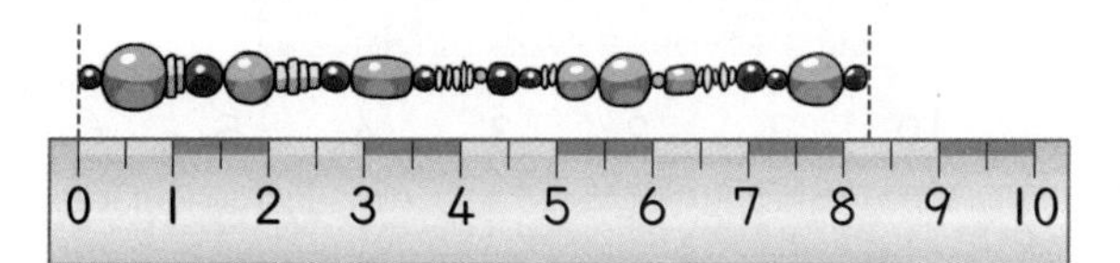

□가 더 가깝게 어림하였습니다. 왜냐하면 팔찌의 길이가 □ cm에 더 가깝기 때문입니다.

12 5 cm가 되는 길이를 어림하여 점선을 따라 선을 그어 보세요.

13 삼각형에서 가장 긴 변의 길이는 약 몇 cm인지 자로 재어 보세요.

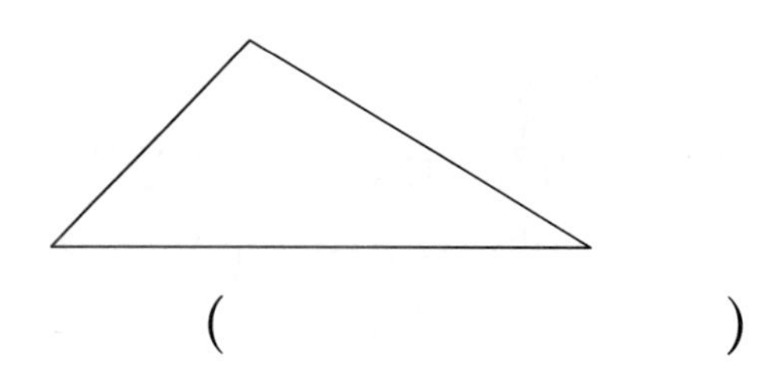

( )

14 준호의 한 뼘의 길이는 13 cm입니다. 식탁의 짧은 쪽의 길이를 재었더니 뼘으로 5번이었습니다. 이 식탁의 짧은 쪽의 길이는 몇 cm인가요?

( )

15 끈의 길이를 자로 재어 보고 같은 길이를 찾아 ○표 하세요.

( )

( )

( )

4 단원

단원 평가 1회

잘 틀리는 문제

16 선 ㉠의 길이와 선 ㉡의 길이의 합은 몇 cm인가요?

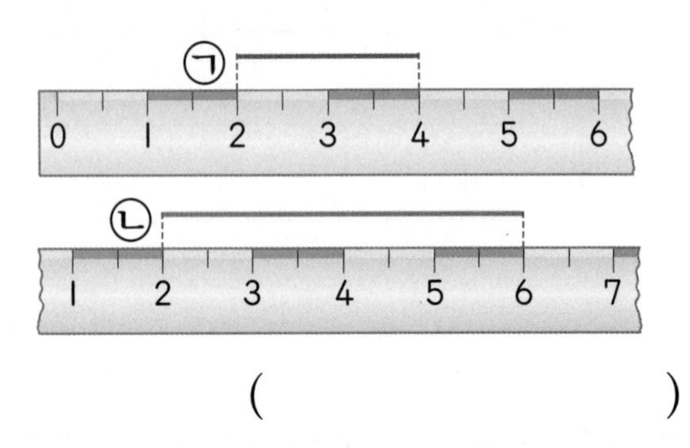

( )

17 길이가 16 cm인 필통의 길이를 민지는 약 19 cm, 동우는 약 15 cm로 어림하였습니다. 필통의 실제 길이에 더 가깝게 어림한 사람은 누구인가요?

( )

시험에 꼭 나오는 문제

18 길이가 가장 긴 끈을 가지고 있는 사람을 찾아 이름을 써 보세요.

- 세호: 내 끈은 뼘으로 7번이야.
- 재희: 내 끈은 수학책의 긴 쪽으로 7번이야.
- 승주: 내 끈은 클립으로 7번이야.

( )

서술형 문제

19 면봉의 길이는 몇 cm인지 풀이 과정을 쓰고 답을 구해 보세요.

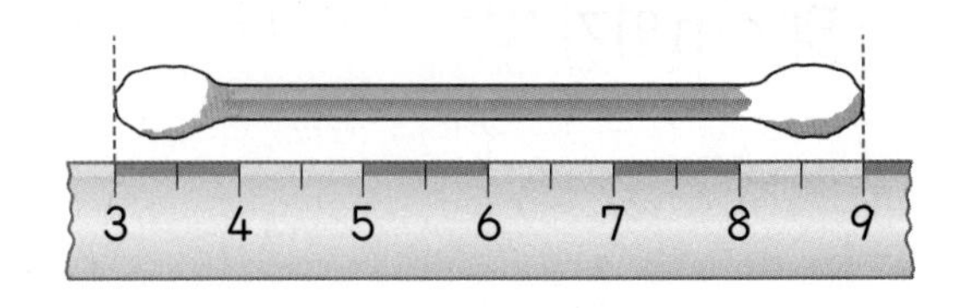

풀이

답

20 실제 길이가 조금씩 다른 수수깡이 있습니다. 현지는 수수깡의 길이를 모두 약 5 cm라고 생각했습니다. 그렇게 생각한 이유를 써 보세요.

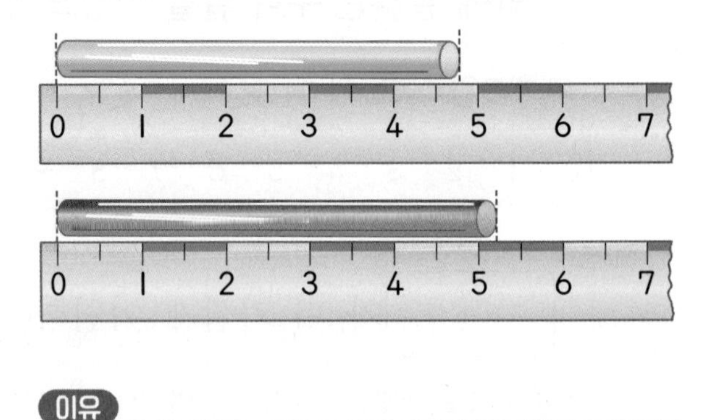

이유

점수 확인

1 막대의 길이는 연필과 못으로 각각 몇 번인가요?

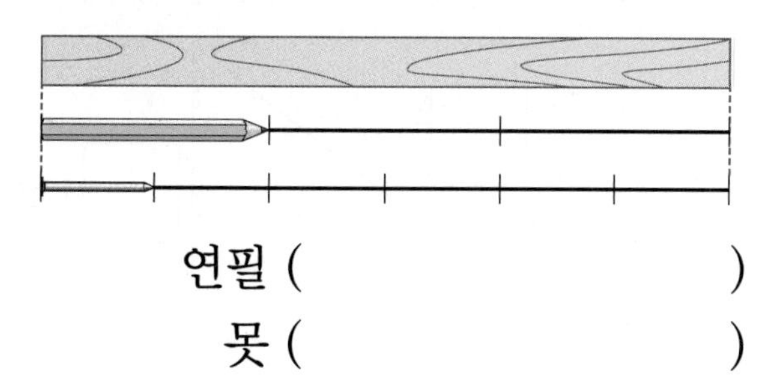

연필 (　　　　　　)
못 (　　　　　　)

2 반창고의 길이는 몇 cm인가요?

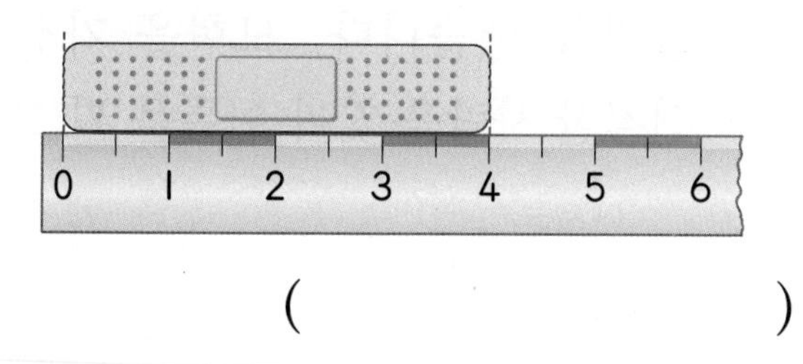

(　　　　　　)

3 우리 주변에서 길이가 약 1 cm인 것을 2개만 찾아 써 보세요.

(　　　　　　)

4 선의 길이를 어림하고 자로 재어 확인해 보세요.

어림한 길이 (　　　　　　)
자로 잰 길이 (　　　　　　)

5 크레파스의 길이를 재어 점선에 같은 길이의 선을 그어 보세요.

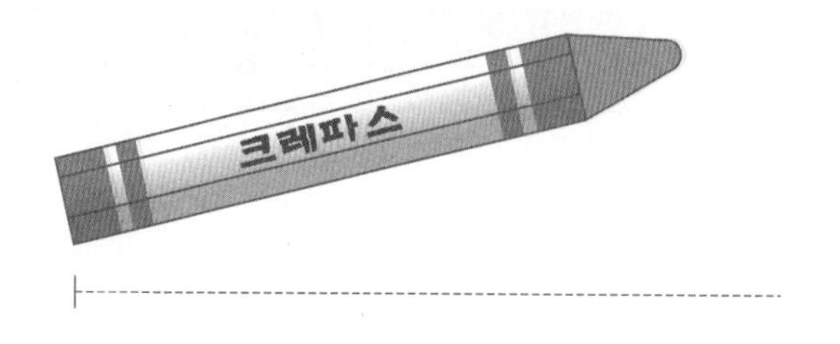

6 나뭇잎의 길이는 몇 cm인가요?

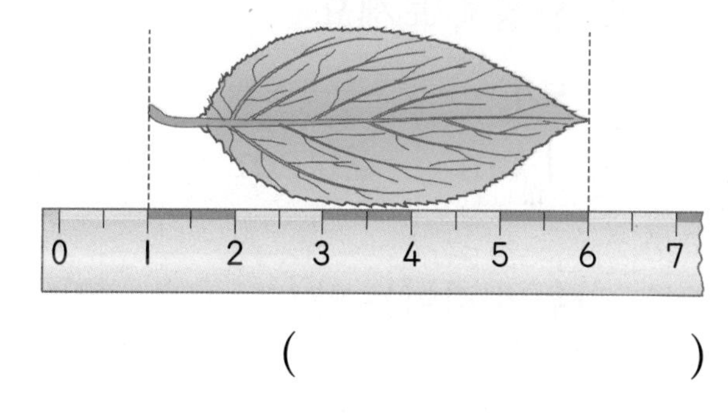

(　　　　　　)

7 길이가 더 긴 것에 ○표 하세요.

9 cm	1 cm로 8번
(　　)	(　　)

시험에 꼭 나오는 문제

8 진영이가 뼘으로 칠판과 텔레비전의 긴 쪽의 길이를 재었습니다. 칠판과 텔레비전 중에서 긴 쪽의 길이가 더 짧은 것은 무엇인가요?

칠판	텔레비전
9뼘	6뼘

(　　　　　　)

단원 평가 2회

9 과자의 길이는 약 몇 cm인가요?

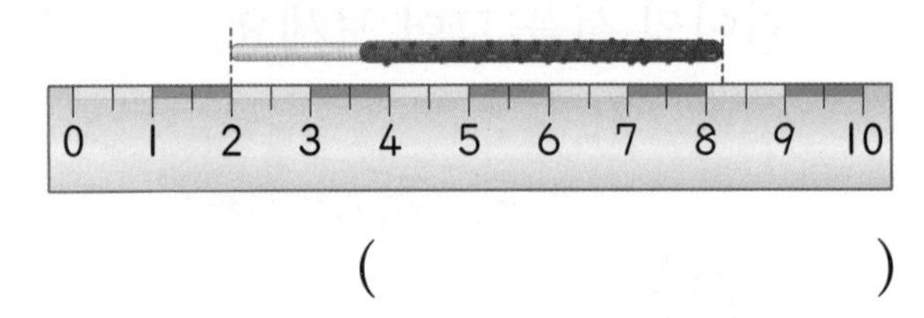

( )

시험에 꼭 나오는 문제

10 〈보기〉에서 알맞은 길이를 골라 문장을 완성해 보세요.

〈보기〉
1 cm　　20 cm　　54 cm

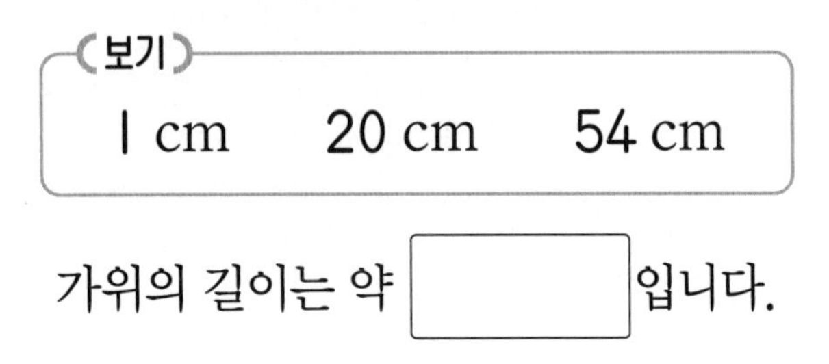

가위의 길이는 약 ☐ 입니다.

11 보라색 테이프의 길이를 보고 노란색 테이프의 길이를 어림해 보세요.

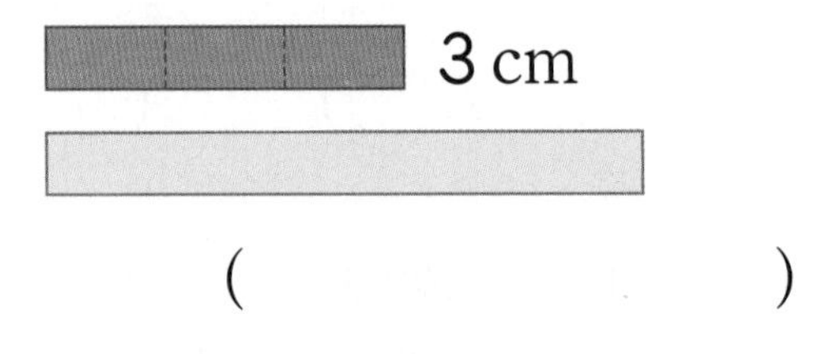

( )

12 숟가락의 길이는 약 몇 cm인지 자로 재어 보세요.

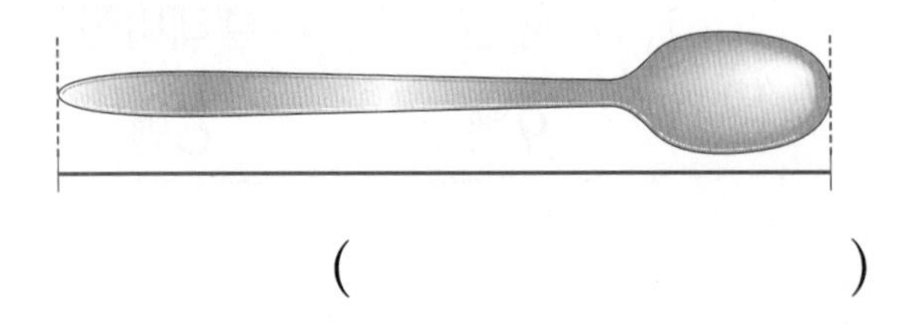

( )

13 삼각형의 변의 길이를 자로 재어 ☐ 안에 알맞은 수를 써넣으세요.

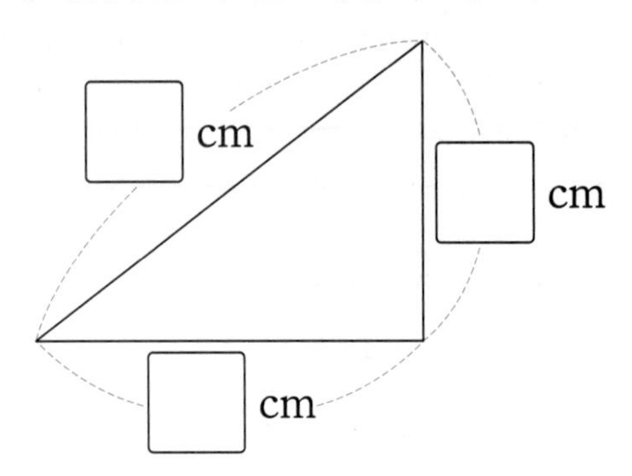

14 원중, 가희, 채우는 모형으로 모양 만들기를 했습니다. 모형을 가장 짧게 연결한 사람을 찾아 이름을 써 보세요.

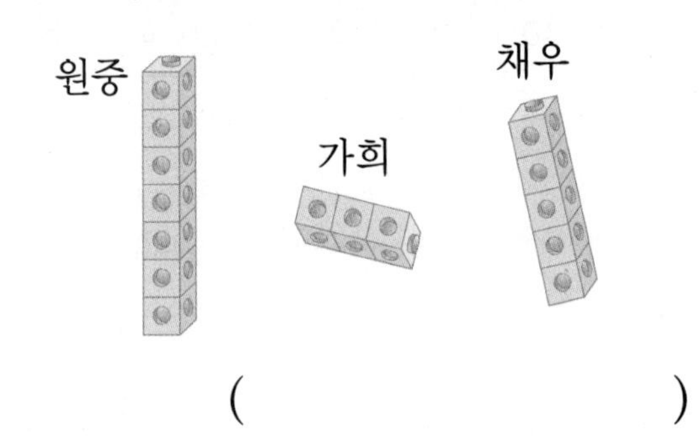

( )

잘 틀리는 문제

15 은정, 정희, 혜원이의 집에서 학교까지 거리를 나타낸 지도입니다. 누구의 집이 학교에서 가장 가까운지 사로 재어 구해 보세요.

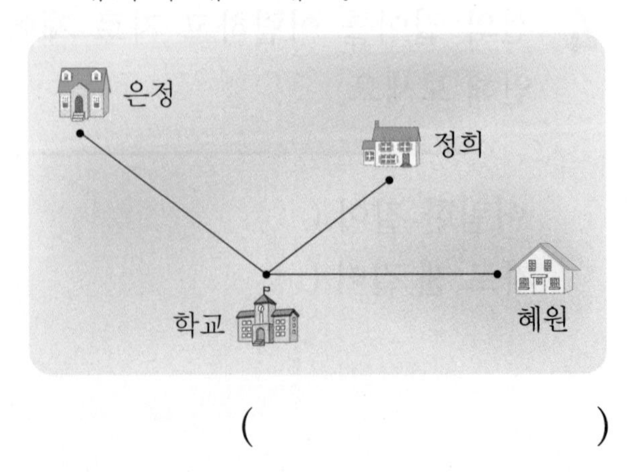

( )

16 모형, 머리핀, 칫솔로 막대의 길이를 재었습니다. 어느 것으로 잰 횟수가 가장 적은가요?

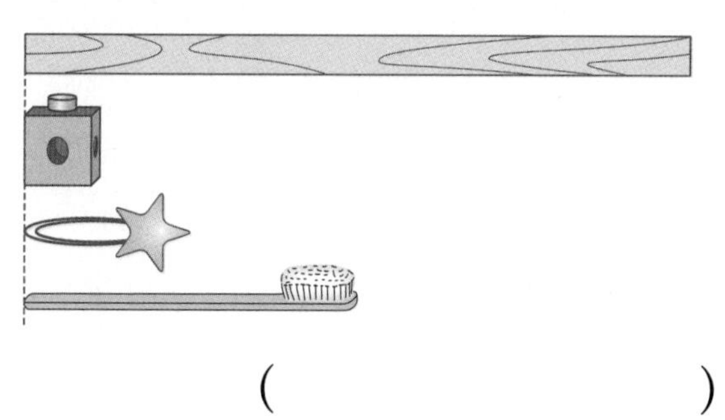

(　　　　　　　　)

● 잘 틀리는 문제

17 은지, 태균, 정우는 약 6 cm를 어림하여 아래와 같이 종이를 잘랐습니다. 6 cm에 가깝게 어림한 사람부터 차례대로 이름을 써 보세요.

은지

태균

정우

(　　　　　　　　)

18 볼펜의 길이는 길이가 6 cm인 성냥으로 3번 잰 것과 같습니다. 이 볼펜의 길이는 길이가 3 cm인 옷핀으로 몇 번 잰 것과 같은가요?

(　　　　　　　　)

서술형 문제

19 오른쪽 그림은 동은이가 뼘으로 화분의 높이를 잰 것입니다. 동은이의 한 뼘의 길이가 11 cm라면 화분의 높이는 몇 cm인지 풀이 과정을 쓰고 답을 구해 보세요.

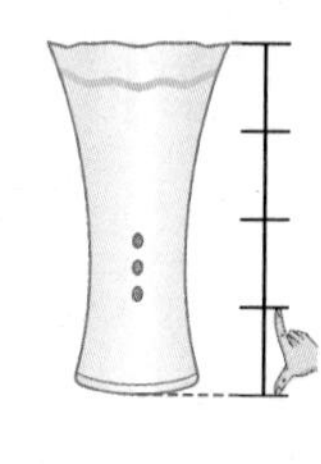

풀이

답

20 색 테이프 ㉮의 길이와 ㉯의 길이의 차는 몇 cm인지 풀이 과정을 쓰고 답을 구해 보세요.

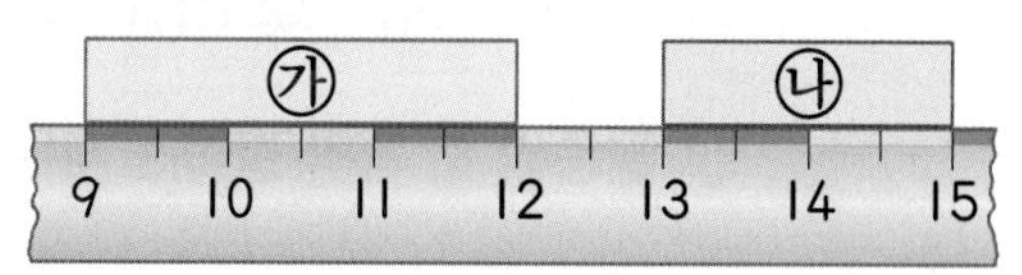

풀이

답

4 단원

서술형 평가

4. 길이 재기

점수 | 확인

연습 1 색 테이프 ㉮와 ㉯로 연필의 길이를 재었을 때 잰 횟수가 더 많은 것은 어느 것인지 풀이 과정을 쓰고 답을 구해 보세요. | 5점 |

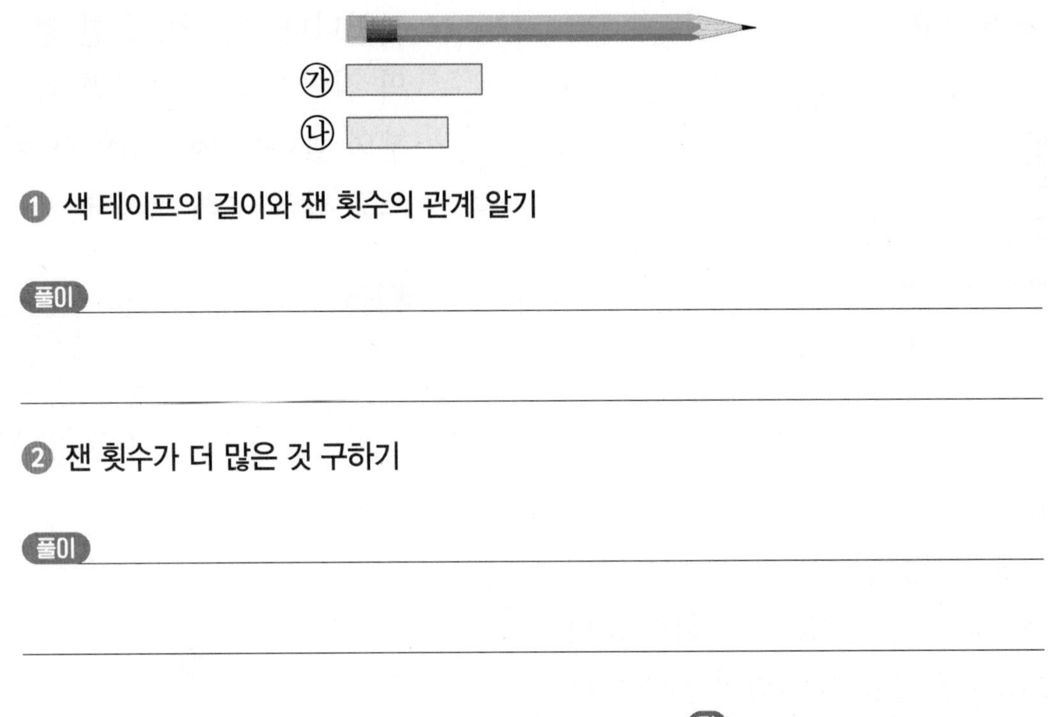

❶ 색 테이프의 길이와 잰 횟수의 관계 알기

풀이

❷ 잰 횟수가 더 많은 것 구하기

풀이

답

연습 2 필통의 긴 쪽의 길이는 길이가 5 cm인 지우개로 4번입니다. 이 필통의 긴 쪽의 길이는 몇 cm인지 풀이 과정을 쓰고 답을 구해 보세요. | 5점 |

❶ 필통의 긴 쪽의 길이는 지우개로 몇 번인지 구하기

풀이

❷ 필통의 긴 쪽의 길이 구하기

풀이

답

정답 57쪽

실전 3 수지와 영우는 각자의 걸음으로 교실의 긴 쪽의 길이를 재었습니다. 한 걸음의 길이가 더 긴 사람은 누구인지 풀이 과정을 쓰고 답을 구해 보세요. | 5점 |

수지의 걸음	영우의 걸음
24번	19번

풀이

답

실전 4 머리핀의 길이를 태주는 약 4 cm, 예지는 약 7 cm라고 어림하였습니다. 머리핀의 실제 길이에 더 가깝게 어림한 사람은 누구인지 풀이 과정을 쓰고 답을 구해 보세요. | 5점 |

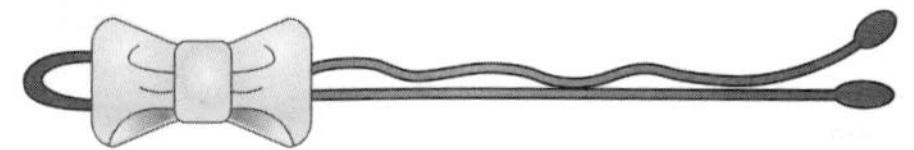

풀이

답

단원 평가 1회

5. 분류하기

점수 | 확인

1 색깔을 기준으로 분류할 수 있는 것에 ◯표 하세요.

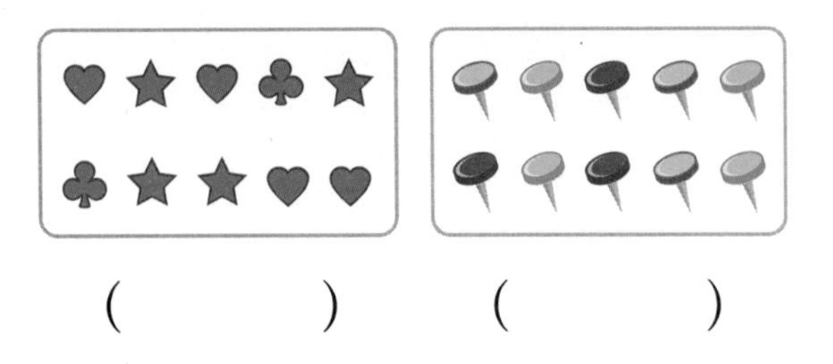

(　　　) (　　　)

2 알맞은 분류 기준을 찾아 선으로 이어 보세요.

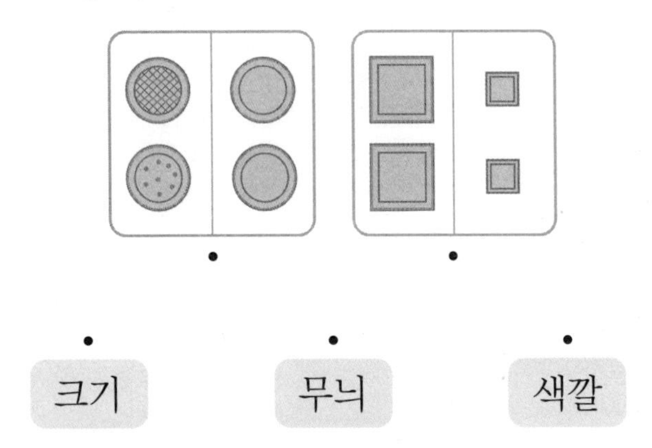

3 바퀴의 수에 따라 분류하여 번호를 써 보세요.

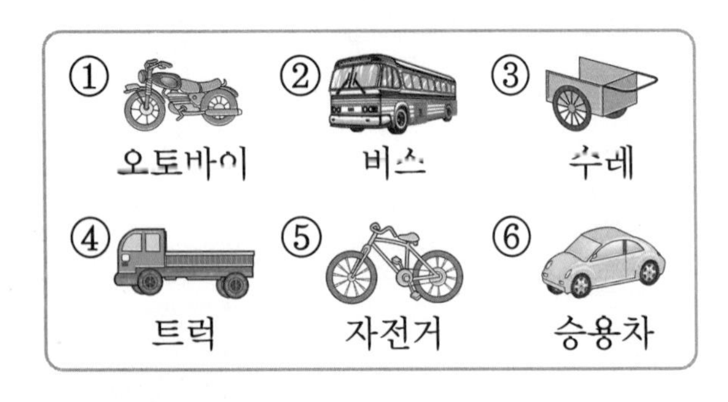

바퀴 2개	
바퀴 4개	

(4~6) 학생들이 현장학습으로 가고 싶어 하는 장소를 조사하였습니다. 물음에 답하세요.

고궁	박물관	놀이공원	박물관
놀이공원	놀이공원	고궁	놀이공원
박물관	산	놀이공원	고궁

4 장소에 따라 분류하고 그 수를 세어 보세요.

장소				
세면서 표시하기				
학생 수(명)				

시험에 꼭 나오는 문제

5 가장 많은 학생들이 현장학습으로 가고 싶어 하는 장소는 어느 곳인가요?

(　　　　　)

6 가장 적은 학생들이 현장학습으로 가고 싶어 하는 장소는 어느 곳인가요?

(　　　　　)

(7~10) 학생들이 좋아하는 머리핀을 조사하였습니다. 물음에 답하세요.

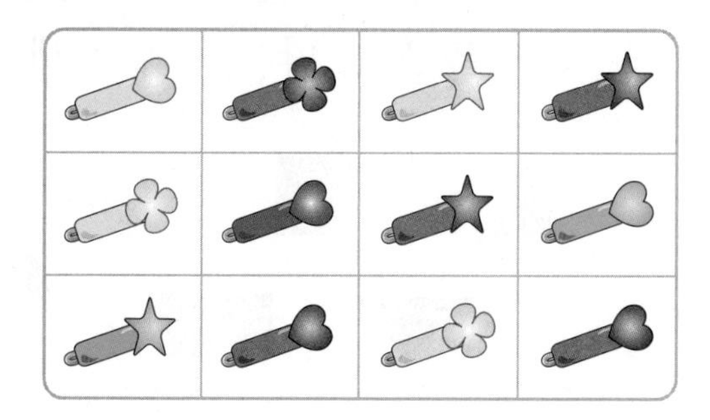

7 모양에 따라 분류하고 그 수를 세어 보세요.

모양	♡	🍀	☆
학생 수(명)			

8 가장 많은 학생들이 좋아하는 머리핀 모양을 찾아 ○표 하세요.

(♡ 모양 , 🍀 모양 , ☆ 모양)

9 색깔에 따라 분류하고 그 수를 세어 보세요.

색깔	노란색	빨간색	보라색	초록색
학생 수(명)				

잘 틀리는 문제

10 많은 학생들이 좋아하는 머리핀의 색깔부터 차례대로 써 보세요.

( )

시험에 꼭 나오는 문제

11 옷을 다음과 같이 분류하였습니다. 분류 기준을 써 보세요.

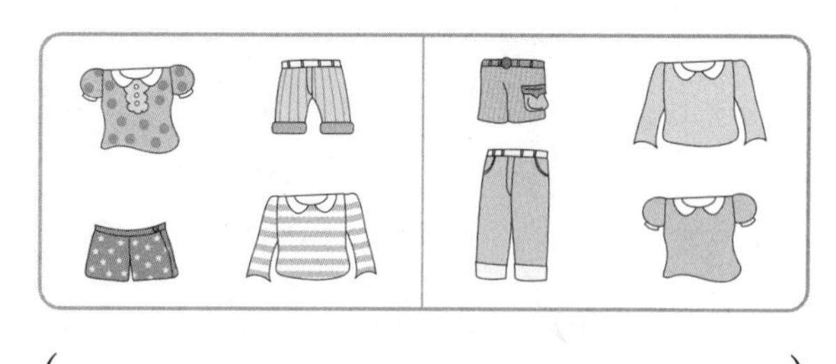

( )

(12~14) 학생들이 좋아하는 과일을 조사하였습니다. 물음에 답하세요.

사과	사과	키위	감
귤	감	사과	귤
감	사과	감	사과

12 과일을 종류에 따라 분류하고 그 수를 세어 보세요.

종류	사과	키위	감	귤
학생 수(명)				

13 가장 많은 학생들이 좋아하는 과일은 무엇인가요?

( )

14 감을 좋아하는 학생은 귤을 좋아하는 학생보다 몇 명 더 많은가요?

( )

5 단원

단원 평가 1회

(15~18) 규호네 모둠 학생들의 사진을 모은 것입니다. 물음에 답하세요.

15 사진을 분류할 수 있는 기준을 써 보세요.

( )

16 남학생과 여학생으로 분류하고 그 수를 세어 보세요.

	남학생	여학생
학생 수(명)		

17 안경을 쓴 학생과 쓰지 않은 학생으로 분류하고 그 수를 세어 보세요.

	안경을 쓴 학생	안경을 쓰지 않은 학생
학생 수(명)		

잘 틀리는 문제

18 안경을 쓰지 않은 남학생은 몇 명인가요?

( )

서술형 문제

19 색종이 조각을 변의 수에 따라 분류할 때 몇 가지로 분류할 수 있는지 풀이 과정을 쓰고 답을 구해 보세요.

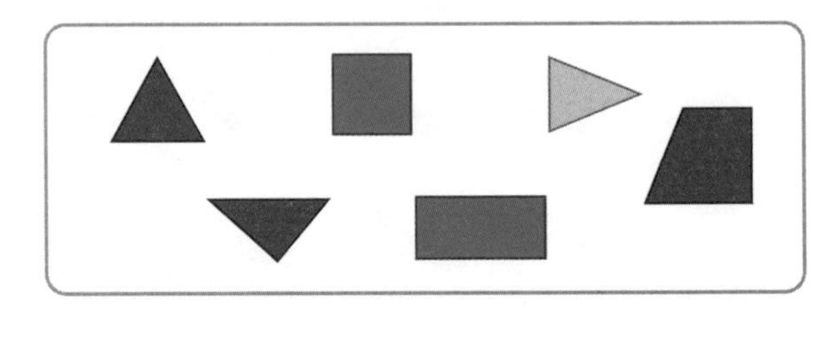

풀이

답

20 학생들이 좋아하는 색깔을 조사하였습니다. 가장 적은 학생들이 좋아하는 색깔은 무엇인지 풀이 과정을 쓰고 답을 구해 보세요.

빨간색	빨간색	파란색	초록색	초록색
파란색	초록색	초록색	빨간색	초록색

풀이

답

단원 평가 2회

5. 분류하기

점수 | 확인

1 분류 기준으로 알맞은 것을 찾아 ○표 하세요.

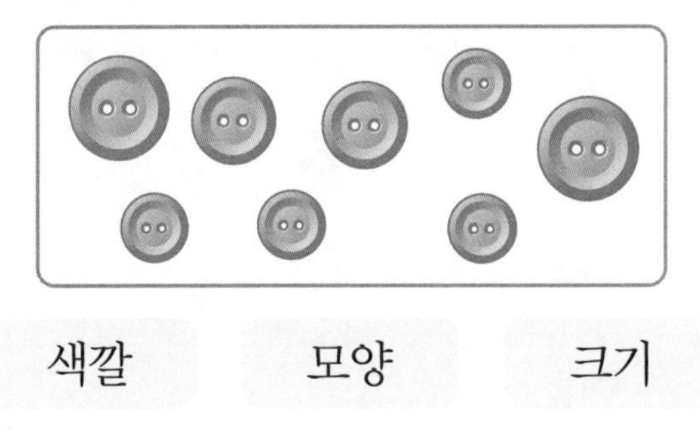

색깔 모양 크기

( ) ( ) ( )

2 신발을 다음과 같이 분류하였습니다. 분류 기준을 써 보세요.

( )

시험에 꼭 나오는 문제

3 민지네 반 학생들을 분류하려고 합니다. 분류 기준으로 알맞은 것을 모두 찾아 ○표 하세요.

( ) 키가 큰 학생과 작은 학생

( ) 동생이 있는 학생과 없는 학생

( ) 모자를 쓴 학생과 쓰지 않은 학생

4 활동하는 곳에 따라 동물을 분류하여 번호를 써 보세요.

하늘	
땅	
물	

(5~6) 수 카드를 보고 물음에 답하세요.

3	100	42	8	9
16	2	87	123	25

5 수 카드를 분류할 수 있는 기준을 써 보세요.

분류 기준 1 ______

분류 기준 2 ______

6 위 5의 분류 기준 중 한 가지를 선택하여 분류해 보세요.

	수 카드에 적힌 수

5 단원

단원 평가 2회

(7~10) 옷을 보고 물음에 답하세요.

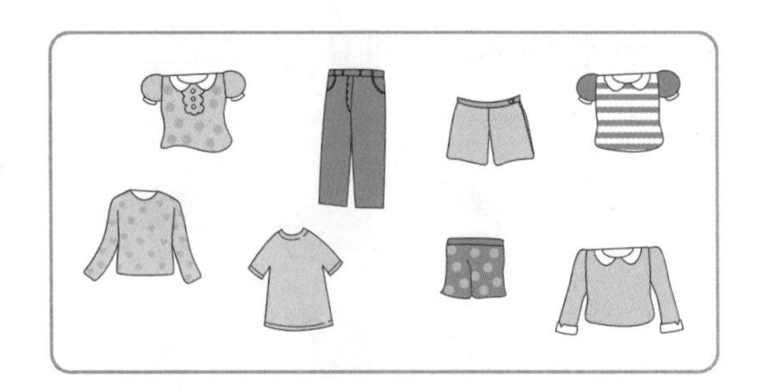

7 종류에 따라 분류하고 그 수를 세어 보세요.

종류	위에 입는 옷	아래에 입는 옷
옷의 수(개)		

8 무늬에 따라 분류하고 그 수를 세어 보세요.

무늬	있는 것	없는 것
옷의 수(개)		

9 또 다른 기준으로 분류할 때 어떤 기준으로 분류할 수 있는지 써 보세요.

( )

시험에 꼭 나오는 문제

10 위 **9**에서 정한 기준에 따라 분류하고 그 수를 세어 보세요.

옷의 수(개)	

(11~13) 학생들이 좋아하는 아이스크림을 조사하였습니다. 물음에 답하세요.

바닐라 맛 초콜릿 맛 딸기 맛

11 맛에 따라 분류하고 그 수를 세어 보세요.

맛	바닐라 맛	초콜릿 맛	딸기 맛
학생 수(명)			

12 가장 많은 학생들이 좋아하는 아이스크림은 어떤 맛인가요?

( )

13 아이스크림 가게에서 어떤 맛 아이스크림을 가장 많이 준비하면 좋을까요?

( )

14 여러 가지 사탕을 모양과 맛에 따라 분류하여 번호를 써 보세요.

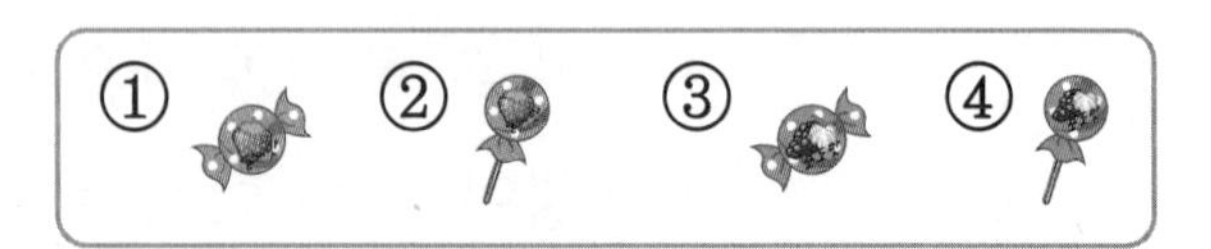

	딸기 맛	포도 맛

(15~18) 색종이 조각을 보고 물음에 답하세요.

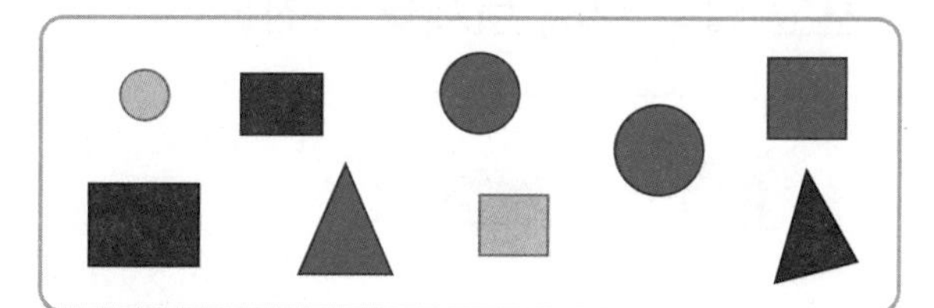

잘 틀리는 문제

15 색종이 조각을 다음과 같이 분류하였습니다. 분류 기준을 써 보세요.

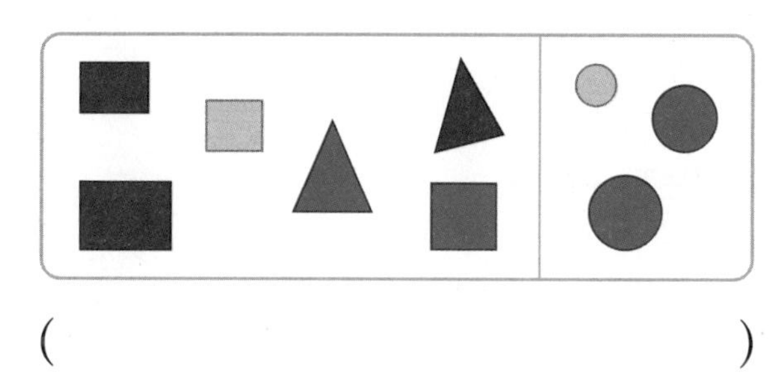

( )

16 모양에 따라 분류하고 그 수를 세어 보세요.

모양	삼각형	사각형	원
조각의 수(개)			

잘 틀리는 문제

17 가장 많은 모양은 무엇인지 써 보세요.

( )

18 □ 안에 알맞게 써넣어 기준을 만들고, 기준에 따라 색종이 조각을 분류하여 그 수를 세어 보세요.

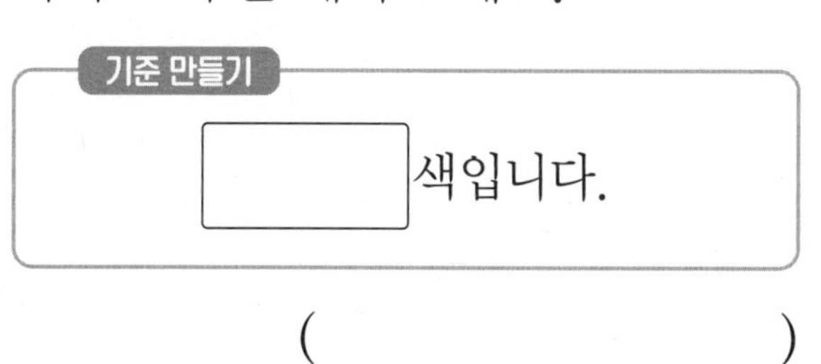

( )

서술형 문제

(19~20) 단추를 보고 물음에 답하세요.

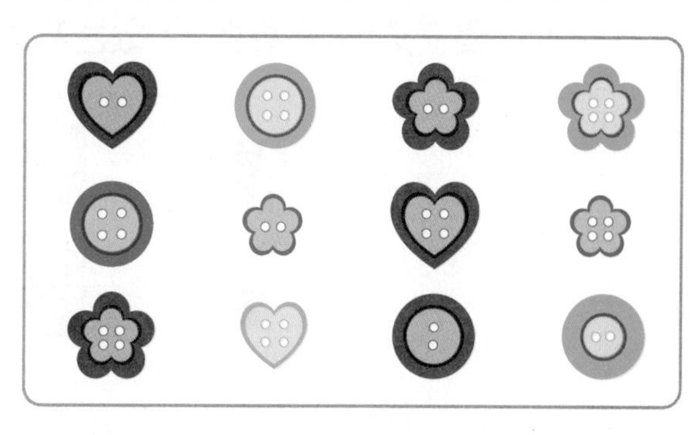

19 구멍이 2개이면서 빨간색인 단추는 모두 몇 개인지 풀이 과정을 쓰고 답을 구해 보세요.

풀이

답

20 가장 많은 모양의 단추는 몇 개인지 풀이 과정을 쓰고 답을 구해 보세요.

풀이

답

5 단원

서술형 평가

5. 분류하기

점수 | 확인

연습 1

서울이네 집에 있는 컵을 조사하였습니다. 색깔에 따라 분류하려고 할 때 몇 가지로 분류할 수 있는지 풀이 과정을 쓰고 답을 구해 보세요. | 5점 |

❶ 컵의 색깔을 모두 말하기

풀이

❷ 색깔에 따라 분류할 때 몇 가지로 분류할 수 있는지 구하기

풀이

답

연습 2

가장 많은 단추 모양은 무엇인지 풀이 과정을 쓰고 답을 구해 보세요. | 5점 |

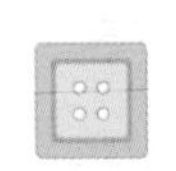  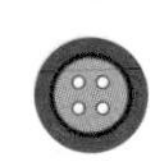    

❶ 삼각형, 사각형, 원 모양인 단추의 수 각각 구하기

풀이

❷ 가장 많은 단추 모양 말하기

풀이

답

실전 3 돈을 다음과 같이 분류하였습니다. 잘못 분류된 것을 찾아 ○표 하고, 그렇게 생각한 이유를 써 보세요. | 5점 |

이유

실전 4 색종이로 접은 모양입니다. 배 모양은 비행기 모양보다 몇 개 더 많은지 풀이 과정을 쓰고 답을 구해 보세요. | 5점 |

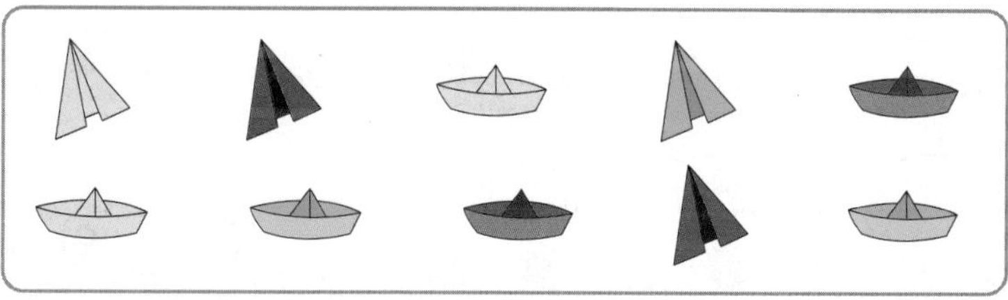

풀이

답

단원 평가 1회

6. 곱셈

점수 | 확인

1 양배추는 모두 몇 통인지 하나씩 세어 보세요.

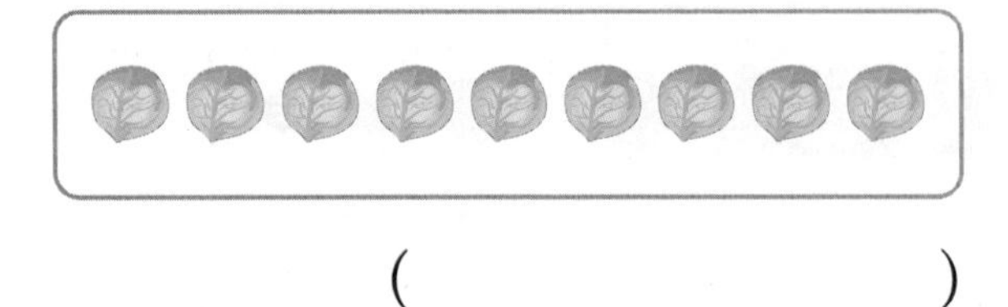

( )

2 구슬은 모두 몇 개인지 2씩 뛰어 세어 보세요.

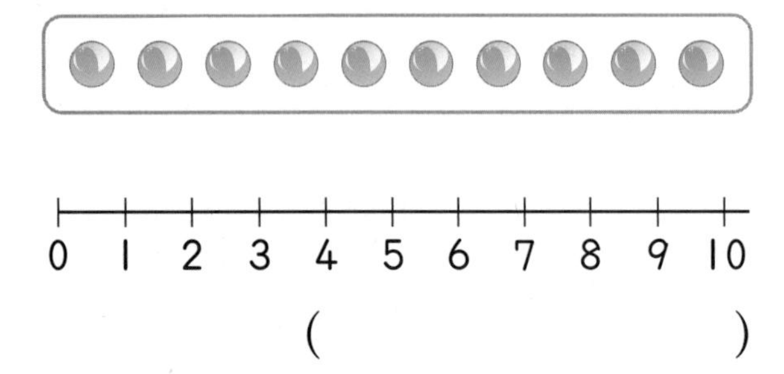

( )

3 딸기는 모두 몇 개인지 8개씩 묶어 세어 보세요.

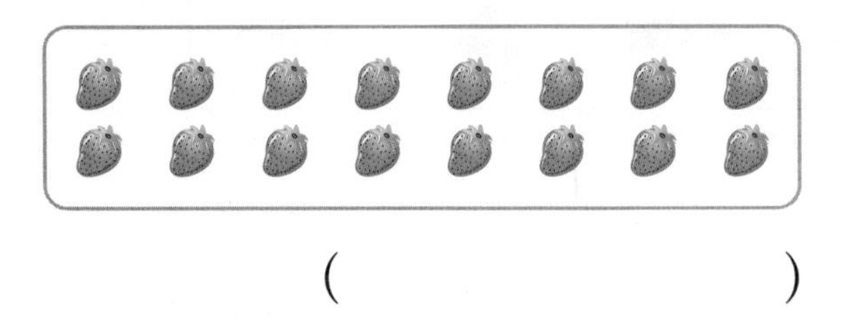

( )

4 곱셈식을 읽어 보세요.

$5 \times 9 = 45$

( )

5 그림을 보고 □ 안에 알맞은 수를 써넣으세요.

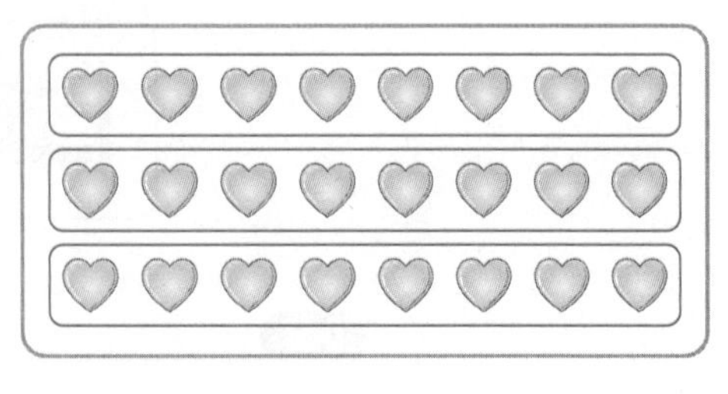

8씩 □ 묶음이므로

□의 □배입니다.

잘 틀리는 문제

6 7의 4배를 바르게 나타낸 것은 어느 것인가요? ( )

① $7 \times 7 \times 7 \times 7$
② $4+4+4+4$
③ $7+7+7+7$
④ $7+4+7$
⑤ $7+4$

7 □ 안에 알맞은 수를 써넣으세요.

$5+5+5+5+5+5=$ □

⇨ $5 \times$ □ $=$ □

8 관계있는 것끼리 선으로 이어 보세요.

9씩 7묶음 •	• 9×4
$9+9+9+9$ •	• 9×7

시험에 꼭 나오는 문제

9 16은 4의 몇 배일까요?

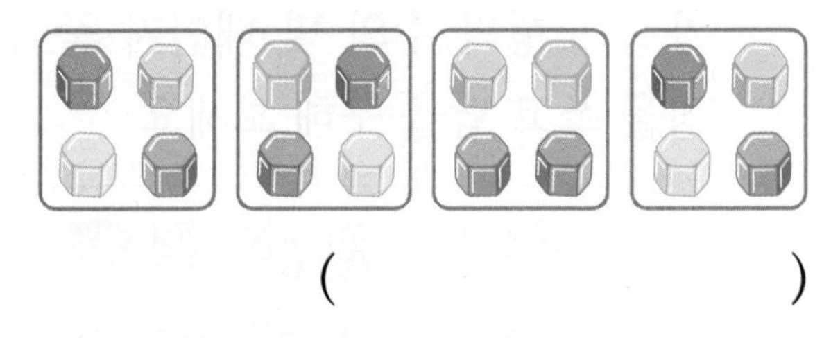

(　　　　　　)

10 물고기의 수를 덧셈식과 곱셈식으로 나타내 보세요.

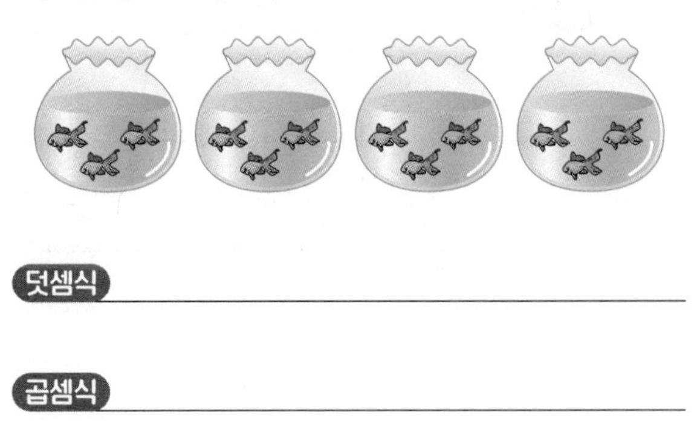

덧셈식 ____________________

곱셈식 ____________________

11 우유가 3개 있습니다. 빵의 수는 우유의 수의 6배입니다. 빵은 몇 개일까요?

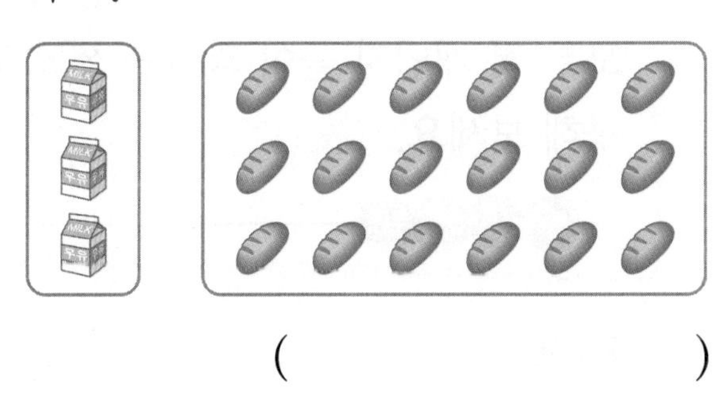

(　　　　　　)

12 혜지의 나이는 9살입니다. 아버지의 나이는 혜지의 나이의 5배입니다. 아버지의 나이는 몇 살일까요?

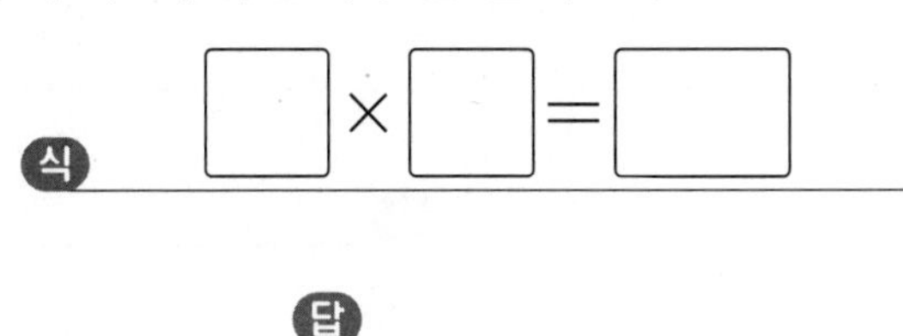

식 $\square \times \square = \square$

답 ____________________

13 우산의 수를 곱셈식으로 잘못 설명한 사람을 찾아 이름을 써 보세요.

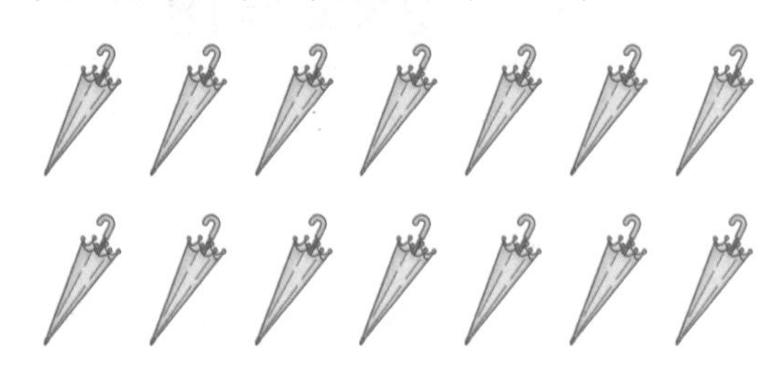

- 연지: $7 \times 2 = 14$입니다.
- 동휘: $7+7$은 7×7과 같습니다.
- 재준: '$7 \times 2 = 14$는 7 곱하기 2는 14와 같습니다.'라고 읽습니다.

(　　　　　　)

시험에 꼭 나오는 문제

14 계산 결과의 크기를 비교하여 ◯ 안에 > 또는 <를 알맞게 써넣으세요.

$8+8+8$ ◯ 7×3

15 ● 모양 15개를 몇씩 몇 줄로 묶어 보고, □ 안에 알맞은 수를 써넣으세요.

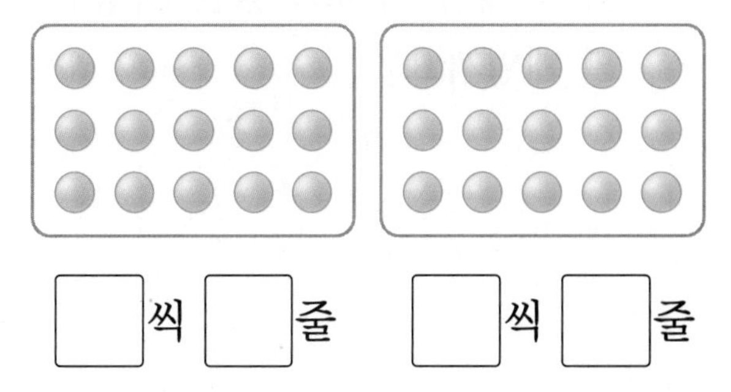

□씩 □줄　　□씩 □줄

6 단원

단원 평가 1회

잘 틀리는 문제

16 ▲에 알맞은 수는 얼마일까요?

$$2 \times ▲ = 18$$

( )

17 야구공이 모두 몇 개인지 여러 가지 곱셈식으로 나타내 보세요.

□ × □ = □

□ × □ = □

□ × □ = □

18 사탕을 지수는 4개씩 6묶음, 민새는 5개씩 5묶음 가지고 있습니다. 지수와 민재가 가지고 있는 사탕은 모두 몇 개일까요?

( )

서술형 문제

19 세진이가 가진 모형의 수는 은지가 가진 모형의 수의 몇 배인지 풀이 과정을 쓰고 답을 구해 보세요.

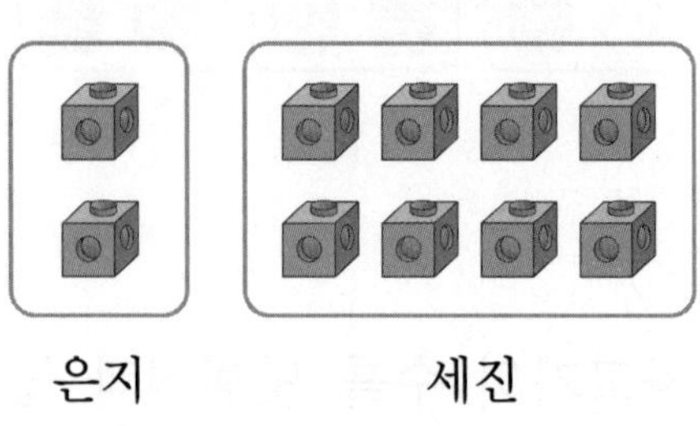

풀이

답

20 아래 구슬의 7배만큼을 이용하여 팔찌를 만들려고 합니다. 필요한 구슬은 모두 몇 개인지 풀이 과정을 쓰고 답을 구해 보세요.

풀이

답

점수 확인

1 사과는 모두 몇 개인지 6개씩 묶어 세어 보세요.

( )

2 그림을 보고 □ 안에 알맞은 수를 써넣으세요.

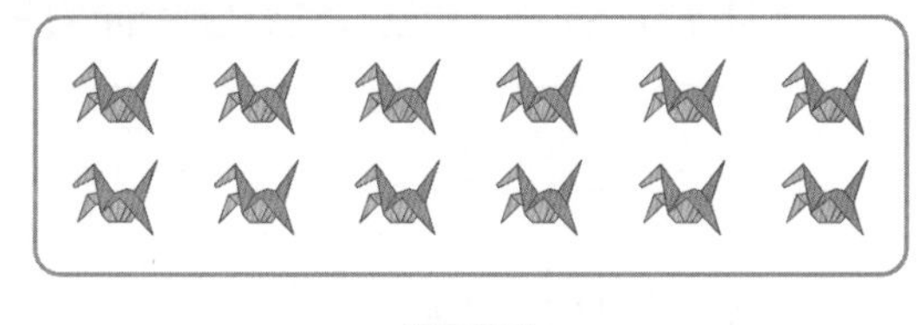

4씩 □ 묶음

3 관계있는 것끼리 선으로 이어 보세요.

5씩 6묶음 ·	· 6의 6배
6씩 6묶음 ·	· 5의 5배
	· 5의 6배

4 그림을 보고 □ 안에 알맞은 수를 써넣으세요.

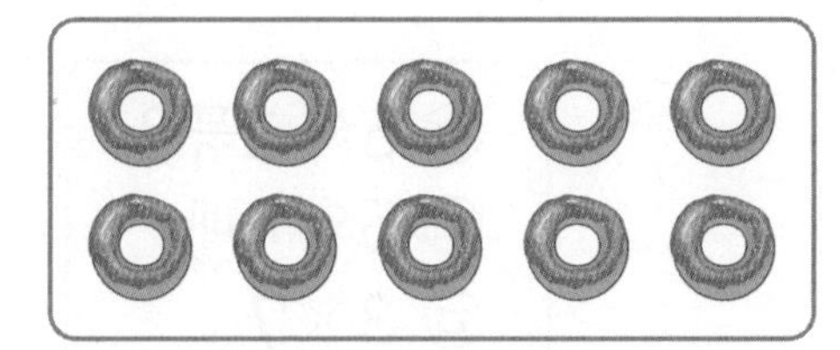

2씩 □ 묶음 ⇨ □의 □배

5 곱셈식으로 나타내 보세요.

7 곱하기 9는 63과 같습니다.

( )

6 색연필의 수를 곱셈식으로 알아보려고 합니다. □ 안에 알맞은 수를 써넣으세요.

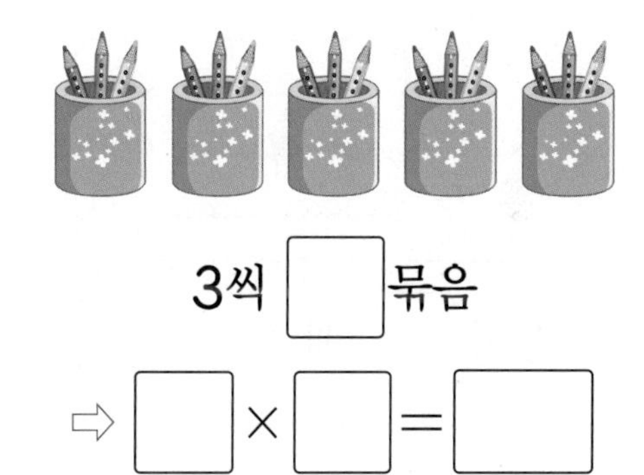

3씩 □ 묶음

⇨ □ × □ = □

7 나타내는 수가 다른 것은 어느 것인가요? ( )

① 7씩 3묶음 ② 7의 3배

③ $7 \times 7 \times 7$ ④ 7×3

⑤ $7 + 7 + 7$

잘 틀리는 문제

8 단추 14개를 남지 않게 묶어 셀 수 있는 방법을 찾아 ○표 하세요.

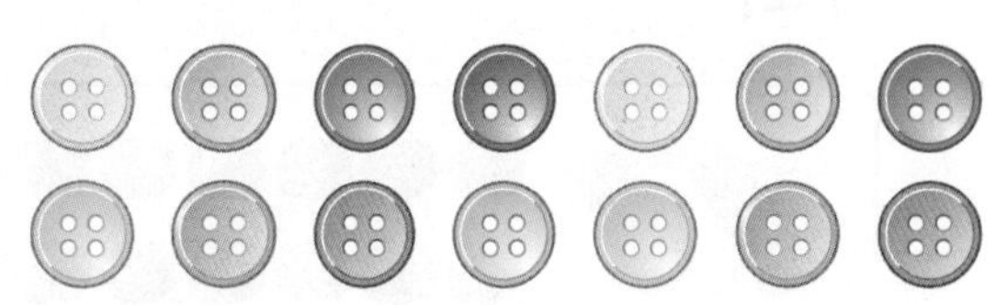

2씩 묶기 3씩 묶기 5씩 묶기

6 단원

9 그림을 보고 알맞은 곱셈식으로 나타내 보세요.

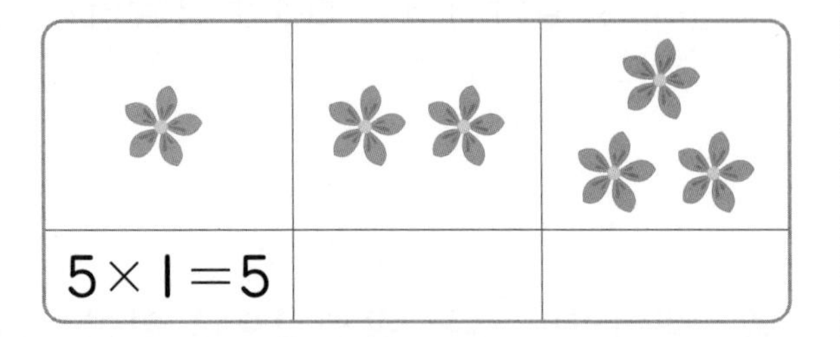

$5 \times 1 = 5$		

10 버섯의 수를 몇의 몇 배로 나타내 보세요.

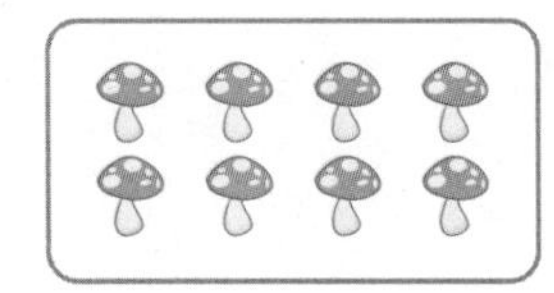

2의 □배	4의 □배

시험에 꼭 나오는 문제

11 강당에 학생들이 한 줄에 9명씩 6줄 있습니다. 강당에 있는 학생 수를 덧셈식과 곱셈식으로 나타내 보세요.

덧셈식 ____________________

곱셈식 ____________________

12 감자의 수는 옥수수의 수의 몇 배일까요?

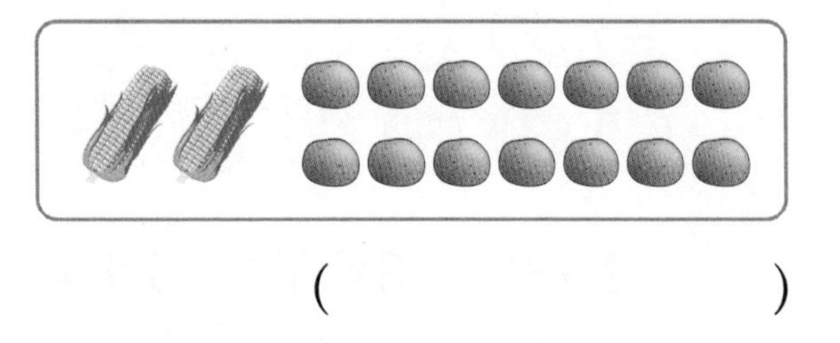

(　　　　　　　　)

13 밤이 15개 있습니다. 잘못 설명한 사람을 찾아 이름을 써 보세요.

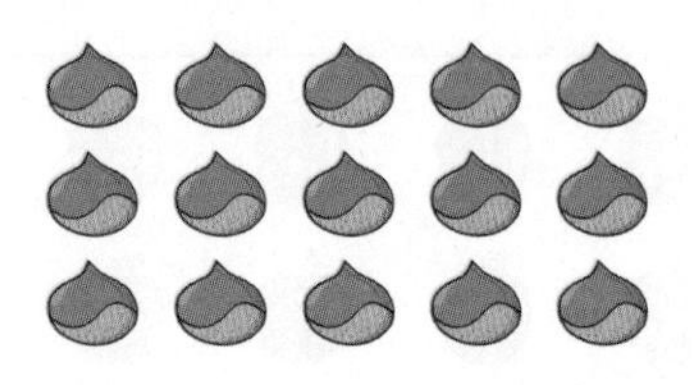

- 준우: 밤의 수를 5, 10, 15로 세어 볼 수 있습니다.
- 선예: 밤을 4개씩 묶으면 3묶음이 됩니다.
- 미경: 밤의 수는 3씩 5묶음입니다.

(　　　　　　　　)

시험에 꼭 나오는 문제

14 소연이가 쌓은 연결 모형의 수의 3배만큼 쌓은 사람을 찾아 이름을 써 보세요.

(　　　　　　　　)

15 나타내는 수가 가장 큰 것을 찾아 기호를 써 보세요.

㉠ 6씩 3묶음
㉡ 5의 4배
㉢ 3×7

(　　　　　　　　)

16 요구르트가 모두 몇 개인지 2가지 곱셈식으로 나타내 보세요.

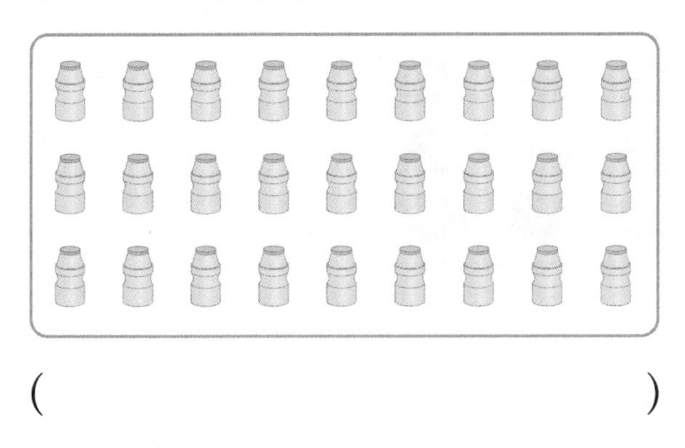

( )

● 잘 틀리는 문제

17 토마토가 4개씩 4묶음 있습니다. 이 토마토를 8개씩 묶으면 몇 묶음일까요?

( )

18 혜성이는 아래의 티셔츠와 바지를 모두 몇 가지 방법으로 입을 수 있을까요?

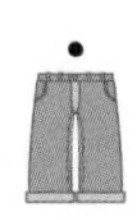

( )

● 서술형 문제

19 점의 수의 합이 같은 도미노를 5개 포개어 놓았습니다. 도미노 5개에 있는 점은 모두 몇 개인지 풀이 과정을 쓰고 답을 구해 보세요.

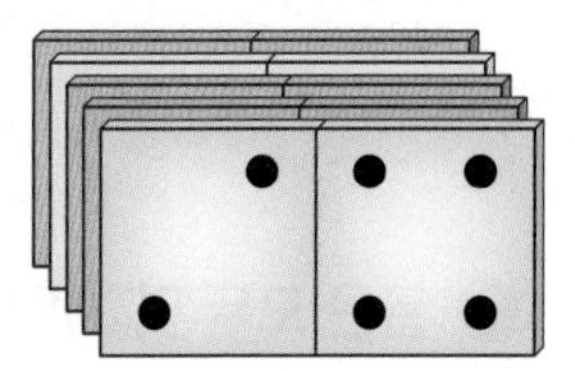

풀이

답

20 학생들이 한 줄에 2명씩 4줄로 서 있습니다. 한 학생에게 귤을 7개씩 나누어 주려면 필요한 귤은 모두 몇 개인지 풀이 과정을 쓰고 답을 구해 보세요.

풀이

답

서술형 평가

6. 곱셈

점수 | 확인

연습 **1** 귤은 모두 몇 개인지 묶어 세려고 합니다. 풀이 과정을 쓰고 답을 구해 보세요. | 5점 |

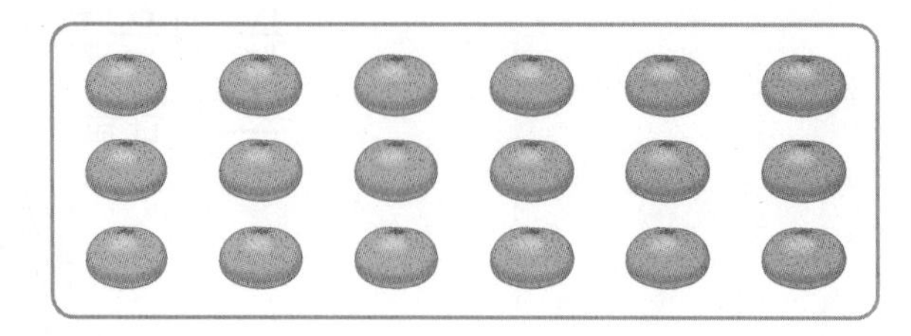

❶ 귤은 모두 몇 개인지 묶어 세기

풀이

❷ 귤은 모두 몇 개인지 구하기

풀이

답

연습 **2** 6명의 학생들이 가위바위보를 합니다. 모두 보를 냈을 때, 펼친 손가락은 모두 몇 개인지 풀이 과정을 쓰고 답을 구해 보세요. | 5점 |

❶ 한 명이 보를 냈을 때 펼친 손가락의 수 알기

풀이

❷ 6명이 모두 보를 냈을 때 펼친 손가락의 수 구하기

풀이

답

실전 3 사과를 2개씩 묶었을 때와 5개씩 묶었을 때 만들 수 있는 곱셈식을 모두 구하려고 합니다. 풀이 과정을 쓰고 답을 구해 보세요. | 5점 |

풀이

답

실전 4 양파의 수는 당근의 수의 몇 배인지 풀이 과정을 쓰고 답을 구해 보세요.

| 5점 |

풀이

답

학업 성취도 평가 1회

1. 세 자리 수 ~ 6. 곱셈

점수	확인

1. 세 자리 수

1 수 모형이 나타내는 수를 써 보세요.

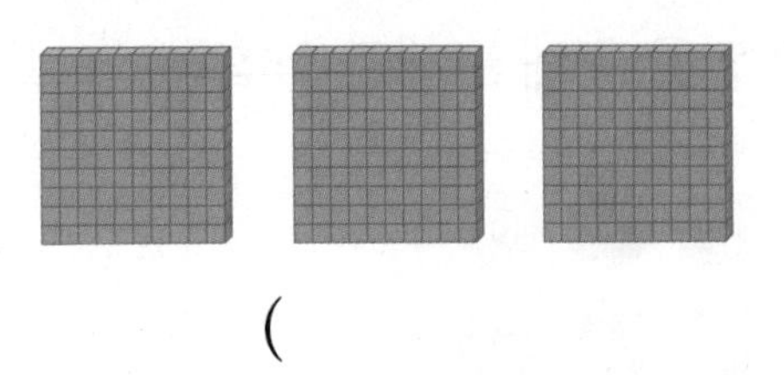

(　　　　　　　　)

6. 곱셈

2 딸기는 모두 몇 개인지 6개씩 묶어 세어 보세요.

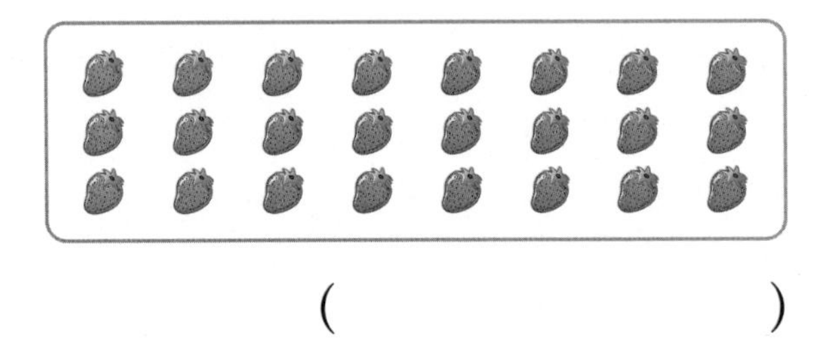

(　　　　　　　　)

3. 덧셈과 뺄셈

3 빈칸에 알맞은 수를 써넣으세요.

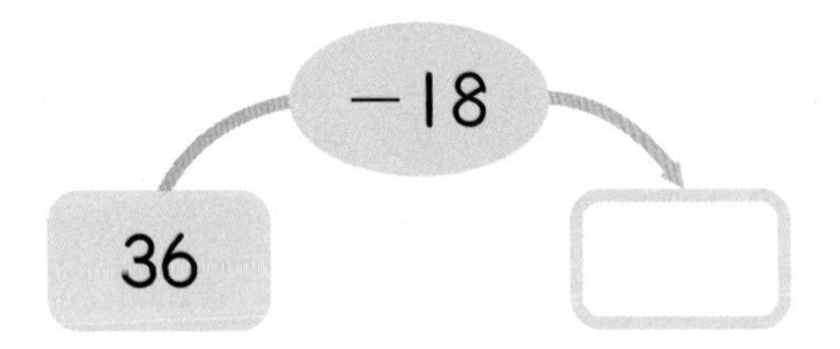

6. 곱셈

4 □ 안에 알맞은 수를 써넣으세요.

4씩 3묶음은 4의 □배입니다.

6. 곱셈

5 구슬은 모두 몇 개인지 곱셈식으로 나타내 보세요.

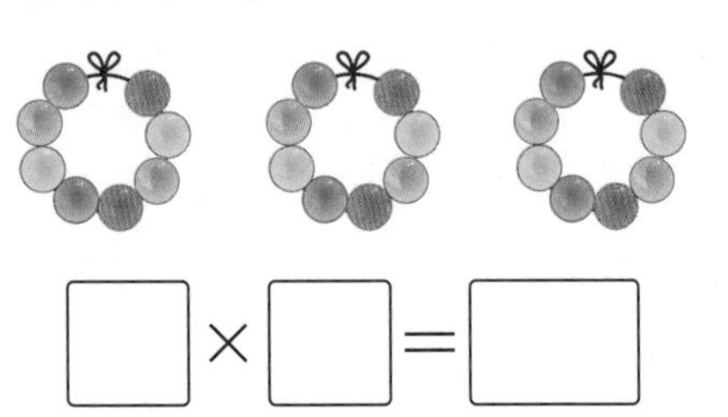

□ × □ = □

(6~7) 사탕을 보고 물음에 답하세요.

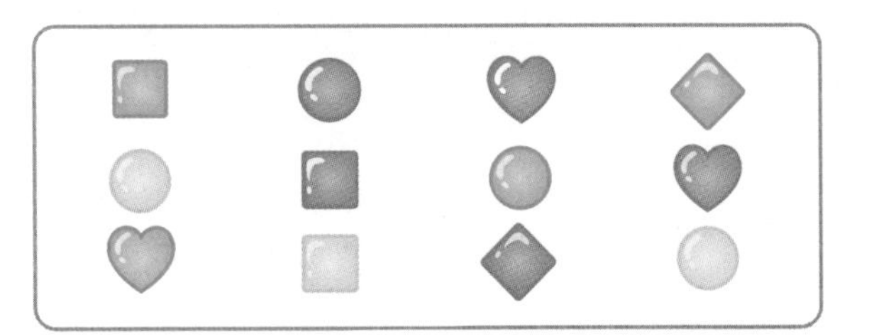

5. 분류하기

6 모양에 따라 분류하고 그 수를 세어 보세요.

모양	□	○	♡
사탕의 수(개)			

5. 분류하기

7 색깔에 따라 분류하고 그 수를 세어 보세요.

색깔	파란색	빨간색	노란색
사탕의 수(개)			

2. 여러 가지 도형

8 다음 도형의 변의 수와 꼭짓점의 수의 합은 몇 개일까요?

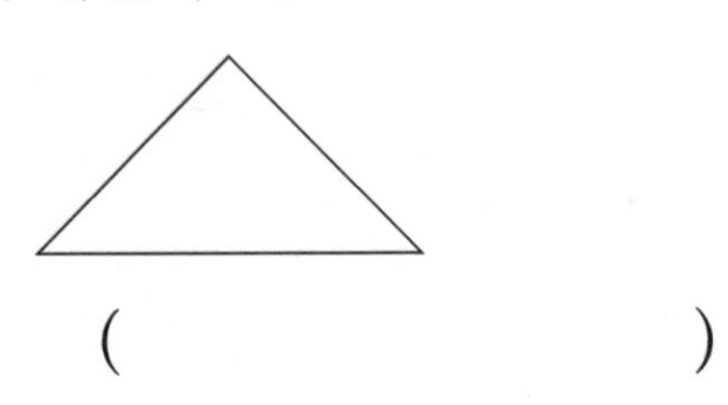

(　　　　　　　　)

1. 세 자리 수

9 뛰어 세는 규칙을 찾아 빈칸에 알맞은 수를 써넣으세요.

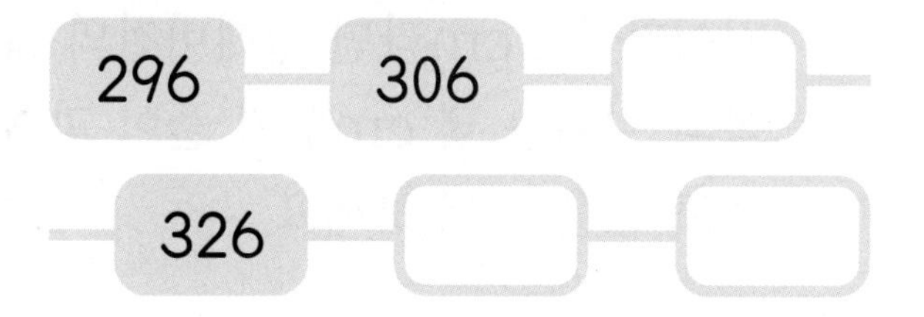

2. 여러 가지 도형

10 색종이를 점선을 따라 자르면 어떤 도형이 몇 개 생기는지 써 보세요.

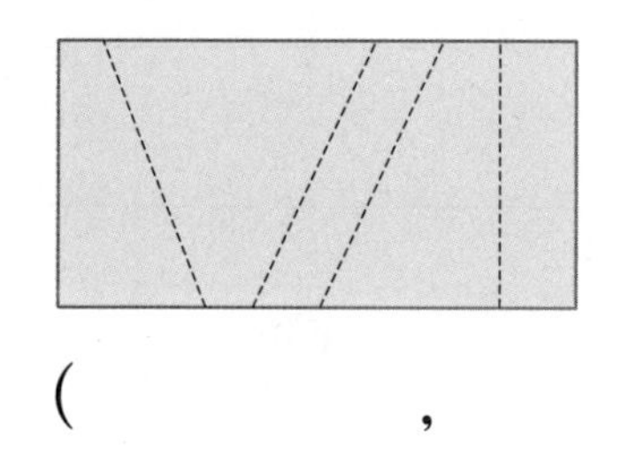

(,)

4. 길이 재기

11 현아와 진우가 발걸음으로 복도의 길이를 재었더니 잰 횟수가 현아는 15번, 진우는 12번이었습니다. 한 걸음의 길이가 더 긴 사람은 누구일까요?

( )

2. 여러 가지 도형

12 설명대로 쌓은 모양에 ○표 하세요.

> 쌓기나무 3개가 옆으로 나란히 있고, 맨 왼쪽과 맨 오른쪽 쌓기나무 뒤에 쌓기나무가 각각 1개씩 있습니다.

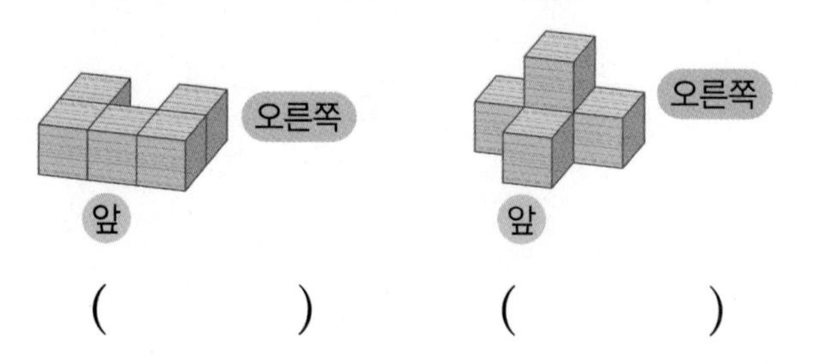

( ) ( )

1. 세 자리 수

13 윤서는 100원짜리 동전 5개, 10원짜리 동전 12개, 1원짜리 동전 7개를 가지고 있습니다. 윤서가 가지고 있는 돈은 모두 얼마일까요?

( )

3. 덧셈과 뺄셈

14 공책을 민아는 54권 가지고 있고, 주오는 민아보다 17권 더 많이 가지고 있습니다. 현우가 주오보다 공책을 26권 적게 가지고 있다면 현우가 가지고 있는 공책은 몇 권일까요?

( )

3. 덧셈과 뺄셈

15 영지는 색연필을 17자루 가지고 있었습니다. 색연필 몇 자루를 더 샀더니 모두 35자루가 되었습니다. 더 산 색연필의 수를 □로 하여 덧셈식을 만들고, □의 값을 구해 보세요.

덧셈식 ____________________

□의 값 ____________________

5. 분류하기

16 영희와 친구들이 좋아하는 과일을 조사하였습니다. 가장 많은 학생들이 좋아하는 과일은 무엇일까요?

사과	포도	포도	배	사과
사과	배	사과	포도	배
포도	사과	포도	배	포도

( )

6. 곱셈

17 바둑돌은 모두 몇 개인지 여러 가지 곱셈식으로 나타내 보세요.

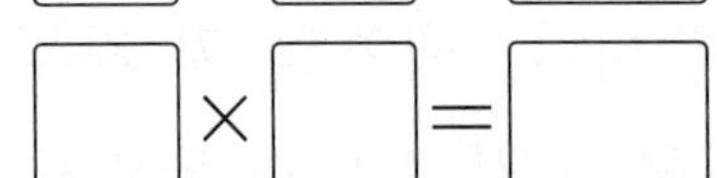

□×□=□

□×□=□

□×□=□

□×□=□

4. 길이 재기

18 실제 길이가 23 cm인 막대의 길이를 민우는 약 25 cm, 혜수는 약 22 cm로 어림하였습니다. 막대의 실제 길이에 더 가깝게 어림한 사람은 누구일까요?

( )

서술형 문제

4. 길이 재기

19 텔레비전의 짧은 쪽의 길이는 민하의 뼘으로 4번입니다. 민하의 한 뼘의 길이가 12 cm라면 텔레비전의 짧은 쪽의 길이는 몇 cm인지 풀이 과정을 쓰고 답을 구해 보세요.

풀이

답

3. 덧셈과 뺄셈

20 어떤 수에서 12를 빼야 할 것을 잘못하여 더했더니 61이 되었습니다. 바르게 계산하면 얼마인지 풀이 과정을 쓰고 답을 구해 보세요.

풀이

답

학업 성취도 평가 2회

1. 세 자리 수 ~ 6. 곱셈

점수 | 확인

2. 여러 가지 도형

1 그림과 같은 모양의 도형을 무엇이라고 할까요?

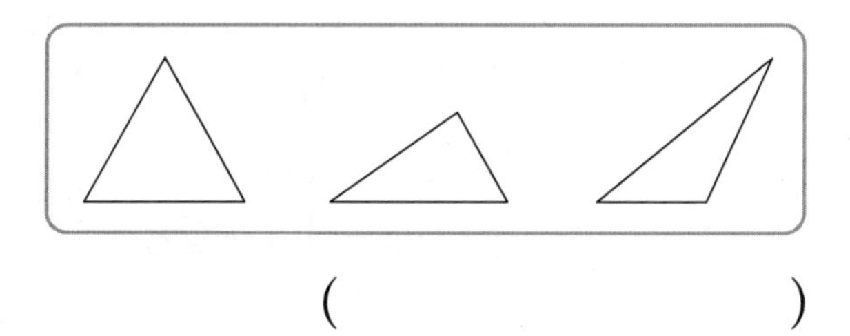

(　　　　　　　　)

4. 길이 재기

2 지우개의 길이는 몇 cm인가요?

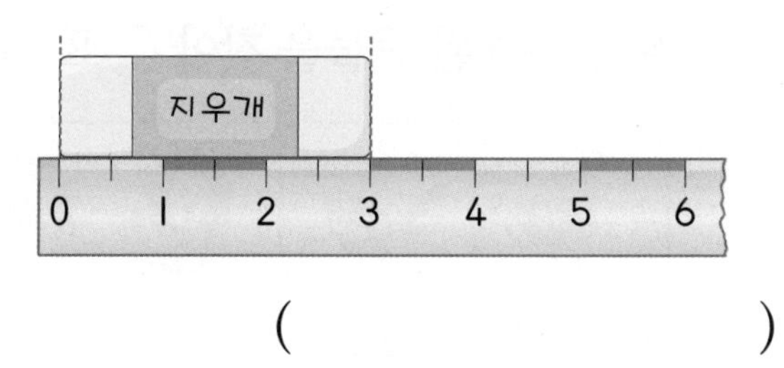

(　　　　　　　　)

6. 곱셈

3 그림을 보고 □ 안에 알맞은 수를 써넣으세요.

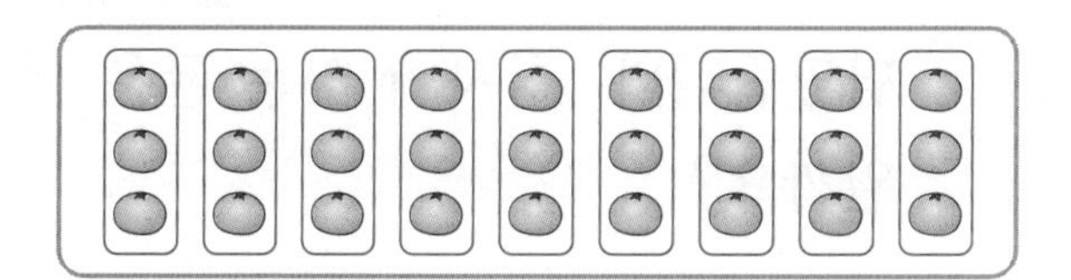

3씩 □ 묶음은 3의 □ 배입니다.

3. 덧셈과 뺄셈

4 계산해 보세요.

$$\begin{array}{r} 27 \\ +15 \\ \hline \end{array}$$

1. 세 자리 수

5 □ 안에 알맞은 수를 써넣으세요.

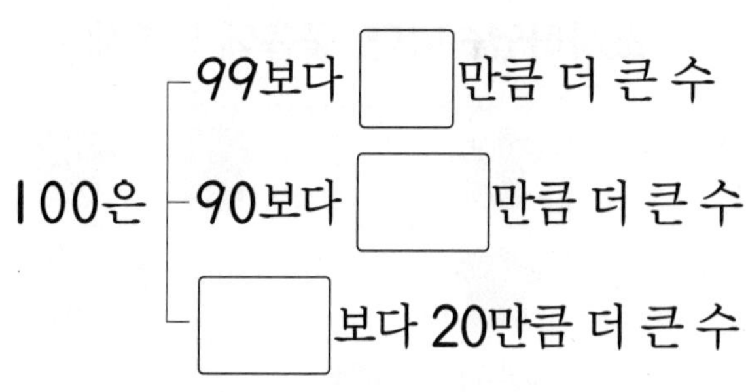

1. 세 자리 수

6 두 수의 크기를 비교하여 ○ 안에 > 또는 <를 알맞게 써넣으세요.

482 ○ 479

6. 곱셈

7 24는 4의 몇 배일까요?

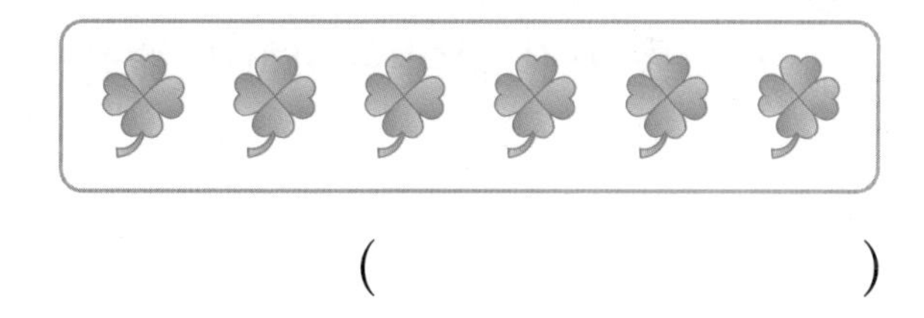

(　　　　　　　　)

4. 길이 재기

8 삼각형의 각 변의 길이를 자로 재어 □ 안에 알맞은 수를 써넣으세요.

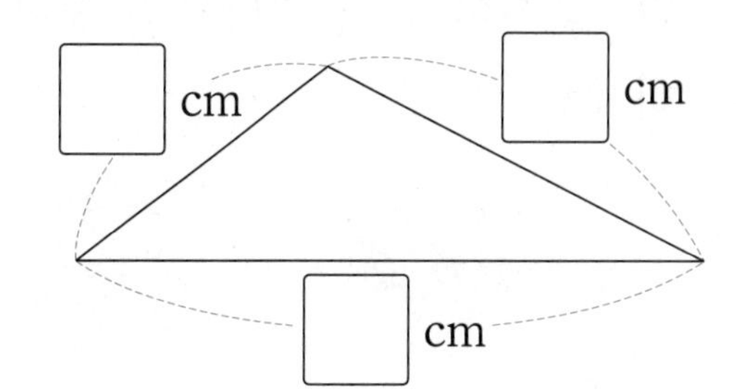

학업 성취도 평가 2회

(9~10) 옷 가게에서 지난주에 팔린 티셔츠를 조사하였습니다. 물음에 답하세요.

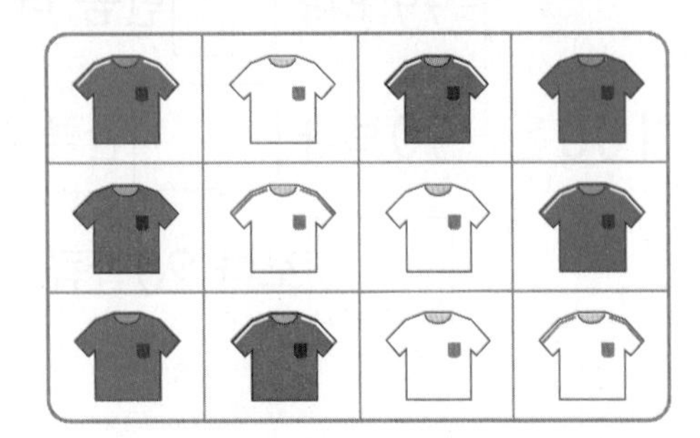

5. 분류하기

9 색깔에 따라 티셔츠를 분류하고 그 수를 세어 보세요.

색깔	파란색	흰색	빨간색
티셔츠의 수(장)			

5. 분류하기

10 옷 가게에서 이번 주에 어떤 색깔의 티셔츠를 가장 많이 준비하면 좋을까요?

(　　　　　　　　　)

2. 여러 가지 도형

11 왼쪽 모양에서 쌓기나무 1개를 옮겨 오른쪽과 똑같은 모양을 만들려고 합니다. 옮겨야 할 쌓기나무를 찾아 ○표 하세요.

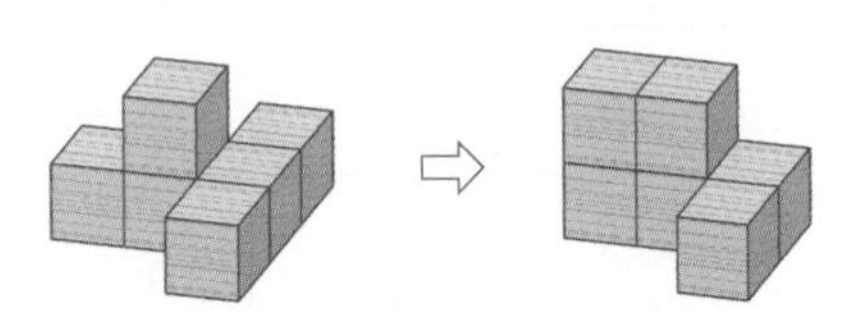

3. 덧셈과 뺄셈

12 계산 결과가 가장 작은 것을 찾아 기호를 써 보세요.

㉠ $53+9$
㉡ $75-18$
㉢ $50-14+28$

(　　　　　　　　　)

5. 분류하기

13 동물을 다음과 같이 분류하였습니다. 잘못 분류된 동물을 찾아 ○표 하세요.

3. 덧셈과 뺄셈

14 상자에 귤이 61개 있었습니다. 그중 18개는 썩어서 버리고 24개를 더 담았습니다. 상자에 있는 귤은 몇 개일까요?

(　　　　　　　　　)

6. 곱셈

15 나타내는 수가 큰 것부터 차례대로 기호를 써 보세요.

㉠ $6+6+6+6$　　㉡ 9의 3배
㉢ 5씩 5묶음　　㉣ 8×4

(　　　　　　　　　)

3. 덧셈과 뺄셈

16 □ 안에 알맞은 수를 써넣으세요.

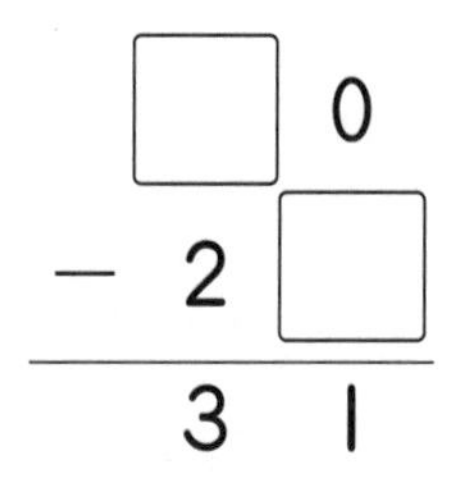

2. 여러 가지 도형

17 그림에서 가장 많이 사용한 도형은 가장 적게 사용한 도형보다 몇 개 더 많을까요?

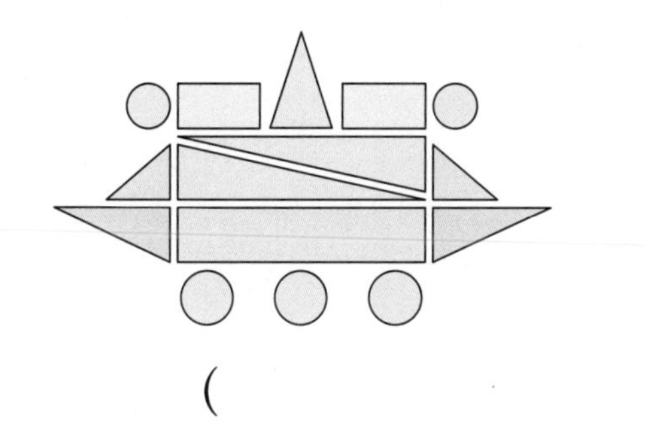

(　　　　　　　　)

4. 길이 재기

18 머리핀의 길이는 길이가 4 cm인 바늘로 2번 잰 것과 같습니다. 이 머리핀의 길이는 길이가 2 cm인 압정으로 몇 번 잰 것과 같을까요?

(　　　　　　　　)

서술형 문제

1. 세 자리 수

19 설명에서 나타내는 세 자리 수는 얼마인지 풀이 과정을 쓰고 답을 구해 보세요.

- 백의 자리 수는 5보다 크고 7보다 작은 수를 나타냅니다.
- 십의 자리 수는 20을 나타냅니다.
- 일의 자리 수는 6입니다.

풀이

답

6. 곱셈

20 두발자전거 7대와 세발자전거 6대의 바퀴는 모두 몇 개인지 풀이 과정을 쓰고 답을 구해 보세요.

풀이

답

메모

visang
개념부터
연산까지
빠르고
정확하게!
초등수학
3·1
개념+연산
라이트
초등수학
3·1
개념+연산
파워

✣ 개념·플러스·유형·시리즈 개념과 유형이 하나로! 가장 효과적인 수학 공부 방법을 제시합니다.

대표전화 1544-0554
주소 경기도 과천시 과천대로2길 54(갈현동, 그라운드브이)